国家理科基地教材

现代化学实验与技术

（第二版）

陈六平　戴　宗　主编

科学出版社

北　京

内 容 简 介

本书在第一版的基础上进行了较大幅度的修订,对原有内容和实验项目做了精选、调整和补充;基于近几年的实验教学研究、改革和实践总结,新编了部分实验。本书包括 6 部分:绪论,误差理论与数据处理,现代化学基本实验技术,基础性实验,开放式、研究性实验和附录。其中,实验部分包含 50 个基础性实验,20 个开放式、研究性实验,它们既能保证学生基本实验技能和研究方法学习与训练的需求,又为部分学生更高层次的学术训练提供了素材和学习机会,有利于学生创新能力的培养和全面发展。

本书可作为高等学校化学类和近化学类专业(生命科学、医学、药学、化工、冶金、轻工、食品、农林、材料科学与工程、环境科学与工程等)物理化学实验、仪器分析实验、化工基础的实验教材,也可供相关人员参考使用。

图书在版编目(CIP)数据

现代化学实验与技术 / 陈六平,戴宗主编. —2 版. —北京:科学出版社,2015.10

国家理科基地教材

ISBN 978-7-03-045952-7

Ⅰ. 现… Ⅱ.①陈… ②戴… Ⅲ. 化学实验-高等学校-教材 Ⅳ.O6-3

中国版本图书馆 CIP 数据核字(2015)第 241201 号

责任编辑:郭慧玲 丁 里 / 责任校对:赵桂芬
责任印制:张 伟 / 封面设计:迷底书装

科学出版社 出版

北京东黄城根北街 16 号
邮政编码:100717
http://www.sciencep.com

北京中石油彩色印刷有限责任公司 印刷
科学出版社发行 各地新华书店经销

*

2007 年 10 月第 一 版 开本:787×1092 1/16
2015 年 10 月第 二 版 印张:25
2023 年 1 月第十一次印刷 字数:621 000

定价:69.00 元
(如有印装质量问题,我社负责调换)

第二版前言

本书第一版于 2007 年出版，受到兄弟院校师生的积极评价，对于收到的建设性修改意见，编者谨向他们表示诚挚的感谢！

近年来，随着我国科技和经济发展方式的转变，社会对高校人才培养提出了新的、更高的要求。在《国家中长期教育改革和发展规划纲要（2010—2020 年）》中，明确要求高等教育要"全面提高高等教育质量"、"提高人才培养质量"、"提升科学研究水平"。这些国家要求激发我们一线教师的深层思考，作为我院"一体化、多层次、开放式"创新化学实验教学体系重要课程之一的"现代化学实验与技术"的教学内容和教学方式如何更好地与高校办学理念和人才培养目标相一致？实验教学如何在培养化学拔尖创新人才的过程中发挥其应有的基础性和关键性作用？基于这些思考，并结合近些年的教学实践，编者对第一版教材进行了修订。

在修订过程中，编者保持本课程实验教学的"系统性、基础性、实践性、综合性、创新性"，以学生知识、能力、思维、素质的培养和全面协调发展为核心，遵循实验教学规律，吸收了有益的教学实践经验。全书共选编 70 个实验，其中新编、改编较大的有 32 个。本次修订主要考虑了以下几个方面：

（1）鉴于课程性质、实验室安全、误差分析和实验室基本测量技术的基础性和重要性，这些内容基本保留，仅对个别文字作了修改。

（2）鉴于计算机技术、数字化技术的发展和普及应用，其专门介绍的必要性已不大，因此删除了原书的"第 4 章 电子和计算机技术在化学化工实验中的应用"。

（3）对物理化学实验部分进行了修改。由于实验学时调整和仪器设备更新，因此删除了原书的"实验 26 氢原子光谱和钠原子光谱"，修改了"实验 17 BET 流动吸附法测定比表面"的装置图，并对其余部分实验中的实验条件作了调整，对表述不当或错误之处进行了修正。

（4）对仪器分析实验部分作了全面修改。由于基础化学实验课程中已学过紫外-可见分光光度法和红外光谱法的原理、仪器及其应用，因此删除了原书的实验 29～实验 31；新编了"核磁共振波谱法研究乙酰丙酮的互变异构平衡"替换原书的"实验 41 核磁共振波谱法测定化合物的结构"，新编了流动注射-化学发光法、离子色谱法、高效液相色谱法及其应用等实验；对原书的其他实验进行了整合、优化、补充，突出强调实验技术的方法性和应用性，尤其加强了学生在实验样品前处理方法和技术方面的学习与训练。通过本次修订，形成的 17 个实验基本覆盖了现代仪器分析的主要方法和实验技术。

（5）对于化工基础实验部分，对原书的实验 54～实验 56 进行了较大修订，包括更新实验装置图、实验内容、实验条件和调整实验记录表等，实验数量仍保持为 6 个。

（6）在开方式、研究性实验部分，补充了超临界流体色谱法、纸电池 2 个实验。这类实验具有综合性、新颖性、趣味性和实用性特色，旨在培养学生的学术兴趣和学术能力，教师在教学实践中，应当结合科研工作，不断扩展这部分实验项目。

本次教材修订凝聚了中山大学"现代化学实验与技术"课程教学团队全体老师的心智劳动，是老师们长期钻研实验教学，耕耘实验课堂，倾心培育学生，不断追求卓越教学的结晶。主要修订工作由陈六平、戴宗和吕树申三位教授完成,杨立群、刘军民、谢天尧、陈小娟等老师对有关实验提出了有益的修改意见。全书由陈六平教授统稿。

　　衷心感谢学校、学院和中山大学实验教学研究(改革)项目(实验教材建设专项)对本教材修订的大力支持;感谢学院厚朴工作室在实验装置绘图方面提供的协助和支持!

　　限于编者水平,本次教材修订仍难免存在缺点或错误,恳请兄弟院校的同行和读者批评指正。

编　者

2015 年 8 月于康乐园

第一版前言

化学是一门实践性很强的基础科学。实验教学在化学及相关专业人才培养中起着基础性的关键作用,在本科教育中占有十分重要的地位。在教学实践中,我们坚持以人为本,全面贯彻落实科学发展观,将培养创新人才作为教学工作核心,实施开放式实验教学,促进学生知识、能力、思维和素质的全面协调发展,以期切实解决人才培养的科学发展问题。为此,我们对化学实验教学方法和内容进行了大力改革,提出以教育思想和教育观念革新为先导,改革单向系统传授实验知识和技术的实验教学体系,建立系统传授与探索研究相结合的实验教学新体系,促进科研全面渗入本科实验教学,全面推行开放式实验教学,实施个性化实验教学,激发学生对科学实验的兴趣。通过实验教学改革带动实验室和实验课程建设,构建一套科学的化学实验教学体系以及创新人才培养模式和教学管理机制,全面推动本科化学教育创新。

根据教育部高等学校教学指导委员会化学类专业教学指导分委员会制定的"普通高等学校本科化学专业规范(草案)"、"化学类专业发展战略研究报告(草案)"(2005 年《大学化学》第20 卷,第 6 期)以及"国家化学基础课实验教学示范中心建设标准"(2001)等文件中规定的"化学专业化学实验教学基本内容",我们从培养化学创新人才整体考虑,结合国际化学教育,特别是化学实验教学的发展趋势,对大学化学实验课程进行了一体化设计:将传统的四大基础化学实验课程和中级化学(专门化)实验课程进行整合,独立设置基础化学实验、现代化学实验与技术、综合化学实验、高分子化学与物理实验、化工原理实验和化工专业实验六门实验课程,形成"一体化、多层次、开放式"的化学实验课程新体系。

基于上述实验教学理念、教学改革思路和实验课程体系,中山大学化学与化学工程学院自2000 年开始进行教学改革与实践,全面整合和优化了实验教学内容,删减了部分验证性实验,精选基本操作训练实验,新开设一批综合性、设计型和研究创新性实验,其中的部分内容来自教师的科研成果,部分内容来自工业生产、工程实际和日常生活。这类实验项目强调化学与材料科学、生命科学、环境科学的交叉融合,融新颖性、探索性、实用性、趣味性等特色于一体,每学年都更新和调整,颇具挑战性,受到学生的欢迎,取得了良好的教学效果。

本套教材是中山大学化学与化学工程学院实验教材的一部分,是在学院原有实验教材和讲义的基础上,经过整合、优化、扩充、提高,并吸取了国内外同类教材的优点编写而成,是学院多年实验教学改革和教学实践的成果,凝聚了许多老师的辛勤劳动。

现代化学实验与技术是学院化学实验教学新体系中独立设置的实验课程之一,它与先行的基础化学实验和后续的综合化学实验构成化学类和近化学专业(生物、药学、化工、冶金、材料科学与工程、环境科学与工程等)实验教学的有机整体,其教学内容涉及物理化学、仪器分析、化工基础、化学信息学、电子和计算机技术在化学化工实验中的应用等学科实验。本课程主要学习现代物理测试方法、现代化学研究方法、现代分析仪器的应用、化学化工实验技术、化学信息技术,由实验基本原理、基础性实验、综合性和研究性实验、实验技术、工程实验、计算机模拟实验等组成,是一个多层次、注重学生实验技能和工程能力培养、化学化工实验相结合的教学体系。通过本课程的学习和实践训练,使学生掌握物质系统重要理化性能的测定方法,规范地掌握常用仪器定性和定量分析的基本实验操作和技能,熟悉并掌握文献资料查阅、化学实验现象的观察和记录、实验条件的判断和选择、实验数据的测量和处理、实验结果的分析和归纳等一套严谨的研究方法,提高学生发现问题、提出问题、分析问题、解决实际问题的能力,培养学生实事求是、基本学术规范、严谨科学的作风,以及学生的创新意识、创新精神和创新能力,为学生今后从事化学以及相关领域的科学研究和技术开发工作打下扎实的基础。

本书中的绪论、误差理论与数据处理、现代化学基本实验技术、电子和计算机技术在化学化工实验中的应用部分均是重要教学内容,应结合实验教学进程和实际实验一起学习。本书共安排了 76 个实验,其中既有技能训练和基础性实验,又有开放式、研究性实验,适合化学类和近化学类专业不同的教学要求。每个实验都提供背景知识和常规实验要求以及讨论和注意事项等,读者应在查阅相关文献资料的基础上开展研究性学习,以获得对实验方法和技术及其应用的全面理解和掌握。

本书的编写分工如下:陈六平编写第 1~3 章、实验 1~实验 18、实验 20~实验 27、实验 59~实验 69、实验 74,汇编了附录部分;陈六平和刘鹏共同编写实验 19;沈勇编写实验 28、实验 29、实验 76;邹世春编写实验 29~实验 46、实验 70、实验 71;谢天尧编写实验 47~实验 52、实验 72、实验 73;丁楠编写实验 53~实验 58、实验 75;余小岚编写第 4 章。方北龙、刘鹏、杨洋溢、欧阳钢锋、张建勇、潘梅、李高仁、杨立群、易菊珍、高海洋等老师对有关实验提出了不少修改意见。全书由陈六平教授统稿。

本书在编写过程中,得到了国家基础科学人才培养基金(化学基地)、中山大学实验教学研究(改革)项目(实验教材建设专项)、中山大学实验室开放基金的支持;得到了学校和学院领导、实验教学的前辈以及其他许多老师的大力支持和热情帮助。研究生冯华杰、张述营参与了图表绘制和部分文字的录入,参考了部分国内外化学实验教材和文献资料。在此向所有支持者表示衷心的感谢!

由于编者学识水平与经验有限,书中难免存在错误和不当之处,恳请有关专家和读者批评指正。

编　者

2007 年 7 月于康乐园

目　　录

第1章 绪 论

现代化学实验与技术是继基础化学实验之后而独立开设的实验课程,其教学内容涉及物理化学、仪器分析、化工基础等学科实验。本课程以学习现代物理测试方法、现代化学研究方法、各类现代分析测试仪器的构造与使用、化学化工实验技术为主,由实验基本原理、基础性实验、综合性和研究性实验、实验技术、工程实验、计算机模拟实验等组成,是一个多层次、注重培养学生实验技能和工程能力、化学化工实验相结合的教学体系。本章介绍课程的特点及教学要求、实验室安全防护和科技论文写作的基本知识。

1.1 关于现代化学实验与技术课程

1.1.1 目的要求

通过本课程的实验理论讲座以及多层次、系统的实验训练,应达到以下教学目的:

(1)使学生了解现代化学和化学过程学的基本实验方法和研究方法,掌握现代化学的基本实验技术和基本操作技能;加深理解并掌握物理化学、仪器分析、化学工程、计算机技术、数据分析和实验设计等课程的基本知识和原理,增强解决化学及化工实际过程问题的能力。

(2)掌握物质系统重要理化性能的测定方法,学会对分析仪器的性能进行测试并对部分参数进行校正,掌握常用仪器定性和定量分析的基本实验操作和技能。

(3)学习常用仪器的工作原理及其应用范围,了解其构造,掌握其使用方法;了解现代大型精密分析仪器的性能及其在科学研究、工农业生产和社会生活等实际问题中的应用。

(4)熟悉常用化工仪表的使用,掌握流体阻力、精馏、传热等基本的化工测试技术。

(5)熟练掌握化学信息检索的各种方法,掌握常用化学软件的使用方法;熟悉并掌握化学实验现象的观察和记录、实验条件的判断和选择、实验数据的测量和处理、实验结果的分析和归纳等一套严谨的实验研究方法。

(6)通过完成基础性实验和开放式、研究性实验,提高学生发现问题、提出问题、分析问题和解决问题的能力,培养学生实事求是、学术规范、严谨科学的作风,以及学生的创新意识、创新精神和创新能力,为学生今后从事化学及相关领域的科学研究和技术开发等工作打下扎实的基础。

1.1.2 教学组织

(1)本课程以基础性实验为主,基础性实验的操作技能学习与训练和综合性实验是本课程的中心环节。开课后,课程负责人首先向学生介绍课程的性质、任务、要求、课程安排和教学进度、平时考核内容、期末考试方式、实验守则、实验室安全卫生制度、化学品安全管理规程等,同时讲授误差理论、数据处理方法、回归分析、实验设计、重要实验技术(如温度、压力的测量与控制技术、流动法技术等)等内容,布置实验习题。安排3次实验技术讲座,共计6学时,这是本课程的必要环节。

（2）学生根据各个实验的任务，独立操作并完成实验测试。整个实验包括课前预习、实验前讨论、实验操作、实验记录、数据处理与分析、撰写实验报告、小论文、实验后研讨8个环节。学生预习时可访问本课程网站 http://ce.sysu.edu.cn/ChemEdu/Echemi/modernlab/，进行"网上实验预习"，经教师批阅预习报告或设计实验方案后，方可开始实验。

（3）实验前，教师需对学生的预习情况进行检查，以提问、口答的方式进行，考核合格后，学生才能开始实验。实验过程中，教师应在实验室进行巡视，及时纠正学生的错误操作，检查学生的实验记录情况。

（4）实验结束，指导教师检查实验结果并确认签字后，学生才可以清理实验仪器、清洁实验台面，经教师同意后方可离开实验室。

（5）本课程实施开放式实验教学，设置开放式、研究性实验，这类综合和创新研究性实验每年都进行更新和调整，学生可选做其中的一个实验，也可自行设计实验课题。这类实验持续时间较长，实验内容较多并具有一定的复杂性和综合度，因此以小组为单位进行，每组4～6人，每个实验项目均有一两名教师负责指导。学生从指导教师处了解实验课题后，即着手查资料，研读文献，钻研有关理论。在此基础上，学生先提出实验方案，经与教师讨论后，方可开始实验研究。一般要求学生在一学年内完成一个研究性实验。实验室每天都对学生开放，学生可利用课余时间到实验室做研究性实验。

1.1.3 实验预习

为了做好现代化学实验，学生在实验前必须认真预习，阅读实验指导书，了解实验目的和原理、仪器的构造和使用方法、实验装置和操作步骤，明确本次实验中要测定的量、最终要求的量、实验方法、实验仪器、控制条件以及注意事项，并自行设计实验数据和现象观察记录表格，写出预习报告。

本课程网站提供了丰富的学习素材，包括电子教案、教学录像、虚拟实验等。学生在实验前应访问该网站，在网上先做模拟实验，熟悉实验操作，这样有利于顺利地完成实际实验，保证实验质量。

1.1.4 实验过程

进入实验室之前，学生应认真学习学校、学院和化学实验教学中心制定的"学生实验守则"、"实验室安全卫生工作管理条例"、"实验室安全卫生标准化细则"、"关于化学实验中作弊行为的若干处理办法"、"关于开放实验室的管理规定"、"关于实验室报废物质的处理办法"、"并于化学实验教学的若干规定"、"玻璃和仪器设备损坏情况登记表"、"化学品安全管理实施细则"等管理规程。

实验时，学生须注意安全防护，严格遵守仪器操作规程和有关实验室的管理规程，保持安静和实验台面整洁，创造良好的实验环境。

实验过程中，要求学生勤于动手，敏锐观察，细心操作，开动脑筋，独立思考，认真分析钻研与实验有关的科学问题，如实做好实验记录。如果实验失败，必须重做。

1.1.5　实验记录

1. 完整记录实验条件

记录的实验条件包括实验环境条件(室温、大气压和湿度等)、测量条件(温度、压力、流量、电流、时间等)、实验材料和试剂(品名、来源、纯度、浓度等)、实验装置(名称、规格、型号、精度等),将原始数据列入自行设计的表格中。

2. 准确记录实验现象和原始实验数据

所有观察到的实验现象和实验数据应如实、完整地记录在编有页码和日期的实验记录本(预习报告)上,不得用铅笔、红笔做实验记录。记录实验数据时,需注意误差、有效数字取舍,不能随意涂抹数据,不得更改、伪造实验数据。若记录错误,可在错误上划一条删除线,再给出正确记录。如发现某个数据确有问题,应该舍弃的,可用笔轻轻圈去。记录字迹要整齐清楚,删除或舍弃的记录也应该能够分辨,切忌潦草马虎。保持良好的记录习惯是做好化学实验的基本要求之一。

3. 结束实验

应将原始实验数据、谱图和表格等记录交给指导教师审阅,经确认、签字后,本次实验方为有效。

1.1.6　实验报告

本课程实验报告(手写)一般应包括以下几个部分:
(1) 实验目的:目的要明确。
(2) 实验原理:用自己组织的简洁语言表述实验原理,要求表达清晰、用语科学。
(3) 仪器试剂:对实验装置图,要简述其构造及各部件的名称、生产厂家及型号、测量的精度;对实验材料、试剂纯度及其物理化学性质(熔点、密度和折射率等)、溶液浓度等要求记述清楚。
(4) 数据处理与结果:这是实验报告的重点。通过作图或公式计算等方法处理原始实验数据,求得必要的结果,并把实验结果与文献数据比较。要求给出实验结论,有效数字合理,结果表示正确。
(5) 分析讨论:结合查阅文献的情况,解释实验现象,给出实验结果的评价、误差分析、对实验的改进意见等。要求讨论深入,有独特见解。
(6) 思考题:实验课后的思考题是与相关化学理论、实验方法和技术密切相关的,应结合理论课、文献查阅和实验结果认真分析,用自己组织的语言阐述。
写实验报告是本课程的基本训练,能反映学生的实际水平和综合能力。因此,学生写实验报告时,一定要开放思维,认真思考,精益求精。

1.1.7　实验考核

课程考试或考核的目的主要是检验教与学的效果,促进教学内容的完善、教学方法的改进,促进素质教育和人才培养。同时,考核制度也是引导学生改进学习方法的有效途径。为

此,我们在总结国内外化学实验课考试方式方法的基础上,建立了一套科学的实验课考核机制,主要内容为

$$本课程成绩(100 分)=k_1 \sum_{i=1}^{n} (单个实验成绩)_i/n+k_2×考试成绩$$

式中,n 为实验总个数;k_1 和 k_2 为权重系数,$k_1=0.6\sim0.7$,$k_2=0.3\sim0.4$。单个实验又分为两类:第一类是基本技能训练实验和基础性实验;第二类是开放式、研究性实验。基本技能训练实验和基础性实验成绩的评分标准如表 1.1 所示。

表 1.1 现代化学实验与技术课程基础性实验评分标准(总分为 100 分)

项 目	成绩/分	项 目	成绩/分
课前准备,预习考核(口试)	5	数据处理	15
实验过程	30	安全清洁	5
实验结果	20	报告撰写	15
回答思考题	10		

在开放式、研究性实验成绩的评定中,学生研读文献的情况、对实验课题的理解深度、实验内容及结果、对实验结果的分析与讨论以及答辩情况等是评定成绩的重点。

本课程考试由闭卷和开卷两部分组成,两卷各占 50%。其中,闭卷考试时间为 60min,开卷考试时间为 90min。开卷部分的试题着重考查学生综合运用化学基本原理、基本知识和基本实验技术的能力,要求学生对需要解决的问题或要测定的物理量提出实验方案、设计思路,组合出基本的实验装置流程,并对实验结果的精确度和误差来源进行分析与讨论。

1.1.8 开放式、研究性实验

对于开放式、研究性实验,实施开放式实验教学,要求学生在一学年内利用课余时间完成一项实验课题的研究,学生需经历从文献查阅、实验方案设计,到实验准备、仪器组装及其调试、实验测量,以及实验数据处理、论文撰写和交流答辩等一系列过程。学生应在阅读文献资料的基础上,根据实验室提供的仪器设备等条件,设计实验方案并交老师审阅,经共同讨论、修改和定稿后,开始实验研究。在实验过程中可能会出现各种问题,需要学生认真分析产生问题的原因,积极寻求解决方法,反复实践,力求得到预期结果。

实验项目完毕,学生须独立撰写研究性实验报告,其格式与科技论文基本相同,包括以下几部分:①实验课题的背景、研究意义和目的;②实验部分(实验原理与方法、实验装置、化学试剂、实验过程、实验数据处理);③实验结果与讨论;④结论;⑤参考文献;⑥中英文摘要。

1.2 实验室安全防护

在现代化学技术实验室里,除使用一般化学实验室的各种化学药品和仪器设备及水、电、煤气外,还经常遇到高温、低温、高气压、真空、高电压、高频和带有辐射源的实验环境和实验仪器,隐藏着发生燃烧、爆炸、中毒、灼伤、割伤、触电等事故的危险性。如何防止这类事故的发生,以及万一出现事故时如何应对,都是每个化学实验室工作者应该具备的素质。在"化学实验室安全"和"基础化学实验"课程中已对这些内容作过介绍,在此仅就使用化学品、电器仪表、

高压设备和辐射源等的安全防护知识作一简述。

1.2.1 使用化学品的安全防护

1. 防毒

大多数化学品都具有不同程度的毒性。这些有毒化学品可通过呼吸道、消化道和皮肤进入人体而发生中毒现象。例如，氢氟酸侵入人体，将会损坏牙齿、骨骼、造血系统和神经系统；烃、醇、醚等有机物对人体有不同程度的麻醉作用；三氧化二砷、氰化物、氯化汞等是剧毒物，人吸入少量即可致死。因此，要尽量杜绝和减少毒物进入体内。有关注意事项包括：

（1）实验前应了解拟用化学品的毒性、理化性能和防护措施，计真阅读其相应的化学品安全说明书（Material Safety Data Sheet，MSDS）。

（2）使用有毒气体和挥发性酸（如 H_2S、Cl_2、Br_2、NO_2、浓盐酸、氢氟酸等）应在通风橱中进行操作。

（3）经常吸入苯、四氯化碳、乙醚、硝基苯等蒸气会使人嗅觉减弱，必须高度警惕。

（4）有机溶剂如苯等能穿过皮肤进入人体，应避免直接与皮肤接触。

（5）汞盐［$HgCl_2$、$Hg(NO_2)_2$］、重金属盐（镉盐、铅盐）及氰化物、三氧化二砷等剧毒物，应由实验室技术人员妥善保管（存放于实验室的保险柜中）。

（6）任何情况下都不能用口吸移液管移取液体。

（7）不得在实验室内喝水、抽烟、吃东西，离开实验室时要洗净双手。

2. 防火

（1）防止煤气管、煤气灯漏气，使用煤气后一定要关好煤气阀门。

（2）乙醚、乙醇、丙酮、二硫化碳、苯等化学品容易燃烧，实验室不得过多存放。注意防止这类化学品的泄漏，切不可将其废弃物倒入下水道，以免积聚引起火灾。

（3）注意金属钠、钾、铝粉、电石、黄磷及金属氢化物等化学品的使用和存放，尤其不宜与水直接接触。

如果着火，应冷静判断现场情况，采取适当措施灭火。水是最常用的灭火物质，可以降低燃烧物质的温度，并能将可燃物质与火焰隔开，或阻止空气接近燃烧物质。灭火毯、砂和各种灭火器也是很好的灭火器材，可根据情况适当选用。如果是上述第（3）种情况，应采用干砂等灭火；对于第（2）种情况，采用泡沫灭火剂更为有效。因为泡沫灭火剂比易燃液体轻，覆盖在上面可隔绝空气；如果是带电系统或设备着火，应先切断电源，再用二氧化碳或四氯化碳灭火器灭火。

本课程网站提供了虚拟实验——实验室消防模拟，学生可利用它学习常用灭火器材的使用方法，学校每学年都应组织灭火器材使用演习。另外，学生平时应知道各种灭火器材的使用方法和存放地点。

3. 防爆

许多可燃气体与空气混合后，当混合物的组分比例处于爆炸极限时，一旦有一个适当的热源（如火花）诱发，气体混合物便瞬间爆炸。这类爆炸通常称为支链爆炸。某些气体与空气混合时的爆炸极限如表1.2所示。

表 1.2　20℃和 101.325kPa 下与空气混合的某些气体的爆炸极限(体积分数％)

气　体	爆炸上限	爆炸下限	气　体	爆炸上限	爆炸下限
氢气	74.2	4.0	丙酮	12.8	2.6
乙烯	28.6	2.8	乙酸乙酯	11.4	2.2
乙炔	80.0	2.5	一氧化碳	74.2	12.5
苯	6.8	1.4	水煤气	72.0	7.0
甲醇	36.5	6.7	煤气	32.0	5.3
乙醇	19.0	3.3	氨气	27.0	15.5
乙醚	36.5	1.9	硫化氢	45.4	4.3

还有一种爆炸称为热爆炸,如过氧化物、高氯酸盐、叠氮铅、乙炔铜、三硝基甲苯等易爆物质,受震动、撞击或受热可能引起爆炸。

防止支链爆炸,主要是防止可燃气体或易燃液体的蒸气散失到室内空气中。此外,在实验室工作时应打开窗户,保持室内通风良好。当大量使用可燃气体时,室内应严禁使用明火和可能产生电火花的电器等。

对于预防热爆炸,强氧化剂和强还原剂必须分开存放,使用时要按专门规程进行,采取防爆措施。

4. 防灼伤

除高温、低温可以引起皮肤灼伤外,强酸、强碱、强氧化剂、溴、磷、钠、钾、苯酚、冰醋酸等化学品都会灼伤皮肤。液氧、液氮等低温物质也会严重灼伤皮肤。在使用上述各种物质时,应注意不要直接接触皮肤,更要防止这些化学品溅入眼内,一旦受伤要及时治疗。

1.2.2　汞的安全使用

现代化学技术实验室使用汞的机会较多,其安全防护须特别强调。

汞的毒性很大,而且进入人体后不易排出,形成累积性毒物。汞中毒分为急性和慢性两种。急性中毒多因汞盐进入人体(如吞入 $HgCl_2$)而致。进入人体的汞量达 0.1～0.3g 可致死。慢性中毒多由汞蒸气引起。20℃时汞的蒸气压约为 0.16Pa,超过安全浓度 130 倍。因此,使用汞时,应严格遵守下列操作规定:

(1) 汞不能直接暴露于空气中,其上应加水覆盖。

(2) 一切使用汞的操作均应在浅瓷盘上进行,盘上应有水。任何剩余量的汞都不能倒入水槽中。

(3) 储汞容器必须是结实的厚壁器皿,且器皿应放在瓷盘上。

(4) 盛装汞的容器应远离热源。

(5) 如果有汞洒在地上、桌面上或水槽中,应尽可能用吸汞管将汞珠收集起来,再用能形成汞齐的金属片(Zn、Cu、Sn 箔等)在汞溅落处多次扫过,最后用硫粉覆盖在有汞溅落的区域,并摩擦使之生成 HgS,也可用 $KMnO_4$ 溶液使汞氧化。擦过汞的滤纸等须放在有水的瓷缸内。

(6) 使用汞的实验室应该通风良好。

(7) 如果手上有伤口,切勿接触汞。

1.2.3　安全用电

1. 用电者的人身安全防护

实验室一般使用频率 50Hz、220V 的交流电。1～10mA 的交流电通过人体,有发麻或针刺的触电感觉;10～25mA 的交流电将导致人体肌肉强烈收缩;25～100mA 的交流电则引起呼吸困难,甚至停止呼吸,有生命危险;100mA 以上的交流电将引起心脏的心室纤维性颤动从而导致死亡。人体在通过同样大小的直流电流时,也有相似的危害。

违章用电不仅可导致仪器设备损坏和火灾,而且可能造成人身伤亡等事故,因此在实验室用电过程中须严格遵守以下操作规程:

(1) 安装或修理电器设备时必须先切断电源,切不可带电操作。

(2) 使用电器时手必须干燥,不要用潮湿的、有汗水的手去操作电器。

(3) 一切电源裸露部分应有绝缘装置,所有电器设备的金属外壳应接上地线。

(4) 不能用试电笔试高压电。

(5) 双手不应同时触及电器,以防触电时电流通过心脏。

(6) 一旦有人触电,应首先切断电源,然后对触电者采取急救措施。

2. 电器仪表的安全防护

(1) 一切仪器设备应按仪器说明书装接适当的电源,其中电器设备使用说明书上标明要接地的,应做好接地保护。

(2) 如果是直流电器设备,应注意电源的正、负极,不能接错。

(3) 如果电源为三相电源,则三相电电源的中性点要接地,这样做的目的是,如果触电可降低接触电压;设备发生故障时应及时切断电源。接三相电动机时注意是否符合正转方向,否则要切断电源,对调连接一组相线。

(4) 接线时应注意接头要牢靠,并根据电器的额定电流选用适当的连接导线。

(5) 仪表量程应大于待测量。待测量大小不明时,应从最大量程开始测量。

(6) 仔细检查所接电路无误后,方可试探性通电。如发现有异常声响、局部温度升高或闻到焦味等异常现象,应立即切断电源,并报告教师进行检查。

3. 防止发生火灾及短路

(1) 电线的安全通电量应大于用电功率;使用的保险丝应与实验室允许的用电量相符。

(2) 实验室内若有氢气、煤气等易燃易爆气体,应避免产生电火花。继电器工作时、电器接触点接触不良及开关电闸时均易产生电火花,须特别小心。

(3) 如遇电线起火,须立即切断电源,用砂或二氧化碳、四氯化碳灭火器灭火,禁止用水或泡沫灭火器等导电液体灭火。

(4) 电线、电器不要被水淋湿或浸在导电液体中;线路中各接点应牢固,电路元件两端接头不得互相接触,以免发生短路。

1.2.4　使用受压容器的安全防护

现代化学技术实验室经常用到高压储气瓶、真空系统及一般受压的玻璃容器,若使用不当,会导致爆炸和人身伤亡等事故。为了安全使用高压气瓶及受压玻璃仪器,需要掌握有关常识和操作规程。

1. 高压气瓶的安全防护

1) 气瓶的分类、用途及特性

气瓶由无缝碳素钢或合金钢制成,其分类和许用压力见表1.3。

表1.3 气瓶的类型及用途

气瓶类型	用　途	工作压力/(kg·cm^{-2})	实验压力/(kg·cm^{-2})	
			水压实验	气压实验
甲	充装 H_2、O_2、N_2、Ar、He、压缩空气等	150	225	150
乙	充装纯净水煤气、CO_2 等	125	190	125
丙	充装氨、氯、光气等	30	60	30
丁	充装 SO_2 等	6	12	6

气体钢瓶是储存压缩气体(氢气、氮气、氧气等)和液化气(液氨、液氯、液体二氧化碳等)的高压容器,容积一般为40~60L,最高工作压力为15MPa,最低为0.6MPa。在钢瓶的肩部有钢印打出的标记:制造厂、制造日期、气瓶型号、编号、气瓶质量、气体容积、工作压力、水压实验压力、水压实验日期和下次送检日期。

2) 气瓶的识别

我国有关部门颁布实施了气瓶安全监察规程,规定了各类气瓶的色标,见表1.4。

表1.4 常用气体钢瓶颜色和字样标记

气体类别	瓶身颜色	字样颜色	字　样	横条颜色
氮气	黑	黄	氮	棕
氧气	天蓝	黑	氧	
氢气	深绿	红	氢	红
压缩空气	黑	白	压缩空气	
二氧化碳	黑	黄	二氧化碳	
氦	棕	白	氦	
液氨	黄	黑	氨	
氯	草绿	白	氯	白
氟氧烷	铝白	黑	氟氧烷	
石油气体	灰	红	石油气	
粗氩气体	黑	白	粗氩	
纯氩气体	灰	绿	纯氩	

实验前,要按照钢瓶外表油漆颜色、字样及其颜色等正确识别瓶中盛装的气体种类,切勿误用,以免造成事故。若钢瓶色标脱落,应及时按国家标准规定重新进行漆色、标注气体名称和涂刷横条。

3) 气瓶的安全使用

一般气瓶至少三年检验一次,盛装腐蚀性气体的气瓶至少两年检验一次。不合格的气瓶应降级使用或予以报废。

使用气瓶的主要危险是漏气和爆炸。性质相抵触的气体混合、气瓶过量充装、气瓶倒灌、气瓶坠落或撞击坚硬物体等都会导致气瓶爆炸。气瓶爆炸造成的破坏和伤亡非常大,使用时必须遵守以下规程:

(1) 气瓶应专瓶专用,不可随意将瓶改装、充灌其他气体。

(2) 搬运气瓶前需先取下减压器,再装好瓶帽、橡皮腰圈,并使用专用气瓶推车。气瓶在搬运时要轻、稳,不要在地上滚动,勿使气瓶与其他坚硬物体撞击或暴晒及靠近高温处,以免引起气瓶爆炸。

(3) 气瓶应存放在阴凉、干燥、远离热源(如阳光、炉火、暖气设施等)的地方,并将气瓶置于气瓶柜中或用铁链固定,避免突然摔倒。可燃气体气瓶必须与氧气气瓶分开存放。易燃气体气瓶与明火距离应保证不小于 5m,氢气瓶最好放在远离实验室的小屋内,用紫铜管或不锈钢管引入实验室,并安装防止回火装置。

(4) 氧气瓶的瓶嘴、减压器严禁沾染油脂或与腐蚀性物质接触,操作者手上、衣服上或扳手上沾有油脂时,严禁接触氧气瓶。因为高压氧气与油脂相遇易燃烧,甚至爆炸。

(5) 气瓶须安装减压器后方可使用。一般可燃性气体气瓶接头的螺纹是反向的左牙纹,不燃性或助燃性气体气瓶接头的螺纹是正向的右牙纹。

(6) 气瓶阀门开启前,应先检查减压器是否处于关闭状态,再检查接头连接处和管道是否漏气,确认无误后方可继续操作。开启气瓶阀门时,操作者应站在气压表的侧面,不准将头或身体对准气瓶总阀,以防阀门或气压表一旦冲出时伤人。

(7) 气瓶内气体不可用尽,应保持 0.05MPa 表压以上的残留压力。可燃性气体乙炔气瓶应剩余 0.2~0.3MPa 的压力,氢气则应保留 2MPa 以上的压力,以防止空气进入气瓶,导致重新充气时发生危险。

(8) 使用可燃性气体时,不但要防止系统漏气,而且不要将用过的气体排放在室内,应时刻保持实验室通风良好。

(9) 减压器(阀)的使用:气体减压器的结构原理如图 1.1 所示。当顺时针旋转手柄 1 时,压缩主弹簧 2,作用力通过弹簧垫块 3、薄膜 4 和顶杆 5 使活门 9 打开,高压气体进入低压气体室,其压力由低压表 10 指示。当达到所需压力时,停止旋转手柄。开节流阀输气至受气系统。当停止用气时,逆时针旋松手柄 1,使主弹簧 2 恢复自由状态,活门 9 由弹簧 8 的作用而密闭。当调节压力超过一定许用值或减压器出现故障时,安全阀 6 会自动开启放气。

每种减压器只能用于规定的气体物质,切勿混用。安装减压器时应首先检查连接螺纹是否符合。用手拧满全部螺纹后再用扳手上紧。在打开气瓶总阀之前,应检查减压器是否已关好(手柄 1 松开),否则由于高压气的冲击会使减压器失灵。打开气瓶总阀后,再慢慢打开减压器,直到低压表 10 显示达所需压力为止。然后打开节流阀向受气系统供气。停止用气时先关气瓶总阀,至压力表 10 显示下降到零时再关减压器。

减压器的安装情况如图 1.2 所示。

有些气体,如氮气、空气、氩气等,可以采用氧气减压器。但是,还有一些气体,如氨气、氯气等腐蚀性气体,须采用专用减压器。对于常见的氮气、空气、氢气、氨气、乙炔、丙烷、水蒸气等气体,其专用减压器可从一般压力仪表商店购得。

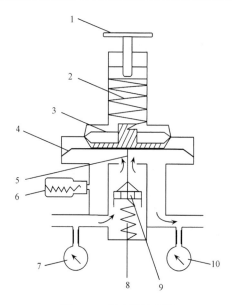

图 1.1　减压器示意图

1. 手柄；2. 主弹簧；3. 弹簧垫块；4. 薄膜；5. 顶杆；6. 安全阀；7. 高压表；8. 弹簧；9. 活门；10. 低压表

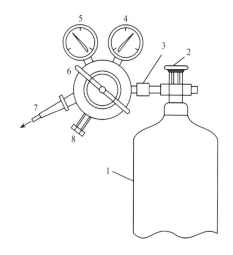

图 1.2　安装在气瓶上的氧气减压器示意图

1. 气瓶；2. 气瓶开关；3. 气瓶与减压器连接螺母；4. 高压表；5. 低压表；6. 低压表压力调节螺杆；7. 出口；8. 安全阀

这些减压器的使用方法及注意事项与氧气减压器的基本相同。但需指出，专用减压器一般不用于其他气体。为了防止误用，有些专用减压器与气瓶之间采用特殊连接口，如氢气和丙烷均采用左牙螺纹，也称反向螺纹，安装时须特别注意。

2. 受压玻璃仪器的安全防护

受压玻璃仪器包括高压或真空实验用玻璃仪器、盛装汞的容器等。这类仪器使用的注意事项有：

(1) 受压玻璃仪器的器壁应足够坚固。

(2) 供气流稳压用的玻璃稳压瓶的外壳应设置保护套，如裹一层布或细网套。

(3) 以液氮获得低温，将液氮注入真空容器时，真空容器可能发生破裂，操作者不要把脸靠近容器的正上方。

（4）盛装汞的 U 形压力计或容器应防止使用时玻璃容器破裂,造成汞洒落到桌上或地面上,故盛装汞的玻璃容器下部应放置瓷盘或其他适当的坚固容器。使用 U 形汞压力计时,应防止系统压力变动过于剧烈而使压力计的汞散溅到系统外。

（5）使用真空玻璃系统时,任何一个活塞的开关均会影响系统的其他部分,故操作时需格外小心,防止系统内形成高温爆鸣气混合物或爆鸣气混合物进入高温区。开关活塞时,应一手握住活塞套,另一只手缓慢旋转内塞,使玻璃系统各个部分不产生力矩,以免扭裂玻璃管。

1.2.5　使用辐射源的安全防护

现代化学技术实验室的电离辐射主要指 X 射线和同位素源的 γ 射线。X 射线被人体组织吸收后,对人体健康有害,长期反复地接受照射,会导致疲倦、记忆力减退、头痛、白细胞降低等。γ 射线比 X 射线的波长短,能量大,但两者在性质上是相同的,对人体作用也相似。

防护方法就是防止身体各部位(特别是头部)直接受到照射。因此,操作时需要采取屏蔽、缩时和加距等防护措施。屏蔽物质有铅和铅玻璃。操作时,辐射管窗口附近用铅皮(厚度在 1mm 以上)挡好。操作者应站在侧边操作,避免直接照射,还要戴上铅玻璃眼镜。操作完毕,用铅屏将人和辐射源隔开,暂停工作时,应关闭辐射管窗口。有辐射源的实验室内应保持良好通风,以减少由于高电压和 X 射线电离作用产生的有害气体对人体的影响。

1.3　科技论文写作

本课程实行开放式教学,每学年度都设置若干开放式、研究性实验供学生选做,学生也可自拟实验研究项目。在教师的指导下,学生组成研究小组,于课余时间在一年内独立开展课题研究,并完成项目总结、交流和答辩。每个项目完成后,都要求小组提交一份科技论文格式的研究总结。本节就科技论文撰写中的有关问题作简要论述。

1.3.1　撰写科技论文的意义

科技论文是文章的体裁之一,是通过判断、推理、论证等逻辑思维的方法及以分析、测定、验证等实验手段表达科学研究中的成果、发明和发现的文章,它主要以新理论、新方法、新技术、新仪器、新发现为反映对象。撰写科技论文主要是为了科学积累,进行学术交流,传播科学知识和文化。

对于科技论文,基本要求是它的科学性、学术性、创造性,论文的核心内容包括以下几方面:论证合乎逻辑,论点准确无误,实验数据精确可靠、重现性好,并经得起反复验证。科技论文撰写时,须尊重客观、尊重事实。科技论文所含的新知识、新原理、新方法、新技术、新规律以及基于此进行的发明和创造应当造福人类、促进社会和谐发展,这样的科技论文才真正具有科学价值和社会意义。

1.3.2　科技论文的构成

科技论文常因学科、研究项目、过程和结果等不同,有多种写作方式和体例结构,因此很难列出所有科技论文共同遵循的体例章法。在此,仅就论文中常见的项目按一般逻辑顺序逐一列出:标题、作者及单位、目录、摘要、关键词、引言、正文、结论、总结、符号说明、致谢、参考文献及附录。除体系很大的长篇论文项目比较完备外,一般不必全备,作者可根据论文表达的内容需要,选择所需项目。

1. 标题

论文标题要求简短明了,既能概括全篇又引人注目,既不要过于概括以至于空泛、一般化,也不宜过于繁琐,使人印象不鲜明,难以记忆和引证。要求用词简单、词意明确、实事求是,避免用广告式的冗赘夸大的字眼。题目通常不使用缩写词、化学分子式、专用名词或行话。必要时可以使用副标题,以准确定义主标题。

2. 作者、单位及联系地址

要求署名作者的真实姓名、单位和邮政编码。确定论文作者的署名顺序是一项严肃的事情,须按照对完成论文所作贡献的大小列出,投稿前所有作者应审阅全文,做到文责自负。

3. 目录

论文在标题后附有目录。目录反映论文的提纲,其所列条目就是论文组成部分的小标题,逐项标明页码。翻开目录,就可以看出论文的主要内容,各个论点如何联系和如何发挥的大致轮廓。目录也可以帮助读者查阅章节。有的目录还列出参考文献、附录和索引所在的页次,有利于读者参考。长篇的综述性论文一般列出目录(如 *Chemical Reviews* 杂志上的论文),其他一般性科技论文不必列出目录。

4. 摘要

摘要是文章内容的概括。科技论文都有内容摘要,一般放在正文前面。摘要应简短扼要,不仅能引人入胜,吸引读者读全文,还能独立使用,使那些对讨论问题有所了解的读者,即使看不到正文也能对论文内容一目了然,得出明确的概念,甚至能凭借它作某些工艺技术上的推广。

摘要一般包括以下内容:①为什么从事这项研究,即研究工作的缘起、问题、重要性;②完成了哪些工作,包括研究内容、过程和所使用的方法;③总结研究得到的结果和应用范围;④阐明基本结论,重点要表达论文的创新点及相关的结论和结果。

由于研究内容的差别,摘要一般分陈述性摘要和资料性摘要两种。资料性摘要不仅要求概述主要论据、结论,还要列举关键性的数据材料。

摘要要求精练,不宜列举例证,不宜与其他研究工作对比。只有当前研究是在他人研究工作基础上发展起来的,必须说明研究的根据时,才须提到他人的研究。

摘要的每个论点都要具体鲜明,一般不笼统地讲论文"与什么有关",而直接讲论文"说明什么"。

摘要本身要完整。因为有些读者用摘要杂志或索引卡片进行研究工作,很可能得不到全篇论文,因此不要引用论文某节或某张插图来代替摘要。

各国最有影响的化学杂志对摘要写作的共同要求有以下几个方面:

(1) 要说明实验或论证中新观察到的事实或结论。如果可能的话,还要说明新的理论、处理、技术等的要求。

(2) 要说明新化合物的名称、新数据,包括物理常数等。如不可能说明,也要提及上述内容。提到新的项目和新的观察是很重要的,即使提到它们对本论文的主旨来说只是附带性的。

（3）在说明实验结果时,要说明采用的方法,如果是新方法,还要说明其基本原理、操作范围和准确度。

限制摘要的具体长度是不可能的。一般来说,一篇较好的论文,摘要不超过全文的 3% 可能是比较恰当的。有人说,技术论文的作者如果能把一篇 10～12 页的论文用 4 行的摘要概括出来而不失其基本概念,那他就大体上懂得如何有效地表达自己的思想了。

5. 关键词

为便于文献检索而从论文中选择的,用于表达主题内容和信息的单词、术语称为关键词。一般可选 3～8 个关键词,尽可能在文章的题目和摘要中摘取。

6. 引言

引言(前言,概述)是科技论文的"帽子",它向读者解释论文的主题、目的及总纲。常见的引言至少要包括以下内容:

（1）说明论文主题、目的、性质和范围。

（2）说明引起论文写作要求的情况和背景,应对有关文献进行评述。

（3）概述得到理想答案的方法或研究方案。

（4）主要研究结果。

作者不要在引言里对其研究工作或自己的能力表示谦虚,应让读者对论文作出自己的评价。在引言里谦虚是写作上的错误。

7. 正文

正文是科技论文的主体。

论文应做到观点和材料统一,以明确的观点去统率材料;应具有准确、鲜明、生动的特点,简短精粹。论文无论长短、体系大小,都必须依靠逻辑来组织,合乎思维规律,顺理成章。

正文内容一般包括以下几个部分。

1）理论部分

说明课题的理论及实验依据,提出研究的设想和方法,建立合理的数学模型,进行科学的实验设计。

2）实验部分

（1）实验材料和仪器设备。在叙述实验用的材料、实验设备、实验方法和过程等时,必须从专业的角度看是详尽的,便于别人重复验证。

凡是认为日后可能是对研究结果有影响的重要细节,在此都要说明。

对于实验材料,应包括技术要求、数量、来源、纯度及处理过程。有时还要求列出所用材料的化学组成和物理性质。

（2）实验过程。说明实验操作程序,对所用仪器设备、控制条件、检测方法、所获数据等,详略可以根据具体情况而定。

若实验方法、检测方法和主要设备不是常用或标准的,也不是以前验证过的,那么就要充分说明,以便他人重复实验,并判断其准确性和精确度。

若所用方法和仪器设备相当复杂而在别处曾详述过,那么只要提出以往的研究报告,加上简短注释或列出参考文献,提醒读者即可。

介绍不常见的实验方法、检测方法和主要设备时,在文中附一张简明流程表或仪器草图或照片是很有用的,通常可以把说明大大缩短。说明实验方法时要清楚扼要,略去与论文无关的操作过程。在叙述实验过程中,一般不涉及实验结果,以显示思路清晰。然而,如果某些成果是在实验进行的过程中产生的,或实验的最后成果是在一系列初步成果的基础上产生的,那么就可以在叙述实验过程时一起论述。

若题材复杂,包括很多细节,那么就要抓主要矛盾,突出主要线索。把必要的细节列入附录,凡需要参见附录的地方都要标注,便于读者查阅。

叙述实验过程通常采用研究工作的逻辑顺序,而不采用自己实验的时间先后顺序。

如果整个实验由一系列实验组成,那么每项实验都需编序号,逐项列出"实验材料和仪器设备"、"实验过程"等内容,按要求一一说明。

(3) 结果与讨论。实验结果是论文的关键,实验成败由此判断,一切推论以此为根据,所以应充分说明。可采用表格、图解、照片等附件,能起节省篇幅和帮助理解的作用。

实验结果和具体的判断分析通常要逐项探讨。作者在研究中得出的某些见解,虽然没有充分证明足以列为具体结论的,也可阐明。另外,本研究成果与本科学以往研究工作一致的地方也可指明。

既要考虑到读者对本论文涉及的科学问题有一定素养,又要想到他们可能对本论文会有不同意见。因此,要压缩一些众所周知的议论,突出证实新的发现和观点,让读者反复研究数据,彻底估价判断和推理的正确性。论述要直截了当。

在写这部分时,尤其要重视严肃的科学态度和实事求是的精神。事实一定要和推理划清界限。作者个人意见、权威名家的意见、大多数人的意见都只能作为意见,不能作为事实论述。从类似的现象进行推论,从反面事例进行推论,都是没有说服力的。

对实验结果应该进行统计分析,防止主观片面性。经过统计分析可能发现有些实验结果在某些方面异常,无法解释,虽不影响论文主要观点,也应在论文中实事求是地加以说明;如果在实验过程中发现设计或执行方法有某些错误,在论文中也应该说明,以供未来研究工作者借鉴。

有的论文在本部分末尾将对本论文课题、本学科进一步研究的计划、打算作为结束语,是一种好的结束法,它写出未来工作大纲,这对读者是有帮助的。

8. 结论

结论(论文总的观点)是实验结果的逻辑发展,是整篇论文的归宿。许多读者喜欢阅读通过实验或实验结果所获得的观点、结论,因此结论必须完整、准确、鲜明。

罗列研究成果不能代替结论。结论比研究结果和分析还要推进一步,要反映研究工作者如何从实验结果经过概念、判断、推理的过程而形成总的观点,要反映事物内在、有机的联系,要大胆而严肃地讨论研究结果的理论意义和实用的可能性,一般按以下要点作出结论:实验结果说明了什么问题;得出了什么结论;解决了什么问题;对前人的研究成果做了哪些修改、补充、发展、论证或否定;还有哪些待解决的问题。

如果没有扎实的结论,不要勉强杜撰,但注意不要漏过任何一条真正的结论,因为凡是有价值的研究工作都能证实一条或几条扎实的结论。

9. 总结

总结相当于论文内容的概略。其内容和写作要点与摘要类似。

总结放在论文后面,帮助读者回顾论文内容,加深印象,便于消化。其内容包括中心思想,问题的提出及重要性,研究内容和研究方法,突出的成果及其意义。

为了避免重复,除长篇大作外,一般不缀加这一部分。

10. 符号说明

按英文字母的顺序将文中所涉及的各种符号的意义、计量单位注明。

11. 致谢

在研究工作中得到常规之外的帮助时,可在总结后或论文结束处表示感谢,措词要谦虚有礼。

12. 参考文献、附录、索引

除图片、图表或若干注释直接插入文内辅助阅读外,参考文献、附录、索引一般附于篇末,与其他著作相同。

科技论文列举参考文献是传统惯例,反映作者严肃的科学态度和研究工作的广泛依据。凡引用其他作者的引用文、观点或研究成果时都应用数码标明,在参考文献栏中说明出处。

整段内容需注明参考文献时,注在第一句话上。

不同杂志对参考文献的格式有不同规定,但一般需包括被引文献序号、作者姓名、文献名称、年、卷(期)、页次等,有的杂志还要求在作者姓名和文献名称之间列出论文的题目。

1.3.3 论文完成后的工作

在投稿之前必须重新审查,首先对内容进行审查,其次是保密审查,然后按出版要求对编写格式进行审查。

对文章内容方面需要审查的是:详细条目组成的结构系统是否合乎逻辑、章节顺序是否合理;图表和行文是否一致;结果、结论是否相符而无牵强之处;内容是否精练;说明是否透彻等,最好请人代为阅读,或是停几天以后再读,这样不致完全沿着原来的思路而看不出问题。

保密审查包括是否得到合作者的同意,是否泄漏机密,是否得到所在单位的许可等。

最后需按照出版编写格式的要求进行细致审查,要求论文没有错别字,分清外文字形,物理量的符号、大小写、正斜体、上下标及单位,注明专用符号。正确使用标点符号,统一有关名词、名称、计量单位、公式写法。图表合乎规范、注释和参考文献写法合乎规定等。

一项研究只有以论文的形式将研究成果发表出来,这项研究才算最后完成。写论文重要的是让读者看得懂,用得上,确实有益。

第 2 章　误差理论与数据处理

完成某项测量必须有测量仪器、测量方法和测量人员,这三方面都可能使测量产生误差。所以,任何测量结果都带有误差,即测量值与真值(一个量在被观测时,它本身所具有的真实大小称为真值)之间存在偏差。因此,须对误差产生的原因及其规律进行研究,应用误差理论对所测得的实验数据进行处理,才能得到合理的结果,使其成为有科学价值的资料,这在科学研究中是必不可少的。另一方面,可根据误差分析的结果选择最适当的仪器设备或实验方法,以减少人力物力的不必要消耗,提高实验效率。本章介绍误差理论的基本知识及其在数据处理中的应用。

2.1　基　本　概　念

2.1.1　量与单位

量(quantity)的定义:现象、物理或物质的可以定性区别和可以定量确定的一种属性。量是物理量的简称,凡是可以定量描述的物理现象都是物理量。

量有两个基本特征:一是可定性区别;二是可定量确定。例如,几何量、力学量、电学量、热学量等有物理属性的差别;定量确定是指确定具体的量的大小,要定量确定,就要在同一类量中选出某一特定的量作为一个参考量,称为单位(unit),则在这同一类量中的任何其他量都可用一个数与这个单位的乘积表示,这个数就称为该量的数值。数值乘单位称为某一量的量值。

量有标量和矢量之分。关于量的单位与数值,有

$$Q = \{Q\}[Q]$$

式中,Q 为某一物理量的符号;$[Q]$ 为物理量 Q 的某一单位的符号;$\{Q\}$ 为以单位 $[Q]$ 表示的量 Q 的数值。例如,体积 $V = 10\mathrm{m}^3$,即 $\{V\} = 10$,$[V] = \mathrm{m}^3$。

物理量的单位须一同参加数学运算。例如,将 10mol 某理想气体密封在一个 $10\mathrm{m}^3$ 的容器中,则在 300K 时该容器内的压力为

$$p = 10\mathrm{mol} \times 8.314\mathrm{J} \cdot \mathrm{mol}^{-1} \cdot \mathrm{K}^{-1} \times 300\mathrm{K}/10\mathrm{m}^3 = 2494.2\mathrm{Pa}$$

在对数和指数函数的表达式中,应将物理量的单位一并写入。例如,以 p 表示压力(Pa),k 表示一级化学反应的速率常数(s^{-1}),则 $\ln(p/\mathrm{Pa})$、$\ln(k/\mathrm{s}^{-1})$ 是正确的表示,而 $\ln p$、$\ln k$ 是错误的表示。

2.1.2　测量方法

各种量的测量方法有多种,但从测量方式的角度看,可归纳为两类。

1) 直接测量

将被测量的量直接与同一类量进行比较的方法称为直接测量。若被测的量直接由测量仪器的读数决定,仪器的刻度就是被测量的尺度,则称这种方法为直接读数法。例如,用米尺测

量某物体的长度,用温度计测量某体系的温度,用电压表测电压等,都可以直接读出数据。若计量器具的示值是从对照曲线或表格中读出的,则这种测量仍被看作是直接测量。

2) 间接测量

许多被测的量不能直接与标准的单位尺度进行比较,而是要根据其他量的测量结果,再引用一些原理、公式、图表等计算得出,这种测量就是间接测量。例如,通过测定某化学反应在一定温度和压力等条件下达到平衡时反应物和生成物的浓度,就可得到其平衡常数 $K_p^{\ominus}$;在相同压力和不同温度下测得反应的 $K_p^{\ominus}$,就可得到一定温度范围内该反应的标准摩尔焓变 $\Delta_r H_m^{\ominus}$。

在直接测量与间接测量中,测量的目的即最终要求出的量(被测量)只有一个。而当测量的目的有多个时,则要通过直接测量的结果或间接测量的实验值建立方程组,再通过解联立方程组求得被测量的量值,这就是组合测量方法。

例如,实际气体的压缩因子 $Z(p,T)$ 可表示为

$$Z(p,T) = 1 + B(T)p + C(T)p^2 + D(T)p^3 + \cdots$$

要确定上式中的第二、第三、第四、…维里系数,就需要对所研究气体的 p、V、T 数据进行多次测量,实测的量为 p 和 T,由实测的 p、V、T 数据拟合可得到 $B(T)$、$C(T)$、$D(T)$、…。

测量:为确定被测对象的量值而进行的实验过程称为测量。

检定:为评定计量器具的度量性能(准确度、稳定度、灵敏度等)并确定其是否合格所进行的全部工作称为检定。

由上可见,测量与检定是两个不同的概念,但两者又有联系,因为检定时要对被检计量器具的各项技术指标进行测量,而其测量误差要比对被检指标的额定允许误差小得多。因此,从测量的观点看,检定是测量工作在计量工作中的一种应用,并且是精确度较高的测量。只能用上一级精确度较高的仪器对下一级精确度较低的仪器进行检定,通过检定将量值从国家基准逐级传递给各级以至工作仪器,因此检定能达到量值传递的目的。对一台仪器进行检定,要确定该仪器各项技术指标是否达到规定的要求,从而确定该仪器合格或不合格。

2.1.3　系统误差

系统误差是指在相同实验条件下,对同一物理量进行多次测量时,测量结果的平均值与被测量的真值之差。系统误差是由实验过程中某种固定原因造成的,并且具有单向性,即大小、正负都有一定的规律性。

1. 系统误差的特点

系统误差的特点有:①系统误差是一个非随机变量,即系统误差的出现不服从统计规律而服从确定的函数规律;②重复测量时,系统误差会重复出现;③由于系统误差的重现性,因此决定了它具有可修整的特点。

2. 产生系统误差的原因

在测量中,系统误差产生的原因有以下几个方面:

(1) 方法误差:是指实验方法本身造成的误差,如引用了近似公式。

(2) 仪器误差:由测量仪器的缺陷所引起的误差,如气压计的真空度不够高,温度计未经校正,UV 分光光度计所用波长不准等。这类误差可通过检定的方法来校正。

（3）试剂误差：由于试剂不纯或配制溶液用的蒸馏水不纯、试剂含有被测物或其他干扰物等引起的误差。

（4）操作误差：由于实验人员的操作不熟练，或个人习惯和特点所引起的误差，如观察仪器刻度时视线偏高或偏低、偏左或偏右，记录某一物理量值的时间总是滞后等。

3. 系统误差的分类

（1）固定系统误差：如用天平进行测量时，砝码所产生的误差为恒定值，故为固定系统误差。

（2）线性变化的系统误差：随着测量次数增加而呈线性增加或减小的系统误差。例如，用尺量布，若尺比规定的长度短 1mm（$\Delta = 1mm$），则在测量过程中每进行一次测量就产生一个绝对误差 1mm，这样被测的布越长，测量的次数越多，则产生的绝对误差越大，系统误差呈线性增加。

（3）周期性变化的系统误差：数值与符号作周期性改变的误差称为周期性变化的系统误差。这种误差的符号由正变到负，数值由大变到小至零再变大这样重复变化。

（4）变化规律复杂的系统误差：误差出现的规律无法用简单的数学解析式表示的系统误差称为变化规律复杂的系统误差。

4. 消除或减小系统误差的途径

（1）通过改进测量方法来消除或减小系统误差。例如，采用纯度高的试剂或进行空白实验，可校正试剂误差。

（2）通过适当的数据处理来消除或减小系统误差。例如，半周期读数法可以消除周期性变化的系统误差，由于误差的周期性变化，经过 $180°$ 后误差就变号。

（3）通过引入修正值减小系统误差。对固定的或变化很小的系统误差，可以引入修正值对系统误差进行修正，从而减小系统误差。但要注意，不是任何情况下得到的修正值都能提高测量精度，只有被修正的系统误差远大于其随机误差时，才能通过使用修正值而提高精度。

一个仪器的系统误差一般情况下比其随机误差大，因此如何发现存在的系统误差并且消除或减小系统误差对提高仪器测量精度是很有意义的。

要发现和确定恒定的系统误差，唯一的方法是用精确度更高级的标准仪器对其进行检定。检定方法是用标准仪器和被检仪器同测一个稳定的量。

2.1.4 随机误差

即使系统误差已被校正，在相同条件下对同一物理量进行多次等精度测量时，仍会发现测定值之间存在微小偏差，偏差的大小与正负号都是不固定的，此类误差称为随机误差。

随机误差又称为偶然误差，它是由某些难以控制、无法避免的随机（偶然）因素造成的。例如，观察温度时呈现微小的起伏，室内气压的波动、湿度的变化、灰尘等环境条件改变都会引起测量结果的波动，操作人员感官分辨能力的限制也会导致重复测量所得结果之间存在偏差。

随机误差服从正态分布规律，具有以下几点性质：①绝对值小的误差比绝对值大的误差出现的次数多；②绝对值相等的正误差与负误差出现的次数几乎相同；③在一定测量条件下，测量次数一定时，随机误差的绝对值不会超过一定界限；④同一量的等精度测量，其随机误差的算术平均值随着测量次数的增加而无限地趋向于零。

图 2.1 是随机误差分布曲线,又称正态分布曲线。该曲线下的面积表示全部数据重现的概率的总和,应当为 100%。出现 μ 值的概率最大。

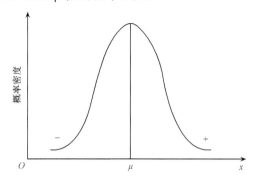

图 2.1 误差的正态分布曲线

为了减小随机误差,应进行平行实验并取结果的平均值,以提高测量的精密度和重现性。在消除了系统误差的前提下,多次测量结果的平均值更接近真值。

只要测量次数足够多,在消除了系统误差和过失误差的前提下,测量结果的算术平均值($\bar{x}$)趋近于真值($x_{真}$),有

$$\lim_{n \to \infty} \bar{x} = x_{真}$$

一般测量次数不可能有无限多次,因此测量结果的算术平均值也不等于真值。于是人们常将测量值与算术平均值之差称为偏差,常与误差混用。

若以误差出现次数 N 对标准偏差 $\hat{\sigma}$ [参见 2.2 节式(2-9)]作图,得到一条对称曲线,如图 2.2 所示。

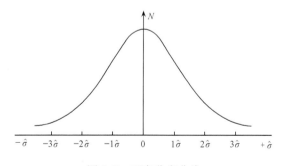

图 2.2 正态分布曲线

统计结果表明,测量结果的偏差大于 $3\hat{\sigma}$ 的概率不大于 0.3%。因此,根据小概率定理,凡误差大于 $3\hat{\sigma}$ 的点,均可以作为过失误差而剔除。严格而言,只有在测量次数达到 100 次以上时方可如此处理,粗略地也可用于 15 次以上的测量,而测量次数为 10~15 次时可用 $2\hat{\sigma}$,若测量次数更少,应酌情递减。

2.1.5 过失误差

实验中,由于操作人员的粗心大意或未按规程进行实验所造成的误差称为过失误差,如用错试剂、读错或记错数据、计算错误等,这些都是不应该出现的现象。这类误差不属于测量误差的范畴,无规律可循,只要实验人员操作和处理数据时认真细心,是完全可以避免的。

系统误差和过失误差是可以避免的,而随机误差在实验中总是存在、不可完全避免的,但确定的最佳(终)实验结果应该只含有随机误差。

2.1.6　准确度和精密度

准确度(accuracy):是指测量结果的准确性,即测量结果偏离量的真值的程度。量的真值是理想的概念,一般不可能确切地知道。实际上,量子效应可排除唯一的真值。因此,这里的真值是指用已消除系统误差的实验方法和仪器进行多次测量所得算术平均值或文献手册中的公认值。准确度以误差大小来衡量,即误差小,准确度高,反之亦然。

精密度(precision):简称为精度,是指在一定条件下进行多次测量时所得测量结果的可重复性和测量值有效数字的位数,即表示测量结果彼此之间符合的程度,用偏差表示,偏差越小,精密度越高。

测量的精密度和准确度是有区别的,高的精密度不能保证有高的准确度,但高准确度必须有高精密度来保证。

精密度与准确度的区别可以用打靶的例子来说明,如图 2.3 所示。

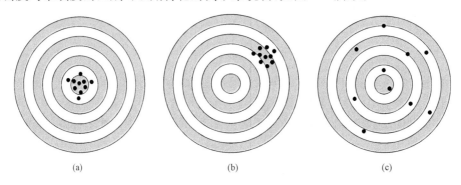

(a)　　　　　　　　(b)　　　　　　　　(c)

图 2.3　精密度与准确度示意图

图 2.3(a)～(c)表示三种打靶实验结果。中心区是靶心,表示准确值,各点则为打靶实验值。图 2.3(a)表示精密度和准确度都高;(b)表示精密度高但准确度不高;(c)表示精密度和准确度都不高。我们也可以这样说,(a)的偏差和误差都小,(b)的偏差小而误差大,(c)的偏差和误差都大。

由上可知,精密度是对平均值而言的,其大小用偏差表示。准确度是对真值而言的,其大小用误差表示。

2.2　误　　差

在科学研究和工业生产中,我们需要测定各种物理量,由于受各种因素如测定仪器、测定方法、环境和人的观察力等的影响,实验结果都不可能十分准确,因此任何物理量的测量都不可能测得绝对准确的数值,测量值与真值之间存在一个差值,称为测量误差,常用绝对误差和相对误差表示。下面介绍误差的有关理论及其应用。

2.2.1 误差的表示方法

1. 绝对误差

绝对误差表示测量值与真值之差,有

$$\Delta = x - x_0 \tag{2-1}$$

式中,x_0 为观测量的真值;x 为测量值;Δ 为测量的绝对误差,它与 x 具有相同的单位,但与被测量值的大小无关。

2. 相对误差

相对误差 δ 表示绝对误差与真值之比,有

$$\delta = \frac{\Delta}{x_0} = \frac{x - x_0}{x_0} \tag{2-2}$$

相对误差有以下特点:①相对误差是一个比值,其值大小与被测量所取的单位无关;②能反映误差的大小与方向;③能更确切地反映测量工作的精细程度。这是由于相对误差不仅与绝对误差的大小有关,同时与被测量的数值大小有关。若被测量值越大,相对误差就越小,因此用相对误差表示测量结果的准确度更确切。

客观存在的真值难以准确获得,因而在实际工作中常用标准值、实际值或约定真值来代替真值。标准值是采用多种可靠分析方法,由具有丰富经验的操作人员反复多次测量的准确结果,如国家标准物质给定值;满足规定准确度的、用来代替真值使用的量值称为实际值,如常用标准方法通过多次重复测量所得结果的算术平均值作为实际值;为了给定目的,可以代替真值的量值称为约定真值。一般来说,约定真值被认为是非常接近真值的,就给定目的而言,其差值可以忽略不计。

对于多次测量,用算术平均值 $\overline{x}$ 计算其准确度,$\overline{x} = \dfrac{\sum\limits_{i=1}^{n} x_i}{n}$。

3. 绝对偏差和相对偏差

绝对偏差 $$\Delta = x - \overline{x} \tag{2-3}$$

相对偏差 $$\delta = \frac{\Delta}{\overline{x}} \times 100\% = \frac{x - \overline{x}}{\overline{x}} \times 100\% \tag{2-4}$$

式中,Δ 为单次测量结果的绝对偏差;x 为单次测量的结果;$\overline{x} = \sum\limits_{i=1}^{n} x_i / n$ 为 n 次测量结果的算术平均值;δ 为单次测量结果的相对偏差。

绝对偏差是指单次测量结果与平均值的偏差,相对偏差是指绝对偏差在平均值中所占的百分数,两者只能用来衡量单次测量结果对平均值的偏离程度。为了更好地说明精密度,在一般实验工作中常用平均偏差来表示。

4. 平均偏差和相对平均偏差

平均偏差
$$\overline{\Delta} = \frac{\sum\limits_{i=1}^{n} |\Delta_i|}{n} \tag{2-5}$$

相对平均偏差
$$\overline{\delta} = \frac{\overline{\Delta}}{\overline{x}} \times 100\% \tag{2-6}$$

式中，$\Delta_i = x_i - \overline{x}$，$\Delta_i$ 为第 i 次测量值与平均值的绝对偏差。

5. 极差和相对极差

极差
$$R = x_{\max} - x_{\min} \tag{2-7}$$

相对极差
$$R_r = \frac{R}{\overline{x}} \times 100\% \tag{2-8}$$

式中，$x_{\max}$、$x_{\min}$ 分别为一组测量结果中的最大值和最小值。极差 R 也称为全距。用极差表示测量数据的精密度不够贴切，但其计算简单，在食品分析中有时应用。

6. 标准偏差和相对标准偏差

对于相同实验条件下等精度的一组测量值 $x_i(i = 1, 2, \cdots, n)$，其标准偏差 $\hat{\sigma}$ 为

$$\hat{\sigma} = \sqrt{\frac{\sum\limits_{i=1}^{n} (x_i - \overline{x})^2}{n-1}} \tag{2-9}$$

式中，$n-1$ 称为自由度，用 f 表示。标准偏差又称标准误差或均方根误差。

相对标准偏差 R_s 是指标准偏差在平均值 $\overline{x}$ 中所占的百分数，其计算式为

$$R_s = \frac{\hat{\sigma}}{\overline{x}} \times 100\% \tag{2-10}$$

标准偏差 $\hat{\sigma}$ 是对有限测量次数而言的，表示各测量值与平均值 $\overline{x}$ 的偏离。对于无限次数测量，需用总体标准偏差 σ，其计算式为

$$\sigma = \sqrt{\frac{\sum\limits_{i=1}^{n} (x_i - \overline{x})^2}{n}} \tag{2-11}$$

7. 平均值的标准偏差

平均值的标准偏差
$$\hat{\sigma}(\overline{x}) = \frac{\hat{\sigma}}{\sqrt{n}} \tag{2-12}$$

由式(2-12)可知，测量次数 n 越大，$\hat{\sigma}(\overline{x})$ 就越小，即 $\overline{x}$ 越可靠。所以，增加测量次数可提高测量的精密度，$\hat{\sigma}(\overline{x})$ 与 $\hat{\sigma}$ 的比值随 n 的增加减少很快。但当 $n > 5$ 后，$\hat{\sigma}(\overline{x})$ 与 $\hat{\sigma}$ 的比值就变化缓慢了。实际工作中测定次数无需过多，通常进行 4～6 次测定。

8. 或然误差

在一组等精度测量中,若某一随机误差具有这样的特性:绝对值比它大的误差个数与绝对值比它小的误差个数相同,那么这个误差 ρ 就称为或然误差,也就是说,全部误差按绝对值大小顺序排列,中间的那个误差就称为或然误差 ρ。当随机误差服从正态分布,且测量次数较多时,有

$$\rho = 0.6745\hat{\sigma} \approx \frac{2}{3}\hat{\sigma} \tag{2-13}$$

平均偏差的优点是计算简便,但用这种误差表示时,可能会把质量不高的测量值掩盖住。标准偏差是应用最广的、可靠的精密度表示方式,它能精确地反映测量数据之间的离散特性,比平均偏差更灵敏地反映出测量结果中较大偏差的存在,又比极差更充分地反映了全部数据的信息。或然误差在反映测量数据的离散性方面的效果最差。因此,表示精密度的较好方法是采用标准偏差。

误差和偏差是两个不同的概念,误差是以真值做标准,偏差是以多次测定值的平均值做标准。然而,由于真值是无法准确知道的,故常以多次测定结果的平均值代替真值进行计算。显然,这样算出来的还是偏差。正因如此,人们就不再强调误差与偏差的区别,一般统称为误差。

一般用平均偏差和标准偏差表示测量结果的精密度。测量结果用绝对偏差表示为

$$x = \overline{x} \pm \overline{\Delta} \quad \text{或} \quad x = \overline{x} \pm \hat{\sigma} \tag{2-14}$$

式中,平均偏差 $\overline{\Delta}$ 和标准偏差 $\hat{\sigma}$ 一般以一位数字(最多两位)表示。相对偏差表示为:平均相对偏差 $= \pm \dfrac{\overline{\Delta}}{x} \times 100\%$,相对标准偏差 $= \pm \dfrac{\hat{\sigma}}{x} \times 100\%$。

在讨论问题时,常笼统地只说"误差",没指明是绝对误差或相对误差,相对误差是没有单位的,并且一般都是用"%"表示;如误差带有单位,则指的是绝对误差。

2.2.2　误差分析

误差分析的基本任务是查明直接测量值的误差对函数(间接测量值)误差的影响,进而找出函数的最大误差来源,为合理选用仪器设备和实验方法提供依据。

1. 间接测量结果的平均误差和相对平均误差

数据的测定除了少数可在仪器上直接读出外,绝大多数都要将直接测量所得的数据经过某种函数关系推算出我们所需的量。由于所做的直接测量常会有误差,故用它算出来的量也会有误差,即所谓误差传递。误差传递的规律可用微分法来揭示。误差传递的问题,实际上是自变量 x 的变化引起因变量 y 的变化的问题。当自变量有无限小的变化 $\mathrm{d}x$ 时,由此而引起因变量 y 发生无限小的变化 $\mathrm{d}y$,两者之间的关系是 $\mathrm{d}y = y'\mathrm{d}x$。误差虽不是无限小的变化,但可做同样的近似处理,即 $\mathrm{d}y = \Delta y, \mathrm{d}x = \Delta x$。

在只有一个自变量的简单情况下,我们列举具体的应用例子。

1) 加减运算

$y = a \pm x, a$ 为常数,因为 $\dfrac{\mathrm{d}y}{\mathrm{d}x} = \pm 1$,故 $\Delta y = \pm \Delta x$,即在加减运算中,因变量的绝对误差等

于自变量的绝对误差。

例如,我们常要用到热力学温度 T,它是由直接测量摄氏温度 t 而得的,$T/\text{K} = t/℃ + 273.15$,可知当摄氏温度 t 有多少度的绝对误差,则 T 也必然有多少开尔文的绝对误差。

2) 乘除运算

$y = ax$,因为 $\dfrac{\mathrm{d}y}{\mathrm{d}x} = a$,故 $\Delta y = a\Delta x$,两边除以 y,则得 $\dfrac{\Delta y}{y} = \dfrac{\Delta x}{x}$;而对于 $y = \dfrac{a}{x}$,则可得 $\dfrac{\Delta y}{y} = -\dfrac{\Delta x}{x}$,即乘除运算中,因变量的相对误差等于自变量的相对误差。例如,测量圆周长,当测得半径 r 有 2% 的误差时,则计算而得的周长也将有 2% 的误差。

对于只有一个自变量的函数,一般可以用微分方法来处理。例如,用 pH 表示氢离子浓度 $c(\text{H}^+)$(单位为 $\text{mol} \cdot \text{L}^{-1}$),其关系为 $\text{pH} = -\lg[c(\text{H}^+)/(\text{mol} \cdot \text{L}^{-1})]$,若 pH 计读数有 $\Delta\text{pH} = 0.02$ 的绝对误差,且假设测得 $\text{pH} = 4.13$,如何估计氢离子浓度的误差呢?

我们有

$$\text{pH} = -\lg[c(\text{H}^+)/(\text{mol} \cdot \text{L}^{-1})] = -\frac{1}{2.3026}\ln[c(\text{H}^+)/(\text{mol} \cdot \text{L}^{-1})]$$

对上式微分,计算误差时取两位有效数字,得

$$\mathrm{d}\text{pH} = -\frac{1}{2.3}\frac{\mathrm{d}c(\text{H}^+)}{c(\text{H}^+)}$$

上式可写为

$$-\Delta\text{pH} = \frac{1}{2.3}\frac{\Delta c(\text{H}^+)}{c(\text{H}^+)}$$

所以有

$$\frac{\Delta c(\text{H}^+)}{c(\text{H}^+)} = -2.3\Delta\text{pH} = -2.3 \times 0.02 = -0.046 = -4.6\%$$

这就是说,H^+ 浓度将有 4.6% 的误差,只是其符号和 pH 的误差相反,即当 pH 的测量误差为正时,$c(\text{H}^+)$ 有负误差。

又知,$\text{pH} = 4.13$,所以 $\lg[c(\text{H}^+)/(\text{mol} \cdot \text{L}^{-1})] = -4.13$,查反对数得 $c(\text{H}^+) = 7.4 \times 10^{-5}\,\text{mol} \cdot \text{L}$。故 $c(\text{H}^+)$ 的绝对误差为

$$\Delta c(\text{H}^+) = -4.6\% \times 7.4 \times 10^{-5}\,\text{mol} \cdot \text{L}^{-1} = -3.4 \times 10^{-6}\,\text{mol} \cdot \text{L}^{-1}$$

上面介绍的是比较简单的情况下对间接测量精密度的估计。但是,实验中要处理的数据常有两个或两个以上自变量的函数关系。例如,物质的浓度 c 和溶质质量 m、液体体积 V 的关系为 $c = \dfrac{m}{MV}$,又如 $pV = nRT$ 等。如何估计计算结果的误差呢?

误差传递符合一定的基本公式。通过间接测量结果误差的计算,可知哪个直接测量值的误差对间接测量结果的影响最大,从而可采取合适的措施提高测量仪器的精度等,以获得较好的实验结果。

设函数 $z = F(x, y)$,其中 x, y 是可直接测量的量,则有

$$dz = \left(\frac{\partial F}{\partial x}\right)_y dx + \left(\frac{\partial F}{\partial y}\right)_x dy$$

上式为误差传递的基本公式。若 Δx、Δy 分别为 x、y 的测量误差，它们引起量 z 的误差为 Δz，设它们均足够小，可代替 dx、dy、dz，则得到一些简单函数的误差计算公式，见表 2.1。

表 2.1 一些简单函数的误差计算公式

函数关系	绝对误差	相对误差
$z = x + y$	$\pm(\mid\Delta x\mid+\mid\Delta y\mid)$	$\pm\left(\dfrac{\mid\Delta x\mid+\mid\Delta y\mid}{x+y}\right)$
$z = x - y$	$\pm(\mid\Delta x\mid+\mid\Delta y\mid)$	$\pm\left(\dfrac{\mid\Delta x\mid+\mid\Delta y\mid}{x-y}\right)$
$z = xy$	$\pm(y\mid\Delta x\mid+x\mid\Delta y\mid)$	$\pm\left(\dfrac{\mid\Delta x\mid}{x}+\dfrac{\mid\Delta y\mid}{y}\right)$
$z = x/y$	$\pm\left(\dfrac{x\mid\Delta y\mid+y\mid\Delta x\mid}{y^2}\right)$	$\pm\left(\dfrac{\mid\Delta x\mid}{x}+\dfrac{\mid\Delta y\mid}{y}\right)$
$y = x^n$	$\pm(nx^{n-1}\mid\Delta x\mid)$	$\pm\left(n\dfrac{\mid\Delta x\mid}{x}\right)$
$y = \ln x$	$\pm\left(\dfrac{\mid\Delta x\mid}{x}\right)$	$\pm\left(\dfrac{\mid\Delta x\mid}{x\ln x}\right)$

【例 2-1】 用毛细管升高法测定液体的表面张力，得到下列数据：毛细管半径 $r=(0.150\pm0.001)$mm，毛细管中液体上升高度 $h=(63.2\pm0.1)$mm，液体的密度 $\rho=(0.968\pm0.002)$g·cm^{-3}，重力加速度 $g=(9.81\pm0.01)$m·s^{-2}。液体的表面张力的测量结果为多少？

解 计算液体的表面张力，有

$$\sigma = \frac{rh\rho g}{2} = \frac{0.150\times10^{-3}\text{m}\times0.0632\text{m}\times968\text{kg}\cdot\text{m}^{-3}\times9.81\text{m}\cdot\text{s}^{-2}}{2}$$

$$=45.0\text{mN}\cdot\text{m}^{-1}$$

最大相对误差为

$$\frac{\Delta\sigma}{\sigma} = \left|\frac{\Delta r}{r}\right| + \left|\frac{\Delta h}{h}\right| + \left|\frac{\Delta\rho}{\rho}\right| + \left|\frac{\Delta g}{g}\right| = \frac{0.001}{0.150}+\frac{0.1}{63.2}+\frac{0.002}{0.968}+\frac{0.01}{9.81} = 0.011$$

$$\Delta\sigma = 0.011\sigma = 0.011\times45.0\text{mN}\cdot\text{m}^{-1} = 0.5\text{mN}\cdot\text{m}^{-1}$$

故液体表面张力的测量结果为 $\sigma=(45.0\pm0.5)$mN·m^{-1}。从以上计算结果可看出，毛细管半径测量的误差最大。若要进一步提高实验测量精度，需在此项测量中寻找更高精度的测量方法。

【例 2-2】 要配制 1L 浓度为 0.5mg·mL^{-1} 某试样的溶液，已知体积测量的绝对误差不大于 0.01mL，欲使配制的溶液的相对误差不大于 0.1%，在配制溶液时，称量试样质量所允许的最大误差应是多大？溶液浓度计算公式为 $c=\dfrac{m}{V}$，式中，c 为溶液浓度；m 为试样质量（mg）；V 为溶液体积（mL）。

解 根据溶液浓度的计算公式，各变量的误差传递系数分别为

$$\left(\frac{\partial c}{\partial m}\right)_V = \frac{1}{V}, \qquad \left(\frac{\partial c}{\partial V}\right)_m = -\frac{m}{V^2}$$

溶液浓度的最大绝对误差为

$$\Delta c = \left| \left(\frac{\partial c}{\partial m} \right)_V \Delta m \right| + \left| \left(\frac{\partial c}{\partial V} \right)_m \Delta V \right| = \frac{\Delta m}{V} + \frac{m \Delta V}{V^2}$$

$$= \frac{V \Delta m + m \Delta V}{V^2}$$

$$\frac{\Delta c}{c} = \frac{V}{m} \frac{V \Delta m + m \Delta V}{V^2} = \frac{\Delta m}{m} + \frac{\Delta V}{V}$$

$$0.1\% = \frac{\Delta m}{m} + \frac{0.01}{1000.00}$$

$$\frac{\Delta m}{m} = 0.1\%$$

所以,配制 1L 溶液需称量试样 500mg,最大允许的称量误差为 500mg×0.1%=0.5mg,故需要用万分之一的分析天平称量试样的质量。

【例 2-3】 以苯为溶剂,用凝固点降低法测定萘的摩尔质量 M_B,其计算式为

$$M_B = \frac{K_f m_B}{m_A (T_f^* - T_f)}$$

式中,T_f^* 为纯溶剂的凝固点;T_f 为溶液凝固点;m_A 为溶剂质量;m_B 为溶质质量;溶剂的质量摩尔凝固点降低常数 $K_f = 5.12 K \cdot kg \cdot mol^{-1}$。有如下实验结果:用数字式精密温差测量仪测定溶剂凝固点,三次测定的结果分别为 5.801℃、5.790℃、5.802℃;测定溶液凝固点的三次结果依次为 5.500℃、5.504℃、5.495℃。

称量的精度一般都较高,只进行一次测量。$m_B = 0.1472g$,所用分析天平的精度为 ±0.0002g;$m_A = 20.00g$,所用工业天平的精度为 ±0.05g。数字式精密温差测量仪的精度为 ±0.002℃。

(1) 分别计算溶剂称量、溶质称量、凝固点降低的相对误差。

(2) 萘的摩尔质量 M_B 的可能最大误差是多少?

(3) 正确表示萘的摩尔质量 M_B 的测定结果。

解 (1) 溶剂凝固点的平均值:$\overline{T_f^*} = \frac{5.801 + 5.790 + 5.802}{3}℃ = 5.797℃$

平均误差:$\Delta T_f^* = \pm \frac{\sum | T_{fi}^* - \overline{T_f^*} |}{3} = \pm 0.005℃$

溶液凝固点的平均值:$\overline{T_f} = 5.500℃$

平均误差:$\Delta T_f = \pm 0.003℃$

溶液凝固点降低值:$\overline{T_f^*} - \overline{T_f} = (5.797 - 5.500)℃ = 0.297℃$

$$\Delta T_f^* + \Delta T_f = \pm 0.008℃$$

故有

溶质称量的相对误差:$\frac{\Delta m_B}{m_B} = \pm \frac{0.0002}{0.1472} = \pm 1.3 \times 10^{-3}$

溶剂称量的相对误差:$\frac{\Delta m_A}{m_A} = \pm \frac{0.05}{20.00} = \pm 2.5 \times 10^{-3}$

溶液凝固点降低的相对误差:$\frac{\Delta T_f^* + \Delta T_f}{T_f^* - T_f} = \pm \frac{0.008}{0.297} = \pm 0.027$

(2) $\frac{\Delta M_B}{M_B} = \pm \left(\frac{| \Delta m_B |}{m_B} + \frac{| \Delta m_A |}{m_A} + \frac{| \Delta T_f^* + \Delta T_f |}{T_f^* - T_f} \right) = \pm (1.3 \times 10^{-3} + 2.5 \times 10^{-3} + 0.027) = \pm 0.031$

(3) $M_B = \frac{5.12 \times 0.1472}{20.00 \times 0.297} kg \cdot mol^{-1} = 0.127 kg \cdot mol^{-1}$

$\Delta M_B = \pm (0.127 \times 0.031) kg \cdot mol^{-1} = \pm 0.0039 kg \cdot mol^{-1}$

溶质萘的摩尔质量的测量结果为 $M_B = (127 \pm 4)\text{g} \cdot \text{mol}^{-1}$。

从直接测量值的误差看,最大的误差来源是温度差的测量,而温度差测量的相对误差取决于测温的精度和温差的大小。测温精度受到温度计精度和操作条件及技术的限制。增加溶质的量可使凝固点下降值增大,即能增大温差,但溶液浓度的增加不符合上述公式要求为稀溶液的条件,从而会引入另一系统误差。从计算结果可知,由于溶剂用量较大,使用工业天平其相对误差仍然不大,而溶质因其用量少,须用分析天平称量。

2. 间接测量结果的标准偏差

设函数 $z = F(x, y)$,x、y 的标准偏差为 $\hat{\sigma}_x$、$\hat{\sigma}_y$,则 z 的标准偏差为

$$\hat{\sigma}_z = \left[\left(\frac{\partial F}{\partial x}\right)_y^2 \hat{\sigma}_x^2 + \left(\frac{\partial F}{\partial y}\right)_x^2 \hat{\sigma}_y^2 \right]^{1/2} \tag{2-15}$$

部分函数的标准偏差计算公式见表 2.2。

表 2.2　部分函数的标准偏差

函数关系	绝对偏差	相对偏差
$z = x \pm y$	$\pm \sqrt{\hat{\sigma}_x^2 + \hat{\sigma}_y^2}$	$\pm \dfrac{1}{\lvert x \pm y \rvert} \sqrt{\hat{\sigma}_x^2 + \hat{\sigma}_y^2}$
$z = xy$	$\pm \sqrt{y^2 \hat{\sigma}_x^2 + x^2 \hat{\sigma}_y^2}$	$\pm \sqrt{\dfrac{\hat{\sigma}_x^2}{x^2} + \dfrac{\hat{\sigma}_y^2}{y^2}}$
$z = x/y$	$\pm \dfrac{1}{y} \sqrt{\hat{\sigma}_x^2 + \dfrac{x^2}{y^2} \hat{\sigma}_y^2}$	$\pm \sqrt{\dfrac{\hat{\sigma}_x^2}{x^2} + \dfrac{\hat{\sigma}_y^2}{y^2}}$
$y = x^n$	$\pm n x^{n-1} \hat{\sigma}_y^2$	$\pm \dfrac{n}{x} \hat{\sigma}_x$
$y = \ln x$	$\pm \dfrac{\hat{\sigma}_x}{x}$	$\pm \dfrac{\hat{\sigma}x}{x \ln x}$

【例 2-4】　在实验中,测量一个电热器的功率,测得电流 $I = (7.00 \pm 0.04)\text{A}$,电压 $U = (8.5 \pm 0.1)\text{V}$,求此电热器的功率 P 及其标准偏差。

解　电热器功率 $P = IU = 7.50\text{A} \times 8.0\text{V} = 59.5\text{W}$

P 的标准偏差为

$$\hat{\sigma}_P = \pm P \sqrt{\frac{\hat{\sigma}_I^2}{I^2} + \frac{\hat{\sigma}_U^2}{U^2}} = \pm 59.5\text{W} \times \sqrt{\frac{0.04^2}{7.00^2} + \frac{0.1^2}{8.5^2}} = \pm 0.8\text{W}$$

故电热器功率的测量结果为 $P = (59.5 \pm 0.8)\text{W}$。

【例 2-5】　摩尔折射度 $R = \dfrac{n^2 - 1}{n^2 + 2} \cdot \dfrac{M}{\rho}$。今测得 20℃时苯的折射率 $n = 1.5010 \pm 0.0002$,密度 $\rho = (0.8792 \pm 0.0001)\text{g} \cdot \text{cm}^{-3}$。则苯的摩尔折射度的实验结果为多少?

解　苯的摩尔质量为 $M = 78.11\text{g} \cdot \text{mol}^{-1}$。有

$$\left(\frac{\partial R}{\partial n}\right)_\rho = \frac{M}{\rho} \left[\frac{6n}{(n^2 + 2)^2}\right] = \frac{78.11}{0.8792} \times \left[\frac{6 \times 1.5010}{(1.5010^2 + 2)^2}\right] \text{cm}^3 \cdot \text{mol}^{-1} = 44.23\text{cm}^3 \cdot \text{mol}^{-1}$$

$$\left(\frac{\partial R}{\partial \rho}\right)_n = -\frac{n^2 - 1}{n^2 + 2} \cdot \frac{M}{\rho^2} = -\frac{1.5010^2 - 1}{1.5010^2 + 2} \times \frac{78.11}{0.8792^2} \text{cm}^6 \cdot \text{g}^{-1} \cdot \text{mol}^{-1} = -29.77\text{cm}^6 \cdot \text{g}^{-1} \cdot \text{mol}^{-1}$$

$$\hat{\sigma}_R = \left[\left(\frac{\partial R}{\partial n} \right)_\rho^2 \hat{\sigma}_n^2 + \left(\frac{\partial R}{\partial \rho} \right)_n^2 \hat{\sigma}_\rho^2 \right]^{1/2} = [44.23^2 \times 0.0002^2 + (-29.77)^2 \times 0.0001^2]^{1/2} \text{cm}^3 \cdot \text{mol}^{-1}$$

$$= 0.01 \text{cm}^3 \cdot \text{mol}^{-1}$$

$$R = \frac{n^2 - 1}{n^2 + 2} \frac{M}{\rho} = \frac{1.5010^2 - 1}{1.5010^2 + 2} \times \frac{78.11}{0.8792} \text{cm}^3 \cdot \text{mol}^{-1} = 26.17 \text{cm}^3 \cdot \text{mol}^{-1}$$

苯的摩尔折射度的实验结果为 $R = (26.17 \pm 0.01) \text{cm}^3 \cdot \text{mol}^{-1}$。

2.3 有 效 数 字

图 2.4 温度计读数示意图

在直接测量中,每一种仪器都有它可能达到的精密限度,这个精密限度就是仪器的最小分度。例如,1/10,0~50℃的汞温度计,其最小分度为 0.1℃,即它的精密度是 0.1℃。在分度之间还可以进行估计,显然这个估计不一定是可靠的。如图 2.4 所示,温度计内汞凸形弯月面的最高点处在 21.2~21.3℃,读取 21.25℃,其中前面三位数字是可以读准的,而第四位是估计出来的,有人可能读取 6,也有人可能读取 4,因此是可疑的,读数 21.25℃只是准确值的近似值。在现代化学实验中,通常要处理很多这样的近似值,故有必要掌握实验数值的记录和计算的方法。

在测量各物理量时,如何正确地记录数据呢? 例如,上述温度计的读数可记为 21.25℃;又如用一把米尺来测量一根钢丝的长度,尺子最小分度为 0.1cm,如果被量的钢丝长度恰好在 18.1cm 的刻度上,则记录时应写为 18.10cm,说明小数点后第二位估计是 0,而不是别的数。在上述数据中,前三位数字是准确的,第四个数字是可疑的。一个数据中除了末位数字是可疑的,其余的各位数字都是确切可靠的,这个数据中的所有数字都称为有效数字。

从以上两例可知,有效数字的表达应与测量仪器的精密度及测量方法相适应。从温度计的最小分度为 0.1℃可知,其读数应记录到小数点后第二位(21.25℃)。反之,从测量的长度 18.10cm,可看出尺子最小分度为 0.1cm。

在测量和数值的计算中,一些人往往有这样的想法:在一个数据中,小数点后面的位数越多,则精密度越高;在计算结果中,保留的位数越多,这个结果就越精密。

实际上,上述两种想法都是错误的。第一种想法的错误在于不清楚小数点的位置不是决定精密度的标准,小数点的位置仅仅与所用的单位有关。例如,记长度为 18.10cm 与 0.1810m 的精密度完全相同。第二种错误在于不了解所有的测量,由于仪器和操作人员感官的限制,只能做到一定的精密度。精密度一方面取决于所用仪器刻度的精细程度,另一方面也与所用的方法有关。因此,在计算结果中,无论写多少位数,绝不可能使精密度增加到超过测量所能允许的范围。反之,表示一个数值时书写位数过少,低于测量所能达到的精密度同样是错误的,因为它不能正确反映实验的精密度。准确写法应按测量的精密度来表示,即写出的位数除末位数字为可疑的估计数外,其余各位数字都是确切知道的。

关于"0"是否为有效数字的问题。例如,滴定管读数 30.05mL,及天平称量为 1.2010g 中,所有"0"都是有效数字;而在长度为 0.003 20m 中,前面三个"0"均非有效数字,因为这些"0"只与所取的单位有关,而与测量的精密度无关,若改用 mm 为单位,则前面三个"0"全部消失,变为 3.20mm,故有效数字实际位数为三位。

在转换单位时,有效数字的"数目"应不会减少或增加。例如,29.80L 等于 29 800mL,显然,后者后面两个"0"中的第一个"0"是有效数字,第二个"0"则不是有效数字。单写 29 800mL,这两个"0"是不是有效数字就不清楚了。为了分清后面的"0"是不是有效数字,一般采用这样的记录方法:将小数点移到第一个有效数字之后再乘 10 的 n 次方,如 29.8L＝ $2.98×10^4$ mL,29.80L＝$2.980×10^4$ mL,这样就显示出前者有三位有效数字,后者则有四位有效数字。同时,这种记录方法在查对数时也比较方便,对数的首位数就等于所乘的 10 的方次数,如 $\lg(2.980×10^4)＝4.4742$。

有一个问题需要说明,有些数值写的虽然是有限的有效数字,但它是完全正确的,其有效数字可看作无限多,如 H_2O 中的 2。手册中常列出某种数据随温度或浓度的变化关系。例如,水在 20℃时的密度 $0.998\ 25$kg·L^{-1},这个 20℃也不能看作只有两位有效数字,而应看作所谓"给定值",没有误差。显然,温度的测量是有误差的,但现在说明的是在 20℃时的密度是多少,所有的实验误差都算在密度上,用密度的数据来反映实验的精密度。同样,在讨论具体问题时,常指明"在 2L 的容器中"、"用 10kg 水"之类的条件,这里的 2、10 同样也是给定值,当作没有误差。

有效数字的最后一位又称为有效位,13.65 的有效位是小数点后第二位;1082 的有效位是个位;$2.98×10^4＝29\ 800$ 的有效位是百位。

记录测量数据时一般只保留一位可疑数字,但有时为避免由于计算而引起的误差,可以保留两位可疑数字,此时把第二个可疑数字写小一些、低一些,以示区别。有效数字确定后,其余数字应按一定运算规则弃去。

在记录和处理实验数据、撰写实验研究报告时,必须遵守以下有效数字运算规则:

(1) 在记录测定数据和运算的结果时,只应保留一位可疑数字。记录数字的位数应与所用测量仪器和方法的精度相一致。当有效数字的位数确定之后,它后面的数字应按"四舍六入五成双"(国家标准 GB/T 8170—1987)的原则取舍,即有效数字后面一位是 4、3、2、1,则舍去;是 6、7、8、9,则进 1 至前位数;有效数字后面位数正好是 5,而前面一位数为奇数,则前位数增加 1,当前一位数为偶数时则舍弃不计。

例如,27.024、34.036、57.0250、44.035,取四位有效数字时,结果分别是 27.02(四舍)、34.04(六入)、57.02(五双舍弃)、44.04(五单进入)。

(2) 有效数字的位数与十进位制单位的变换无关,与小数点的位置无关。例如,用天平称量一物质的质量 0.0150g,其中前面两个 0 不是有效数字,当取质量的单位为 mg 时,记作 15.0mg,前面两个 0 则没有了,只有最后一个 0 是有效数字,指示称量的精度,不能任意舍弃。又如,一物质的质量 15.0kg,三位有效数字,记作 $1.50×10^4$ g,也是三位有效数字。

(3) 若第一位数字大于或等于 8,则有效数字总位数可以多算一位。例如,9.15 是三位有效数字,但在运算时可看作是四位有效数字。

(4) 任一测量数据,其有效数字的最后一位,在位数上应与误差的最后一位对齐。例如,$1.35±0.01$ 的表示是正确的,而 $1.351±0.01$ 则夸大了结果的精度,$1.3±0.01$ 则缩小了结果的精度。

(5) 表示误差的数值时,在大多数场合下只取一位有效数字,如±5Pa,±5%。只有在下列情况下,误差可取两位有效数字:①测定次数很多;②进行重要的或高精确度的测量;③所得结果还需进一步计算时,误差方可取两位有效数字,且最多只能取两位有效数字,测量数据也相应多取一位;④误差的第一个数字小于 3,则应取 2 位。

例如,用间接法测定电阻,得 $R＝504.3669Ω$,测量误差为±0.51Ω,则结果应表示为 $R＝$

$(504.4\pm0.5)\Omega$；若测得 $R=1.043669\Omega$，测量误差为 $\pm0.28\Omega$，则结果应表示为 $R=(1.04\pm0.28)\Omega$。

（6）有效数字作加、减运算时，各数值小数点后所取的位数应以其中小数点后位数最少（绝对误差最大）者为准。例如，$13.65+0.0082-1.632=12.03$。

（7）对于乘、除法运算，所得的积、商的有效数字应以参加运算的各数值中有效数字位数最少（相对误差最大）的为标准。例如，$2.3\times0.524=1.2$，$5.32/2.800=1.90$。

（8）在对数计算中，对数中的首数不是有效数字，对数尾数的有效数字位数应与对应的真数有效数字的位数相同。例如，$\lg3.256=0.5127$；$pH=3.25$，表示氢离子的活度 $a(H^+)=5.6\times10^{-4}$，是两位有效数字；$pH=14.0$，表示 $a(H^+)=1\times10^{-14}$，是一位有效数字。

（9）在所有计算式中，常数如 π、e 等以及乘除因子如 $\sqrt{2}$、$1/3$ 等，它们的有效数字可认为是无限的，在计算中需要几位就可以写几位。因为有效数字的概念是表示测量值大小及精密度的数字，对数学上的纯数字不考虑有效数字的概念。

2.4　数　据　处　理

2.4.1　测量结果的统计检验

在测量中，由于多种因素影响，使得一组测定值内各个测定值之间或一组测定值与另一组测定值之间存在差异。这种差异是由测定过程中的随机因素影响造成的，还是由于固定因素的作用，实验者可借助统计检验进行区分、判断。

1. 显著性水平、置信度和置信区间

统计检验是由样本测定值来推断总体的特征。统计检验的可靠程度用显著性水平 α 和置信度（也称置信水平）P 表示，$P=1-\alpha$。如有一系列等精度测定值，从中任意抽取一数据，该数据的值落在 $\mu\pm1.96\hat{\sigma}$ 区间的概率为 95%。在数理统计中，这个区间称为置信区间，概率 95% 称为置信度，而显著性水平为 5%，即 $(100-95)\%$。现在，一般采用置信度为 95%～99%，显著性水平为 5%～1%，即落在 $(\mu\pm1.96\hat{\sigma})$～$(\mu\pm3\hat{\sigma})$ 置信区间，来表示测量结果。

为了对有限次数测量结果的平均值作出估计，英国化学家和统计学家戈塞特（Gosset）提出用统计量 t 来进行检验，t 的定义为

$$t=\frac{\bar{x}-\mu}{\hat{\sigma}(\bar{x})}=\frac{\bar{x}-\mu}{\hat{\sigma}}\sqrt{n} \tag{2-16}$$

此时随机误差不服从正态分布而服从 t 分布，t 值不仅随概率而异，还与自由度 $f(f=n-1)$ 有关。

在有限次测定中，只能得到 $\bar{x}$ 和 $\hat{\sigma}(\bar{x})$，即只能用 $\bar{x}$ 和 $\hat{\sigma}(\bar{x})$ 分别估计 μ、σ，这样会引入附加的不确定性。表示置信区间的 $\hat{\sigma}$ 前的系数（置信系数）1.96 和 3 等必须改用 t 分布表中的临界值 t_α（t 分布置信系数）。用 t_α 代表置信系数后，测定结果可用下列通式表示：

$$x=\bar{x}\pm t_\alpha\hat{\sigma}(\bar{x})=\bar{x}\pm t_\alpha\hat{\sigma}/\sqrt{n} \tag{2-17}$$

已知自由度 $f=n-1$ 和 α（一般取 $\alpha=0.05$）。由 t 分布表查得 t_α 值（表 2.3），再计算出 $\hat{\sigma}(\bar{x})$，最后表示出如式（2-17）的测量结果。

表 2.3　t 检验的临界值

n	置信度/%				
	50	90	95	99	99.5
2	1.000	6.314	12.706	63.657	127.32
3	0.816	2.292	4.303	9.925	14.089
4	0.765	2.353	3.182	5.841	7.453
5	0.741	2.132	2.276	4.604	5.598
6	0.727	2.015	2.571	4.032	4.773
7	0.718	1.943	2.447	3.707	4.317
8	0.711	1.895	2.365	3.500	4.029
9	0.706	1.860	2.306	3.355	3.832
10	0.703	1.833	2.262	3.250	3.690
11	0.700	1.812	2.228	3.169	3.581
21	0.687	1.725	2.086	2.845	3.153
∞	0.674	1.645	1.960	2.576	2.807

2. 异常数据的剔除

在一组测定值中,常发现其中某个测定值明显地比其他测定值大得多或小得多。对于这个测定值首先必须设法探寻其出现的原因。在判明其是否合理之前,既不能轻易保留,也不能随意舍弃,必要时需做重复实验。若由于各种原因(如粗心大意等),不能找出这个测定值的确切来源,可借助统计检验来决定取舍。

1) $4\overline{\Delta}$ 检验

常用于判断异常数据的较简单的方法为 $4\overline{\Delta}$ 检验:对一组测量结果,先不考虑可疑数据 $x_{可疑}$,计算这组测量结果的平均值 $\overline{x}$ 和平均偏差 $\overline{\Delta}$,然后将可疑数据 $x_{可疑}$ 与平均值 $\overline{x}$ 比较,若 $(x_{可疑} - \overline{x}) \geqslant 4\overline{\Delta}$,则可疑数据 $x_{可疑}$ 是异常的,应舍弃。须注意,每 5 个数据最多只能舍弃 1 个,而且不能舍弃有 2 个或 2 个以上相互一致的数据。

2) $3\hat{\sigma}$ 准则

根据概率理论,如果仅由随机因素引起误差(误差服从正态分布)大于 $3\hat{\sigma}$ 的测定值,其出现的概率小于 0.3%。一般进行少数几次测定中出现偏差大于 $3\hat{\sigma}$ 的测定值的可能性极小。如果出现,则很有可能是不正确的,自然就不能将其看成是由于随机因素引起的。实验者就有理由将该测定值视为异常数据,将其舍弃或作进一步研究。大于 $4\hat{\sigma}$ 的测量值肯定含有过失误差,应剔除。

计算整组测量数据的标准偏差 $\hat{\sigma}$,其中某一数据 x_j 的剩余误差 $|x_j - \overline{x}| > 3\hat{\sigma}$,则认为 x_j 的出现是不正常的,含有粗大误差,可将数据 x_j 舍去,但注意计算 $\hat{\sigma}$ 时应包含 x_j。将 x_j 舍去后,需要重新计算测量结果的标准偏差,为

$$\hat{\sigma}^+ = \left[\sum_{\substack{i=1 \\ i \neq j}}^{n} (x_i - \overline{x})^2 / (n-2) \right]^{\frac{1}{2}} \tag{2-18}$$

并以 $3\hat{\sigma}^+$ 作为新的标准,再检查是否有某个测量值含有粗大误差,剩余误差大于 $3\hat{\sigma}^+$ 者应剔除。

【例 2-6】 设某一物理量的测量结果如下:2.20,2.25,2.30,2.15,2.20,2.15,2.25,2.10,2.20,2.20, 2.10,2.15,2.25,2.20,2.20,2.15,2.25,2.00,2.20,3.50。则其中是否含有粗大误差的数据?

解 先算得 $\bar{x}=2.25,\hat{\sigma}=0.3,3\hat{\sigma}=0.9$,第 20 个数据 x_{20} 明显比其余数据大,其剩余误差 $=|3.50-2.25|=1.25>3\hat{\sigma}$,故 x_{20} 是异常数据,应剔除。

$3\hat{\sigma}$ 准则较简单,但当测量次数 $n\leqslant10$ 时,即使存在过失误差也可能判别不出来,因此当测量次数较少时几乎不适用,当 $n\geqslant30$ 时较为适宜。

3) Grubbs 方法

对一组测量数据 $x_i(i=1,2,\cdots,n)$,先计算其标准偏差 $\hat{\sigma}$,再根据显著性水平和数据的个数 n 查 Grubbs 系数 $\lambda(\alpha,n)$(表 2.4)。当某一数据 x_j 的剩余误差 $|x_j-\bar{x}|>\lambda(\alpha,n)\hat{\sigma}$ 时,说明测量值 x_j 含有粗大误差,即 x_j 是异常数据,应予以剔除。将 x_j 舍去后,需按式(2-18)重新计算剩余测量数据的标准偏差 $\hat{\sigma}^+$,并以 $\lambda(\alpha,n-1)\hat{\sigma}^+$ 作为新的标准,再检查是否有某个测量值含有粗大误差,剩余误差大于 $\lambda(\alpha,n-1)\hat{\sigma}^+$ 者应剔除。

表 2.4　Grubbs 系数 $\lambda(\alpha,n)^*$

n	α 0.01	α 0.05	n	α 0.01	α 0.05
3	1.15	1.15	12	2.55	2.29
4	1.49	1.46	13	2.61	2.33
5	1.75	1.67	14	2.66	2.37
6	1.94	1.82	15	2.70	2.41
7	2.10	1.94	16	2.74	2.44
8	2.22	2.03	17	2.78	2.47
9	2.32	2.11	18	2.82	2.50
10	2.41	2.18	19	2.85	2.53
11	2.48	2.24	20	2.88	2.56

* n 为测量次数,α 为显著性水平。

【例 2-7】 对某矿土的 Fe_2O_3 含量进行分析,得测量数据(%):10.3,10.4,10.2,10.4,11.5,10.4,10.3。试用 Grubbs 方法判断其中是否含有异常数据。

解 $\bar{x}=10.5,\hat{\sigma}=0.45$,取 $P=95\%,\alpha=5\%,n=7$,从表 2.4 查得 $\lambda(7,0.05)=1.94$,于是 $\lambda\hat{\sigma}=0.85$,x_5 的残差 $\delta=x_5-\bar{x}=1.0$,$|\delta|>\lambda\hat{\sigma}$,故 $x_5=11.5\%$ 是异常数据,应剔除。

Grubbs 方法的理论推导严密,是国家标准 GB 4883—85 推荐的较好的判别过失误差的准则。

4) t 检验

t 检验法用于测定平均值和标准值之间的比较,或用于不同实验者、不同实验方法测定的平均值之间的比较。

从统计观点看,同一总体中抽出的样本,由有限次测定值组成一组数据,每组数据的平均值,尽管在数值上并不一定相等,但彼此之间的差异在给定的显著性水平下,应该是不显著的。

对于一组测量结果的平均值与标准值(或其他文献报道的公认值)的比较,如果 t 检验得出的计算统计量 t 大于相应自由度和显著性水平的临界值 $t_\alpha(f)$,这表明在自由度 f 下没有满足平均值属于同一总体时 $P[|t|>t_\alpha(f)]<P$ 的假设,即此组测量结果的平均值是不可接受的。换言之,把平均值看成属于同一总体的假设是不正确的。引起平均值之间的差异不能仅仅归于随机误差,还必有某个固定因素起作用,此时实验者需对实验进行重新审视,应从实验方法、所用仪器和试剂、实验环境和实验操作等方面找原因,重做实验。

2.4.2　实验数据的表达

实验结果的表达方法主要有三种:列表法、图解法和数学方程式法。

1. 列表法

在现代化学实验中,用表格来表示实验结果是指将自变量 x 与因变量 y 一个一个地对应排列起来,以便从表格上能清楚地看出两者之间的关系。

制作表格时应注意以下几点:

(1) 表格名称和序号:每一表格均应有一完整而又简明的名称,并加以编号,便于查阅。

(2) 行名与量纲:将表格分成若干行或列,每一变量应占表格一行,每行的第一列写上该行变量的名称及量纲,并把二者表示为相除的形式,如 p/Pa、$c/(\text{mol} \cdot \text{L}^{-1})$、$\Delta H/(\text{kJ} \cdot \text{mol}^{-1})$ 等。因为物理量的符号本身是带有量纲的,物理量的符号除以其量纲,即等于表中的纯数字。

(3) 有效数字:每一行所记数据应注意其有效数字位数,并将小数点对齐。

(4) 表中的数据应化为最简单的形式表示,公共的乘方因子应在第一栏的名称下注明。例如,用指数来表示数据中小数点的位置,可将指数放在行名旁,但此时指数上的正、负号应异号。例如,HAc 的电离常数 1.75×10^{-5},则该行名可写成电离常数 $\times 10^5$。

(5) 原始数据可与处理结果并列在一张表上,而将处理方法和计算公式在表下注明。

(6) 自变量的选择:自变量的选择有时有一定的伸缩性,通常选择简单的,如温度、时间、距离等,自变量值最好是均匀地、等间隔地增加的。

(7) 表中某一项或全表需作特别说明时,可采用表注。

表 2.5 是甲醇和乙醇水溶液的表面张力与浓度及温度的关系,其形式可作为一般参考。

表 2.5　甲醇和乙醇水溶液的表面张力($\text{mN} \cdot \text{m}^{-1}$)

| 物　质 | $t/℃$ | 质量分数/% | | | | | | |
		5	10	20	40	60	80	100
甲醇	20	62.7	59.0	50.4	38.2	33.0	27.3	22.6
	30	61.7	57.3	46.0	36.1	32.3	26.5	21.6
	50	57.0	55.0	47.2	35.5	30.8	25.0	19.5
乙醇	25	55.3	47.3	37.9	29.6	25.1	23.6	22.0
	40	54.9	48.2	38.1	30.3	26.2	23.4	21.4*
	50	53.4	46.8	36.9	29.6	25.5	22.6	20.4*

* 质量分数为 96%。

2. 图解法

图解法可使实验测得的各数据间的相互关系表现得更为直观,便于看出数据中的最高点和最低点、转折点、周期性、变化速率以及两个变量之间的其他特点。利用图形,可以进行积分、微分、内插或外推,从而求得所需数据。例如,借蒸气密度的测定,外推至压力等于零以求物质的相对摩尔质量。利用图形决定某些常数和物理量。例如,测定不同温度 T 下某物质的蒸气压 p,根据 $\lg(p/Pa)-\dfrac{1}{T}$ 关系图,可决定方程式 $\lg(p/Pa)=\dfrac{A}{T}+B$ 中的常数 A 和 B,从 A 还可以得出物质的摩尔蒸发焓 $\Delta_{vap}H_m$。又如,对不同组成的二元金属体系进行热分析,可获得二元金属相图,再根据相图图形可判断某些合金的形式、性质和晶形转变等。

作图时应注意以下要点:

1）工具和坐标纸

在处理化学实验数据时,作图所需的工具主要有铅笔、直尺、曲线尺、曲线板和圆规等。坐标纸用得最多的是直角坐标纸,在表达三组分体系相图时,则常用三角坐标纸,有时也用到半对数或对数坐标纸。

2）纵、横坐标的选择

习惯上取自变量为横坐标,因变量为纵坐标,如某物质的蒸气压 p 和温度 T 的关系,以蒸气压为纵坐标,温度为横坐标。但有时自变量和因变量不是绝对的。例如,蒸气压与温度的关系,从另一角度来看,也是沸点 T 与压力 p 的关系,此时,沸点 T 为纵坐标,压力 p 为横坐标。

3）坐标范围的选择

（1）须恰能包括全部测量数据的有效数字或稍有余地,如从手册中查得水在不同温度下的黏度如表 2.6 所示。

表 2.6　水在不同温度下的黏度

$t/℃$	15	16	17	18	19	20
$\eta/(mPa \cdot s)$	1.1404	1.1111	1.0828	1.0559	1.0299	1.0050

要绘成 η-t 曲线时,横坐标应包括 $15\sim20℃$ 的所有温度,纵坐标应包括 $1.0050\sim1.1404mPa \cdot s$ 的所有黏度值。坐标的起点不一定从 0 开始,应视具体的数据而定。在上例中,t 可以从 $15℃$ 起,而 η 则可以从 $1.0000mPa \cdot s$ 起。

再举一个例子,戊烷(1)与甲烷(2)组成的混合物体系,在温度为 $37.8℃$ 时,甲烷的蒸气分压 p_2 与其组成 x_2 的关系见表 2.7。

表 2.7　戊烷(1)与甲烷(2)的混合物体系中甲烷的蒸气分压(37.8℃)

x_2	0.00148	0.00854	0.0154	0.0221	0.0288
$p_2/p^{\ominus}$	0.294	1.66	3.02	4.38	5.75

横坐标 x_2 应包括 $0.00148\sim0.0288$ 的所有数据,纵坐标 $p_2/p^{\ominus}$（$p^{\ominus}=101325Pa$）应包括 $0.294\sim5.75$ 的所有数据,而且从 x_2 的数据看,横坐标改为 $x_2/10^{-3}$ 更好。从所给的数据来看,此时纵、横坐标的起点都应从 0 开始。

（2）每小格所代表的数值应为 1、2 或 5，或者是 1×10^n、2×10^n 或 5×10^n（n 为正、负整数），因为这些数值容易描点和读出。在任何情况下，都不能用 3、6、7 和 9，也不能用 3×10^n、6×10^n、7×10^n 或 9×10^n，因为这些数值不易描点和读出，极易造成错误。

在上面所举的 x_2-$p_2/p^{\ominus}$ 关系（表 2.7）中，x_2 轴可取每小格代表 0.0002，$p_2/p^{\ominus}$ 轴取每小格代表 $0.05 \times p^{\ominus}$，读起来方便，描点也容易，绘成曲线后，要内插或外推也容易读取数据。

此外，还要将完整的数据写在坐标轴缝 10 个小格的粗线上。

（3）纵、横坐标的长短。一般来说，要调节至曲线的大部分不太垂直或水平，只要纵向长度和横向长度相差不太远，则曲线自然就不太垂直或水平了。将表 2.7 数据作 x_2-$p_2/p^{\ominus}$ 图，x_2 轴长约 140 小格，$p_2/p^{\ominus}$ 轴长约 120 小格，曲线基本上和两轴都成 45°，如图 2.5 所示。

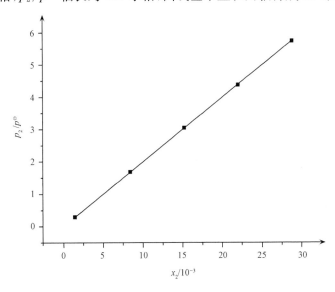

图 2.5　甲烷在戊烷中的蒸气分压与其组成的关系（37.8℃）

然而，并不是说所有的曲线图都要基本上成正方形，在不少场合，也常使图形成矩形，这主要由具体的实验数据来决定。

4）图的精密度

作图时会产生误差，所以当将所得的实验数据绘成曲线时应考虑到作图误差，使它不损害实验数据的精密度。因此，图中的代表点应反映测量数据的准确度和精密度。纵轴和横轴上两测量值的精密度相近时，可用点圆符号（⊙）作为代表点，圆心小点表示测得数据的正确值，圆的半径表示精密度值。若同一图上有几组不同的测量值，则各组测量值应用其他符号（如 ●，◆，▼，◎，△等）表示代表点。

5）曲线

曲线不需通过全部数据点，只要使各点均匀分布在曲线两侧即可，这样所有代表点离开曲线距离的平方和为最小，此即最小二乘法原理。

6）图题及图坐标的标注

每个图应有序号和简明的标题（图题），必要时应在图的下方对实验条件等作出说明。图 2.6 是乙醇的蒸气压与温度的关系（20～100℃），$\ln(p/\text{kPa})$-$1/T$ 图，其标注可作为参考。

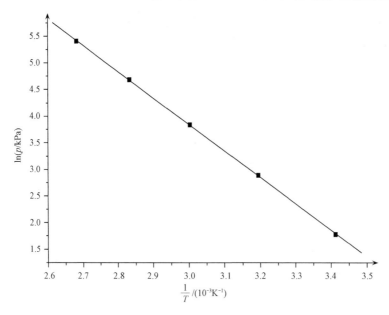

图 2.6　乙醇的蒸气压与温度的关系

3. 数学方程式法

将实验中各变量间的关系用函数关系式来表达,称为数学方程法。例如,$p = f(T)$ 表示纯物质的蒸气压与温度的关系;$G = f(T, p)$ 表示物质的吉布斯(Gibbs)自由能 G 与温度 T 和压力 p 的关系等。

这种表达方式简单,便于微分、积分和内插值。得到的函数关系式常称为经验方程式。经验方程式是客观规律的一种近似描述,是理论探讨的线索和根据。经验方程式中的系数往往与某一物理量相对应。例如,在一定温度范围内液体的饱和蒸气压 p 与 T 之间有下列函数关系:

$$\lg(p/\mathrm{Pa}) = -\frac{\Delta_{\mathrm{vap}}H_{\mathrm{m}}}{2.303R}\frac{1}{T} + B$$

直线的斜率为 $-\Delta_{\mathrm{vap}}H_{\mathrm{m}}/2.303R$,由此可求出物质的摩尔蒸发焓 $\Delta_{\mathrm{vap}}H_{\mathrm{m}}$。对于乙醇的 p-T 数据,其 $\ln(p/\mathrm{kPa})$-$\frac{1}{T}$ 图为一直线(图 2.6),拟合实验数据,得直线的斜率为 -4.981×10^3 K,截距为 18.78,因此乙醇在 $20 \sim 100℃$ 的平均蒸发焓为 $\Delta_{\mathrm{vap}}H_{\mathrm{m}} = -(-4.981\mathrm{K}) \times 8.314\mathrm{J \cdot K^{-1} \cdot mol^{-1}} \times 10^3 = 41.41\mathrm{kJ \cdot mol^{-1}}$。

将一组实验数据拟合成经验方程式的步骤如下:

(1)用实验数据作图,绘出曲线。

(2)根据经验和解析几何原理,初步判断经验公式应有的形式(通常将所得曲线形状与已知函数的曲线形状比较而得出)。须指出,有时不同的数学公式能得出相似的图形,因此通过比较选择适当的公式时,不仅要注意图形形状,还必须注意公式的物理意义以及是否适用于所讨论的问题。

(3)通过图形比较,选择一种或几种类型的经验公式后,可进行数据拟合。

　　线性拟合 $y = a + bx$；$y = bx^m$ 可线性化为 $\ln y = \ln b + m\ln x$，$y = \dfrac{ax}{1 + bx}$ 可线性化为

$\dfrac{1}{y} = \dfrac{1}{ax} + \dfrac{b}{a}$，再进行拟合；多项式拟合 $y = a_0 + a_1 x + a_2 x^2 + a_3 x^3 + \cdots + a_m x^m$；多元线性拟

合 $y = a_0 + a_1 x_1 + a_2 x_2 + \cdots + a_m x_m$；非线性拟合 $y = a + bx + c/x - d\exp(-x)$ 等。

　　通常用作图法、平均值法和最小二乘法三种方法来求经验方程式中的系数 $a, b, m, \cdots, a_0$，$a_1, a_2, \cdots$。但前两种方法用得不多，下面介绍最小二乘法。

　　最小二乘法的基本假设是残差的平方和为最小，即所有数据点与计算得到的曲线之间偏差的平方和为最小。通常，为了数学处理方便，假定误差只出现在因变量 y，且假定所有数据点都同样可靠。

　　设有实验数据 (x_i, y_i)，$i = 1, 2, \cdots, n$。假定 $y = a + bx + \varepsilon$，ε 为随机误差；对每一个数据点，有 $y_i = a + bx_i + \varepsilon_i$。将实验数据拟合成线性方程 $\hat{y} = a + bx$，而已知 $\hat{y}_i = a + bx_i$，共有 n 个方程。于是有

$$Q = \sum_{i=1}^{n} (\hat{y}_i - y_i)^2 = \sum_{i=1}^{n} [(a + bx_i) - y_i]^2 \neq 0$$

但 Q 取最小值时便可求得常数 a 和 b，有

$$\frac{\partial Q}{\partial a} = 2b \sum_{i=1}^{n} x_i + 2an - 2 \sum_{i=1}^{n} y_i = 0 \tag{2-19}$$

$$\frac{\partial Q}{\partial b} = 2b \sum_{i=1}^{n} x_i^2 + 2a \sum_{i=1}^{n} x_i - 2 \sum_{i=1}^{n} x_i y_i = 0 \tag{2-20}$$

由式(2-19)和式(2-20)，可得

$$a = \frac{\displaystyle\sum_{i=1}^{n} x_i y_i \sum_{i=1}^{n} x_i - \sum_{i=1}^{n} y_i \sum_{i=1}^{n} x_i^2}{\left(\displaystyle\sum_{i=1}^{n} x_i\right)^2 - n \sum_{i=1}^{n} x_i^2} \tag{2-21}$$

$$b = \frac{\displaystyle\sum_{i=1}^{n} x_i \sum_{i=1}^{n} y_i - n \sum_{i=1}^{n} x_i y_i}{\left(\displaystyle\sum_{i=1}^{n} x_i\right)^2 - n \sum_{i=1}^{n} x_i^2} \tag{2-22}$$

或

$$b = \frac{\displaystyle\sum_{i=1}^{n} (x_i - \overline{x})(y_i - \overline{y})}{\displaystyle\sum_{i=1}^{n} (x_i - \overline{x})^2} \tag{2-23}$$

$$a = \overline{y} - b\overline{x} \tag{2-24}$$

式中

$$\overline{x} = \frac{\displaystyle\sum_{i=1}^{n} x_i}{n}, \qquad \overline{y} = \frac{\displaystyle\sum_{i=1}^{n} y_i}{n} \tag{2-25}$$

$$R^2 = b^2 \frac{\sum\limits_{i=1}^{n}(x_i - \overline{x})^2}{\sum\limits_{i=1}^{n}(y_i - \overline{y})^2} = 1 - \frac{\sum\limits_{i=1}^{n}(y_i - \hat{y}_i)^2}{\sum\limits_{i=1}^{n}(y_i - \overline{y})^2} \tag{2-26}$$

从式(2-26)可看出,当 y 与 x 之间存在严格的函数关系时,所有实验点均应落在回归线上,则 $y_i = \hat{y}_i, R^2 = 1, b^2 = \dfrac{\sum\limits_{i=1}^{n}(y_i - \overline{y})^2}{\sum\limits_{i=1}^{n}(x_i - \overline{x})^2}$;当 y 与 x 之间不存在任何依赖关系时,回归线是高度等于 $\overline{y}$ 的平行于 x 轴的直线,$\hat{y}_i = \overline{y}, R^2 = 0, b = 0$;在 y 与 x 之间存在相关关系时,R 值为 $0 \sim 1$,R 称为相关系数,其符号取决于 b 值的符号。R 值的出现概率服从统计分布规律。可根据显著性水平 α 和自由度 $f = n-1$ 查表,得临界值 R_α,若 $R > R_\alpha$,则数据 y 与 x 之间是显著相关的,即所求得的回归方程和回归线(拟合直线)是有意义的。若 x 没有误差或 x 的误差比 y 的误差小很多,则剩余标准误差(均方根误差)$\hat{\sigma}(\hat{y})$ 为

$$\hat{\sigma}(\hat{y}) = \left[\frac{\sum\limits_{i=1}^{n}(\hat{y}_i - y_i)^2}{n-2} \right]^{\frac{1}{2}} \tag{2-27}$$

$\hat{\sigma}(\hat{y})$ 值越小,拟合直线的精度越高。而 a 和 b 的均方根误差分别为

$$\hat{\sigma}(a) = \left[\frac{\hat{\sigma}^2(\hat{y}) \sum\limits_{i=1}^{n} x_i^2}{n \sum\limits_{i=1}^{n} x_i^2 - (\sum\limits_{i=1}^{n} x_i)^2} \right]^{\frac{1}{2}} \tag{2-28}$$

$$\hat{\sigma}(b) = \left[\frac{n \hat{\sigma}^2(\hat{y})}{n \sum\limits_{i=1}^{n} x_i^2 - (\sum\limits_{i=1}^{n} x_i)^2} \right]^{\frac{1}{2}} \tag{2-29}$$

应用 t 分布,可进一步求得 a 和 b 的置信区间,分别为

$$\Delta a = t_{1-\frac{\alpha}{2}}(n-2)\hat{\sigma}(\hat{y}) \left(\frac{1}{n} + \frac{\overline{x^2}}{\sum\limits_{i=1}^{n} x_i^2 - n\overline{x}^2} \right)^{\frac{1}{2}} \tag{2-30}$$

$$\Delta b = t_{1-\frac{\alpha}{2}}(n-2)\hat{\sigma}(\hat{y}) \left(\sum\limits_{i=1}^{n} x_i^2 - n\overline{x}^2 \right)^{-\frac{1}{2}} \tag{2-31}$$

于是,由实验数据拟合得到的方程为 $\hat{y} = (a \pm \Delta a) + (b \pm \Delta b)x$,其显著性水平为 α。须注意,作为数据处理结果报告时,除了写出拟合方程外,还应写明相关系数、剩余标准误差 $\hat{\sigma}(\hat{y})$ 和显著性水平 α,以表明拟合方程的显著性。

【例 2-8】　下表给出某电极相对于饱和甘汞电极的电位 E，该电位是浓度 c 的函数。

$-\lg[c/(\text{mol} \cdot \text{L}^{-1})]$	E/mV	$-\lg[c/(\text{mol} \cdot \text{L}^{-1})]$	E/mV	$-\lg[c/(\text{mol} \cdot \text{L}^{-1})]$	E/mV
1.00	106	1.70	153	2.40	187
1.10	115	1.90	158	2.70	211
1.20	121	2.10	174	2.90	220
1.50	139	2.20	182	3.00	226

试确定 $-\lg[c/(\text{mol} \cdot \text{L}^{-1})]$ 与 E 之间的函数关系。

解　作 $-\lg[c/(\text{mol} \cdot \text{L}^{-1})]$-$E$ 图得一直线，于是设

$$E/\text{mV} = a - b\lg[c/(\text{mol} \cdot \text{L}^{-1})]$$

取 $P = 95\%$，应用计算软件可求得

$$\hat{\sigma}(E) = \sqrt{\frac{\sum (E_i - \overline{E})^2}{12 - 2}} = 2.47\text{mV}$$

$$\hat{\sigma}(a) = 2.23\text{mV}, \qquad \hat{\sigma}(b) = 1.07\text{mV}$$

$$a = 49.64\text{mV}, \qquad b = 58.91\text{mV}$$

查 t 分布表，得 $t_{0.975}(10) = 2.23$，于是得

$$a \pm t_{0.975}(10)\hat{\sigma}(a) = (49.64 \pm 2.23 \times 2.23)\text{mV} = (49.64 \pm 4.97)\text{mV}$$

$$b \pm t_{0.975}(10)\hat{\sigma}(b) = (58.91 \pm 2.23 \times 1.07)\text{mV} = (58.91 \pm 2.39)\text{mV}$$

因此，最佳拟合方程为

$$E/\text{mV} = (49.6_4 \pm 5.0_0) - (58.9_1 \pm 2.4_0)\lg[c/(\text{mol} \cdot \text{L}^{-1})]$$

对于多元线性和非线性拟合，根据最小二乘法原理可导出方程中各变量系数及其置信区间、复相关系数 R、F 检验值、剩余标准误差的计算公式，详细内容可参阅有关数理统计和回归分析的专著。

采用回归分析的计算软件，如 MATLAB、SPSS、Origin 等，可方便地由实验数据拟合得到各种形式方程的参数，并给出相关统计量和图表。读者可以通过本章后的习题自行学习、掌握这些软件在数据处理中的应用。

习　　题

1. 对某一液体的密度（$\text{g} \cdot \text{cm}^{-3}$）进行多次测定，其实验结果为 1.082、1.079、1.080、1.076、1.084、1.077。求其平均误差、平均相对误差、标准误差和精密度。

2. 用精密天平对某物质连续称量 11 次，所得数据（mg）为 25 048.8、25 049.1、25 048.9、25 048.9、25 048.8、25 049.0、25 079.3、25 049.2、25 048.9、25 049.0、25 048.8。求测量值及测量的标准误差。（提示：该测量系列中是否含异常数据？试用 $3\hat{\sigma}$ 法则进行判断）

3. 下列各数据中有多少位有效数字？

3.80、0.0100、3.14×10^6、2.25×10^5、10.203

4. 根据有效数字概念计算下列各题：

(1) $0.9 \times 0.9 =$

(2) $\lg(4.42 \times 10^3) =$

(3) 求 5.37 的反对数。

(4) $437.2 + 543.21 - 1.07 \times 10^3 =$

(5) $1.711 \times 10^2 + 1.2 \times 10^2 + 1.3043 \times 10^{-2} =$

(6) 已知半径 $r = 2.65$cm，求圆的面积。

5. 计算下列重复测定的平均值及平均偏差。

(1) 20.20，20.24，20.21，20.23；

(2) $\rho / \text{kg} \cdot \text{L}^{-1} = 0.8786$，$0.8787$，$0.8782$，$0.8784$；

(3) 当正确的 ρ 为 $0.8790 \text{kg} \cdot \text{L}^{-1}$ 时，求 2)中的绝对误差和相对误差。

6. 1) 要配制浓度为 $0.2 \text{mol} \cdot \text{L}^{-1}$ 的 $K_2Cr_2O_7$ 溶液 1L，如果称量误差为 0.1%，而 1L 容量瓶的误差有 1mL 左右，则所得 $K_2Cr_2O_7$ 溶液的浓度会有多大误差？

2) 如果要求浓度的误差在 0.2%，则 1)中的上述操作需用下列哪种天平既能满足要求，又能快速配好溶液？

(1) 感量为 1g 的天平；

(2) 感量为 0.5g 的天平；

(3) 感量为 0.2g 的天平；

(4) 化学天平（可以称到 1/1000g）；

(5) 万分之一克分析天平（可以称到 1/10 000g）；

(6) 十万分之一克分析天平（可以称到 1/100 000g）。

7. 金属钠的蒸气压与温度的关系为

$$\lg(p/\text{mmHg}) = -5.4 \times 10^3 / (T/\text{K}) + 7.55$$

现测定 200℃时金属钠的蒸气压，要求其相对误差不超过 1%，测定时应控制温度的误差最大不得超过多少(℃)？

8. 在不同温度下测定氨基甲酸铵的分解反应 $NH_2COONH_4(s) \Longrightarrow 2NH_3(g) + CO_2(g)$ 的平衡常数，获得数据如下表所示。

T/K	298	303	308	313	318
$\lg K$	-3.638	-3.150	-2.717	-2.294	-1.877

试用最小二乘法求出 $\lg K$-$1/T$ 的关系式，求出反应的平均热效应 $\Delta_r H_m^{\ominus}$（设 $\Delta_r H_m^{\ominus}$ 在此温度范围内为一常数）；作 $\lg K$-$1/T$ 关系曲线，从直线的斜率求出 $\Delta_r H_m^{\ominus}$。比较上述两种方法所得的 $\Delta_r H_m^{\ominus}$ 值，哪个更准确？为什么？

9. 设一钢球的质量为 10mg，钢球密度为 $7.85 \text{g} \cdot \text{cm}^{-3}$。若测半径时，其标准误差为 0.015mm，测定质量时的标准误差为 0.05mg。测定此钢球密度的精确度（标准误差）是多少？

10. 在 629K 时，测定 HI 的解离度 α，得到下列数据：0.1914，0.1953，0.1968，0.1956，0.1937，0.1949，0.1948，0.1954，0.1947，0.1938。解离度 α 与平衡常数 K 的关系为

$$K = \left[\frac{\alpha}{2(1-\alpha)} \right]^2$$

试求 629K 时的 K 值及其标准误差。

11. 利用苯甲酸的燃烧热测定氧弹的热容 C，其计算式为

$$C = [(26\,460G + 6694g)/t] - DC_{水}$$

式中，$C_{水}$ 是水的比热容；26 460 和 6694 分别是苯甲酸和燃烧丝的燃烧热(J·g^{-1})。实验所得数据如下：苯甲酸的质量 $G = (1.1800 \pm 0.0003)$g；燃烧丝质量 $g = (0.0200 \pm 0.0003)$g；量热器中含水 $D = (1995 \pm 2)$g；测得温度升高值为 $t = (3.140 \pm 0.005)$℃。

计算氧弹的热容及其标准误差，并讨论引起实验结果误差的主要因素。

12. 根据公式 $\ln \dfrac{p_2}{p_1} = \dfrac{\Delta_{vap} H_m}{R} \left(\dfrac{1}{T_1} - \dfrac{1}{T_2} \right)$ 计算 $\Delta_{vap} H_m$ 及其偏差。已知数据如下：

$T_1 = (283.16 \pm 0.05)$K；$T_2 = (303.16 \pm 0.05)$K；$p_1 = (109.5 \pm 0.5)$mmHg；$p_2 = (264.5 \pm 0.5)$mmHg；$R = 8.314 \text{J} \cdot \text{mol}^{-1} \cdot \text{K}^{-1}$。

13. 用 Beckmann 方法在相同实验条件下测定葡萄糖的摩尔质量，其实验数据如下表所示：

序 号	1	2	3	4	5	6	7	8	9	10
$M/(\text{g} \cdot \text{mol}^{-1})$	183	178	179	181	177	185	180	182	179	184

处理上表数据，正确表示葡萄糖摩尔质量的测量结果。

14. 下表给出同系物 7 个碳氢化合物的沸点（T_b）数据。

物　质	C_4H_{10}	C_5H_{12}	C_6H_{14}	C_7H_{16}	C_8H_{18}	C_9H_{20}	$C_{10}H_{22}$
T_b/K	273.8	309.4	342.2	368.0	397.8	429.2	447.2

碳氢化合物的摩尔质量 M 和沸点 T_b 符合下列关系式：

$$T_b/K = a(M/g \cdot mol^{-1})^b$$

(1) 用作图法求 a 和 b；

(2) 用最小二乘法确定常数 a 和 b，并与 1) 中的结果比较。

15. 乙胺在不同温度下的蒸气压数据如下表所示：

$t/℃$	−13.9	−10.4	−5.6	0.9	5.8	11.5	16.2
$p/mmHg$	185.0	234.0	281.8	371.5	481.3	595.7	750.5

试绘出 p-t 及 $\lg(p/mmHg)$-$10^3/(t/℃)$ 的关系曲线，并求出乙胺的蒸气压与温度的关系式。

16. 烷烃 C_nH_{2n+2} 的生成热 $\Delta_f H_m^{\ominus}$ 的实验值如下表所示：

n	3	4	5	6	7	8
$-\Delta_f H_m^{\ominus}/(kJ \cdot mol^{-1})$	103.85	126.15	146.44	167.19	187.78	208.45

试编写程序，建立 n 与 $\Delta_f H_m^{\ominus}$ 的函数关系，即 $\Delta_f H_m^{\ominus} = f(n)$，同时给出标准偏差、相关系数、$F$ 检验值、t 检验值，用此函数关系式计算 $n=10$、13 的烷烃的 $\Delta_f H_m^{\ominus}$，将计算得到的 $\Delta_f H_m^{\ominus}$ 值与文献查得的 $\Delta_f H_m^{\ominus}$ 值进行比较，由此说明所建立的函数关系式的预测能力。

17. 已知甲醇的表面张力与温度的关系数据如下表所示：

$t/℃$	$\sigma/(mN \cdot m^{-1})$	$t/℃$	$\sigma/(mN \cdot m^{-1})$
−80	34.63	60	17.33
−60	32.04	80	15.04
−40	29.49	100	12.80
−20	26.98	140	8.534
0	24.50	180	4.602
20	22.07	220	1.023
40	19.67	230	0.505

试根据上表数据，建立甲醇的表面张力 σ 与温度 t 的具体函数关系式。

18. 已知正丁醇水溶液的表面张力的实验数据（20.0℃，$\sigma_0 = 0.07275 N \cdot m^{-1}$）如下表所示：

$c/(mol \cdot L^{-1})$	0.020	0.040	0.060	0.080	0.10	0.12	0.16	0.20	0.24
$\sigma/(10^{-3}N \cdot m^{-1})$	68.57	64.46	60.94	57.86	54.78	53.32	49.80	46.72	44.66

(1) 绘出 σ-c 关系曲线；

(2) 由上表数据确定 σ 与 c 之间的函数关系式，$\sigma = f(c)$。

19. 试建立乙醇水溶液的黏度随温度和组成变化的函数关系式，$\eta = f(t, c)$，有关数据如下表所示：

乙醇水溶液的黏度(mPa·s)

$t/℃$	质量分数/%									
	10	20	30	40	50	60	70	80	90	100
5	2.577	4.065	5.29	5.59	5.26	4.63	3.906	3.125	2.309	1.623
10	2.179	3.165	4.05	4.39	4.18	3.77	3.268	2.710	2.101	1.466
15	1.792	2.618	3.26	3.53	3.44	3.14	2.770	2.309	1.802	1.332
20	1.538	2.183	2.71	2.91	2.87	2.67	2.370	2.008	1.610	1.200
25	1.323	1.185	2.18	2.35	2.40	2.24	2.037	1.748	1.424	1.096
30	1.160	1.553	1.87	2.02	2.02	1.93	1.767	1.531	1.279	1.003
35	1.006	1.332	1.58	1.72	1.72	1.66	1.529	1.355	1.147	0.914
40	0.907	1.160	1.368	1.482	1.499	1.447	1.344	1.203	1.035	0.834
45	0.812	1.015	1.189	1.289	1.294	1.271	1.189	1.081	0.939	0.764

20. 通过查阅文献,提出一个实验方案,设计一套仪器,用来测定过冷液态纯水在常压下和常温至$-10℃$的密度及黏度数据。

第3章 现代化学基本实验技术

温度、压力和流量是化学化工实验、科研和生产中的重要参数,流动法、热分析、X射线粉末衍射等也是被广泛应用的过程控制手段和检测与表征技术。正确掌握这些参数和性质的测定方法和实验技术,有助于对系统实施有效控制,使操作在预定条件下进行,从而获得可靠的实验数据,得出可信的科学结论,这是本课程的重要学习内容。本章就上述内容作简要介绍。而液体的密度、折射率和黏度等物质的常用理化性质测定、电学、光学和谱学测量技术的基本原理和仪器介绍可参考基础化学实验、仪器分析或本课程的相关实验中的介绍,本章不予专门介绍。

3.1 温度的测控技术

两系统A、B处于热平衡状态,它们有一个共同的参数值θ,这个参数θ就是温度。温度是表征物体冷热程度在热平衡时的物理量。

从分子运动角度看,温度是表征体系中物质内部大量粒子平均动能的一个宏观物理量。物体内部分子、原子平均动能的增加或减少,表现为物体温度的升高或降低。两个物体的温度间只有相等或不等的关系,因此温度是强度性质,是确定物体状态的一个基本变量。温度作为工业生产和科学实验中最普遍、最重要的热工参数之一,它影响着物质的许多物理现象和理化性质,大多数生产过程也是在一定温度范围之内进行的。因此,温度的准确测量与控制是保证生产正常进行和科研成功的关键之一。

3.1.1 温标

任何一支温度计在用于测定温度之前,均须按照一定规则对应进行刻度,于是须规定一个度量温度的标尺,称为温标。

温标的确定包括三个方面的内容:①用某一物质的某种特性作为标准物体(基准点)来标定,所选用的标准物体称为温度计,作为温度计的物质称为感温质,它的某些性质如体积、电阻、热电势、辐射波等是温度的单值函数;②确定基准点,在一定条件下,选择某些固定的冷热程度作为基准点,并确定一定的温度数值,通常选用某些高纯物质的相变点作为温标的基准点,例如,纯水沸点100℃和冰点0℃为两个基准点等;③划分温度数值,将固定点之间划分为若干度,然后用内插或外推方法确定两个固定点之间的温度数值。

1. 热力学温标

热力学温标首先由汤姆逊提出,后经开尔文等人研究而确定,它以卡诺循环和卡诺定理为基础。有

$$T_2 = T_1 \frac{Q_2}{Q_1} \qquad (3\text{-}1)$$

由式(3-1)只能得到两个温度的比值,还需人为规定一个参考点温度。式(3-1)表明,卡诺热机完成一个循环后,从高温热源(T_1)吸收的热Q_1和放至低温热源(T_2)的热Q_2与两热源的温度T_1及T_2有关。基于此,人们便可以利用Q来测定温度。所谓热力学温标就是取卡诺热机交换热量Q为测温参数的一种温标。人们选定水的三相点为参考点,并定义该点的温度为273.16K,相应的交换热量为$Q_参$。当测得其他温度热源的交换热量Q后,由式(3-1)便可求得相应温度,有

$$T/K = Q \frac{273.16}{Q_参} \qquad (3-2)$$

按照这样的定义,热力学温度符号为T,其单位为开[尔文],符号为 K。1K 等于水的三相点热力学温度的 1/273.16。热力学温标是基本温标,热力学温标定义的温度称为热力学温度,是七个基本物理量之一。

卡诺热机的效率只与两热源的温度有关,而与工质无关。因此,利用卡诺热机交换热量Q来测定温度也与所测物质的性质无关,这是热力学温标的最大特点。然而,卡诺循环是理想的,无法用实验来确定其分度值,故热力学温标是一种理论温标。

对于一定质量的理想气体,其定容下的压力(或定压下的体积)与热力学温度成严格的线性函数关系,有

$$pV = nRT \qquad (3-3)$$

式中,p 为理想气体的压力;V 为气体的体积;n 为气体的物质的量;R 为摩尔气体常量;T 是理想气体的温度,此温度与热力学温度一致。由此,测得压力 p 就可求得气体温度 T。因此,热力学温标可用理想气体温标来代替,现在国际上就是选定气体温度计来实现热力学温标的。

实际上,我们只能用与理想气体相近的实际气体来做工质,如氢、氮、氦等,在温度较高、压力不太高的条件下,它们的行为接近理想气体,所以由这些气体制成的气体温度计的读数可以代表热力学温度。原则上说,其他温度计都可以用气体温度计来标定。

当要求准确测定温度时,须对实际气体与理想气体行为的偏差、测定过程中容积 V 的热胀冷缩等进行修正。由于这个原因,气体温度计装置庞大,技术难度高,价格昂贵,且使用不便。为了克服气体温度计的缺陷,既方便测定,又能保证测定精度,于是提出采用一个国际实用协议性温标,要求它既易于使用和高精度的复现,又非常接近热力学温标。

2. 国际实用温标

由于气体温度计在使用上不方便,国际计量大会决定采用国际实用温标作为温标的二级标准。国际实用温标选定一些可靠而又能高度重现的平衡点作为测温的固定点,这些点的温度是根据热力学温标制定的,其数值尽可能与热力学温标接近。

目前,国际通用的温标是国际计量委员会在第 18 届国际计量大会上通过的,第七号决议授权于 1989 年会议通过的 1990 年国际温标 ITS—90,相应的国际热力学温度的符号为 T_{90} 和国际摄氏温度的符号为 t_{90},实际应用中则略去下标"90",而采用符号 T 和 t。我国自 1994 年 1 月 1 日起实施国际温标 ITS—90。

国际温标 ITS—90 是一种精确的实用经验温标,它是以一些可复现的固定点(平衡态)的指定值以及在这些温度点上分度的标准仪器为基础的。

1) 固定点

温度计只能通过感温质的某些物理特性显示温度的相对变化,其绝对值还需要用其他方法予以标定。常以一定条件下某些高纯物质的相变温度作为温标的定义固定点。

ITS—90 定义了 17 个温度固定点(表 3.1)和 4 个温区。

表 3.1　1990 年国际温标 ITS—90 中的定义固定点*

序　号	温　度		物　质	状　态	$W_r(T_{90})$
	T_{90}/K	$t_{90}/°\text{C}$			
1	3~5	−270.15~−268.15	He	V	
2	13.803 3	−259.346 7	e-H$_2$	T	0.001 190 07
3	≈17	≈−256.15	e-H$_2$(或 He)	V(或 G)	
4	≈20.3	≈−252.85	e-H$_2$(或 He)	V(或 G)	
5	24.556 1	−248.593 9	Ne	T	0.008 449 74
6	54.358 4	−218.796 1	O$_2$	T	0.091 718 04
7	83.805 8	−189.344 2	Ar	T	0.215 859 75
8	234.315 6	−38.834 4	Hg	T	0.844 142 11
9	273.16	0.01	H$_2$O	T	1.000 000 00
10	302.914 6	29.764 6	Ga	M	1.118 138 89
11	429.748 5	156.598 5	In	F	1.609 801 85
12	505.078	231.928	Sn	F	1.892 797 68
13	692.677	419.527	Zn	F	2.568 917 30
14	933.473	660.323	Al	F	3.376 008 60
15	1 234.93	961.78	Ag	F	4.286 420 53
16	1 337.33	1 064.18	Au	F	
17	1 357.77	1 084.62	Cu	F	

*　除 ^{3}He 外,其他物质均为自然同位素成分;e-H$_2$ 为正/仲分子态处于平衡浓度时的氢。

各符号的意义:V 为蒸气压点,T 为三相点(在此温度下,固、液和蒸气三相平衡共存),G 为气体温度计测量值,M、F 分别为熔化点和凝固点(在 101.325kPa 下,固、液相平衡的温度)。

(1) 第一温区:0.65~5.00K。T_{90} 由 ^{3}He 与 ^{4}He 的蒸气压与温度的关系式定义,如式(3-4)所示。此温区所用的内插仪器为 ^{3}He、^{4}He 蒸气温度计。

$$T_{90}/\text{K} = A_0 + \sum_{i=1}^{9} A_i [\ln(p/\text{Pa} - B)/C] \tag{3-4}$$

式中,A_0、A_i、B、C 为常数,其值见表 3.2。

表 3.2　式(3-4)中各常数值

常　数	^{3}He(0.65~3.2K)	^{4}He(1.25~2.176 8K)	^{4}He(2.176 8~5.0K)
A_0	1.053 447	1.392 408	3.146 631
A_1	0.980 106	0.527 153	1.357 655
A_2	0.676 380	0.166 756	0.413 923
A_3	0.372 692	0.050 988	0.091 159

常　数	³He(0.65～3.2K)	⁴He(1.25～2.176 8K)	⁴He(2.176 8～5.0K)
A_4	0.151 656	0.026 514	0.016 349
A_5	−0.002 263	0.001 975	0.001 826
A_6	0.006 596	−0.017 976	−0.004 325
A_7	0.088 966	0.005 409	−0.004 973
A_8	−0.004 770	0.013 259	0
A_9	−0.054 943	0	0
B	7.3	5.6	10.3
C	4.3	2.9	1.9

(2) 第二温区:3.0～24.5561K(氖三相点)。T_{90} 由 ³He 与 ⁴He 的蒸气压与温度的关系式定义,它使用三个温度点分度的 ³He 和 ⁴He 定容蒸气温度计来内插。三个温度点为:氖的三相点,平衡氢三相点(13.8033K), ³He 和 ⁴He 蒸气温度计在3.0～5.0K 测得的一个温度点。

(3) 第三温区:13.8033(平衡氢三相点)～1234.93K(银的凝固点)。T_{90} 由铂电阻温度计定义。它使用一组规定的定义固定点及采用规定的内插法来分度。任何一支铂电阻温度计都能在整个温区内有高的准确度,同时还要分若干个小温区。

温度值 T_{90} 由该温度时的电阻 $R(T_{90})$ 与水的三相点时的电阻 $R(273.16\text{K})$ 之比求得。比值 $W_r(T_{90})$ 为

$$W_r(T_{90}) = R(T_{90})/R(273.16\text{K}) \tag{3-5}$$

一支适用的铂电阻温度计须由无应力的纯铂丝制成,且要求

$$W_r(302.9146\text{K}) \geqslant 1.118\ 07 \tag{3-6}$$

或

$$W_r(234.3156\text{K}) \leqslant 0.844\ 235 \tag{3-7}$$

一支能用于银凝固点的铂电阻温度计还须满足

$$W_r(1234.93\text{K}) \geqslant 4.2844 \tag{3-8}$$

在电阻温度计的不同温区内使用不同的参考函数,有关详细内容可参阅相关专著。

(4) 第四温区:银凝固点以上的温区。T_{90} 用一个定义固定点和普朗克辐射定律定义,此区的内插仪器为光电温度计。

2) 温度计

国际实用温标还规定,在不同的温度区间必须选用指定的、具有高稳定的标准温度计来度量各固定点之间的温度值,如表3.3所示。这些标准温度计在固定点之间的温度值可采用一些比较严格的内插公式求出,并力求与热力学温标一致。

表 3.3　国际实用温标规定的标准温度计

温度范围/℃	标准温度计
−259.34～0	铂电阻温度计
0～630.74	铂电阻温度计
630.74～1064.43	铂铑(10%)-铂热电偶
>1064.43	光学高温计

3) 分度法

由于标准温度计的特性变化与温度的变化并非呈简单的线性关系,因此在固定点之间的温度值采用一些较严格的内插公式求得,力求与热力学温标一致,其详细计算方法可参阅有关专著。

3. 其他温标

1) 摄氏温标

以水的冰点和沸点为固定点,并以冰点时的刻度为 0、沸点时的刻度为 100,0～100 划分为 100 等份,每 1 等份即为 1 摄氏度。此种温标的温度符号常用 t 表示,单位的符号是℃。

由于摄氏温标应用比较普遍,因此在确定热力学温标时考虑了这种习惯因素,即确定水的三相点为 273.16K,这就使热力学温标的每一分度为 1/273.16,从而保证水的沸点和冰点之间的分度值仍为 100,这样就与摄氏温标一致,使用起来比较方便。t 与 T 之间的关系为

$$t/℃ = T/K − 273.15 \qquad (3\text{-}9)$$

2) 华氏温标

德国物理学家华伦海特建立了华氏温标,华氏温标单位的符号是℉。他把水的冰点定为 32℉,沸点定为 212℉,在此两固定点之间分成 180 等份,每一等份即为 1℉。摄氏温标(℃)、华氏温标(℉)、热力学温标(K)之间的相互关系为

$$t/℃ = (1.8t/℃ + 32)℉ = (t/℃ + 273.15)K \qquad (3\text{-}10)$$

式中,t 为摄氏温标的度数。当 $t=0$℃时,华氏温度为 32℉,热力学温度为 273.15K;当 $t=100$℃时,华氏温度为 212℉,热力学温度为 373.15K。

3.1.2　温度的测量方法及仪表

温度不能直接进行测量,只能借助于冷、热程度不同的物体之间的热交换,以及物质的某些特性随冷、热程度不同而变化的关系来进行间接测量。测温方式可分为接触式测温和非接触式测温两大类。

1. 接触式测温

任意两个冷、热程度不同的物体相接触时必发生热交换,热量从受热程度高的物体传到受热程度低的物体,直至两物体的冷、热程度相同,即达到热平衡状态为止。接触式测温就是利用这个原理选择某一物体与被测物体相接触,并进行热交换。当两者达到热平衡状态时,选择物体与被测物体的温度相等。由此,可通过测定选择物体的某一物理性质,如液体的体积、热电偶的热电势、导体的电阻等,得到被测物体的温度值。显然,要得到温度的精确测定,测温物

体的物理性质必须是温度的单值和连续函数,且要求重现性好。

常用的各类温度计以接触方式测温。接触式测温的测量精度高,方法简单,结果可靠,应用广泛。但由于测温元件与被测介质需要进行充分的热交换,需要一定的时间才能达到热平衡,因此存在一定的测量滞后。另一方面,测温元件有可能与被测介质发生化学反应,尤其是对于热容较小的被测对象,还会因传热而破坏被测物体原有的温度场;测温上限受到感温材料耐温性能的限制,不能用于很高温度的测量;这种方法对于运动中的固体物体的测温也较困难。

2. 非接触式测温

非接触式测温是感温元件不直接与被测物体相接触,而是利用物体的热辐射原理或电磁性质来实现测温的。这种方法不破坏被测对象的温度场,不仅可以测量运动物体的温度,而且可以以扫描的方式测得物体表面的温度分布。该方法测温的反应速度快,测温范围广,原理上不受温度上限的限制,工业上常用于测量 1000℃ 以上的移动、旋转或反应迅速的高温物体的温度;由于受到物体的发射率、被测对象到仪表之间的距离、烟尘和水蒸气等其他介质的影响,故测温的准确性不高,一般仅用于高温测量。

3. 测温仪表

在科研、实际生产或日常生活中,温度测量涉及很宽的范围,因此有多种测温仪表可选用,其测温原理和基本特性见表 3.4。

表 3.4　常用测温仪表的分类及性能

测温方式	仪表名称	测温原理	精　度	特　点	测量范围/℃
接触式测温仪表	双金属温度计	固体热膨胀变形量随温度变化	1~2.5	结构简单,指示清楚,读数方便;精度较低,不能远传	−100~+600 一般−80~+600
	压力式温度计	气(汽)体、液体在定容条件下,压力随温度变化	1~2.5	结构简单可靠,可较远距离传送(<50m);精度较低,受环境温度影响较大	0~600 一般0~300
	玻璃管液体温度计	液体热膨胀体积量随温度变化	0.1~2.5	结构简单,使用方便,精度较高,价格低廉;读数不便,不能远传,易损坏	−200~+600 一般−100~+600
	热电阻温度计	金属或半导体电阻值随温度变化	0.5~3.0	精度高,便于远传、多点和集中测量及自动控制;不能测量高温,需外加电源	−258~+1200 一般−200~+650
	热电偶温度计	热电效应	0.5~1.0	测温范围大,精度高,便于远传、多点和集中测量及自动控制;需冷端补偿,低温测量时精度较差	−269~+2800 一般200~1800
非接触式测温仪表	光学高温计	物体单色辐射强度及亮度随温度变化	1.0~1.5	结构简单,携带方便,不破坏被测对象的温度场;易产生目测主观误差,外界反射辐射会引起测量误差	200~3200 一般600~2400
	辐射温度计	物体全辐射能随温度变化	1.5	结构简单,稳定性好,光路上环境介质吸收辐射,易产生测量误差	100~3200 一般700~2000

3.1.3　常用温度计

在实际工作中,利用某些物质的温度敏感且能高度重现的物理性质可制成实用温度计。例如,利用体积改变而设计的汞玻璃温度计或其他的液体温度计(如煤油、酒精温度计),利用压力改变的定容温度计,利用电阻改变的电阻温度计,利用热电势差异的热电偶温度计,利用光强度改变的光学高温计等。各种温度计的使用范围和分辨率见表 3.5。

表 3.5　各种温度计的使用范围和分辨率

类　　型	使用范围/℃	分辨率/℃	使用要求
液体玻璃温度计			恒温、恒压
汞	$-30\sim+360$	$\geqslant 10^{-2}$	
汞(充气)	$-30\sim+600$	$\geqslant 10^{-1}$	
乙醇	$-110\sim+50$	10^{-1}	
戊烷	$-190\sim+20$	10^{-1}	
贝克曼	(量程 5)	10^{-3}	
热电偶			
		$\geqslant 10^{-3}$	毫伏计或电桥,冷端温度补偿
铜-康铜	$-250\sim+300$		
镍铬-镍硅	$-200\sim+1100$		
铂铑-铂	$-100\sim+1500$	10^{-2}	
半导体	$-200\sim+500$	10^{-4}	
电阻温度计			稳定电源,电势测量
铂	$-260\sim+1100$	10^{-4}	
半导体	$-273\sim+300$	10^{-4}	
石英频率温度计	$-78\sim+240$	10^{-2}	
气体温度计		10^{-2}	恒容或恒压,气压计或膨胀仪
He	$-269\sim0$		
H_2	$0\sim+110$		
N_2	$+110\sim+1550$		
蒸气压温度计	$-272\sim-173$	10^{-2}	气压计
辐射高温计			
灯丝式	$>700\sim2000$	10^{0}	
全辐射式	$>700\sim2000$	10^{0}	
光电式	$150\sim1600$	10^{-2}	

1. 汞温度计

1) 汞温度计

汞温度计是实验室最常用的温度计之一。它利用玻璃球内的汞随温度变化而在均匀毛细管中上升或下降测温,汞具有膨胀均匀、不易黏附玻璃、易于纯化、比热容小、传热迅速、不易氧化和不透明等特点。

（1）汞温度计的种类。

（i）普通温度计：刻度线每格为 1℃ 或 0.5℃，量程为 100℃、250℃、360℃ 等，作为一般使用。

（ii）精密温度计：刻度以 0.1℃ 为间隔，每支量程约为 50℃。这类温度计往往多支配套，所测温度范围交叉，组成 $-40\sim+400$℃ 的量程。也有刻度间隔为 0.02℃ 或 0.01℃，专供量热实验用的精密温度计。目前广泛应用间隔为 1℃ 的量热温度计，每格 0.002℃。

（iii）贝克曼温度计：专用于测定温差。有升高和降低两种，一般为 $-6\sim+120$℃，每格 0.01℃，用放大镜可读准至 0.002℃，测量精度较高；还有一种最小刻度为 0.002℃，可以读准到 0.0004℃，一般只有 5℃ 量程。

（iv）冰点下降温度计：量程为 $-0.50\sim+0.50$℃，每格 0.01℃。

（v）高温汞温度计：这种汞温度计用特殊配料充以氮气或氩气，因而温度最高可以测到 750℃。

（2）使用汞温度计时的注意事项。

（i）玻璃易破碎，因此汞温度计不能受到撞击、折拗以及骤冷骤热等。

（ii）必须等待温度计与被测物体间达到热平衡，汞柱液面不再移动后方可读数。达到热平衡所需的时间与温度计汞球的直径、温度的高低以及被测物质的性质等有关。一般情况下温度计浸在被测物体中约需 6min 才能达到热平衡。

（iii）为了防止汞在毛细管壁上的黏附，在读数前通常须轻轻敲击温度计。这一点在使用精密温度计时必须注意。

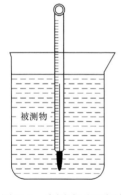

图 3.1　全浸式汞温度计

（iv）读数时，汞柱液面、刻度和眼睛应保持在同一水平面上，以避免读数误差。温度计应尽可能垂直放置，以免受温度计内部汞压力不同而引起误差。

（v）使用全浸式温度计测温时，应将温度计的汞部分全部浸没在被测系统中，如图 3.1 所示，否则必须进行校正。

（vi）由于温度计制作上的问题或者温度计使用较久，可能造成温度计玻璃球变形而使温度计读数与真实温度不符，此时温度计必须进行校正。

（vii）特别警示：汞玻璃温度计是很容易损坏的仪器，使用时应严格遵守操作规程，避免不规范操作。例如，为了方便，以温度计代替搅拌棒，与搅拌器相碰；放在桌子边缘，滚落到地上；装在盖上的温度计不先取下，而用其支撑盖子；套温度计的塞孔太大或太小，致使温度计下滑或折断等，都是不规范操作，应避免。如果温度计损坏，汞洒出，应严格按照"汞的安全使用规程"处理。

（3）温度计的校正。

（i）零点校正和定点校正：将温度计置于冰-水（冰和水纯度要求高，要求冰融化后水的电导率在 20℃ 时不大于 $10\times10^{-5}\mathrm{S\cdot cm^{-1}}$）混合系统中，待其达到热平衡后观察零度的刻度是否正确，找出修正值。也可用其他合适的纯物质，在其熔点和沸点温度时进行校正。有时也可用标准温度计进行直接比较，经过多点校正后，作出温度计的校正曲线。这样，应用内插法就可找出温度计示值所对应的实际值。标准值＝读数值＋改正值。

（ii）露茎校正：如果只将汞球浸入被测介质中而让温度计杆露出介质，则读数准确性将受到两方面的影响。第一是露出部分的汞和玻璃的温度不同于浸入部分,且随环境温度而改变,因而其膨胀情况便不同;第二是露出部分长短不同受到的影响也不同。为了保证示值的准确,校正温度计时将杆浸入被测介质中只露出很小一段(一般不超过 10mm),以便读数,这样读数的温度计称为全浸温度计。全浸式汞温度计使用时应当将汞全部浸入被测体系中,如图 3.1 所示,达到热平衡后才能读数。

通常使用温度计时,多数情况下不可能把温度计的汞部分全部浸没在被测系统中。因此,由于露在被测物体外的汞温度低于被测物体的温度而带来读数误差,这部分误差可以通过露茎校正而消除,如图 3.2 所示。

温度计露茎校正公式为

$$\Delta t_{露茎} = \frac{kh}{1 - kh}(t_{测} - t_{环}) \tag{3-11}$$

式中,$\Delta t_{露茎} = t_{实} - t_{测}$ 为读数校正值;$t_{实}$ 为体系温度的实际值;$t_{测}$ 为温度计的读数值;$t_{环}$ 为露出待测体系外汞柱的有效温度

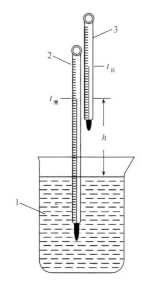

图 3.2 温度计露茎校正
1. 被测体系;2. 测量温度计;
3. 辅助温度计

(从放置在露出一半位置处的另一支辅助温度计读出);h 为露出待测体系外部的汞柱长度,称为露茎高度,以温度差值(℃)表示;h 为汞相对于玻璃的膨胀系数,$k = 0.000\,16\,℃^{-1}$。一般地,$kh \ll 1$,所以有

$$t_{实} = t_{测} + kh(t_{测} - t_{环}) \tag{3-12}$$

(iii) 其他因素校正:延迟作用、辐射作用、毛细管内径不均匀等因素也影响温度计的准确测量,关于它们的校正计算可参阅温度测量专著。

2) 贝克曼温度计

结构特点:贝克曼温度计上的最小刻度为 0.01℃,可以估读到 ±0.002℃,整个温度计的刻度范围一般是 0~5℃ 或 0~6℃。贝克曼温度计也是一种汞玻璃温度计,如图 3.3 所示。

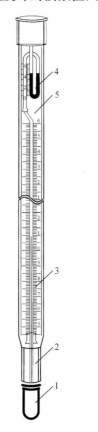

图 3.3 贝克曼温度计
1. 汞球;2. 毛细管;3. 温度标尺;
4. 汞贮槽;5. 最高刻度

贝克曼温度计与一般汞温度计的结构一样,也有一个汞球和一支毛细管,但贝克曼温度计的毛细管顶端处还连接着一个汞贮槽。因此,贝克曼温度计的结构特点除了刻度很精细,刻线间隔仅 0.01℃ 以外,更主要的是这种温度计汞球中的汞量可以借助汞贮槽进行调节。尽管贝克曼温度计的量程很短(一般只有 5℃),但它却可以用来精确测量不同温度区间的温度差值。必须注意的是,贝克曼温度计不能用作温度绝对值的测量。

使用贝克曼温度计时,首先需要根据被测介质的温度,调整温度计汞球的汞量。例如,测量温度降低值时,贝克曼温度计置于被测介质中的读数应是 4℃ 左右为宜。如汞量过少,汞柱达不到这一示值,则需将汞贮槽中的汞适量转移至汞球中。为此,

将温度计倒置,使汞贮槽中的汞借重力作用流入汞球,并与汞球中的汞相连接(如倒立时汞不下流,可以将温度计向下抖动,或将汞贮槽放在热水中加热)。然后慢慢倒转温度计,使汞贮槽位置高于汞球,借重力作用,汞从汞贮槽流向汞球,至汞贮槽处的汞面对应的标尺温度与被测介质温度相当时,立即抖断汞柱,其办法是右手持温度计约二分之一处,轻轻在左手拇指与食指之间凹处敲打汞贮槽部位,使汞在顶部毛细管端断开。再将温度计汞球置于被测介质中,观测温度计示值是否恰当,如汞量还少,则再按上述操作方法调整;如汞量过多,则需从汞球中赶出一部分汞至汞贮槽中。

目前,代替贝克曼温度计用来测量温度差的仪器是数字式精密电子温差测量仪。常规型号的技术指标为:准确度±0.02℃～±0.001℃,测量温差的范围为−20～+80℃。

图 3.4　JDW-3F 精密电子温差测量仪

精密电子温差测量仪的原理是:温度传感器将温度信号转换成电压信号,经过多级放大器组成的测量放大电路后变成为对应的模拟电压量。单片机将采样值数字滤波和线性校正后,将结果实时输送至四位半的数码管显示和 RS232 通信口输出。该仪器面板如图3.4所示,其使用方法如下:①将温度传感器探头插入待测介质中;②插上电源插头,打开电源开关,显示器亮,预热仪器5min,此时显示数值为一任意值;③待显示数值稳定后(达到操作者拟设定的数值时),按下"置零"按键并保持2s,参考值 T_0 即自动设定为 0.000℃;④当介质温度改变时,显示器显示的温度值为 T_1,有 $\Delta T=T_1-T_0$,因 $T_0=0.000$℃,故 $\Delta T=T_1$;⑤每隔30s,面板上的指示灯闪烁一次,同时蜂鸣器鸣叫1s,以便使用者读数。

2. 热电偶温度计

1) 热电偶测温的原理

当两种不同的金属相接触时,由于金属的电子逸出电势和自由电子密度的差异,在两种金属的表面之间会产生电势差,这种电势差称为接触电势。接触电势的大小与两种金属的种类和接触点的温度有关。

如果将两种不同的金属导线 A、B 连接起来,组成一个闭合回路,此时必然具有两个连接点,如图 3.5 所示。当两个连接点所处的温度相同时,由于这两个连接点上所产生的接触电势 E_{AB} 大小相等而符号相反,所以此时回路中无电流通过。

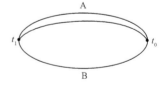

图 3.5　热电偶回路

若两个连接点的温度不同,分别为 t_1 和 t_2,则在两个连接点上产生的接触电势不同,回路中就有电流通过。此时,在回路中接一毫伏表或电位差计,就可以测出此两导线连接时由于两个连接点温度不同所产生的电势差。这种电势差称为温差电势 E。

温差电势的值与两个连接点的温度差 Δt($\Delta t=t_2-t_1$)成一定的函数关系,有

$$E = f(\Delta t) \tag{3-13}$$

若将其中的一个连接点作为参考点,并维持温度恒定不变(常用冰-水混合物,以在标准压力 $p^{\ominus}$ 下维持 0℃),则温差电势的大小只与另一个连接点(测温点)的温度有关。此时,式(3-13)变为

$$E = f(t) \tag{3-14}$$

由式(3-14)可知,通过温差电势可直接测出另一连接点的摄氏温度值。

2）热电偶温度计的特点

热电偶测温的灵敏度很高,在精密电位差计配合下可测至 $0.01℃$。如将热电偶串联起来组成热电堆,灵敏度可达 $10^{-4}℃$。热电偶测温的量程很宽,应用不同的热电偶可以从 $-200\sim +1800℃$。热电偶测温具有良好的重现性,且温差电势可以用导线远距离输送,给信息的集中处理和操作控制带来很大方便。所以,热电偶温度计在工业生产和科学研究中应用非常广泛。

3）热电偶的种类和基本特性

(1)热电偶的种类:常用热电偶可分为标准热电偶和非标准热电偶,前者是指国家标准规定了其热电势与温度的关系、允许误差、有统一标准分度表的热电偶,它有与其配套的显示仪表;后者在使用范围或数量级上均不及前者,一般也没有统一的分度表,主要用于某些特殊场合的测量。

热电偶又可分为普通热电偶、铠装热电偶和薄膜热电偶,其基本特性介绍如下:

(i)普通热电偶:它主要用于测量气体、蒸气、液体等介质的温度,有几种通用标准形式,如棒形、角形、锥形等,并且分别制成无专门固定装置、有螺纹固定装置和法兰固定装置等多种形式。

(ii)铠装热电偶:它是由热电极、绝缘材料和金属保护套管三者组合成一体的特殊结构的热电偶,其特点是外径可很小(最小直径可达 $0.25mm$),长度可很长(几百米);热响应时间很短,最短可达毫秒数量级,这为计算机对体系温度进行测控提供了基础;省材料,有很好的可挠性;寿命长,具有耐高压、耐冲击、耐强烈振动以及良好的机械和绝缘性能。

(iii)薄膜热电偶:薄膜热电偶是近年发展起来的一种结构新颖的热电偶,它由两种金属薄膜连接在一起,其特点是测量端小且薄,厚度可达 $0.01\sim 0.1\mu m$,因此热容很小,可用于微小面积上的温度测量;响应快,时间常数可达微秒级;它分为片状、针状和热电极材料直接镀在被测物体表面上三大类。

(2)常用热电偶的基本特性。

(i)铂-铂铑热电偶:通常由直径 $0.5mm$ 的纯铂丝和铂铑(铂10%,铑90%)丝制成。分度号以 LB-3 表示。它可在 $1300℃$ 以下长期使用,短期可测 $1600℃$。这种热电偶的稳定性和重现性均很好,因此可用于精密测温和作为基准热电偶。其缺点是价格昂贵,低温区热电势太小,不适于在高温还原气氛中使用。

(ii)镍铬-镍硅(铝)热电偶:由镍铬(镍90%,铬10%)和镍硅(镍95%,硅、铝、锰5%)丝制成。分度号以 EU-2 表示。可在氧化性和中性介质中 $900℃$ 以内长期使用,短期可测 $1200℃$。这种热电偶有良好的复制性,热电势大,线性好,价格便宜,测量精度虽较低,但能满足一般要求,故是最常用的一种热电偶。目前,我国已开始用镍硅材料代替镍铝合金,使得其抗氧化能力和热电势稳定性均有所提高。由于两种热电偶的热电性质几乎完全一致,故可互相代用。

(iii)镍铬-考铜热电偶:由上述镍铬与考铜(铜56%,镍44%)丝制成。分度号以 EA-2 表示。可在还原性和中性介质中 $600℃$ 以内长期使用,短期可测 $800℃$。

(iv)铜-康铜热电偶:由铜和康铜(铜60%,镍40%)丝制成。特点是热电势大,价格便宜,实验室中易于制作。但其再现性不佳,只能在低于 $350℃$ 时使用。

4）热电偶的制作和校正

目前,市场上有多种规格的热电偶可供选用,但有时实验室中由于特殊需要常常还要自制热电偶。其制作和校正的方法如下:

（1）焊接。先将选定的金属丝擦去外层氧化膜,将其绞合在一起,然后在电弧、乙炔焰或氢气吹管的火焰上加热,使其熔结在一起。当没有这些设备时,也可用简单的点熔装置来代替。用一只可调变压器将 220V 电压调至所需电压,以内装石墨粉的铜杯为一极,热电偶作另一极,在已经绞合的热电偶接点处沾上一点硼砂,熔成硼砂小珠,将热电偶插入石墨粉中（注意:不要接触铜杯）,通电后使接点处发生熔融,至成一光滑圆珠即成。

对于焊接较细的铜-康铜热电偶,因铜丝的熔点较低,此时可以将绞合在一起的铜丝和康铜丝蘸以少量硼砂或其他焊药,然后在煤气灯的还原焰上烧熔焊接,要注意必须使两种金属充分熔结,联结点必须烧熔成小珠状。

焊接完成后必须使联结点缓慢冷却、退火,以消除焊接过程中的内应力。如果退火不好,容易造成热电偶测温的重现性不良。

（2）绝缘及其他保护处理。为避免组成热电偶的两根金属丝相碰而短路,一般都在金属丝上装以绝缘套管,如磁管、玻璃管等。

为了避免热电偶和被测物体直接接触,常在热电偶外再套以热容小、传热快的套管,如钢管、不锈钢管等。为了加快热量传递,有时可在套管中注入适量的硅油（导热油）。

（3）测试。测量热电偶的温差电势时,常选用两副相同的热电偶对接,使一副热电偶的连接点置于零度,另一副的连接点置于测温位置,并用电位差计通过补偿法测量。这种测量方法可以直接测得温差电势的精确数值,具有很高的准确性。

常用的是低电势电位差计,如 UJ-36、UJ-22 等型号,精密测量可用 UJ-31、UJ-26 等型号。有时也可用数字电压表和平衡记录仪,但使用时必须注意仪表的精确度。如全量程为 25mV 的记录仪,按 100 格记录纸计算每格的量值为 0.25mV,则测量精度约为 5℃（按镍铬-镍硅热电偶 $dE/dT=0.041mV \cdot K^{-1}$ 估算）。

（4）校正和标定。热电偶常用温度的定点如冰点、凝固点、沸点等进行标定。测定数点后,作出热电偶的温差电势对温度的关系曲线,此即为所使用的热电偶的工作曲线。实际测温时,在测得热电偶的温差电势后,就可以应用热电偶工作曲线,通过内插法求出被测物体的温度。

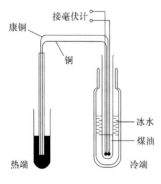

商品热电偶因所用金属丝的材料和制作工艺比较统一,所以在精度要求不太高的测量中,可根据测得的温差电势直接从热电偶温差电势-温度换算表中查得温度值。热电偶的校正和使用装置如图 3.6 所示。

5）热电偶的使用

（1）热电偶温度计装置。一般将热电偶的一个接点置于待测物体（热端）中,另一接点则置于储有冰水的保温瓶（冷端）中,这样可保持冷端温度稳定,如图 3.6 所示。

有时为了使温差电势增大,提高测量精确度,可采用热电堆,热电堆的温差电势等于各对热电偶热电势之和,

图 3.6 热点偶的校正和使用装置示意图

如图 3.7 所示。

温差电势可用电位差计、毫伏计或数字电压表测量,而精密的测量可用灵敏检流计或电位差计。

（2）热电偶保护管。热电偶温度计包含两条焊接起来的不同金属的导线,低温时两条线可用绝缘线隔离,而高温时则须用石英管、磁管或硬质玻璃管隔离,可根据待测的最高温度来选用合适的隔离材料或保护管。

（3）冷端补偿。热电偶的热电势与温度的关系数据表是在冷端保持 0℃ 时得到的。因此,在使用时也最好能保持这种条件,即直接将热电偶冷端,或用补偿导线把冷端延引出来,置于冰水浴中。若没有冰水,则应使冷端处于温度较稳定的室温,在确定温度时,需将测得的热电势加上 0℃ 到室温的热电势（室温高于 0℃ 时）,然后再查数据表。若用直读式高温表,则应把指针零置于相当于室温的位置。热电偶冷端温度波动引起热电势变化也可用补偿电桥法来校正。市售的冷端补偿器有按冷端是 0℃ 或 20℃ 设计

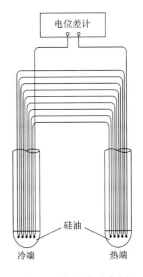

图 3.7　热电堆示意图

的。购买时要说明配用的热电偶。若热电偶长度不够,需用补偿导线与补偿器连接。使用补偿导线时,切勿用错型号或将正、负极接错。

（4）温度的测量。要使热端温度与被测介质温度完全一致,两者须有良好的热接触,并很快建立热平衡。要求热端不向介质以外传递热量,以免热端与介质永远达不到热平衡。

3. 热电阻温度计

利用感温元件的电阻随温度变化的特性进行测温的器件称为电阻温度计,也称为热电阻温度计。将金属丝绕在绝缘骨架上,用金、银导线作为引线接至电位差计等显示仪表,便构成金属热电阻温度计。在所有测温仪表中,电阻温度计的测量精度最高,它可将温度信号转换为电流信号,便于传送,实现自动控温。电阻温度计的低温特性比热电偶好,常用于低温范围的温度测量。由于制成的感温元件体积较大,热电阻温度计与待测体系达成热平衡所需时间较长。

热电阻温度计分为金属导体热电阻温度计和半导体热电阻温度计两大类。金属导体有铂、铜、镍、铁、钨和铑铁合金等材料,目前大量使用的材料主要是前三种,即铂、铜、镍。常用的铂电阻温度计的感温元件为铂丝绕成的线圈。由于铂丝的电阻随温度的变化具有很好的重现性,且铂的性能稳定、易于提纯,因此铂电阻温度计被选定为 $13.8033 \sim 1234.93$ K 国际实用温标的标准温度计。除铂电阻温度计外,在 $-50 \sim +150$℃ 还广泛使用铜电阻温度计,在上述温度范围内铜电阻值与温度的关系是线性的。缺点是铜的比电阻小,因而感温元件无法做很小,另外铜易于氧化,故测温范围受到限制。

热敏电阻温度计也是一类重要的测温仪表。常用的热敏电阻是以 Fe、Co、Ni、Mn、Mo、Ti、Mg、Cu 等金属氧化物为原料,根据不同要求选其中几种按一定比例混合、熔结而成的,可制成各种形状,其中珠状最常用。热敏电阻是一个对温度变化极其敏感的元件,对温度的灵敏度比铂电阻和热电偶等感温元件的高得多,能直接将温度变化转换成电性能（电阻、电压或电流）的变化,测量电性能的变化便可获得温度的变化。

根据电阻-温度特性的不同,将热敏电阻分为具有正温度系数的热敏电阻（简称 PTC）和

具有负温度系数的热敏电阻(简称 NTC)。对于 NTC,在其工作温度范围内,其电阻温度系数在$(-6\%\sim-1\%)K^{-1}$,有

$$R(T) = A\exp(-B/T)$$

式中,$R(T)$ 为温度 T 时热敏电阻的阻值;A、B 分别为由热敏电阻的材料、形状、大小和物理特性所决定的两个常数。即使对同一种类、同一阻值的热敏电阻,其 A、B 值也不完全相同。

金属氧化物熔结成的小珠外表被一层玻璃膜保护,由两根很细的导线引出,两根导线再接其他显示仪表,外套玻璃保护管,这样便构成了热敏电阻温度计,如图 3.8 所示。

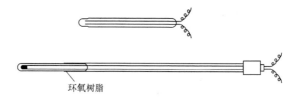

环氧树脂

图 3.8　热敏电阻温度计

热敏电阻温度计的优点如下:

(1)电阻系数大,约为$-6\%\sim-3\%$。例如,从 20℃升到 21℃,对电阻为 2000Ω 的热敏电阻,其电阻下降约 100Ω,而对 25Ω 的铂电阻,其电阻只增加 0.1Ω。因此,对于热敏电阻温度计,用一般电桥测量电阻变化即可达 0.001℃的灵敏度。

(2)热敏电阻温度计的阻值大,因此由于导线和接点引起的阻值变化可以忽略,从而简化了测量技术。

(3)热敏电阻温度计构造简单,体积小,热惰性小,响应快。

但热敏电阻温度计尚存在稳定性欠佳,产品制造误差大,因此互换性差等缺点。随着科学技术的进步,热敏电阻温度计不断改进,性能有明显的提高。

使用热敏电阻温度计时应注意以下几个方面。

(1)通过热敏电阻的电流应该很小,以免温度计产生自热,使热敏电阻本身温度高于介质,因此加强搅拌或增大流速以强化传热,对测温有利。

(2)热敏电阻对强烈的光和压力变化、振动等较为敏感,故必须封闭牢固。

(3)电阻与温度的关系不很稳定,对测温准确度要求高时,需要经常校正。

由于热敏电阻温度计具有较多优点,在量热、测定冰点降低与沸点升高、测温滴定等方面有取代贝克曼温度计的趋势。

3.1.4　温度的控制

维持恒定温度的最简便方法是利用物质相变时温度的恒定性。例如,应用在 101 325Pa 时冰-水系统来实现 0℃恒温,这是因为冰和水处于相变平衡时温度维持不变。因此,若将需要恒温的系统置于此冰-水介质中就能较长时间保持 0℃。这种利用物质相变时温度的恒定性来维持恒温的装置称为相变点恒温介质浴。一般实验中,除冰-水介质外,常用的还有液氮(-195.9℃)、干冰-丙酮(-78.5℃)、$Na_2SO_4 \cdot 10H_2O$(32.38℃)、沸点水(100℃)、沸点萘(218.0℃)等。相变点恒温介质浴恒温的最大优点是装置简单、温度恒定,缺点是对温度的选择有一定的限制,不能任意调节。

利用电子调节系统对加热器、制冷器的工作状态进行自动调整,使被控对象处于某恒定温

度下,依据此原理可制成多种形式能够调节温度的控温装置,根据所需控温温度的不同以及选用恒温介质的差别,可以分为恒温槽和高温控制器两大类。

1. 恒温槽

1) 恒温介质

恒温槽是以液体为介质的恒温装置。当采用不同的液体时,恒温槽可以用于不同的温度区间,见表3.6。

表 3.6　不同液体介质所适用的控温范围

液体介质	控温范围/℃
乙醇或乙醇水溶液	$-30\sim+60$
水	$0\sim90$
甘油或甘油水溶液	$80\sim160$
液状石蜡、硅油	$70\sim200$

由于液体介质具有较好的导热性,热容又比较大,因此恒温槽往往具有较高的控温精度和稳定性。

2) 恒温槽组成及工作原理

实验室中常使用水浴恒温槽,用自动系统来控制恒温。它由水浴槽、温度控制器(接触温度计和电子继电器)、电加热器、调压变压器、搅拌器和温度计组成,如图3.9所示。

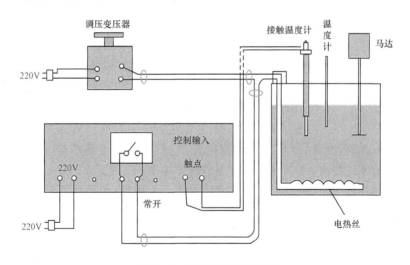

图 3.9　恒温槽装置示意图

将恒温槽中的介质(一般用蒸馏水)当作体系,设蒸发掉的水极少(近于室温时),可以认为体系不发生相变;水的膨胀系数很小,可认为恒容。于是,可用下式表示体系与环境之间的能量交换:

$$nC_{V,\mathrm{m}}\Delta T = Q_{吸} - Q_{散} \tag{3-15}$$

式中,n 为槽内水的物质的量;$C_{V,\mathrm{m}}$ 为水的摩尔恒容热容;ΔT 为槽温的变化;$Q_{吸}$ 为加热器供给体系的热量(含搅拌引起的热效应);$Q_{散}$ 为体系向环境散失的热量。

由式(3-15)可知,在 $nC_{V,m}$ 固定的情况下,欲使槽温波动 ΔT 小,即有很好的恒温效果,则要求 $Q_{吸} \approx Q_{散}$,也就是说单位时间内体系向环境散失的热量应及时以电热的方式得到补充。图 3.9 所示的水浴恒温槽的控温精度一般可达 $\pm 0.10℃ \sim \pm 0.01℃$。

水浴恒温槽各组成部分的作用如下:

(1) 恒温介质及搅拌器。水是恒温槽中最常用的介质。如图 3.9 所示的恒温槽在化学实验中使用最为广泛。其中搅拌器的作用是保证恒温槽中介质的温度均匀,搅拌器的转速、安装的位置及桨叶的形状等都对恒温槽的控温效果有影响。

(2) 加热器。恒温槽一般采用电加热器的间歇加热来实现恒温控制。电加热器的功率应视恒温槽的大小、恒温温度的高低而定。好的电加热器必须热容小、导热性好,而且功率要适当。加热功率可通过调压变压器设定。

(3) 温度计。在化学实验中常用的是精密度为 $0.1℃$ 的温度计。有时为了测量恒温槽的灵敏度,则需要用精密度为 $0.01℃$ 的温度计或贝克曼温度计。

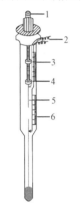

图 3.10 接触温度计
1. 磁性螺旋调节器;2. 电极引出线;3. 上标尺;4. 指示螺母;
5. 可调电极;6. 下标尺

(4) 控温装置。控温装置是恒温槽控温的关键部件。它的作用是对加热器实施控制,当恒温槽低于指定温度时,使加热器工作,向恒温介质提供热量;而当恒温槽到达指定温度时,则停止加热。目前用得最普遍的控温装置是接触温度计和电子继电器。接触温度计如图 3.10 所示。

接触温度计又称为导电表,起调节作用。当温度到达指定值时,它发出信号命令继电器切断加热电源;当温度低于指定温度时,它指示继电器接通加热电源,给介质输入热量。接触温度计与普通汞温度计不同的地方在于,它的下端汞球处与一根金属丝相连,通过磁性螺旋调节器 1 使金属丝 5(可调电极)上下移动,用来设定温度。当恒温槽内的温度高于指定温度 t 时,导电表中的汞面上升,使上、下两根金属丝接通,这时导电表中有微小电流通过,这个电流使继电器工作,将加热器的电源切断,水浴温度不再上升。如果水浴温度下降,低于指定温度 t,则上、下两根金属丝断开,导电表中没有电流通过,又使继电器工作,将加热器的电源接通。这样一断一通循环往复,可以自动地将浴槽温度控制在 t 附近。

当上端的金属丝处于某位置时,则恒温就控制在此处附近;如果要使恒温槽控制在比较高的温度,需要将上端的金属丝向上提;如果要使恒温槽控制在比较低的温度,可以将金属丝向下降。金属丝的升降可以通过在顶端的马蹄形磁铁的旋转来控制。磁铁的旋转带动金属丝 5 的升降,从而达到设定温度的目的。

一个良好的恒温槽要求具有高灵敏度的控温装置,加热器导热良好而且功率适当,恒温介质热容大且搅拌均匀。此外,各种部件的位置对恒温槽的灵敏度也有影响。一般来说,加热器、接触温度计和搅拌器这三者应相互接近,被加热器加热的液体应能立即搅拌分散,并流经接触温度计,以便迅速进行温度控制。

3) 恒温槽调节

准确调节恒温槽的温度至 $30℃$,测量其灵敏度,步骤如下:

(1) 注入蒸馏水至液面距槽口 $1.5cm$ 左右,接好线路,启动搅拌器,电热器加热(一般要求恒温槽温度高于室温 $2℃$ 左右)。

（2）当水温接近 30℃时，打开继电器开关，红灯亮，即旋转接触温度计马蹄形磁铁，带动定温指示丝杆，这时金属丝 5 尖端稍离汞柱。再从 1/10 温度计中看准温度将达 30℃时，立即调节接触温度计使金属丝与汞接触，这时电热器即停止加热，继电器绿灯亮。

（3）等候几分钟，看温度是否恒定于 30℃。若低于 30℃，则上移金属丝 5（注意：移动距离不可过大！），延长加热。若高于 30℃，则下移金属丝，延长加热器断路时间。温度恒定后，扭紧接触温度计磁铁，记录 1/10 温度计的实际读数。

（4）控温灵敏度测定：恒温槽的温度控制装置属于"通"-"断"类型，当加热器接通后，恒温介质温度上升，热量的传递使汞温度计中汞柱上升。但热量的传递需要时间，故会出现温度传递的滞后，常常是加热器附近介质的温度超过设定温度，故恒温槽的温度也超过设定温度。同理，降温时也会出现滞后现象。因此，恒温槽控制的实际温度有一个波动范围，即实际温度并不是在某一固定温度。恒温槽的控温效果可用灵敏度 ΔT 表示，有

$$\Delta T = \pm \frac{T_{\max} - T_{\min}}{2} \qquad (3\text{-}16)$$

式中，$T_{\max}$ 为恒温过程中浴槽的最高温度；$T_{\min}$ 为恒温过程中浴槽的最低温度。

控温灵敏度测定步骤：将调压器置于 100V，温差测量仪的探头置于恒温槽中的某一位置，热平衡稳定后，按温差测量仪的"设定"，使其示值为 0，然后每隔 30s 记录一次，读数即为实际温度与设定温度之差，连续观察一段时间，记录两三个温度变化周期。在上述加热功率下，在恒温槽中的不同部位（中间上、中间下、左中间、右中间）进行测定，了解恒温槽内的温度分布，如图 3.11 所示，分别测定各点处的 $T_{\max}$ 和 $T_{\min}$，每点各测两三次。在恒温槽的中部位置，将调压器置于 180V，重复测定灵敏度曲线。

图 3.11　探头在浴槽中的
测温位置示意图

由测得的 ΔT 随时间 t 的变化数据，可绘出恒温槽温度波动曲线，如图 3.12 所示。恒温槽的灵敏度与振幅成反比，与频率成正比。图 3.12 曲线 a 表示恒温槽灵敏度较高，即加热器功率适当、温度波动小；曲线 b 表示恒温槽灵敏度较低，即加热器功率适中但热惰性大，需更换较灵敏的温度控制器；曲线 c 表示加热器功率太大，热惰性小；曲线 d 表示加热器功率太小或散热太快。由于外界因素干扰的随机性，实际控温灵敏度曲线要复杂些。

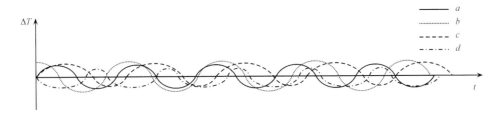

图 3.12　控温灵敏度曲线

影响恒温槽灵敏度的主要因素有：①恒温介质流动性好，传热性能好，控温灵敏度就高；②加热器功率适当，热容小，控温灵敏度就高；③搅拌器搅拌速度足够大，才能保证恒温槽内温度均匀；④继电器电磁吸引电键，后者发生机械作用的时间越短，断电时线圈中的铁芯剩磁越小，控温灵敏度就越高；⑤接触温度计热容小，对温度的变化敏感，则灵敏度就高；⑥环境温度

与设定温度的差值越小,控温效果越好。

2. 系统自动控温

实验室内有多种自动控温设备,如冰箱、高温电炉、烘箱等。目前多数采用电子调节系统进行温度控制,实现了宽温度范围和高精度控制。实验室也常根据需要自行组装控温系统。

从控温原理看,电子调节系统须包括变换器、电子调节器和执行机构三个基本部件。变换器的功能是将被控对象的温度信号变换成电信号;电子调节器的作用是对来自变换器的信号进行测量、比较、放大和运算,然后发出某种指令,使执行机构加热或制冷,如图 3.13 所示。电子调节系统按其自动调节规律可分为断续式二位置控制和比例-积分-微分控制两种,下面对此作简要介绍。

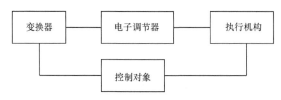

图 3.13 电子调节系统控温原理示意图

1) 断续式二位置控制

实验室常用的冰箱、烘箱、高温电炉和恒温水浴等多采用这种控制方法。变换器的形式有:

(1) 双金属膨胀式:利用不同金属的线膨胀系数不同这一性质,选择膨胀系数差别较大的两种金属,线膨胀系数大的金属棒在中心,另一种金属套在外面,两种金属的内端焊接在一起,外套管的另一端固定,如图 3.14 所示。当温度升高时,中心金属棒向外延伸,伸长长度与温度成正比。通过调节触点开关的位置,可使其在不同温度区间内接通或断开,从而达到控温目的。这种系统的缺点是控温精度较差,一般有几度范围。

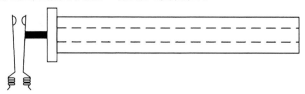

图 3.14 双金属膨胀式温度控制器示意图

(2) 电接点温度计控制:若控温精度要求在 1℃ 以下,实验室多用接触温度计(导电表)作变换器(图 3.10)。

2) 继电器

(1) 电子继电器:电子继电器由继电器和控制电路两部分组成,其工作原理如图 3.15 所示,将电子管的工作看成一个半波整流器,R_e-C_1 为并联的负载,负载两端的交流分量用作栅极的控制电压。当接触温度计的触点为断路时,栅极与阴极之间由于 R_1 的耦合而处于同位,即栅极偏压为零。这时板极电流较大,约有 18mA 电流通过继续电器,能使衔铁吸下,加热器通电加热;当接触温度计为通路时,板极是正半周,这时 R_e-C_1 的负端通过 C_2 和接触温度计加在栅极上,栅极出现负偏压,使板极电流减小到 2.5mA,衔铁弹开,电加热器断路。

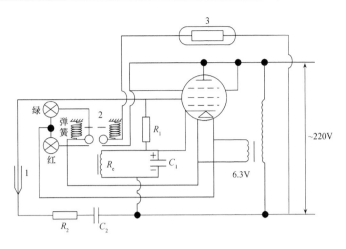

图 3.15　电子继电器线路图
1. 接触温度计；2. 衔铁；3. 电热器

　　因控制电压是利用整流后的交流分量，故 R_e 的旁路电流 C_1 不能过大，以免交流电压过小，引起栅极偏压不足，衔铁不能被吸下而断开；C_1 太小，则继电器衔铁会颤动，这是因为板流在负半周时无电流通过，继电器会停止工作，并联电容后依靠电容的充放电而维持其连续工作，而 C_1 太小就不能满足这一要求。C_2 用于调整板极的电压相位，使其与栅压有相同的峰值。R_2 用于防止触电。

　　电子继电器的控温灵敏度很高，而且通过接触温度计的电流最大为 $30\mu A$，因此接触温度计的使用寿命长，已获得普遍应用。

　　（2）晶体管继电器：目前，电子继电器中的电子管逐渐被晶体管代替，典型的晶体管继电器线路如图 3.16 所示。当温度控制表断开时，E 通过电阻 R_b 给 PNP 型三极管的基极 b 通入正向电流 I_b，使三极管导通，电极电流 I_c 使继电器 J 吸下衔铁，K 闭合，加热器加热。当温度控制表接通时，三极管发射极 e 与基极 b 被短路，三极管截止，J 中无电流通过，K 被断开，加热器则停止加热。当 J 中线圈电流突然减少时会产生反电动势，二极管 D 的作用是将它短路，以保护三极管避免被击穿。

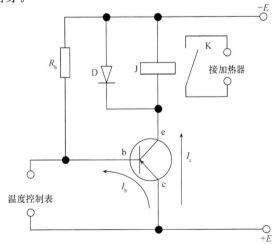

图 3.16　晶体管继电器

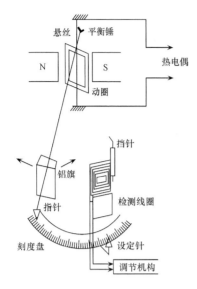

图 3.17　动圈式温度控制系统示意图

（3）动圈式温度控制器：由于温度控制表、双金属膨胀类变换器不能用于高温，于是发展了可用于高温控制的动圈式温度控制器。采用能工作于高温的热电偶作为变换器，其原理如图 3.17 所示。热电偶将温度信号变换成电压信号，加于动圈式毫伏计的线圈上，当线圈中因电流通过而产生的磁场与外磁场相互作用时，线圈就偏转一个角度，故称为动圈。偏转的角度与热电偶的热电势成正比，并通过指针在刻度板上直接将被测温度指示出来，指针上有一片"铝旗"，它随指针左右偏转。另外，系统有一个调节设定温度的检测线圈，它分成前后两半，安装在刻度盘的后面，并且可以通过机械调节机构沿刻度板左右移动。检测线圈的中心位置，通过设定针在刻度板上显示出来。当高温设备的温度未达到设定温度时，铝旗在检测线圈之外，电热器在加热；当温度达到设定温度时，铝旗全部进入检测线圈，改变了电感量，电子系统使加热器停止加热。为防止当被控对象的温度超过设定温度时，铝旗冲出检测线圈而产生加热的错误信号，在温度控制器内设有挡针。

3）比例-积分-微分控制

对于温度不太高的系统控温，使用上述的断续式二位置控制器比较简便，但是由于系统只存在通-断两个工作状态，电流大小无法自动调节，控温精度较低，尤其在高温时精度更低。随着科技的发展，要求控制恒温和程序升温或降温的范围日益广泛，控温精度要求也大大提高，于是自 20 世纪 60 年代以来，发展并广泛应用了比例-积分-微分控制（简称 PID）调节器技术，使用可控硅控制加热电流随偏差信号大小而作相应变化，显著提高了控温精度。

PID 温度调节系统原理如图 3.18 所示。

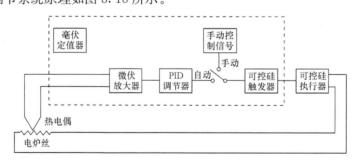

图 3.18　PID 温度调节系统框图

炉温用热电偶测量，由毫伏定值器给出与设定温度相应的毫伏值，热电偶的热电势与定值器给出的毫伏值进行比较，如有偏差，说明炉温偏离设定温度。此偏差经过放大后送入 PID 调节器，再经可控硅触发器推动可控硅执行器，以相应调整炉丝加热功率，从而使偏差消除，炉温保持在所要求的温度控制精度范围内。而比例调节作用，就是要求输出电压能随偏差（炉温与设定温度之差）电压的变化，自动按比例增加或减少，但在比例调节时会产生"静差"，要使被控对象的温度能在设定温度处稳定下来，必须使加热器继续给出一定热量，以补偿炉体与环境热交换产生的热量损耗。但由于在单纯的比例调节中，加热器发出的热量会随温度回升时偏差的减小而减少,当加热器发出的热量不足以补偿热量损耗时,温度就不能达到设定值,这被称为"静差"。

为了克服"静差"需要加入积分调节,也就是输出控制电压与偏差信号电压与时间的积分成正比,只要有偏差存在,即使非常微小,经过长时间的积累,就会有足够的信号去改变加热器的电流,当被控对象的温度回升到接近设定温度时,偏差电压虽然很小,加热器仍然能够在一段时间内维持较大的输出功率,从而消除"静差"。

微分调节作用,就是输出控制电压与偏差信号电压的变化速率成正比,而与偏差电压的大小无关。这在情况多变的控温系统中,若产生偏差电压的突然变化,微分调节器会减小或增大输出电压,以克服由此而引起的温度偏差,保持被控对象的温度稳定。

PID控制是一种比较先进的模拟控制方式,适用于各种条件复杂、情况多变的实验系统的控温。目前,已有多种PID控温仪可供选用,常用型号有DWK-720、DWK-703、DDZ-1、DTL-121等,其中DWK系列属于精密温度自动控制仪,其他是PID的调节单元,DDZ-1I型调节单元可与计算机联用,使模拟调节更加完善。

PID控制的原理及线路分析比较复杂,请读者参阅有关专著。

3.2　压力的测控和真空技术

3.2.1　压力的测控技术

1. 压力

压力是用来描述体系状态的一个重要参数,是科学研究和工业生产过程中重要的控制参数之一。物质的许多物理化学性质,如熔点、沸点、蒸气压等都与压力有关。因此,正确地测量和控制压力是科学实验、生产过程顺利进行的重要环节之一。

在化学实验中,经常涉及高压(钢瓶)、加压、常压和真空系统(负压)。对于不同压力范围,压力的测量方法不同,所用仪器的精确度也不同。

压力是垂直而均匀地作用于单位面积上的力,即物理学中常称的压强。它的大小由受力面积和垂直作用力两个因素决定,可表示为

$$p = \frac{F}{A} \tag{3-17}$$

式中,p 为压力;F 为垂直作用力;A 为受力面积。

在国际单位制(SI)中,用帕斯卡(Pascal)作为通用的压力单位,以 Pa 或帕表示,其意义是垂直作用于 $1m^2$ 面积上的力为 1N 时的压力就是 1Pa,有 $Pa = N \cdot m^{-2}$。在泵与液压技术中,压力的单位常用 bar 表示,$1bar = 100kPa = 10^5 Pa$,欧美国家生产的一些压力表也常用 bar 表示压力的单位;科学技术中常用 mbar,$1mbar = 100Pa$。目前,标准大气压(或称物理大气压,简称大气压,atm)、工程大气压($kg \cdot cm^{-2}$)、磅·英寸$^{-2}$ 等仍在继续使用。在化学实验中,还常选用一些标准液体,如汞制成液体压力计,压力大小直接以液体的高度来表示。例如,1atm 可以定义为:在 $0℃$、重力加速度等于 $9.806\,65m \cdot s^{-2}$ 时,760mm 汞柱垂直作用于 $1cm^2$ 底面积上的压力,此时汞的密度为 $13.5951g \cdot cm^{-3}$。因此,1atm 又等于 $1.033\,23kg \cdot cm^{-2}$。压力单位之间的换算关系见表 3.7。

表 3.7 压力单位换算表

单 位	帕斯卡 (Pa)	千克力·米$^{-2}$ (kgf·m^{-2})	巴 (bar)	毫米汞柱 (mmHg)	标准大气压 (atm)
1 帕斯卡	1	0.101 972	1×10^{-5}	$7.500\ 625 \times 10^{-3}$	$9.869\ 235 \times 10^{-6}$
1 千克力·米$^{-2}$	9.806 65	1	$9.806\ 65 \times 10^{-5}$	$7.355\ 59 \times 10^{-2}$	$9.678\ 415 \times 10^{-5}$
1 巴	1×10^{5}	$1.019\ 72 \times 10^{4}$	1	750.062	0.986 923
1 毫米汞柱	133.322	13.5951	$1.333\ 22 \times 10^{-3}$	1	$1.315\ 795 \times 10^{-3}$
1 标准大气压	$1.013\ 25 \times 10^{5}$	$1.033\ 23 \times 10^{4}$	1.013 25	760	1

在压力测量中,有大气压力、绝对压力、表压和真空度之分,其关系如图 3.19 所示。显然,有

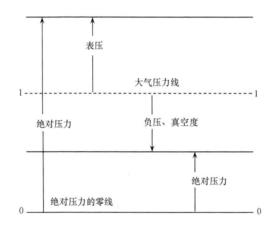

图 3.19 绝对压力、表压与真空度之间的关系

当压力高于大气压时:绝对压=大气压+表压

当压力低于大气压时:绝对压=大气压-真空度

工业上所用的压力仪表指示值多数为表压,即绝对压与大气压之差。当绝对压力大于大气压时称其为表压或正压力;当绝对压力小于大气压时称其为真空度或负压力。由于各种仪表和化工设备都处于大气压之中,所以工程上均采用表压或真空度表示压力的大小。

2. 压力的测量

实验室和工业生产中有多种形式的压力测量仪表,如数字式、指针式等。在此仅介绍实验室常用的压力测量仪器。

1) 空盒气压表

DYM 3 型空盒气压表是用于测量所处环境大气压的气压表,测量范围为 80.0~106.4kPa,精度 0.02kPa。

(1) 构造。空盒气压表主要由下列部件组成:真空膜盒为主要压力感应元件;连接拉杆、中间轴、扇形齿轮、游丝组成传动机构;指示部分由指针、刻度盘、嵌装温度计组成;外壳由塑料盒、皮盒组成。

(2) 工作原理。空盒气压表是真空膜盒感应元件随大气压变化而产生轴向移动,通过连接杆传动机构带动指针,指示出当时的大气压值。当大气压增加时,真空膜盒被压缩,通过传

动机构使指针顺时针偏转一定角度。当大气压减小时,真空膜盒就膨胀,通过传动机构使指针逆时针偏转。

（3）使用。

（ⅰ）气压表测量大气压时必须水平放置,防止由于任意方向倾斜而造成仪器读数误差;

（ⅱ）为了消除传动机构的摩擦,在读数时轻敲外壳。读数时观察者的视线必须与刻度盘平面垂直;

（ⅲ）气压读数 p 须精确到 0.02kPa,温度读数须精确到 0.2℃;

（ⅳ）对大气压读数进行刻度、温度和补充三项修正。

2）福廷式气压计

（1）构造。如图 3.20 所示,福廷(Fortin)式气压计的外部为一黄铜管,管的顶端有悬环,用以悬挂在实验室适当位置(勿使太阳光直接照射)。气压计的内部是装有汞的玻璃管,密闭的一头向上,玻璃管上部为真空,玻璃管开口的一端插入汞槽中。在黄铜顶端有长方形的孔,并附有刻度标尺,用以观测汞面的高低。在窗孔间放一游标,旋转螺旋 2,可使游标上下移动。铜管中部附有温度计。汞的底部由一羚羊皮袋封住,可以通过调整下部的螺旋 1 使羚羊皮上下移动,从而调整下部槽中的汞面,使之刚好与固定在槽顶的象牙针尖接触,这个面就是测定汞柱高度的基准面。

福廷式气压计是一种真空压力计,它以汞柱产生的静压力来平衡大气压 p,汞柱的高度可以度量大气压的大小。在实验室,常用 mmHg 作为大气压的单位,其定义是:当汞的密度为 13.5951g·cm^{-3}(0℃时汞的密度,常作为标准密度,用符号 ρ_0 表示),重力加速度为 980.555cm·s^{-2}(纬度 45°海平面上的重力加速度,常作为标准重力加速度,用符号 g_0 表示)时,1mm 的汞柱产生的静压力为 1mmHg。

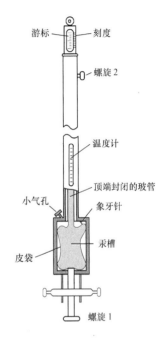

图 3.20　福廷式气压计

（2）用法。先缓慢旋转底部螺旋 1,以升高槽内的汞面,利用后面白瓷板的反光,注视汞面与象牙针间的孔隙,直到汞面升高恰好与象牙尖接触为止(调整时动作一定要轻慢,不可旋转过急)。调好汞面后,稍等数秒钟,等象牙针尖和汞面互相接触无变动为止;转动气压表旁的螺旋 2,调节游标,使它比汞面高出少许。然后慢慢地旋下,直到游标前后两边的边缘与汞柱的凸面相切(此时,在切点两侧露出三角形的小孔隙)。

（3）读数。读数时应注意眼睛的位置和汞面齐平。找出游标零线所对标尺上的刻度,读出整数部分;再借助游标,从游标上找出一条与标尺上某一刻度相吻合的刻度线,则游标上的刻度线即为小数点读数。记下读数后,将气压计底部螺旋向下转动,使汞面离开象牙针尖,并记录气压计温度和气压计本身误差,以便校正。

（4）读数校正。汞气压计的刻度是以温度等于 0℃、纬度 45°海平面的高度为标准的,所以从气压计上直接读出的数值,必须经过仪器校正后才是正确的。

（ⅰ）仪器误差的校正:由于仪器本身不够精确,造成读数误差,称为仪器误差。气压计生产出来后,工厂随即将其与标准气压计比较,并将误差写在校正卡上随同气压计出厂,因而每次观察的气压读数,应先加以校正。如果差值是正值,就应加在气压计读数上;如果是负值,则应减去。

(ii) 温度影响的校正:在纬度 45°、温度 0℃时,海平面上 760mmHg 定义为 1atm。如果温度改变,则汞密度的变化、铜管本身的胀缩都将影响刻度。当温度升高时,前者引起读数偏高,后者引起读数偏低。由于汞的膨胀系数比铜管的要大,因此当温度高于 0℃时,经仪器校正后的气压值应减去温度校正值;当温度低于 0℃时,应加上温度校正值。考虑了这两个因素之后,得到下列校正公式:

$$h_0 = h_t - h_t \frac{\beta - \alpha}{1 + \beta t} t \tag{3-18}$$

式中,h_0 为将汞柱校正到 0℃时的读数,mmHg;h_t 为温度 t 时的气压计读数,mmHg;α 为黄铜的线膨胀系数,$0.000\,018\,4/℃$;β 为汞的体膨胀系数,$0.000\,181\,8/℃$;t 为读数时的温度,℃。为了使用方便,已将各温度时的读数 h_0 换算成 h_t 所对应修正的数值,部分数据见表 3.8,使用该表只需将各温度时的读数加上表 3.8 中相应的数值(必须注意,在 0℃以上,此项修正全为负)。

表 3.8　大气压力计读数的温度校正值[a]

t/℃	压力测量值 p/mmHg					压力测量值 p/kPa				
	740	750	760	770	780	96	98	100	101.325	103
5	0.60	0.61	0.62	0.63	0.64	0.078	0.080	0.082	0.083	0.084
6	0.72	0.73	0.74	0.75	0.76	0.094	0.096	0.098	0.099	0.101
7	0.85	0.86	0.87	0.88	0.89	0.110	0.112	0.114	0.116	0.118
8	0.97	0.98	0.99	1.00	1.02	0.125	0.128	0.131	0.132	0.134
9	1.09	1.10	1.12	1.13	1.15	0.141	0.144	0.147	0.149	0.151
10	1.21	1.22	1.24	1.26	1.27	0.157	0.160	0.163	0.165	0.168
11	1.33	1.35	1.36	1.38	1.40	0.172	0.176	0.179	0.182	0.185
12	1.45	1.47	1.49	1.51	1.53	0.188	0.192	0.196	0.198	0.202
13	1.57	1.59	1.61	1.63	1.65	0.203	0.208	0.212	0.215	0.218
14	1.69	1.71	1.73	1.76	1.78	0.219	0.224	0.228	0.231	0.235
15	1.81	1.83	1.86	1.88	1.91	0.235	0.240	0.244	0.248	0.252
16	1.93	1.96	1.98	2.01	2.03	0.250	0.255	0.261	0.264	0.268
17	2.05	2.08	2.10	2.13	2.16	0.266	0.271	0.277	0.281	0.285
18	2.17	2.20	2.23	2.26	2.29	0.281	0.287	0.293	0.297	0.302
19	2.29	2.32	2.35	2.38	2.41	0.297	0.303	0.309	0.313	0.319
20	2.41	2.44	2.47	2.51	2.54	0.313	0.319	0.326	0.330	0.335
21	2.53	2.56	2.60	2.63	2.67	0.328	0.335	0.342	0.346	0.352
22	2.65	2.69	2.72	2.76	2.79	0.344	0.351	0.358	0.363	0.369
23	2.77	2.81	2.84	2.88	2.92	0.359	0.367	0.374	0.379	0.385
24	2.89	2.93	2.97	3.01	3.05	0.375	0.383	0.390	0.396	0.402
25	3.01	3.05	3.09	3.13	3.17	0.390	0.399	0.407	0.412	0.419
26	3.13	3.17	3.21	3.26	3.30	0.406	0.414	0.423	0.428	0.436
27	3.25	3.29	3.34	3.38	3.42	0.421	0.430	0.439	0.445	0.452

续表

$t/℃$	压力测量值 p/mmHg					压力测量值 p/kPa				
	740	750	760	770	780	96	98	100	101.325	103
28	3.37	3.41	3.46	3.51	3.55	0.437	0.446	0.455	0.461	0.469
29	3.49	3.54	3.58	3.63	3.68	0.453	0.462	0.471	0.478	0.486
30	3.61	3.66	3.71	3.75	3.80	0.468	0.478	0.488	0.494	0.502
31	3.73	3.78	3.83	3.88	3.93	0.484	0.494	0.504	0.510	0.519
32	3.85	3.90	3.95	4.00	4.06	0.499	0.510	0.520	0.527	0.537
33	3.97	4.02	4.07	4.13	4.18	0.515	0.525	0.536	0.543	0.552
34	4.09	4.14	4.20	4.25	4.31	0.530	0.541	0.552	0.560	0.569
35	4.21	4.26	4.32	4.38	4.43	0.546	0.557	0.568	0.576	0.585
36	4.33	4.38	4.44	4.50	4.56	0.561	0.573	0.585	0.592	0.602
37	4.44	4.51	4.57	4.63	4.69	0.577	0.589	0.601	0.609	0.619
38	4.56	4.63	4.69	4.75	4.81	0.592	0.604	0.617	0.625	0.635

* 以测量值减去校正值即为 0℃时的压力。

例如,在 25℃下,读得气压计观察值为 759.9mmHg,仪器误差为＋0.1mmHg,计算校正后正确的大气压(mmHg)。

第一项校正:(759.9＋0.1)mmHg＝760.0mmHg;第二项校正:由表 3.8 中找出校正值为 3.09mmHg,所以校正后得大气压为(760.0－3.09)mmHg＝756.9mmHg。在记录时把 756.9mmHg 换成法定计量单位帕(Pa),1mmHg＝133.322Pa。

(iii) 海拔高度及纬度的校正:重力加速度 g 随海拔高度及纬度不同而异,致使汞所受的重力发生变化,从而导致气压计读数的误差。其校正是:经温度校正后的气压值再乘以 $(1-2.6×10^{-3}\cos 2λ-3.14×10^{-7}H)$,式中,$λ$ 为气压计所在地纬度(°);H 为气压计所在地海拔高度(m)。此项校正值很小,在一般实验室可不予考虑。

(iv) 其他如汞蒸气压、毛细管效应的校正等,其校正值极小,一般都不必考虑。

表 3.9 和表 3.10 给出了纬度及海拔高度的校正值。

表 3.9 换算到纬度 45°的大气压力校正值*

纬度/(°)		压力观测值 p/mmHg				压力观测值 p/kPa				
		720	740	760	780	96	98	100	101.325	103
25	65	1.23	1.27	1.30	1.33	0.164	0.168	0.171	0.173	0.176
26	64	1.18	1.21	1.24	1.28	0.157	0.160	0.164	0.166	0.169
27	63	1.13	1.16	1.19	1.22	0.150	0.153	0.156	0.158	0.161
28	62	1.07	1.10	1.13	1.16	0.143	0.146	0.149	0.151	0.153
29	61	1.01	1.04	1.07	1.10	0.135	0.138	0.141	0.143	0.145
30	60	0.96	0.98	1.01	1.04	0.128	0.130	0.133	0.135	0.137
31	59	0.90	0.92	0.95	0.97	0.120	0.122	0.125	0.127	0.129
32	58	0.84	0.86	0.89	0.91	0.112	0.114	0.117	0.118	0.120
33	57	0.78	0.80	0.82	0.84	0.104	0.106	0.108	0.110	0.111

续表

纬度/(°)		压力观测值 p/mmHg				压力观测值 p/kPa				
		720	740	760	780	96	98	100	101.325	103
34	56	0.72	0.74	0.76	0.78	0.096	0.098	0.100	0.101	0.103
35	55	0.66	0.67	0.69	0.71	0.087	0.089	0.091	0.092	0.094
36	54	0.59	0.61	0.62	0.64	0.079	0.081	0.082	0.083	0.085
37	53	0.53	0.54	0.56	0.57	0.070	0.072	0.073	0.074	0.076
38	52	0.46	0.48	0.49	0.50	0.062	0.063	0.064	0.065	0.066
39	51	0.40	0.41	0.42	0.43	0.053	0.054	0.055	0.056	0.057
40	50	0.33	0.34	0.35	0.36	0.044	0.045	0.046	0.047	0.048
41	49	0.27	0.27	0.28	0.29	0.036	0.036	0.037	0.038	0.038
42	48	0.20	0.21	0.21	0.22	0.027	0.027	0.028	0.028	0.029
43	47	0.13	0.14	0.14	0.14	0.018	0.018	0.019	0.019	0.019
44	46	0.07	0.07	0.07	0.07	0.009	0.009	0.009	0.009	0.010
45	45	0.00	0.00	0.00	0.00	0.000	0.000	0.000	0.000	0.000

* 在纬度低于 45°的地方,应以观测值减去校正值;高于 45°的地方则应加上校正值。校正值与观测值所用单位相同。

表 3.10　测量点海拔高度换算到海平面的大气压力校正值*

海拔高度/m	压力观测值 p/mmHg					压力观测值 p/kPa				
	550	600	650	700	760	70	80	90	100	101.325
100					0.02				0.003	0.003
200				0.04	0.05				0.006	0.006
400				0.09	0.09				0.012	0.013
600			0.12	0.13	0.14			0.017	0.019	0.019
800			0.16	0.17	0.19			0.022	0.025	0.025
1000			0.20	0.22				0.028	0.031	
1200		0.22	0.24	0.26			0.030	0.033	0.037	
1400	0.24	0.26	0.28	0.30			0.035	0.039		
1600	0.27	0.30	0.32	0.35			0.040	0.044		
1800	0.31	0.33	0.36				0.044	0.050		
2000	0.34	0.37	0.40			0.043	0.049	0.056		
2200	0.37	0.41	0.44			0.048	0.054	0.062		
2400	0.41	0.44	0.48			0.052	0.059			
2600	0.44	0.48				0.056	0.064			
2800	0.48	0.52				0.060	0.069			
3000	0.51					0.065				
3200	0.54					0.069				

* 应以观测值减去校正值。校正值与观测值所用单位相同。

3) U 形汞压力计

U 形汞压力计是实验室测定反应系统总压最常用的仪表之一。

（1）工作原理：在截面均匀的 U 形玻璃管中充入一定量的汞，玻璃管两端汞面的高度取决于所接的系统压力和环境压力。U 形管通常一端接被测系统，另一端通大气（或抽真空）。设被测系统内压力为 $p_系$，另一端通大气，压力为 $p_大$，如图 3.21 所示，则有如下关系：

$$p_大 - p_系 = h$$

式中，h 为 U 形管内汞液面高度差（mmHg）。系统的压力 $p_系$ 为 $p_系 = p_大 - h$。

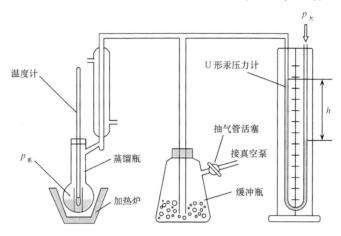

图 3.21　U 形汞压力计测压示意图

（2）注意事项：检查整个系统的气密性，不能漏气；h 与 p 须统一单位；读数时，读取汞面凸面水平切线的刻度。

4）弹簧式压力计

基于弹性元件的弹性特性所制成的弹簧式压力计即压力表，是使用最广的测压仪表。由于弹性元件结构和材料不同，它们具有各不相同的弹性位移与被测压力的关系。常用的弹性元件有弹簧管、波纹管、薄膜等。其中，波纹膜片和波纹管多用于稳压和低压测量，而单圈和多圈弹簧管可用于高、中、低压或真空度的测量。

实验室使用较多的为单管弹簧管压力计，压力由弹簧管固定端进入，通过弹簧管自由端的位移带动指针运动，指示出压力值，如图 3.22 所示。常用弹簧管截面有椭圆形和扁圆形两种，适用于一般压力测量。还有偏心圆形等适用于高压测量，测量范围很宽（如 1～1000bar，1000～4000bar 等）。

使用弹簧管压力表时须注意：①合理选择压力表量程，为了保证足够的测量精度，选择的量程应在仪表分度标尺的 1/2～3/4；②使用环境温度不超过 35℃，超过 35℃ 应给予温度修正；③测量压力时，压力表指针不应有跳动和停滞现象；④对压力表应进行定期校验；⑤弹簧管的材料因被测介质的性质和被测压力的高低而不同。一般地，压力低于

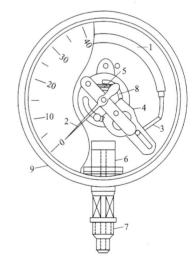

图 3.22　弹簧管式压力表
1. 弹簧管；2. 指针；3. 连杆；4. 扇形齿轮；5. 弹簧；
6. 座底；7. 接头；8. 小齿轮；9. 外壳

20MPa 时可采用磷铜,压力高于 20MPa 时则须采用不锈钢或合金钢。同时,被测介质的化学性质也是选用压力表时要考虑的因素,如氨为被测介质时须采用不锈钢弹簧管而不能采用铜质材料的弹簧管。

5) 电测压力计

压力的测量及其信号的远程输送利于工业生产的集中检测和控制,应用十分广泛。能够测量压力并提供远传电信号的装置称为压力传感器。电测法就是通过压力传感器直接将被测压力变换成电阻、电流、电压、频率等形式的信号来进行压力测量的。这种方法除用于一般压力测量外,尤其适用于快速变化和脉动压力的测量。基于这种方法设计的电测压力计由压力传感器、测量电路和电性指示器三个部分组成,其类别根据压力传感器的不同类型而区分,主要有:

(1) 压电式压力传感器。压电式压力传感器是利用某些材料(如压电晶体、压电陶瓷等)的"压电效应"原理制成的。当某些晶体沿着某一个方向受压或受拉而发生机械变形(压缩或伸长)时,在其相对的两个表面上会产生电荷,当去掉外力后,它又会重新回到不带电状态,此现象称为"压电效应"。只要将这种材料的表面电位引出并输入记录仪,便可通过计算机进行信号处理,获得相应的压力数据。

(2) 压阻式压力传感器。固体受到作用力后,其电阻率会发生变化,称这种现象为压阻效应。压阻式压力传感器就是依据半导体材料(如硅、锗等)的压阻效应原理制成的传感器,也就是在单晶硅的基片上采用扩散工艺(或离子注入工艺及溅射工艺)技术制成四个等值应变电阻,它们组成惠斯登电桥。不受压力作用时,电桥处于平衡状态,当受到压力作用时,电桥的一对桥臂阻力变大,另一对变小,电桥失去平衡。若对电桥加一恒定的电压或电流,便可检测对应于所加压力的电压或电流信号,从而达到测量气体、液体压力大小的目的。压阻传感器与压电传感器相比,前者的显著特点是响应快,尺寸小,灵敏度高,测压范围宽(10Pa~60MPa),能抗电磁脉冲干扰。

(3) 霍尔式压力传感器。霍尔式压力传感器是基于霍尔效应原理,利用霍尔元件(一块半导体,一种磁电转换元件)将被测压力转换成为霍尔电势输出的一种传感器。霍尔元件是一种半导体材料制成的薄片,也称为霍尔片。将弹簧管自由端与霍尔片相连,当传感器处于被测压力的环境中时,弹簧管自由端的位移带动霍尔片做偏离其平衡位置的移动,这时霍尔片两端所产生的两个极性相反的电势之和不为零,由于沿霍尔片位移方向磁感应强度的分布呈均匀梯度状态,故由霍尔片两端输出的霍尔电势与弹簧管自由端的位移呈线性关系,从而实现了压力-位移-霍尔电势的转换。由于这种传感器感压元件材料为半导体,故由它制成的压力测量仪表对温度敏感,因此使用时需采取恒温或温度补偿措施,尽量减小温度误差。

6) 数字式低真空压力测试仪

数字式低真空压力测试仪是应用压阻式压力传感器的原理来测定实验系统与大气压之间压差的仪器。它可取代传统的 U 形汞压力计,避免汞污染现象。该仪器的测压接口在仪器后的面板上。使用时,将仪器按要求连接至实验系统,先检查实验系统是否漏气;再打开电源预热 10min;然后选择测量单位,调节旋钮,使数字显示为零;最后开动真空泵,仪器上显示的数字即为实验系统与大气压之间的压差值。

3. 压力控制

实验中常要求系统保持恒定的压力(如 101 325Pa 或某一负压),这就需要一套恒压装置,其控压基本原理如图 3.23 所示。在 U 形的控压计中充以汞(或电解质溶液),其中设有 a、b、c 三个电接点。当待控制的系统压力升高到规定的上限时,b、c 两接点通过汞(或电解质溶液)接通,随之电控系统工作,使泵停止对系统加压;当压力降到规定的下限时,a、b 接点接通(b、c 断路),泵向系统加压,如此反复操作以达到控压目的。

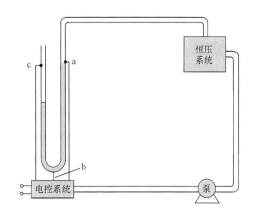

图 3.23　控压原理示意图

1) 控压计

常用的控压计是如图 3.24 所示的 U 形硫酸控压计。在右支管中插入一铂丝,在 U 形管下部接入另一铂丝,灌入浓硫酸,使液面与上铂丝下端刚好接触。这样,通过硫酸在两铂丝间形成通路。使用时,先开启左边活塞,使两支管内均处于要求的压力下,然后关闭活塞。若系统压力发生变化,则右支管液面波动,两铂丝之间的电信号时通时断地传给继电器,以此控制泵或电磁阀工作,从而达到控制压力目的(这与接触温度计的控温原理相同)。控压计左支管中间的扩大球的作用是,只要系统中压力有微小的变化都会导致右支管液面较大的波动,从而提高了控压的灵敏度。由于浓硫酸浓度较大,控压计的管径应取一般 U 形压力计管径的三四倍为宜。至于控制恒常压的装置,一般采用 KI(或 NaCl)水溶液的控压计,就可取得很好的灵敏度。

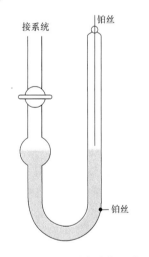

图 3.24　U 形硫酸控压计

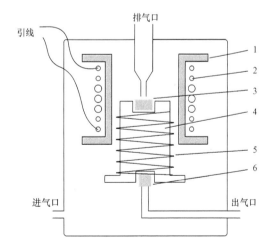

图 3.25　Q23XD 型电磁阀结构

1. 铁箍;2. 螺旋线圈;3、6. 压紧橡皮;4. 铁芯;5. 弹簧

2) 电磁阀

它是靠电磁力控制气路阀门的开启或关闭,以切换气体流出的方向,从而使系统增压或减压。常用的电磁阀结构如图 3.25 所示。在装置中,电磁阀工作受继电器控制,当线圈 2 中未

通电时,铁芯 4 受弹簧 5 压迫,盖住排气口通路,气体只能从排气口流出。当线圈 2 通电时,磁化了的铁箍 1 吸引铁芯 4 往上移动,盖住了排气口,气体从出气口流出。这种电磁阀称为二位三通电磁阀。

图 3.26 为另一种利用稳压控制流动系统压力的装置。从气瓶输出的气体经针形阀 3 与毛细管 4 缓冲后,再经过水柱稳压管 5 流入系统。通过调节水平瓶的高度,给定流动气体的压力上限,若流动气体的表压大于稳压管中水柱的静压差 h,气体便从水柱稳压管的出气口逸出,从而达到控制压力的目的。

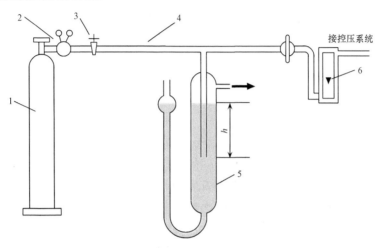

图 3.26　流动系统控压装置图
1. 钢瓶;2. 减压阀;3. 针形阀;4. 毛细管;5. 水柱稳压管;6. 流量计

3.2.2　加压技术

1. 加压设备

对于加压下的气液平衡数据测定、反应温度高于反应组分的沸点或必须使用高浓度的气体(如氢化反应)等情况,实验操作必须在密闭的容器内加压进行。对少量物质在不太高的压力下的反应可使用封闭管;对于大量物质的高压反应,则须在耐压容器(高压釜)中进行。

1) 封闭管

封闭管由耐压玻璃制成,平均能适应 2～3MPa 的压力和高达 400℃ 的温度。将反应混合物由长颈漏斗小心地装入管底,管内至少空出 3/4 的体积以容纳气体。将封闭管开口熔封,加入管式炉中,然后调节温度进行反应。反应结束,待封闭管冷至室温后取出,将封闭管上半部分截断,取出反应产物。封闭管常用于化合物结构分析中的热裂解实验等研究。

2) 高压釜

高压釜多以不锈钢材料制成,具有良好的耐腐蚀性能,其工作压力因设计不同而异,一般为 9～30MPa,特别适用于气体与液体、气体与固体的非均相反应。

高压釜由釜体和釜盖两部分组成。釜体为厚壁圆筒形容器,有 0.1L、0.5L、1L、2L、5L 等多种规格。为便于操作与控制,釜盖上安装有下列部件:用于高压气体导通与截止的针形阀、防止釜内超压的安全阀或防爆膜、测量釜内压力的铜制弹簧压力表(有氨存在时须用不锈钢制氨用压力表)及便于遥控测温的热电偶等,容积大的高压釜内还有内部冷却装置。高压釜的搅拌方式有机械搅拌、电磁搅拌和振荡搅拌三类。机械搅拌耐压性差、易漏气,需要解决轴与釜盖之间的密封问题,一般仅用于大型高压釜或反应物黏稠的场合。实验室多采用不易漏气的电磁搅拌,即搅拌器被连接在一块永久磁铁上,当外面的磁铁被电机驱动后,封在釜内的搅拌器也随之被驱动,从而达到搅拌目的。釜体与釜盖间的接触面要有很高的光洁度,以便拧紧螺母实现良好的密封,釜体部分置于封闭式电炉中以备加热。

　　图 3.27 是一种典型的磁力拖动搅拌式高压釜,容量较大(0.5～10L),最高工作压力达 20MPa。

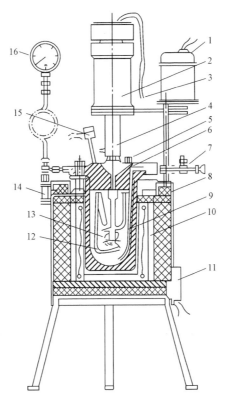

图 3.27　磁力拖动搅拌式高压釜

1. 电机;2. 磁联轴器;3. 测速线包引线;4. 冷水夹套;5. 装料口;6. 釜盖;7. 针形阀;8. 釜体;9. 加料管;
10. 加热炉;11. 加热炉接线端子;12. 冷却管;13. 搅拌器;14. 安全阀;15. 热电偶;16. 压力表

2. 高压操作及注意事项

　　高压釜必须放置在通风良好、无明火的防爆专用空间,且应备有必要的安全设施(如用厚水泥防护墙将釜与控制台和氢气气瓶隔开)。在任何情况下都不应超过规定的操作温度和操作压力,因此在加热时必须适当调节,以防过热;若有漏气或其他异常声响时,都应立即断电;严禁使用对高压釜有腐蚀性的气体或溶剂进行反应,如盐酸、甲酸和乙酸及氧化性物质不能在普通不锈钢制的高压釜中进行反应。

　　利用高压釜进行不同反应时,操作方法基本相似,但不完全相同。现以最常见的催化加氢为例,介绍操作方法及注意事项。

　　1) 投料

　　向反应器投料时,先注入液体,再将催化剂直接投放于液面之下,注意:所投料液不要超过釜体容积的 2/3,也不能过少,以免热电偶接触不到液面,催化剂不能沾到壁面上,以免着火。

2) 闭釜

将釜体与釜盖的密封面擦拭干净,盖上釜盖,依对角线方式拧紧螺母,应避免拧得不均匀而漏气,也不要过紧,以免损坏密封面。

3) 检漏

将釜内空气抽出,然后充氢气至釜压为 1.0~1.5MPa,关闭进气阀,观察压力计读数是否变化,若变化,说明漏气,可用肥皂泡检出漏气处,待抽空氢气后检修,排除故障。

4) 置换(排除空气)

将氢气交替地压入釜内和排出釜外三次,或者用惰性气体(氮气)冲洗一段时间(10min),将釜内空气排尽。

5) 氢化反应

缓缓通氢气至实验所需压力,拧紧进气阀和氢气气瓶角阀,开始时有部分氢气溶解于溶液中,压力可能稍降,待压力不变时,缓缓升温、搅拌,进行反应(一旦通入高压氢气,除了必要的操作,人员应退至防护墙外观察),至反应完毕,停止加热和搅拌,切断电源。

6) 出料及后处理

待釜体完全冷却后,先打开阀门,让釜内剩余氢气通过钢质毛细管引至室外空气流通处,再用水泵抽吸或充氮气以排除氢气,再放入空气至釜中,打开釜盖,处理反应产物,并清洗釜体及各部件。

3.2.3　真空技术

1. 关于真空

真空是泛指低于标准压力的气体状态。在真空下,气体稀薄,故单位体积内的分子数较少,分子间碰撞或分子在一定时间内碰撞器壁的次数相应减少,这是真空的主要特点。

真空度是对气体稀薄程度的一种量度,其最直接的物理量是单位体积中的分子数。不同真空状态反映了该空间中的分子数密度不同。显然,用分子数密度来表示真空状态在应用时不方便。因此,真空度的高低常用气体的压力来表示,气体的压力越低表示真空度越高。在国际单位制中,真空度的单位和压力的单位统一为帕,符号为 Pa。

在化学实验中,按真空的获得和测量方法不同,将真空划分为五个区域。

粗真空:10^2~1kPa,分子相互碰撞为主,分子自由程 $\lambda \ll$ 容器尺寸 d;

低真空:10^3~10^{-1}Pa,分子相互碰撞和分子与器壁碰撞的程度相当,$\lambda \approx d$;

高真空:10^{-1}~10^{-6}Pa,分子与器壁碰撞为主,$\lambda \gg d$;

超高真空:10^{-6}~10^{-10}Pa,分子与器壁碰撞次数减少,形成一个单分子层的时间已达数分钟或小时;

极高真空:10^{-10}Pa,分子数目极为稀少,以致统计涨落现象较严重,与经典的统计理论产生偏离。

在科学实验和工业生产中,凡是涉及气体的物理化学性质、气相反应动力学、气-固吸附以及表面化学研究、精细化学品合成等生产过程,为了排除空气和其他气体的干扰、脱除溶剂等,通常都需要在一个密闭的容器中进行,并且首先需要将干扰气体抽去,创造一个具有某种真空度的环境,然后将需要研究的气体通入,才能进行有关研究或生产。因此,真空的获得和测量是重要的化学实验技术之一,掌握真空系统的设计、安装和操作是一项重要的基本技能。

2. 真空的产生

用来产生真空的设备通称为真空泵,主要有水喷射泵、循环水真空泵、机械泵、扩散泵、分子泵、吸附泵、钛泵、低温泵等。实验室常用的有机械泵和扩散泵。前者可获得 1~0.1Pa 真空,后者可获得小于 10^{-4}Pa 的真空。使用扩散泵时需用机械泵作为前置泵。

常用的机械泵是旋片式油泵,工作原理如图 3.28 所示。

图 3.28　旋片式油泵原理图

气体从真空系统吸入泵的入口,随偏心轮旋转的旋片使气体压缩,而从出口排出。这种泵的效率主要取决于旋片与定子之间的严密程度。整个单元都浸在油中,以油作封闭液和润滑剂。实际使用的油泵常由上述两个单元串联而成。实验室常用 2X 系列机械泵,其抽气速率为 $1L \cdot s^{-1}$、$2L \cdot s^{-1}$、$4L \cdot s^{-1}$。当入口压力低于 0.1Pa 时,其抽气速率急剧下降。

机械泵在使用时要注意以下几点:

(1) 机械泵不能直接抽含可凝性气体的蒸气、挥发性液体等。因为这些气体进入泵后会破坏泵油的品质,降低油在泵内的密封和润滑作用,甚至导致泵的机件生锈。因此,在可凝性气体进泵前需先通过纯化装置。例如,在纯化装置中盛放可吸收水分的无水氯化钙、五氧化二磷、分子筛等;盛放可吸收有机物蒸气的石蜡;盛放可吸收其他蒸气的活性炭或硅胶等。

(2) 机械泵不能用于抽含腐蚀性成分的气体,如含氯化氢、氯气、二氧化氮等的气体。因为这类气体会迅速侵蚀泵中精密加工的机件表面,从而导致泵漏气,不能达到所要求的真空度。对于这种情况,应当使气体在进泵前先通过盛有氢氧化钠固体的吸收瓶,以除去有害气体。

(3) 机械泵由电动机驱动。使用时应注意马达的电压。若为三相电动机驱动的泵,第一次使用时须注意三相马达的旋转方向是否正确。机械泵正常运转时,不应有摩擦、金属撞击的异声。运转时电机温度不能超过 60℃。

(4) 在机械泵的进气口前须安装一个三通活塞。停止抽气时,应使机械泵与抽空系统隔离,泵先与大气相通,然后再关闭泵的电源。这样既可保持系统的真空度,又可避免泵油倒吸。

油扩散泵的工作原理如图 3.29 所示。从沸腾槽来的硅油蒸气通过喷嘴,按一定角度高速向下冲击,从真空系统扩散而来的气体或蒸气分子 B 不断

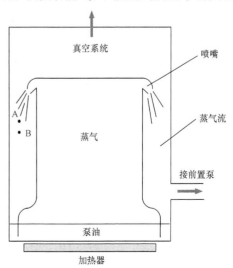

图 3.29　油扩散泵原理图

受到高速油蒸气分子 A 的袭击,使之富集在下部区域,在此再被机械泵抽走,而油分子则被冷凝流回沸腾槽。油扩散泵的极限真空度可达 10^{-7} Pa。为了提高真空度,可以串接几级喷嘴,实验室通常使用三级油扩散泵。

油扩散泵较之汞扩散泵具有下列优点:无毒;硅油的蒸气压较低(室温下小于 10^{-5} Pa),高于此压力使用时可不用冷阱;油的相对分子质量大,能使气体分子有效地加速,故抽气速度高。其缺点是在高温下有空气存在时硅油易分解和油分子可能沾污真空系统,故使用时必须在前置泵已抽到 1Pa 时才能加热,要求严格时需要设置冷阱以防油分子反扩散而沾污真空系统。实验室常用油扩散泵的抽气速率是 $40\sim60$ L·s^{-1}(入口压力 10^{-2} Pa)。图 3.30 是常用小型三级玻璃油扩散泵示意图。

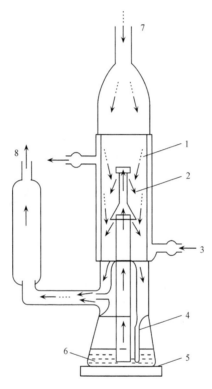

图 3.30 三级玻璃油扩散泵示意图

1. 被抽气体;2. 油蒸气;3. 冷却水;4. 冷凝油回入;5. 电炉;6. 硅油;7. 接待抽真空系统;8. 接机械泵

在真空实验中,气体的流量常用一定温度下的体积和压力的乘积来计量,它的单位是压力×体积/时间。在选择扩散泵的前置泵时,必须注意流量的配合。其关系应是

$$p_f S_f = p_d S_d$$

式中,p_f 为前置泵入口压力;S_f 为前置泵抽气速率;p_d 为扩散泵入口压力,S_d 为扩散泵抽气速率。例如,扩散泵入口压力为 10^{-2} Pa,其抽气速率为 300L·s^{-1},扩散泵排气口最大压力是 10Pa,这也就是机械泵的入口压力,则机械泵的抽气速率至少应为

$$S_f = p_d S_d / p_f = (300 \times 10^{-2}/10) \text{L·s}^{-1} = 0.3 \text{L·s}^{-1}$$

考虑到漏气等因素,机械泵能力需超过计算值 2 倍以上,然后再从各种机械泵抽速与入口压力的关系曲线上找出入口压力为 10Pa 时的抽气速率,由此来选择机械泵。

获得真空的其他设备还有:分子泵是一种纯机械泵的高速旋转的真空泵,一般可获得小于 10^{-8} Pa 的无油真空;吸附泵全称为分子筛吸附泵,是利用分子筛在低温时能吸附大量气体或蒸气的原理而制成的。其特点是:将气体捕集在分子筛的孔内,而不是将气体排出泵外;钛泵的抽气机理通常认为是化学吸附和物理吸附的综合,而以化学吸附为主,极限真空度为 10^{-8} Pa;低温泵是目前抽速最大、能达到极限真空的泵,其原理是靠深冷的表面抽气,主要用于产生模拟的宇宙环境。在液氦温度(4.2K)下,许多气体的蒸气压几乎为零,因此低温泵可获得 $10^{-9} \sim 10^{-10}$ Pa 的超高真空。

3. 真空的测量

真空测量实际上就是测量低压气体的压力,所用量具称为真空规,常用的有麦氏真空规、热偶真空规和电离真空规等。第一种是绝对真空规,即可从直接测得的物理量计算出气体压力,而后两种是相对真空规,需要用绝对真空规校准以后才能指示相应气压值。

1) 麦氏真空规

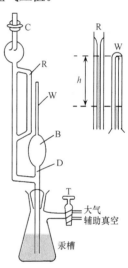

麦氏真空规一般用硬质玻璃制成,其结构如图 3.31 所示。使用时先打开通真空系统的旋塞 C,于是真空规中压力逐渐降低,与此同时小心将三通旋塞 T 开向辅助真空,不让汞槽中的汞上升,待稳定后才可开始测量压力,这时将三通旋塞 T 缓缓通向大气(可接一毛细管,以使进气缓慢),使汞槽中汞缓缓上升,当到达 D 时,玻泡 B 中的气体(待测的低压气体)即和真空系统隔断。汞面继续上升,B 中气体受到压缩,其压力逐渐增大,压力值就是闭口毛细管 W 和开口毛细管 R 间的汞高差(R 上方的气压可以忽略)。如果知道玻泡 B 的体积和最后压在闭管 W 中的气体体积,就可按波义耳定律计算出气体的初始压力。为了简化计算,测量时使开管汞面刚好与闭管顶端齐平,设气体初始压力为 p,玻泡 B 体积为 V,闭管截面为 a,闭管与开管汞高差为 h,此高差也等于闭管盛有气体部分的高度,则按波义耳定律可得

图 3.31　麦氏真空规

$$pV = ah^2 \text{ 或 } p = ah^2/V$$

式中,a、V 均为常数,故可从上式算出压力。

麦氏真空规不能测定真空系统内蒸气的压力(因蒸气受压缩时要凝聚),进行测量时反应较慢,要花费较长时间,而且只能间歇操作,不能连续测定。另外,它与高真空连接处须装冷阱,否则汞蒸气会影响真空。麦氏真空规的测量范围为 $10 \sim 10^{-4}$ Pa。

2) 热偶规

在真空容器中被加热的灯丝通过传导、辐射、对流三种方式散失其热量,当灯丝温度和容器结构都一定时,传导和辐射两项热损失为常量,而对流热损失则与容器中的分子数及分子种类有关。容器中分子数越多(压力越高),则分子碰撞灯丝带走的热量越多,灯丝的温度就越低。相反,碰撞灯丝的分子数越少(压力较低时),带走的热量越少,灯丝的温度就越高,上述规律只有在一定压力范围内才是正确的。当压力过高时,分子数太多,压力变化并不改变对流传热速度;而压力过低,则分子数太少,对流散热比起辐射和传导要小得多,因此对灯丝温度影响也非常小。

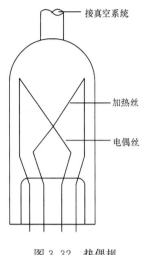

图 3.32　热偶规

真空容器中压力的变化通过测定灯丝电阻或温度的变化间接确定。因此,可用电桥测灯丝电阻(麦氏规)或直接用热电偶测其温度(热偶规,图 3.32)。由于各种气体的导热性不同,故热偶规应对各种气体进行实际校正。这类真空规的适用压力范围为 10~0.1Pa。

3) 电离真空规

电离真空规实际上就是一个三极管,包括阴极(灯丝)、栅极(加速极)和收集极(图 3.33)。使规管与真空系统相连,阴极通电加热至高温便产生热电子发射。由于在加速极上加有一个比阴极正 200V 的正电位,因此能吸引电子向加速极运动。这些电子在运动过程中将碰撞规管内部的气体分子,并使之电离产生带正电的离子和电子。由于收集极的电位较阴极负 25V,这些离子将被收集极吸引,形成可测量的离子流。如果电子的平均能量一定(发射电流一定),那么空间气体分子的浓度(压力)将与离子流的强度呈线性关系,其关系式可用下式表示:

$$I_+ = KpI_e$$

式中,I_+ 为离子流强度;I_e 为规管工作时的发射电流;p 为规管内压力;K 为规管常数或规管灵敏度。

由上式可知,当发射电流恒定时,离子流 I_+ 正比于压力 p。

使用电离规时,需注意除气、灯丝寿命、漏电三方面的问题。当要测量小于 10^{-3}Pa 的真空度时,需将电极和规管除气。常用的方法是将加速极和收集极连接(在规管外部),在它们与已加热的阴极之间加一个电压,使阴极发射的电子猛烈轰击加速极和收集极,使之达到高温(可同时使规管外部加热)。多数仪器上已有这种除气旋钮,使用较简便。电离规的灯丝必须在高温下才有足够的电子发射,但这时如遇空气即易烧坏。为保护灯丝有较长的使用寿命,必须在压力达 0.1Pa 之后才能使用电离规,因此通常都用热偶规与之配合使用。另外,灯丝也易被各种蒸气及真空泵油沾污,改变其电子发射特性,因此安装冷阱也是必要的。在测量高真空时还必须注意漏电问题。应采用适当的屏蔽措施,防止外界磁场干扰。

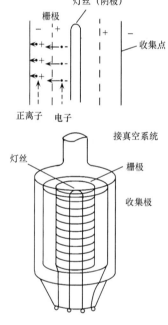

图 3.33　电离真空规

商品仪器通常是用干燥空气标定的,若测量对象不同,则应乘以相应的系数。电离规适用的压力范围为 0.1~10^{-6}Pa。对于实验用小型真空系统来说,使用一套热偶电离复合真空计就能满足全部真空测量的需要,这种仪器使用比较简便,可以免除汞危害和使用麦氏真空规的麻烦。

4. 真空系统设计和部件选用

1) 真空系统设计

真空系统设计的基本原则:①根据真空条件下进行实验测量工作的实际要求,确定测量工作室的尺寸、形状和所需达到的真空度;②依据测量工作室体积,确定所需的抽气速率和达到一定真空度所需的时间;③依据真空度的要求选用相应的真空泵和真空规;④整个真空系统结构应简单,操作维护方便,并有一定的防护装置。

须指出,真空系统要求达到的真空度和实验时测量工作室的实际真空度往往是不同的,前者指真空系统确定真空泵、管道尺寸和按一定要求组装后所能达到的极限真空度,后者是指在真空条件下实验时系统所能维持的真空度。系统的极限真空度是在系统无漏气的前提下保持真空泵对系统抽气的情况下同时用真空规测量的。真空系统测量工作室的实际真空度,通常指真空泵已不再对系统抽气,此时被测样品或工作室的器壁可能放出一定量气体的条件下所能维持的真空度。

设计和组装一套气密性好的真空系统,其具体工作包括:①绘制真空系统的总体组装图;②确定构成真空系统各部件的规格、型号,如真空泵、真空规、冷阱、管道和真空活塞的尺寸等;③确定测量工作室的结构形状及所需配套的测量仪表;④真空系统防护设施的配套;⑤组装、检漏和调试工作。

2)真空系统各部件的选用

(1)材料:真空系统的材料可选用玻璃或金属。玻璃真空系统的制备较方便,使用时可观察内部情况,便于在低真空条件下用高频火花检漏器检漏。但其真空度较低,一般达 10^{-1} ~ 10^{-3} Pa。要获得 10^{-4} ~ 10^{-5} Pa 真空度,需对玻璃器壁进行 400℃烘烤,以脱除吸附在器壁上的气体。玻璃真空系统的薄弱环节是活塞以及其他磨口连接部件易漏气,虽然涂上真空脂,但仍难以达到高真空。还应注意氦气对玻璃有相当可观的渗透率,室温下大气中氦的渗透率为 10^{-13} Pa·L^2·cm^2·s^{-1}。

不锈钢材料的放气率较低,所以常用不锈钢制成全金属的真空系统。近年来,由于使用开封闭型的金属波纹管以及刀口、法兰或金银垫圈(包括一些氟橡胶垫圈)等连接部件,可保证系统的气密性,使系统能在超高真空下使用。因此,全金属真空系统的真空度能达到 10^{-10} Pa。

(2)真空泵:要求极限真空度仅 10^{-1} Pa 时,可直接使用性能较好的机械泵或分子筛吸附泵,不必使用扩散泵。要求真空度小于 10^{-1} Pa 时,则将扩散泵和机械泵配套使用。选用真空泵主要考虑两个因素:极限真空度和抽气速率。对极限真空度要求高,可选用多级扩散泵;要求抽气速率大,可选用大型扩散泵和多喷口扩散泵。扩散泵应配用机械泵作为它的前置泵,选用的机械泵要注意它的真空度和抽气速率应与扩散泵匹配。例如,现代化学实验室常用的小型玻璃三级油扩散泵,其抽气速率在 10^{-2} Pa 时约为 60mL·s^{-1},配套一台抽气速率为 30L·min^{-1}(1Pa 时)的旋片泵就正好合适。要求小于 10^{-6} Pa 的超高真空时,一般选用钛离子泵和吸附泵配套装置。由于硅油质量的提高,选用金属扩散泵和机械泵配套,也能方便地获得超高真空。目前,由于分子泵价格便宜且易于操作,一般均采用机械泵-分子泵组合来获取 10^{-4} ~ 10^{-5} Pa 的高真空,或者采用隔膜泵-分子泵组合获得无油高真空。

(3)真空规:真空规应根据所需量程及具体使用要求选定。例如,真空度为 10~ 10^{-3} Pa,可选用转式麦氏规或热偶真空规;真空度为 10^{-1} ~ 10^{-4} Pa,可选用座式麦氏规或电离真空规;真空度为 10~ 10^{-6} Pa 较宽范围,通常选用热偶真空规和电离真空规配套的复合真空规。如测量时无可凝性蒸气存在,使用麦氏规较合适,若有可凝性蒸气存在,则要用热偶规或电离规。随着技术的发展,目前功能齐全、操作简便的商品化的真空测量仪器已有很多。10^5 ~ 10^{-1} Pa 真空的测量一般采用电阻真空规,10^{-1} ~ 10^{-9} Pa 真空的测量一般采用电离规(程控真空计)。

对于超高真空系统,通常采用贝亚德和阿尔帕特改进的电离真空规(简称 B-A 电离真空规)来测量系统的真空度。B-A 电离真空规的特点是设法提高离子电流,并抑制光电子电流的影响。

5. 真空系统的操作

1) 真空泵的使用

如图 3.34 所示是常用的真空泵与真空系统的连接方式。这里机械泵既是真空系统的初

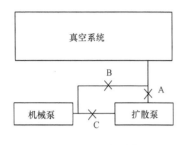

图 3.34　泵的连接

抽泵,也是扩散泵的前置泵。初抽时活门 A、C 关闭,B 打开,直到压力达 10～1Pa 时再打开 A、C,关闭 B,两泵同时工作达高真空。

启动扩散泵前要先用前置泵将扩散泵抽至初级真空,接通冷却水,逐步加热沸腾槽,直至油沸腾并正常回流为止。停止扩散泵工作时先关加热电源,至不再回流后关闭冷却水进口,再关扩散泵进出口旋塞,最后停止机械泵工作。注意:机械泵在停止工作前应先使进口接通大气,否则会发生真空泵油倒抽入真空系统的事故。使用油扩散泵时,应防止空气进入(特别是在温度较高时),以免硅油被氧化。

2) 冷阱

冷阱是在气体通道中设置的一种冷却式陷阱,能使可凝性蒸气通过时冷凝成液体。通常在扩散泵和机械泵之间要装冷阱,以免有机物、水汽等进入机械泵,影响泵的工作性能。在扩散泵与待抽真空部分之间一般也要装冷阱,以捕集从扩散泵反扩散的油蒸气,这样才能获得高真空。在使用麦氏真空规和汞压计的地方也应该用冷阱使汞蒸气不进入真空部分。

常用冷阱结构如图 3.35 所示。冷阱不能做得太小,以免增加系统阻力,降低抽气速率,同时要便于拆卸清洗。冷阱外部套装有冷却剂的杜瓦瓶,常用冷却剂为液氮、干冰加丙酮等,而不宜使用液体空气,因为它遇到有机物易发生爆炸。

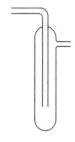

图 3.35　冷阱

3) 管道与真空旋塞

管道的尺寸对抽气速率影响很大,所以管道应尽可能短而粗,尤其在靠近扩散泵处更应如此。真空旋塞是一种精细加工而成的玻璃旋塞,一般能在 10^{-4} Pa 的真空下使用而不漏气。旋塞孔芯的孔径不能太小,旋塞的密封接触面应足够大。真空系统中应尽可能少用旋塞,以减少阻力和漏气可能。对高真空来说,用空心旋塞较好,它质量轻,温度变化引起漏气的可能性较小。当然正确涂敷真空脂也很重要。

4) 真空涂敷材料

常用的真空涂敷材料有真空脂、真空泥、真空蜡等,它们在室温时的蒸气压都很小,一般为 10^{-2}～10^{-4} Pa。真空脂用在磨口接头和真空旋塞上;真空泥用来粘补小沙孔或小缝隙;真空蜡用来胶合不能熔合的接头,如玻璃-金属接头等。国产真空脂按使用温度不同又分不同序号。

5) 检漏

检漏是安装真空系统的一项很麻烦但又很重要的工作,真空系统只要不漏气就算完成一半的工作。

系统中存在气体或蒸气,可能是从外界漏入或系统内部的物质所产生的。检漏主要是针对前一种来源,为杜绝后一种气体来源,需仔细做好系统的清洗工作。对吸附在系统内壁的气体或蒸气,需采用加热的办法除去。

对于小型玻璃真空系统来说,使用高频火花真空检漏器检查漏气最为方便。由仪器产生的高频高压电经放电簧放出高频火花。使用时将放电簧移近任何金属物体,调节仪器使之产生不少于三条火花线,长度不短于 20mm。火花正常后,可将放电簧对准真空系统的玻璃壁。此时如真空度很高(小于 0.1Pa)或很差(大于 10^3 Pa),则紫色火花不能穿越玻璃壁进入真空部分;若真空度中等时(几百 Pa~0.1Pa),则紫色火花能穿过玻璃壁进入真空内部并产生辉光;当玻璃真空系统上有很小的沙眼漏孔时,由于大气穿过漏洞处的导电率比玻璃高得多,因此当放电簧移近漏洞时,会产生明亮的光点指向漏洞所在位置。

在启动真空泵之前,应转动一下旋塞,看是否正常。天气较冷时需用热吹风使旋塞上的真空脂软化,使之转动灵活。启动机械真空泵数分钟后,可将系统抽至 10~1Pa,这时用火花检漏器检查系统可以看到红色辉光放电。然后关闭机械泵与系统连接的旋塞,5min 后再用火花检漏器检查,其放电现象应与之前相同,否则表明系统漏气。漏气多发生在玻璃接合处、弯头或旋塞处。为了迅速找出漏气所在,常采用分段检查的方式进行,即关闭某些旋塞,把系统分为几个部分分别检查,确定某一部分漏气后,再仔细检查漏洞所在位置。

火花检漏器的放电簧不能在某一地点停留过久,以免损伤玻璃。同时,火花检漏器工作 3min 左右应停用瞬间,然后再继续使用,这样可防止火花检漏器损坏。

玻璃系统的铁夹附近或金属真空系统不能用火花检漏器检漏。此时,一般在系统表面逐步涂抹肥皂液或甲醇等,当涂抹液进入漏洞的瞬间,系统漏气速率会突然减小,由此可找出漏洞。

若管道段未发现漏孔,则常为活塞或磨口接头处漏气。此时,需重涂真空脂或换新真空活塞或磨口接头。磨口在涂真空脂前需用有机溶剂清洗,磨口上不得沾有任何纤维;磨口上的真空脂应薄而均匀,两个磨口接触面上不得留有任何空气泡或存在"拉丝"现象。

查出的个别小沙孔可用真空泥涂封,较大漏洞则须重新熔接。

系统能维持初级真空后,便可启动扩散泵,待泵内介质回流正常,可用火花检漏器重新检查系统,当看到玻璃管壁呈淡蓝色荧光,而系统内没有辉光放电时,表明真空度已小于 0.1Pa,这时可用热偶规和电离规测定系统压力。如果达不到这一要求,表明系统还有微小漏气处,此时同样可用火花检漏器分段检查漏气所在。

6) 真空系统操作注意事项

在开启或关闭活塞时,应两手进行操作,一手握紧活塞套,一手缓缓旋转内塞,使开、关塞时不产生力矩,以免玻璃系统因受力而扭裂。天气较冷时,需用热吹风使活塞上的真空脂软化,使之转动灵活。任何一个活塞的开启或关闭都应注意对系统其他部分的影响。

对真空系统抽气或充气时,应通过活塞的调节,使抽气或充气缓缓进行,切忌系统压力的变化过于剧烈。因为系统压力突变会导致 U 形汞压力计的汞冲出或吸入系统。

进行真空系统测量,若用吸附剂低温(如液氮温度)吸附气体,则当实验结束时需特别注意:吸附计温度回升会释放大量被吸附的气体,造成系统压力剧升,此时应及时用机械泵将放出的气体抽出系统。

3.3　流量的测定技术

流体可分为可压缩流体和不可压缩流体两类。流量的测定在科学研究和工业生产上均有广泛应用。本节主要对气体流量的测定作简要介绍。

测定气体流量的方法和所用的流量计有多种类型,在化学化工实验中,常用湿式流量计、转子流量计、皂膜流量计和毛细管流量计等来测定气体的流量。

气体的体积随温度和压力的改变而变化,因此在校正或测量时都应记录工作温度与压力,若所测气体与水或水溶液有充分的接触机会,则测定的气体体积中实际上包含了饱和水蒸气的体积,从理论上说,此时应将水蒸气的体积扣除。

前述各种流量计适用于测定处于稳定状态下气体的体积流量,若被测气体温度、压力频繁变动,则可采用质量流量计(差压式质量流量计、量热式质量流量计)精确测定流量。

3.3.1　湿式流量计

难溶于水或溶液的气体流量的测定常采用湿式流量计(又称量气表),它属于容积式流量计,能将流量随时间变化的累积量指示出来,读数可靠,使用方便,但不适用于微小流量的测量。被校准过的湿式流量计可作为标准仪器来校正其他类型的气体流量计。

1. 构造及工作原理

湿式流量计主要由圆筒形外壳、转鼓和传动计数机构组成,如图 3.36 所示。

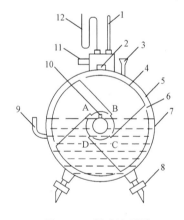

图 3.36　湿式流量计

1. 温度计;2. 水平仪;3. 加水漏斗;4. 转鼓;5. 转鼓和外壳夹层空间;6. 转鼓各室末端;7. 外壳;
8. 调节支脚;9. 溢流水管;10. 进气口(后面);11. 出气口;12. 压力计

转鼓内部空间被弯曲的叶片隔成四个容积相等的气室 A～D,转鼓的下半部浸于水中,充水量由溢流水管 9 指示,当气体通过进气口 10 到湿式流量计中心孔进入转鼓小室 A 时,在气体对器壁的压力下,转鼓便以顺时针方向旋转,随着 A 气室漂浮出水面而升高,B 室因转鼓轴的移动而浸入水面,同时 B 室中气体从 6 排往空间 5,由出气口 11 导出。与此同时,D 室随之上升,气体开始进入 D 室。由于各小室的容积是一定的,故转鼓每转动一周,所通过气体的体积是四个室容积的总和。由转鼓带动指针与计数器即可直接读出气体的体积流量。

2. 使用注意事项

（1）使用时先调节支脚，使流量计放置水平。

（2）从进水漏斗注入水至溢流管有水溢出。测量过程中应保证水面高度无变化。

（3）被测气体中含有腐蚀性气体或油类蒸气时，在进入流量计之前须经吸收或过滤装置除去。

（4）须记录测定时的压力和温度，以便换算为标准状态下流量值。

（5）若在温度低于 0℃ 下进行测量，须加防冻剂（如甘油），以防止转鼓内的水凝固成冰而损坏流量计。

（6）使用完毕，应将流量计中的封闭液排出，用蒸馏水洗净、吹干，存放于干燥处。

3. 湿式流量计的校正

校正的目的是检验计数机构显示的字盘读数与流过的气体体积是否一致。校正方法如图 3.37 所示。校正前，先使流量计 2（已注满水）转动一周，观察指针转动是否均匀，若转动均匀，方可开始校正。先向集气瓶 3 中注水，同时向 U 形压力计加水至适当高度。打开进气阀 1 并调节开度，根据 U 形压力计两侧液位差，控制气体进入湿式流量计的流量大小，每次收集指针转动 0.5L 刻度时的水量。读取量筒 4 中水的体积即为流量计校正值。重复测定两三次，偏差在 5% 以内，校正即完毕，然后求出校正系数 f。

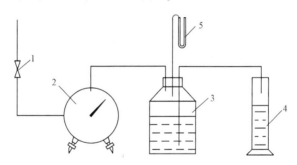

图 3.37　校正湿式流量计的装置图
1. 阀门；2. 湿式流量计；3. 集气瓶；4. 量筒；5. 压力计

当用该湿式流量计测定气体流量时，应将流量计的读数乘以校正系数 f，即得到真实的气体流量值。其中，校正系数 f 可用下式计算：

$$f = \frac{流量计校正值}{流量计指示值（读数）} = \frac{量筒中水的体积}{0.5} \tag{3-19}$$

3.3.2 转子流量计

常用转子流量计测量气体或液体的流量。其优点是灵敏度高、结构简单、直观、压损小、测量范围大。实验用的微型转子流量计的流量可小到 $0.5mL \cdot min^{-1}$ 以下。表 3.11 列出了 LZB 型微型转子流量计的主要技术参数。

表 3.11　小流量气体玻璃转子流量计参数

型　号	流量/(mL·min⁻¹)	最大允许工作压力/MPa	精度/%
LZB-1.5	6.0～60	0.25	2.5
	10～100	0.25	2.5
	16～160	0.25	2.5
	25～250	0.25	2.5
LZB-2.5	40～400	0.25	2.5
	60～600	0.25	2.5
	100～1000	0.25	2.5
	160～1600	0.25	2.5

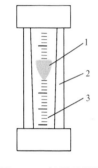

图 3.38　转子流量计
1. 转子；2. 锥形玻璃管；3. 刻度

1. 构造及原理

转子流量计由一根垂直的锥形玻璃管(上宽下窄)和转子两部分构成,如图 3.38 所示。要求锥形玻璃管的内壁光滑洁净,外壁标有刻度;转子有重锤形、伞形和圆盘形等,视流量大小可用金属或其他材质制成。

当被测流体以一定流速自下而上通过转子流量计时,转子受到两个力的作用:①垂直向上的推力,它等于流体在转子的上、下端环形截面上所产生的压力差;②垂直向下的净重力,它等于转子所受的重力减去流体对转子的浮力。当流量增大使压力差大于转子的净重力时,转子上升;当流量减小使压力差小于转子的净重力时,转子下沉;当压力差与转子的净重力相等时,转子便悬浮在一定位置上,此刻通过最大截面处与玻璃管上的刻度,视水平切点上的读数为该流体的流量值。

2. 使用注意事项

(1) 转子流量计应垂直安装,使用前应检漏。

(2) 转子流量计的前级系统中要安装净化或干燥装置,避免油污、机械杂质进入流量计。

(3) 须防止气量骤增而形成冲击力,致使管体破坏。

(4) 须在允许压力和流量范围内使用。

(5) 出厂时的气体转子流量计都附有标准条件(101.325kPa,20℃,以空气为介质)下的标定数据,当被测气体不是空气或非标准状态时,流量计的读数应经过校正后才为气体的实际流量。

若被测气体的密度不等于标定气体密度(空气密度 $\rho=1.2\text{kg·m}^{-3}$),可按下式修正:

$$Q_2 = Q_1 \sqrt{\frac{(\rho_f - \rho_2)\rho_1}{(\rho_f - \rho_1)\rho_2}} \approx Q_1 \sqrt{\frac{\rho_1}{\rho_2}} \qquad (3\text{-}20)$$

式中, Q_2 为校正后的实际流量,m³·s⁻¹; Q_1 为标准状态下的流量,m³·s⁻¹; ρ_f 为转子的密度,kg·m⁻³; ρ_2 为被测介质实际工作状态下的密度,kg·m⁻³; ρ_1 为标准状态下空气的密度,kg·m⁻³。

3. 转子流量计的校正

校正微型转子流量计(或毛细管流量计)装置如图 3.39 所示。

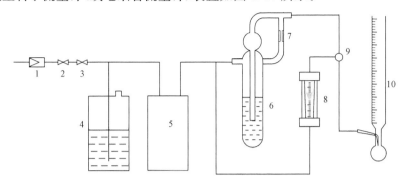

图 3.39　用皂膜流量计校正转子流量计(或毛细管流量计)装置图
1. 减压阀；2. 截止阀；3. 节流阀；4. 稳压容器；5. 缓冲器；6. 毛细管流量计；7. 毛细管；
8. 转子流量计；9. 三通考克；10. 皂膜流量计

缓慢调节减压阀 1,使来自空气压缩机的空气或气瓶中的其他气体压力减至所需大小,气体经截止阀 2 和节流阀 3 后分为两路:一路进入稳压容器 4 后放空;另一路进入缓冲器 5 以减小压力的波动,然后进入被标定的转子流量计,再经三通考克 9 进入皂膜流量计 10。当转子流量计内的转子稳定停留在某一高度时,挤压皂膜流量计上的橡皮球,在流体作用下皂膜平推上移,此时按下秒表,记录皂膜移动一定体积所需时间,每点重复 3 次,取其平均值为通过转子流量计的流量(毛细管流量计的校正,只需调整三通考克的导向,即可按上述方法校正)。根据测定数据,绘出转子的高度(或毛细管流量计内的液柱高度)与转子流量计的流量(或毛细管流量计的流量)的校正曲线图。

对于较大流量(大于 $20L \cdot h^{-1}$)的转子流量计,可用湿式流量计来校正,只需将图 3.39 中的皂膜流量计换成已校准的湿式流量计即可,由湿式流量计的读数和转子的停留高度得流量与转子高度的校正曲线。

3.3.3　皂膜流量计

皂膜流量计是一种结构简单、使用方便的测量气体流量的仪器,它由下部带有支管且标有刻度的玻璃管和装有肥皂水的橡皮球两部分组成。如图 3.40 所示是常见的两种皂膜流量计。

使用时,待被测气体连续稳定地通过玻璃管后,挤压橡皮球使肥皂水溢至支管处,气体通过肥皂水鼓泡,形成一个薄膜并随气体向上平移,用秒表记录此皂膜上移一定体积所用的时间,即可测得气体流量,由于该流量与气体温度相关,故应测定气体的温度。若测定不同流速范围的气体流量,可选用有直径变化的皂膜流量计,如图 3.40(b)所示。

使用皂膜流量计应注意以下几点:①皂膜流量计的管体积应先用标准量具校核(方法同滴定管);②皂膜流

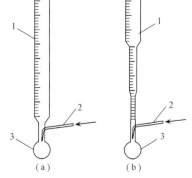

图 3.40　皂膜流量计
1. 量气玻璃管；2. 进气口；3. 橡皮球

量计必须垂直放置;③管内壁必须保持洁净,测量前应先用肥皂水润湿管内壁;④皂膜流量计不适用于易溶于水的气体;⑤测量时管内只允许有一个皂膜通过;⑥精确测量时应扣除饱和水蒸气的体积。

皂膜流量计不能连续测量和指示气体的流量,一般用于小气量的准确计量和其他气体流量计的校核。

3.3.4 毛细管流量计

实验室用毛细管(锐孔)流量计常由玻璃制成,它是在流体通路中放置节流元件(毛细管或锐孔),典型结构如图 3.41 所示。

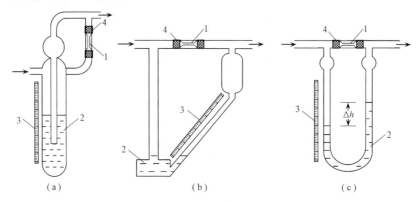

图 3.41 毛细管流量计
1. 毛细管;2. 指示液;3. 标尺;4. 橡皮管

当气体通过毛细管或锐孔时,由于动能与静压能之间的转换而在两个管端形成压力差。利用流量与压差之间的一定函数关系,测出单位时间内通过流量计的气体体积。

如图 3.41(c)所示,当毛细管长度 L 与其半径之比大于等于 100 时,气体流量 V 与毛细管两端压差存在线性关系,有

$$V = \frac{\pi r^4 \rho}{8L\eta}\Delta h = f\frac{\rho}{\eta}\Delta h \tag{3-21}$$

式中,$f = \pi r^4/8L$ 为毛细管特征系数;r 为毛细管半径;ρ 为流量计所盛液体的密度;η 为气体黏度系数。

当流量计的毛细管和所盛液体一定时,气体流量 V 和压差 Δh 呈线性关系,这一关系由实验标定,于是可绘制出 V-Δh 曲线,它对应于一定种类的气体和规格的毛细管。有了该曲线,测量流量时就可以方便地由观察到的压差查找其对应的流量。

使用毛细管流量计时应注意:①毛细管(或锐孔)流量计使用之前必须校正(用皂膜流量计校正,图 3.39);②对被测气体进行净化,保持毛细管孔径的清洁与干燥;③开启气源时应缓慢,防止指示液冲入节流元件及管路中;④若毛细管被污染,必须拆下清洗干净,方可继续使用。

毛细管流量计适用于测定低气速气体,一般小于 $10L \cdot h^{-1}$。它结构简单,在实验室可用废弃温度计制作 U 形毛细管流量计,且安装方便。毛细管径大小的选择取决于气体的流量大小。压力计指示液常用红墨水、液状石蜡、汞、高沸点有机液体等,应视气体的性质、溶解度、温度等具体情况而定。对流速小的被测气体采用密度小的指示液,反之亦然。

3.3.5　质量流量计

质量流量计(mass flow meter, MFM),主要用于对气体的质量流量进行精密测量和控制。在半导体和集成电路工业、特种材料、石油化工、医药、环保和真空等领域的科研和生产中有着广泛应用。它具有精度高、重复性好、响应快、软启动、稳定可靠、工作压力范围宽等特点,同时其操作方便,可任意位置安装,便于与计算机连接而实现自动控制,可对气体的瞬时流量和累积流量进行精确计量。质量流量计由流量传感器、分流器通道、流量调节阀和放大控制电路等部件组成。流量传感器采用毛细管传热温差量热法原理测量气体的质量流量,具有温度压力自动补偿特性。将传感器加热电桥测得的流量信号送入放大器放大,放大后的流量检测电压与设定电压进行比较,再将差值信号放大后通过控制调节阀门,闭环控制流过通道的流量使之与设定的流量相等。分流器决定主通道的流量。

测定质量流量的方法主要有两种:①直接式,即检测元件直接反映出质量流量;②推导式,即同时检测出体积流量和流体的密度,通过计算器得出与质量流量有关的输出信号。

许多直接式的测量方法和所有的推导式的测量方法,其基本原理都是基于质量流量的基本方程式,即

$$q_m = \rho u A \tag{3-22}$$

式中,q_m、ρ、u、A 分别为质量流量、流体密度、流体流速和管道的流通截面积,其中 A 为常数。对于直接式质量流量测量方法,只要检测出与 ρu 乘积成比例的信号,就可求出流量;而推导式测量方法是由仪表分别检测出密度 ρ 和流速 u,再将两个信号相乘作为仪表的输出信号。

需注意,对于瞬变流量或脉动流量,推导式测量方法检测到的是按时间平均的密度和流速;而直接式测量方法是检测流量的时间平均值。因此,通常认为推导式测量方法不适于瞬变流量的测定。

除上述两种测量方法外,在现场还通常采用温度、压力补偿式的测量方法,即同时检测出流体的体积流量和温度、压力,并通过计算器自动转换成质量流量。该方法适用于测量温度和压力变化较小,服从理想气体定律的气体,以及测量密度和温度呈线性关系(温度变化在一定范围内)的液体,并在流体组成已定时,自动进行温度、压力补偿也比较容易。然而,温度变化范围较大,液体的密度与温度不呈线性关系,以及高压时气体变化规律不服从理想气体定律,特别是流体组成变化时,就不宜采用这种方法。

有关直接式和推导式测量质量流量的方法及仪表介绍可参阅有关专著。

3.4　流动法实验技术

流动法实验技术不仅涉及化学反应过程,而且是研究系统组成、测试系统物性(如固体比表面、溶解度等)的重要手段之一。例如,已发展了循环流动式光催化反应器、全自动连续流动化学分析仪、测定化合物在流体中的含量或溶解度等实验方法和技术。

反应物连续稳定地流入反应器,在其中发生化学反应,生成物则连续不断地从反应器流出,对生成物进行分离或分析,便形成了针对这类体系的实验方法和技术,即流动法技术。相应地,反应物非连续地进入反应器,产物也不连续移去的所有实验方法和技术,均称为静态法技术。流动法技术的主要特点有:①要产生和控制稳定的反应物流体;②整个反应体系各处的

实验条件如温度、压力等,在反应期间应控制不变。流动法的许多优点是静态法无法做到的。例如,易于对大规模生产工艺进行模拟,便于对反应体系进行自动控制,反应效率高,产物易于实现在线检测、质量稳定等。在石油炼制、大型化工和基本有机合成等现代化工生产中,已普遍采用流动法进行生产。

流动法技术在催化研究中具有特殊的重要性,它不仅可以方便地筛选和评价催化剂,选择催化剂所适宜的反应条件,而且可以测量催化反应的动力学数据和研究反应机理,为进一步的生产工艺放大提供可靠的实验室研究基础。

流动反应体系可在高压、中压和常压下进行,其所需设备和技术不同。本节仅就常压流动法体系的实验方法和技术作简要的介绍,主要介绍流体的加料方式,流速的控制,常用反应器的类型,反应体系各处温度控制和测量方法。

3.4.1　稳定反应物流体的产生和控制

对于实验室的流动法反应体系,通常总是使反应物以气态流入反应器。反应物为气体时,只要控制气体的压力和流速,就可以使气流稳定。反应物为液体时,则应设法使液体汽化,同时控制汽化后的反应物流量不变。

1. 稳定反应物流体的产生

1) 气体反应物的进料

催化反应常用气体作为反应物,如 H_2、O_2、N_2、Cl_2、NH_3、CO、CO_2、H_2S、CH_4、C_3H_8、1-C_4H_{10}、C_2H_4、C_3H_6、空气等气体。实验室输送气体的方式是用这些气体的气瓶,借助气瓶的压力将气体输入反应体系。若没有现成的反应物气体,则均可以采用压缩泵升压送气至反应体系。

2) 液体反应物的进料

通常采用柱式进料泵(又称平流泵)将流体反应物稳定地送入汽化器。汽化器一般保持在较高的温度下,使送入的液体反应物完全汽化,然后输入反应体系。

柱式进料泵已有多种商品型号,如国产的 SY-02A 双柱塞微量泵,其工作原理如图 3.42 所示。

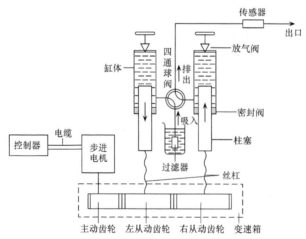

图 3.42　SY-02A 双柱塞微量泵工作原理示意图

　　控制器驱动步进电机运转,通过齿轮传动使丝杠反向转动,从而使左、右两柱塞分别上、下运动。当左柱塞向上运动时,挤压缸内液体,通过四通阀向排出口排出液体;与此同时,右柱塞向下运动,右缸内体积膨胀,形成负压,通过大气压力将液体吸入右缸内。当左缸排尽时右缸正好吸满,此时装在右柱塞导杠上的压片恰好压上行程控制开关,给出换向信号,使步进电机反转,左缸变成吸液,右缸变成排液,如此往复,使排出口有连续液体输出。该微量泵通过改变步进电机的脉冲频率来调节步进电机转速,从而实现对液体流量的稳定控制。对这种柱式进料泵的改进主要体现在将流量和压力的调节改为数字化,在面板上直接数字显示当前工作液的压力和流量,并配有标准接口与计算机连接,可实现自动化控制,如北京星达技术开发服务公司生产的 LP-10C 形平流泵。

　　3)气体和液体反应物同时进料

　　对于气、液反应物的同时进料,一般有两种方式。较常见的是将液体反应物通过微量泵加入汽化器,同时向汽化器送入气体反应物,汽化器输出的就是气、液反应物的混合气体。另一种进料方式为通气饱和法,当气体反应物不溶于液体反应物,而且液体反应物有较大蒸气压时可用此法。图 3.43 为通气饱和法加料器示意图,来自导入管的气体在 5 处以小气泡的形式冒出,将液体蒸气带走,混合气体从 3 处排出并进入反应器。加料器置于恒温槽中,控制恒温槽温度和通入气体的流速,就可以控制进料量和气、液摩尔比。

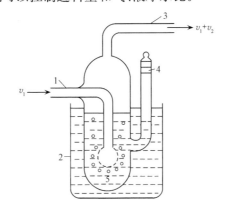

图 3.43　通气饱和法加料器示意图
1. 气体导入管;2. 恒温槽;3. 混合气体出口;4. 带磨口的液体加料口;5. 气体出口

　　气、液摩尔比的计算:设通过液体的气体流速为 v_1(mL · min^{-1}),恒温槽温度为 T,系统的压力为常压 p_0。流速为 v_1 的气体经饱和器后,由于带出液体蒸气,气流速率增大,设流速增值为 v_2,则出口处混合气体总流速为 $v_1 + v_2$,总压仍为大气压 p_0。根据气体分压定律,得气、液摩尔比 N 为

$$N = \frac{v_1}{v_2} = \frac{p_0 - p_s}{p_s} \tag{3-23}$$

式中,p_s 为槽温 T 时液体的饱和蒸气压,可从有关手册中查得。若通过饱和器的气体被液体蒸气所饱和,则实际的气液摩尔比应与上式计算相符。在实际工作中,常要检查饱和器是否达到要求。具体检验方法是,恒温槽恒温 10min 后,通入稳定流速的气体,将带出的液体蒸气用装有足量硅胶的吸附管加以收集,吸附管应预先称量,并以冰盐水冷却。记录通气时间。经一定时间后称量收集的液体质量,再与理论计算值比较,二者相符说明饱和器符合要求。若实验值低

于理论值,说明液体蒸发未达饱和状态,可提高气体的预热温度,改善饱和情况。增加预饱和器数目或增加气体与液体接触时间,均可改进饱和状况。须指出,适当提高液位高度可增加气、液接触时间,但饱和器上方应留有足够的空间,以防气、液夹带现象发生,故液位也不宜过高。

2. 稳定反应物流速的测量和控制

1)液体反应物进料量的测量和控制

通气饱和法在化工生产中已得到普遍应用,如甲醇空气氧化合成甲醛的工业生产,就是使空气通过蒸发器而将蒸发器中的甲醇蒸气带出,然后进入反应器,并通过控制蒸发温度和液位的方法来确定反应混合气的氧、醇摩尔比。

对于实验室液体反应物的进料,一般采用微量泵进料,其进料量可通过调节步进电机的转速或柱塞的冲程来控制。例如,SY-02A双柱塞微量泵的进料量是由四位拨码开关设定控制的,此开关设定值决定脉冲频率,脉冲频率控制步进马达转速,转速控制进料量。该微量泵的最大流速为 $1000\text{mL} \cdot \text{h}^{-1}$,四位拨码值从 $1 \sim 9999$,当拨码值为 A 时其进料量 Q 为

$$Q = \frac{1000}{A}$$

然而,对于精确的测量,通常在微量泵前安装一根滴定管或计量管,液体反应物加入滴定管内,将滴定管与微量泵的进样管接通。微量泵工作时,由四位拨码开关设定的拨码值控制进料量,液料进料的流速由滴定管内液位的变化来实际测量。

2)气体反应物进料量的测量和控制

实验室一般用流量计来测量气体进料量,其所用仪器及其工作原理见3.3节。

流动法技术的关键之一,是须控制反应物流体稳定且连续地以一定流量进入反应体系。对于气体反应物进料量的控制,须着重解决气源的稳压和稳流问题,主要用到以下部件和装置:

(1)稳压阀:稳压阀用以稳定气流的压力。以 WYF 型稳压阀为例,说明其工作原理(图3.44)。这种阀是波纹管双腔式稳压阀。腔 A 与腔 B 通过连动杆与孔的间隙连通,当手柄调到一定位置后,系统达到平衡。若出口气压有了微小上升,使腔 B 气压随之增加,波纹管向右伸张,针阀也同样右移,减小了针与座的间隙,因此流阻增大,则出口压力降到原有平衡状态时的数值。同理,当出口压力有微小下降时,系统也将自动恢复原有平衡状态,从而达到稳压效果。

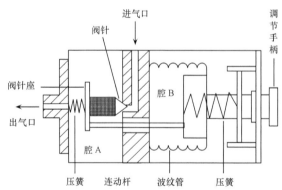

图3.44 WYF型稳压阀结构示意图

使用这种稳压阀时,入口压力不得超过 $6kg \cdot cm^{-2}$,出口压力不得超过 $4kg \cdot cm^{-2}$,一般为 $1 \sim 3kg \cdot cm^{-2}$ 时稳压效果较好。现在常使用定点稳压阀来达到系统入口压力恒定、便于稳流阀工作的目的。

(2) 稳流阀:稳流阀用以稳定载气或待测气体的流速,图 3.45 为 WLF 型稳流阀的工作原理图。当输入气体压力为 p 时,通过节流孔 G_1 的压力是 p,阀盖上的腔体压力也是 p,这时调节针形阀杆到一定位置,则在节流孔 G_2 处产生一个压力 p_1。该阀门中压缩弹簧本身有一向上作用力,膜片受压力 p 的作用,有一个向下的压力,由于 p_1 克服膜片向下的压力,使密封橡胶与阀门间有一个不断振动的距离,这时在阀门中有一个压力 p_2 输出。由于膜片不断地振动,出口处有一个恒定的流量输出。这种稳流阀使用时,压力为 $2kg \cdot cm^{-2}$,流量小于 $150mL \cdot min^{-1}$。

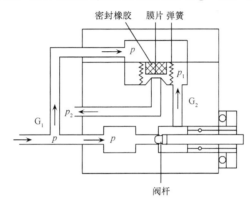

图 3.45　WLF 型稳流阀工作原理示意图

目前市售的稳流阀为多圈式,以实现精确控制。只要事先进行标定,绘出工作曲线,即可控制所需的气体流速,且重现性较好。

(3) 针形阀:针形阀可以调节气体流速,控制气体进料量,其工作原理如图 3.46 所示。它主要由阀针、阀体和调节螺旋组成,阀针与阀体不能相对转动,调节螺旋与阀针或阀体可相对转动。当调节螺旋右转时,阀针旋入进气孔道,则孔隙减小,气体阻力增大,流速减小;当调节螺旋左旋时,孔隙加大,气体阻力减小,流速加大。市售商品有三种规格,调速范围分别是 $0 \sim 500mL \cdot min^{-1},0 \sim 1000mL \cdot min^{-1},0 \sim 5000mL \cdot min^{-1}$,耐压 $3 \sim 5kg \cdot cm^{-2}$。

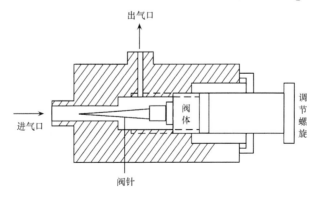

图 3.46　针形阀工作原理示意图

(4) 气体稳压装置:实验室常用的气体稳压装置如图 3.47 所示,它适用于表压小于 $1kg \cdot cm^{-2}$ 的气体。低压气体经针形阀调到适当流速后,一部分经稳压管(内盛水或液状石蜡)的支管 a 排除,其余经缓冲管、流量计进入反应体系。让气体在稳压管的 b 处连续均匀地冒气泡,每秒钟约两三个气泡,就可以保持气体处于稳压状态。改变水准瓶的高低可以调节气体输送时的压力。缓冲管用内径小于 1mm,长 1~2m 的玻璃毛细管弯成,其作用是抵消出气泡时造成的流速波动,使气流保持平稳。这种稳压方式由于使用不方便,而逐渐被定点稳压阀-稳流阀组合代替。这种组合装置可以稳定压力为 1~5kg·cm^{-2} 的所有气体。

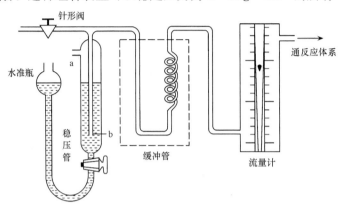

图 3.47　气体稳压系统示意图

3.4.2　流动法常用反应器

实验室内常用的流动法反应器有固定床反应器、流动循环反应器、催化剂回转式反应器和微型催化反应器等。

1. 固定床反应器

反应气体通过固定催化剂床层时,催化剂粒子静止不动,这种反应器称为固定床反应器,常用玻璃管、石英管或不锈钢管制成。固定床反应器可分为积分式和微分式两种类型。

1) 积分反应器

积分反应器是指催化剂用量较多,反应物一次通过后转化率较高(>25%)的反应器。反应物以一定的流速通入反应器后,明显地发生了化学反应,沿催化剂层纵向有较显著的浓度梯度,在催化剂层始末两端的反应速率改变较大,反应物浓度沿流动方向下降,转化率则上升,整个反应器的反应速率是沿着催化剂层各个部位反应速率的积分结果。

积分反应器由于转化率较高,不仅对取样和分析要求不苛刻,而且对于产物有阻抑作用和有副反应的情况也易于全面考察。积分反应器设备结构简单,分析结果比较准确,接近工业上的反应器,因而在实验室被广泛使用。积分反应器的缺点是因转化率较高而产生的热效应较大,即使管径很小,床层也难于维持恒温,而且积分反应器的数据处理也比较复杂。

2) 微分反应器

微分反应器在结构上与积分反应器并无原则区别,只是催化剂用量较少(有的甚至不到1g),以使转化率控制在很低的水平(<10%),在分析精度能够达到的范围内,转化率越低越好。反应物各组分的浓度沿催化剂床层变化很小,温度变化也极小,因此不仅沿催化剂层各截面上的反应速率视为相同,就是整个催化剂层内的反应速率也可以当作常数。这种反应器用于转化率较低的反应,反应器的尺寸较小。当然,一个大的反应器当其反应速率缓慢到反应物

浓度变化很小时,也可当作微分反应器处理。此外,对于零级反应,在恒温下,由于反应速率与浓度无关,也可认为是微分反应器。微分反应器代表的动力学情况相当于积分反应器中的一个截面或一个微分区域。

微分反应器的优点是由实验数据可直接求出反应速率,而积分反应器则不行。此外,微分反应器催化剂用量少,转化率低,故易于实现等温操作。其缺点是,要求有灵敏而精确的分析方法,以便准确测定浓度的微小变化,另外需要有高的气速,对于有比主反应慢得多的副反应不易检测出来。

2. 流动循环式反应器

为了消除反应器内的温度梯度和浓度梯度,提高实验的准确性,克服由于转化率低而造成组成分析上的困难,可采用流动循环式反应器,这种反应器综合了积分反应器和微分反应器的优点,并避免了其缺点。它由含有一定容积(V_R)催化剂的环路及循环泵组成,循环泵可把反应后的部分气体循环回去,且循环气体的速率要大大地超过连续进料及出料的速率 v,其流程原理如图 3.48 所示。图 3.49 是实验室用于处理废水的连续循环光催化反应装置图。

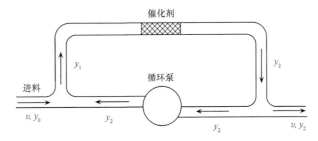

图 3.48　流动循环式反应器示意图

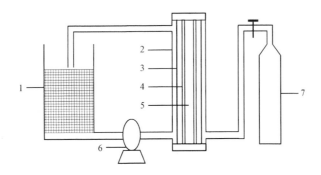

图 3.49　连续循环光催化反应装置图
1. 废水储槽;2. 不锈钢管;3. 催化剂;4. 石英管;5. 紫外灯;6. 泵;7. 氧气瓶

当系统稳定后,设原料气中所含产物浓度为 y_0,进口速率是 v,出口处反应物的转化率为 y_2,进催化剂床层前,原料气同循环气混合后,转化率是 y_1,入口处反应产物物料衡算关系如下:

$$vy_0 + vR_Vy_2 = (1+R_V)vy_1 \tag{3-24}$$

式中,左端为一份体积的反应物与 R_V 份体积的循环气混合后反应产物的总量,右端表示通过催化剂时反应产物的总量。R_V 为循环比,即循环量与原料通入量之比,由式(3-24)可得

$$R_V = \frac{y_1 - y_0}{y_2 - y_1} \tag{3-25}$$

由实验测得 y_0、y_1、y_2 值后,便可求出循环比。

单位时间内通过催化剂的气体流量为 $(R_V + 1)v$,则反应速率为

$$r = \frac{(R_V + 1)v(y_2 - y_1)}{V_R} = \frac{v}{V_R}(y_2 - y_0) \tag{3-26}$$

式(3-26)表明,流动循环式反应器的反应速率只与反应器入口和出口处产物的浓度差有关,而与循环比无关,实验中为便于测定常采用较高的循环比。

循环比 R_V 越大时,床层进出口的转化率 y_0 与 y_2 相差就越小,以致达到无浓度梯度的程度,则平均转化率为 $(y_2 - y_0)/2$ 的反应速率 r 也就是出口的反应速率,这就是微分反应器。但此时进料与最终出料的浓度差别却比较大,因此分析上不会困难。

3. 催化剂回转式反应器

由图 3.50 可见,将催化剂夹在框架中快速回转,从而得以消除外扩散,达到气相全混合等温反应的目的。反应可分批进行,也可是气相连续的,催化剂用量可很少,甚至一粒也可以,气-固相的接触时间也能测准。由于是全混式,数据处理方便。然而,要将催化剂夹住并保持密封,其装置结构就较复杂,需同时考虑所有粒子与气流的接触程度是否相同。有人认为这类反应器胜过研究化学动力学的任何一个传统实验室装置,因为它能提供微分反应器的等温性,并能在积分反应器的转化水平上很容易求得反应速率的表达式。现在工业上也使用一种流化床(又称沸腾床)的反应装置,即催化剂以流动态形式存在于催化床中,减少了内外扩散,提高了反应效率。

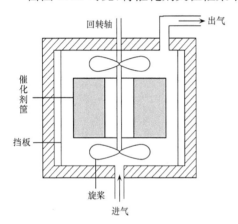

图 3.50　催化剂回转式反应器示意图

4. 微型催化反应器

为了提高微分反应器测定结果的准确性,常采用比较灵敏的仪器来分析反应产物,常用的是色谱装置,因此这类反应器称为微型催化反应器。依设计不同,可分为以下三种:

1) 反应器与色谱柱相连

将微型反应管直接连在色谱柱上(相当于色谱仪进样阀的位置),载气以恒定流速经微型反应管、色谱柱、鉴定器后放空。反应物从微型反应管前用微量注射器周期地注入,由载气带入微型反应管,反应后的产物经色谱柱分离,最后经鉴定器进行定性、定量分析。

2) 反应与分析各自独立进行

将反应物连续地以一定流速流经微型反应管进行反应,产物由六通阀取样,经色谱柱分离后进入鉴定器进行定性、定量分析。

3) 催化色谱

将所研究的催化剂装入色谱柱内,使色谱柱处于催化反应所要求的条件(温度、压力、催化

剂量等),以惰性气体或反应物之一做载气,反应物以脉冲方式由载气带入色谱柱(催化剂层)进行反应,所得产物及剩余反应物立即在色谱柱上进行分离,由鉴定器进行定性定量测定。这种装置一般称为催化色谱。

微型催化技术的优点是原料及催化剂用量极少,各组分均可快速测定,用于评价催化剂的活性、选择性,考察其吸附性能、反应机理及副反应,均十分方便。但需指出,脉冲进料并不符合流动法技术的要求,使反应组分的吸附不是处于一种稳态,而是一个交变过程,反应产物的组成有时也不能反映催化反应的全过程,因此脉冲式微型催化反应器用于研究反应动力学还有困难。

3.4.3　流动法反应体系的实验条件控制

对于流动反应体系,除了必须控制反应物稳定且连续地进入反应器,并根据所研究反应的特点选用或设计合适的反应器外,还应使各处的实验条件维持稳定不变。反应体系的各处实验条件不可能相同,但每一处的实验条件(如温度、压力和组分等)应保持不变,也就是说,整个反应体系须处于稳态。

1. 控制流体的流动形式

在连续操作的反应体系中,反应物的流动形式有两种极限模式。

第一种流动形式为活塞流式,其特点是流体在通过一个细长的管道时,每一小段流体都是齐头并进的,流体在管道的轴向上没有混合,流体中每一部分在管道中的停留时间都相同。对于管式固定床反应器,流体流动的形式基本上是活塞流式。在这种反应器中,流体的组成和温度沿管程或轴向递变,反应的转化率则沿管程不断增大。但在管程中的每一处截面上,流体的组成和温度在时间的进程中是基本不变的。

第二种流动形式为全混流式。流体进入反应器后经搅拌而充分混合,反应器内各部分的组成和温度都相同,而离开反应器的流体在组成和温度上也与反应器内的流体相同。流体一旦进入反应器,就立即发生完全的混合,从而破坏了原来在管道中的活塞流式。反应器内的此种流动形式称为全混流式,其特征是各部分的组成和温度完全一致,但其中分子的停留时间却是参差不齐的。

在工业生产上连续操作的搅拌釜中,流动形式基本上是全混流式。对任何形式的反应器,流体在轴向混合的程度,也就是它的流动形式接近全混流式的程度。

2. 催化床等温条件的控制

用流动法研究催化反应动力学,催化剂床层各处的温度应力求一致,无论是径向还是纵向,都要尽可能做到无温度梯度。然而,在实验技术上不容易实现催化剂床层的等温反应条件。尽管可以借助计算机来获得非等温条件的反应速率,但为了准确得到反应动力学的函数形式,只有以等温条件为依据才是方便的。

为了控制催化剂床层的等温条件,有以下要求:

(1) 反应物在进入催化剂床层时已预热到反应温度。

(2) 反应管要足够细,管外传热良好,力求床层径向和纵向的温度一致。加强管外传热,通常要求反应管为不锈钢管,管外可根据反应温度范围选用不同的传热方式,如以液体(水、油、石蜡等)作恒温介质、以固体粒子的流化床(如流动砂浴等)作恒温介质等。

（3）对于强放热反应，有时还用等粒径的惰性物质稀释催化剂，以求维持等温。但这样做可能会给动力学数据引进不可忽视的误差，所以稀释度应该适当。

此外，催化剂的装填技术也应充分重视，避免反应物泄漏或部分返混。对于固定床反应管，其内径应为催化剂粒径的 8 倍以上，床层高度应为粒径的 10 倍以上，流体的线速度必须足够大，以消除内、外扩散的影响。

3.5　热分析技术

研究物质的物理化学性质与温度之间的关系，或者说研究物质的热态随温度变化的规律，从而形成了一种重要的实验技术，即热分析技术。温度作为一种重要物理量，全面影响物质的物性常数和化学性质。热分析包括物质系统的热转变机理和物理化学变化的热动力学过程的研究。

国际热分析联合会规定的热分析定义为：热分析法是在控制温度下测定一种物质及其加热反应产物的物理性质随温度变化的一组技术。根据所测物理性质的不同，热分析技术有若干分类，主要类别见表 3.12。将热分析技术与其他实验技术联用，发展出热重-傅里叶红外光谱联用仪（TG-FTIR），用于测定样品在程序控温下产生的质量变化及分解过程所生成气体产物的化学成分。

表 3.12　热分析技术分类

物理性质	技术名称	简　称
质量	热重分析法	TG
	导热系数法	DTG
	逸出气检测法	EGD
	逸出气分析法	EGA
温度	差热分析法	DTA
焓	差示扫描量热法 *	DSC
尺寸	热膨胀法	TD
机械特性	机械热分析	
	动态热	TMA
	机械热	
声学特性	热发声法	
	热传声法	
光学特性	热光学法	
电学特性	热电学法	
磁学特性	热磁学法	

* DSC 分类：功率补偿 DSC 和热流 DSC。

热分析是一类应用范围很广的通用技术，已发展出多种测量仪器。本节只简单介绍 DTA、DSC 和 TG 的基本原理和实验技术。

3.5.1　差热分析法

物质在物理或化学变化过程中往往伴随着热效应,即放热或吸热现象反映出物质的焓发生了变化。记录试样温度随时间的变化曲线,可直观地反映出试样是否发生了物理(或化学)变化,这就是经典的热分析法。但这种方法很难显示热效应很小的变化,为此逐步发展形成了差热分析法(differential thermal analysis,DTA)。

1. DTA 的基本原理

DTA 是在程序控制温度下,测量物质与参比物之间的温度差与温度关系的一种技术。DTA 曲线描述试样与参比物之间的温差(ΔT)随温度或时间的变化规律。在 DTA 实验中,试样温度的变化是由于相转变或反应的吸热或放热效应引起的,包括熔化、结晶、结构的转变、升华、蒸发、脱氢反应、断裂或分解反应、氧化或还原反应、晶格结构的破坏和其他化学反应等。一般地,相转变、脱氢还原和一些分解反应产生吸热效应,而结晶、氧化等反应产生放热效应。

DTA 的原理如图 3.51 所示。将试样和参比物分别放入坩埚,将两者置于炉中,并以一定速率 $v=\mathrm{d}T/\mathrm{d}t$ 进行程序升温,以 T_s、T_r 分别表示试样和参比物的温度,设试样和参比物(包括容器、温差电偶等)的热容 C_s、C_r 不随温度而变,则其升温曲线如图 3.52 所示。

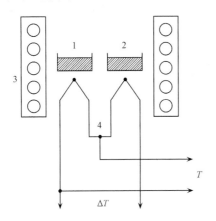

图 3.51　差热分析原理图
1. 参比物;2. 试样;3. 炉体;4. 热电偶

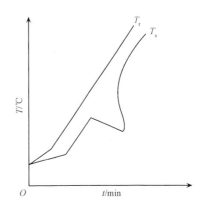

图 3.52　试样和参比物的升温曲线

若以 $\Delta T=T_s-T_r$ 对时间 t 作图,得 DTA 曲线如图 3.53 所示。在 $o\text{-}a$ 区间,ΔT 基本一致,形成 DTA 曲线的基线。随着试样的温度升高,试样产生了热效应,则它与参比物之间的温差变大,在 DTA 曲线中表现为峰。显然,温差越大,峰也越大。试样发生变化的次数多,所形成峰的数目也多,因此各种吸热或放热峰的个数、形状、位置与相应的温度可用于定性地鉴定所研究的物质,而峰面积的大小则与热量变化的多少有关。DTA 曲线所包围的面积 S 与焓变 ΔH 的关系为

$$\Delta H = \frac{KC}{m} \int_{t_2}^{t_1} \Delta T \mathrm{d}t \tag{3-27}$$

式中,m 为反应物的质量;K 为仪器的几何形态常数;C 为试样的热传导率;ΔT 为温差;t 为时间;t_1 和 t_2 分别为 DTA 曲线的积分限。式(3-27)是一种最简单的表达式,它是通过比例或

近似常数 K 和 C 说明试样反应热与峰面积的关系。在此，忽略了微分项和试样的温度梯度，并假设峰面积与试样的比热无关，故它是一个近似关系式。

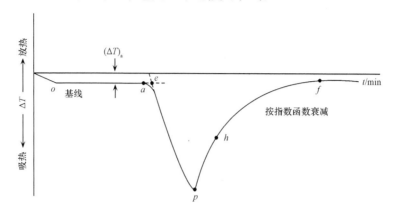

图 3.53　DTA 吸热转变曲线

2. DTA 曲线解析

1）DTA 曲线上特征点温度的确定

如图 3.53 所示，DTA 曲线的起始温度可取下列任一点温度：曲线偏离基线的点为 a；曲线陡峭部分切线与基线延长线的交点为 e（外推始点）。其中 T_a 与仪器的灵敏度有关，灵敏度越高，则 a 点出现得越早，即 T_a 值越低，一般 T_a 的重复性较差；T_p 为曲线的峰值温度。T_e 和 T_p 的重复性较好，其中 T_e 最为接近热力学的平衡温度。

从外观上看，曲线回复到基线的温度是 T_f（终止温度），而反应的真正终点温度是 T_h。由于整个系统的热惯性，即使反应结束，热量仍有一个散失过程，于是曲线不能立即回到基线位置。T_h 可通过作图方法确定，在 h 点之后 ΔT 即以指数函数降低，故若以 $[\Delta T-(\Delta T)_a]$ 的对数对时间作图，便可得一直线。当从峰的高温侧的底沿逆向查看这张图时，则偏离直线的那点即表示终点温度 T_h。

2）DTA 峰面积的确定

DTA 曲线上峰的面积为试样变化前后基线所包围的面积，其测量方法有以下三种：①使用积分仪，可直接读数或自动记录差热峰的面积；②如果差热峰的对称性好，可作等腰三角形处理，用峰高乘以半峰宽（峰高 1/2 处的宽度）的方法求面积；③剪纸称量法，若记录纸厚薄均匀，可将差热峰剪下来，在分析天平上称其质量，其数值可以代表峰面积。

对于试样变化前后基线无偏移的情况，只要连接基线就可求得峰面积。然而，对于基线有偏移的情况，则需作进一步处理，一般有以下两种方法：

（1）分别作试样变化开始前和变化终止后的基线的延长线，它们离开基线的点分别是 T_a 和 T_f，连接 T_a、T_f 和 T_p 三点，其所构成的区域即为峰面积，此即国际热分析联合会所规定的方法，如图 3.54(a) 所示。

（2）如图 3.54(b) 所示，由基线延长线和通过峰顶 T_p 作垂线，与 DTA 曲线的两个半侧所构成的两个近似三角形面积 S_1、S_2 之和 $S=S_1+S_2$ 作为峰面积，此时认为在 S_1 中丢掉的部分与 S_2 中多余部分可以得到一定程度的抵消。

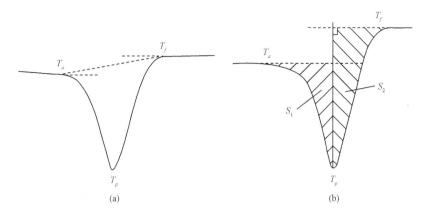

图 3.54　峰面积求法

3）DTA 的仪器结构

DTA 仪器的种类很多,但其内部结构装置大致相同,如图 3.55 所示。DTA 仪器一般由以下几部分组成:炉子(其中有试样和参比物坩埚,温度敏感元件等)、炉温控制器、微伏放大器、气氛控制、记录仪(或计算机)等。

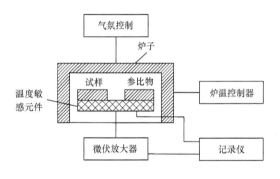

图 3.55　DTA 装置示意图

(1)炉温控制器。炉温控制系统由程序信号发生器、PID 调节器和可控硅执行元件等几部分组成。程序信号发生器按给定的程序方式(升温、降温、恒温、循环)给出毫伏信号。若温控热电偶的热电势与程序信号发生器给出的毫伏值有差别,说明炉温偏离给定值,此偏差值经微伏放大器放大,送入 PID 调节器,再经可控硅触发器导通可控硅执行元件,调整电炉的加热电流,从而使偏差消除,达到使炉温按一定的速度上升、下降或恒定的目的。

(2)差热放大单元。用以放大温差电势,由于记录仪量程为毫伏级,而差热分析中温差信号很小,一般只有几微伏到几十微伏,因此差热信号须经放大后再送入记录仪(或计算机)中记录下来。

(3)信号记录单元。由双笔自动记录仪(或计算机)将测温信号和温差信号同时记录下来。在 DTA 实验过程中,若升温时试样没有热效应,则温差电势应为常数,DTA 曲线为一直线,称为基线。但是由于两个热电偶的热电势和热容以及坩埚形态、位置等不可能完全对称,在温度变化时仍有不对称电势产生,此电势随温度升高而变化,导致基线不直,这时可以用斜率调整线路加以调整。CRY 和 CDR 系列差热仪调整方法:坩埚内不放参比物和试样,将差热放大量程置于 $\pm 100 \mu V$,升温速率置于 $10 ℃ \cdot min^{-1}$,用移位旋钮使温差记录笔处于记录纸中部,这时记录笔应画出一条直线。在升温过程中如果基线偏离原来的位置,则主要是由于热电偶不对称电势引起基线漂移。待炉温升到 $750 ℃$ 时,通过斜率调整旋钮校正到原来位置即可。此外,基线漂移还和试样杆的位置、坩埚位置、坩埚的几何尺寸等因素有关。

4) 影响差热分析的主要因素

差热分析操作虽然简单,但在实际工作中往往发现同一试样在不同仪器上测量,或不同的实验人员在同一仪器上测量,所得到的差热曲线有差异,如峰的最高温度、形状、面积和峰值大小都会发生一定变化。其主要原因是热量与许多因素有关,系统内传热情况比较复杂。虽然影响因素很多,但仪器和试样是基本因素,只要严格控制某种条件,仍可获得较好的重现性。

(1) 参比物的选择。要获得平稳的基线,参比物的选择很重要。要求参比物在加热或冷却过程中不发生任何变化,在整个升温过程中参比物的热容、导热系数、粒度尽可能与试样一致或相近。

常用 α-三氧化二铝(α-Al_2O_3)、煅烧过的氧化镁(MgO)或石英砂作参比物。如分析试样为金属,也可以用金属镍粉作参比物。如果试样与参比物的热性质相差很远,则可用稀释试样的方法解决,这主要是为了降低反应剧烈程度;而如果试样在加热过程中有气体产生,则可以减少气体大量出现,以免使试样冲出坩埚。选择的稀释剂不能与试样产生任何化学反应或催化反应,常用的稀释剂有 SiC、铁粉、Fe_2O_3、玻璃珠、Al_2O_3 等。

(2) 试样的预处理及用量。试样用量大,易使相邻两峰重叠,降低分辨率,因此尽可能减少试样用量。试样的颗粒度为 $100\sim200$ 目,颗粒小可改善导热条件,但太细可能会破坏试样的结晶度。对易分解产生气体的试样,颗粒应大一些。参比物的颗粒、装填情况及紧密程度应与试样一致,以减少基线的漂移。

(3) 升温速率的影响和选择。升温速率不仅影响峰的位置,而且影响峰面积的大小。一般来说,在较快的升温速率下峰面积变大,峰变尖锐。但是快的升温速率使试样分解偏离平衡条件的程度也大,因而易使基线漂移。更主要的是可能导致相邻两个峰重叠,分辨率下降。升温速率较慢时,基线漂移小,使体系接近平衡条件,得到宽而浅的峰,也能使相邻两峰更好地分离,因而分辨率高。但测定时间长,需要仪器的灵敏度高。一般情况下选择 $8\sim12℃\cdot min^{-1}$ 的升温速率为宜。

(4) 气氛和压力的选择。气氛和压力可以影响试样化学反应和物理变化的平衡温度、峰形。因此,应根据试样的性质选择适当的气氛和压力,有的试样易氧化,可以通入 N_2、Ar 等惰性气体。

3.5.2　差示扫描量热法

在差热分析测量试样的过程中,当试样产生热效应时,由于试样内的热传导,试样的实际温度已不是程序所控制的温度(如在升温时)。由于试样的吸热或放热,促使温度升高或降低,因而进行试样热量的定量测定较困难。要获得较准确的热效应,可采用差示扫描量热法(differential scanning calorimetry,DSC)。

1. DSC 的基本原理

DSC 是在程序控制温度下,测量输给试样和参比物的功率差与温度关系的一种技术。

经典 DTA 常用一金属块作为试样保持器以确保试样和参比物处于相同的加热条件下。而 DSC 的主要特点是试样和参比物分别各有独立的加热元件和测温元件,并由两个系统进行监控。其中一个用于控制升温速率,另一个用于补偿试样和惰性参比物之间的温差。DTA 和 DSC 加热部分的不同如图 3.56 所示,常见 DSC 的原理示意图如图 3.57 所示。

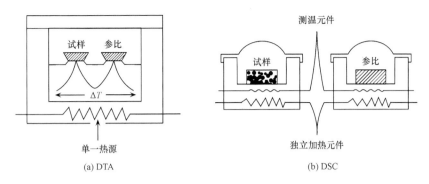

图 3.56 DTA 和 DSC 加热元件示意图

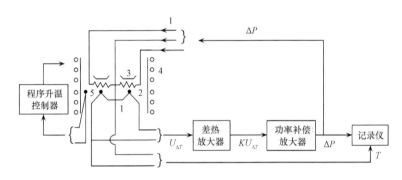

图 3.57 功率补偿式 DSC 原理图

1. 温差热电偶；2. 补偿电热丝；3. 坩埚；4. 电炉；5. 控温热电偶

试样在加热过程中由于热效应与参比物之间出现温差 ΔT 时,通过差热放大电路和差动热量补偿放大器,使流入补偿电热丝的电流发生变化:当试样吸热时,补偿放大器使试样一边的电流立即增大;反之,当试样放热时则使参比物一边的电流增大,直到两边热量平衡,温差 ΔT 消失为止。换言之,试样在热反应时发生的热量变化,由于及时输入电功率而得到补偿,因此实际记录的是试样和参比物下面两只电热补偿的热功率之差随时间 t 的变化,即 $\mathrm{d}H/\mathrm{d}t\text{-}t$ 关系。若升温速率恒定,记录的也就是热功率之差随温度 T 的变化 $\mathrm{d}H/\mathrm{d}t\text{-}T$ 关系,如图 3.58 所示。其峰面积 S 正比于焓的变化 ΔH,有

$$\Delta H = KS \qquad (3\text{-}28)$$

式中,K 为与温度无关的仪器常数。

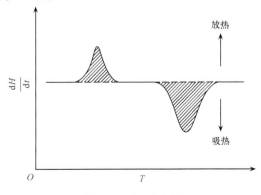

图 3.58 DSC 曲线

若先用已知相变热的试样标定仪器常数,再根据待测试样的峰面积,就可得到 ΔH 的绝对值。测定锡、铅、铟等纯金属的熔化,从其熔化焓的文献值即可标定出仪器常数 K。

用差示扫描量热法可以直接测量热量,这是 DSC 与差热分析的一个重要区别。此外,与 DTA 相比,DSC 另一个突出的优点是:DTA 在试样发生热效应时,试样的实际温度已不是程序升温时所控制的温度(如在升温时试样由于放热而一度加速升温);而 DSC 由于试样的热量变化随时可得到补偿,试样与参比物的温度始终相等,避免了参比物与试样之间的热传递,故仪器的响应灵敏,分辨率高,实验结果的重现性好。

2. DSC 的仪器结构及操作注意事项

CDR 型差动热分析仪(又称差示扫描量热仪),既可做 DTA,也可做 DSC。其结构与 CRY 系列差热分析仪结构相似,只增加了差动热补偿单元,其余装置都相同。CDR 仪器的操作也与 CRY 系列差热分析仪基本一样,但需注意以下几点:①将"差动"、"差热"的开关置于"差动"位置时,微伏放大器量程开关置于±100μV 处(无论热量补偿的量程选择在哪一挡,在差动测量操作时,微伏放大器的量程开关都放在±100μV 挡);②将热补偿放大单元量程开关放在适当位置,如果无法估计确切的量程,则可放在量程较大位置,先预做一次实验;③无论是差热分析仪还是差示扫描量热仪,使用时首先确定测量温度,选择坩埚,500℃以下用铝坩埚,500℃以上用氧化铝坩埚,还可根据需要选择镍、铂等坩埚;④被测量的试样若在升温过程中能产生大量气体,或能引起爆炸,或具有腐蚀性,都不能用于实验。

3. DTA 和 DSC 应用讨论

DTA 和 DSC 的共同特点是峰的位置、形状、数目与被测物质的性质有关,故可以定性地鉴定物质。从理论上讲,物质的所有转变和反应都应有热效应,因而可以采用 DTA 和 DSC 检测这些热效应,不过有时由于灵敏度等种种原因的限制,不一定都能观测得出;而峰面积的大小与反应焓有关,即 $\Delta H=KS$。对 DTA 曲线,K 是与温度、仪器和操作条件有关的比例常数;而对 DSC 曲线,K 是与温度无关的比例常数。这说明在定量分析中 DSC 优于 DTA。为了提高灵敏度,DSC 所用的试样容器与电热丝紧密接触。但由于制造技术上的问题,目前 DSC 仪器测定温度只能达到 750℃左右,温度再高,就只能使用 DTA 仪器了。DTA 一般可用到 1600℃的高温,最高可达到 2400℃。

近年来,热分析技术已广泛应用于石油产品、有机物、无机物、高分子材料、金属材料、半导体材料、药物、生物材料等的热性能、热分解动力学、热分解过程及机理等研究,它们已成为开发新材料的有力测试工具。因此,DTA 和 DSC 在化学领域和工业上得到了广泛的应用。不过,从 DSC 得到的实验数据比从 DTA 得到的定量更好,并且更易于作理论解释。

3.5.3 热重分析法

热重分析法(thermogravimetric analysis,TG)是在程序控制温度下测量物质质量与温度关系的一种技术。许多物质在加热过程中常伴随质量的变化,这种变化过程有助于研究晶体性质的变化,如熔化、蒸发、升华和吸附等物理现象,也有助于研究物质的脱水、解离、氧化、还原等化学现象。

1. TG 和 DTG 的基本原理与仪器

进行热重分析的基本仪器为热天平。热天平一般包括天平、炉子、程序控温系统、记录系统等部分。有的热天平还配有通入气氛或真空装置。典型的热天平示意图如图 3.59 所示。除热天平外，还有弹簧秤。国内已有 TG 和 DTG(微商热重法)联用的示差天平。

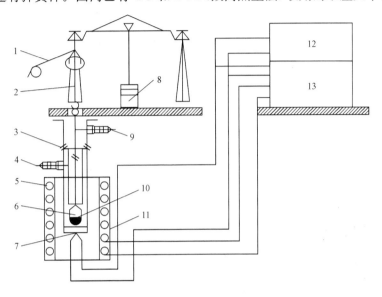

图 3.59　热天平示意图

1. 机械减码；2. 吊挂系统；3. 密封管；4. 出气口；5. 加热丝；6. 试样盘；7. 热电偶；8. 光学读数；
9. 进气口；10. 试样；11. 管状电阻炉；12. 温度读数表头；13. 温控加热单元

一般地，可将热重分析法分为两大类，即静态法和动态法。静态法是等压质量变化的测定，是指一物质的挥发性产物在恒定分压下，物质平衡与温度 T 的函数关系。以失重为纵坐标，温度 T 为横坐标作等压质量变化曲线图。等温质量变化的测定是指一物质在恒温下，物质质量变化与时间 t 的相互关系，以质量变化为纵坐标，以时间为横坐标，获得等温质量变化曲线图。动态法是在程序升温的情况下，测量物质质量的变化对时间的函数关系。

在控制温度下，试样受热后质量减轻，天平(或弹簧秤)向上移动，使变压器内磁场移动，输电功能改变；另一方面，加热电炉温度缓慢升高时热电偶所产生的电位差输入温度控制器，经放大后由信号接收系统绘出 TG 热分析图谱。

热重法实验得到的曲线称为热重曲线(TG 曲线)，如图 3.60 曲线 a 所示。TG 曲线以质量作纵坐标，从上向下表示质量减少；以温度(或时间)作横坐标，自左至右表示温度(或时间)增加。

DTG 是 TG 对温度(或时间)的一阶导数。以物质的质量变化速率 dm/dt 对温度 T(或时间 t)作图，即得 DTG 曲线，如图 3.60 曲线 b 所示。DTG 曲线上的峰代替 TG 曲线上的阶梯，峰面积正比于试样质量。DTG 曲线可以由微分 TG 曲线得到，也可以用适当的仪器直接测得，DTG 曲线比 TG 曲线优越性大，它提高

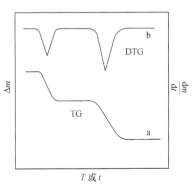

图 3.60　热重曲线图

了 TG 曲线的分辨率。

2. 影响热重分析的因素

热重分析的实验结果受到许多因素的影响，主要包括：仪器因素，如升温速率、炉内气氛、炉子的几何形状、坩埚的材料等；试样因素，如试样的质量、粒度、装样的紧密程度、试样的导热性等。

在 TG 的测定中，升温速率增大会使试样分解温度明显升高。如升温太快，试样来不及达到平衡，会使反应各阶段分不开。合适的升温速率为 $5 \sim 10 ℃ \cdot min^{-1}$。

试样在升温过程中，往往会有吸热或放热现象，这样使温度偏离线性程序升温，从而改变了 TG 曲线位置。试样量越大，这种影响越大。对于受热产生气体的试样，试样量越大，气体越不易扩散。另一方面，试样量大时，试样内温度梯度也大，将影响 TG 曲线位置。总之，实验时应根据天平的灵敏度，尽量减少试样量。试样的粒度不能太大，否则将影响热量的传递；粒度也不能太小，否则开始分解的温度和分解完毕的温度都会降低。

3. 热重分析法的应用

热重分析法的重要特点是定量性强，能准确地测量物质的质量变化及变化的速率。可以说，只要物质受热时发生质量的变化，就可以用热重法来研究其变化过程。目前，热重分析法已在下述方面得到应用：无机物、有机物及聚合物的热分解；金属在高温下受各种气体的腐蚀过程；固态反应；矿物的煅烧和冶炼；液体的蒸馏和汽化；煤、石油和木材的热解过程；含湿量、挥发物及灰分含量的测定；升华过程；脱水和吸湿；爆炸材料的研究；反应动力学的研究；发现新化合物；吸附和解吸；催化剂活性的测定；表面积测定；氧化或还原稳定性研究；反应机制研究；等等。

3.6　X 射线粉末衍射技术

3.6.1　引言

X 射线是 Röntgen 于 1895 年研究阴极射线时发现的。这是人们首次发现的一种短波长电磁波或称高能粒子。当时，人们对这种神秘射线的本质不清楚，经过 20 余年的争论才有了统一认识。这是一个伟大发现，为人类了解物质内部深处的情况，认识微观世界提供了必要的实验手段。随之发展了一批新学科，如 X 射线物理学、X 射线衍射学、X 射线光谱学、辐射医学等。经过 100 多年的研究与应用，它已为人类作出了巨大贡献。

1912 年，Laue 发现了 X 射线衍射，这又是一个划时代的伟大发现。X 射线衍射开创了人类认识物质微观结构的新纪元。X 射线衍射成为矿物学、结晶学、金属学等学科的重要技术手段，它还促进了一批新学科的发展，如半导体物理、晶体物理、结构生物学、结晶化学、药物分子设计及开发等。

由于 X 射线的巨大作用，研究 X 射线的先驱都获得了当代最高科学奖——诺贝尔奖。Röntgen 是第一届诺贝尔物理奖得主，而后 Laue、Bragg 父子、Barkla、Siegbahn、Compton、Debye 均先后获奖。X 射线衍射在化学和生物领域的应用解决了一批重大问题，如维生素 B_{12}、青霉素的结构测定，以及蛋白质双螺旋结构的证实等。

　　X射线单晶衍射是测定晶体结构的主要方法,它是将一束平行的单色X射线投射到一颗小晶体上,由于X射线与单晶发生相互作用,会在空间偏离入射的某些方向上产生衍射线。晶体结构不同,衍射的方向和强度也不同,衍射方向和衍射强度中蕴含着丰富的结构信息,由此可演绎出产生衍射的单晶的原来结构。一般从衍射方向可以得到晶胞参数等与晶体周期性有关的各项参数,而由衍射强度可获得晶体对称性、原子在晶胞中的位置和分布、原子的热运动等信息。

　　X射线粉末衍射又称X射线多晶体衍射,是由瑞士科学家Debye和Scherrer于1916年首先提出的。1917年,美国的Hull也独立提出了这一方法。20世纪60年代问世的四圆衍射仪及80、90年代推出的二维面探单晶衍射仪使得单晶结构测定更为精确、快速,使得单晶结构分析作为常规测定工具成为可能。X射线单晶衍射要求所用样品必须是一粒单晶体。然而对于一些难以培养单晶的化合物,就无法进行单晶结构分析,故X射线单晶衍射的应用领域较单一。

　　80%以上的固体化合物是以微(多)晶形式存在的,多晶体衍射的样品可以是粉末或各种形式的多晶聚集体,因此多晶粉末衍射方法的可用样品面十分广泛。相对而言,多晶粉末衍射方法更为简单、快速和方便。X射线粉末衍射的最大用途是对晶体的物相进行定性和定量分析,除用于测定晶体结构外,还被应用于测定物相组成、晶粒大小及其分布、微观应力、晶粒择优取向等微结构,以及薄膜的厚度、密度、表面与界面粗糙度与层序分析,高分辨衍射测定单晶外延膜结构特征等,故应用领域十分广泛。另外,X射线粉末衍射仪反射法还用于精确测量液体结构。目前,X射线粉末衍射技术已成为科学技术和许多工业部门中的一种重要的研究和表征手段,在物理、化学、化工、药物、材料、环境、冶金、矿产和地质等领域均被普遍采用。

　　用于测定晶体结构的X射线,其波长为$0.05\sim0.25\,\text{nm}(0.5\sim2.5\,\text{Å})$,与晶体的点阵面间距大致相当。由布拉格方程$2d\sin\theta=n\lambda$可知,小于$0.05\,\text{nm}$的X射线,其衍射线的衍射角集中在小角度区,分辨率较差;而大于$0.25\,\text{nm}$的X射线易被样品和空气吸收,使衍射强度降低。

　　20世纪70年代,同步辐射被发现和应用。它较实验室光源更强大、优越性更好,基于此发展了一些在传统光源上根本无法进行的X射线实验方法和技术,进行了很重要的研究,大大加深了人类对自然界的认识。

　　同步X射线源的构造与实验室一般X射线源的构造不同,它们产生X射线的机理也不同,因而它们产生的X射线在许多方面是有区别的。鉴于同步X光源有上述各点不同于常规X射线源,因而发展出许多常规光源难以进行的实验技术,主要有以下几种:

　　(1) 高分辨X射线衍射:它用于精确测定生物大分子的结构。由于同步辐射是近平行光,又有高亮度,因此可以采用较严格的单色措施,可以测得高θ角范围的弱衍射,从而大大提高其分辨率。在 Science 和 Nature 杂志上发表的大分子结构有70%是采用同步辐射源收集的数据。高分辨粉末衍射可使传统的聚集态相变及微结构研究更深入、更准确。

　　(2) 能量色散与时间分辨衍射:能量色散的特点是使用白色入射线,各种波长的X射线可同时产生衍射线,可同时记录,记录一张谱所需的时间比单色光扫描法要短得多。加上同步X光的高强度、有时间结构,故可在极短时间(如几秒、ms,甚至 ns、ps)内测得一个合格的衍射谱,因而是进行时间分辨研究最好的方法。一张能量色散的衍射谱比一张单色光产生的衍射谱包含更多的信息,故可用较少数量的衍射谱收集到必要的数据,可节省实验工作量及实验时间。

　　(3) 显微衍射:由于同步辐射的高强度及微制造工艺的发展,出现了多种使X射线聚焦的技术,可大致分为波带片、毛细管、弯曲单晶体(或多层膜)三类,可将X射线束聚焦到μm甚至更小。

　　(4) 在位衍射与极端条件衍射:同步辐射由于强度高等优点,在透过样品容器后仍可得到较强的衍射线,得到质量较高的衍射谱。这在催化剂、陶瓷等材料的原位研究中特别有用。使用高能硬 X 射线(60~300keV)进行在位研究较常用 X 射线(8~20keV)好,因为其吸收更小。地球物理和天体物理需要在高温高压下模仿地球的核心或天体的条件来研究物质结构。一般用由金刚石制造的高压砧作为加压器件,其中可容纳的样品量极少,因而要求入射光束既很细小又很强,且有强的穿透力,这只有同步辐射才能提供。在高压下轻的双原子元素(H_2、N_2、O_2 等)的金属化现象是很引人注意的,高压衍射揭示氢在几个 GPa 时冷凝成液氢,到 5.2GPa 液氢结晶成分子固体,在低温和 150GPa 再次相变,氢分子取向有序化,具有了金属特性,如在室温、300GPa 时,分子键会打开,变成类似碱的单原子金属。

(5) 联合技术:在当前的同步 X 光技术中发展了许多联合技术,亦即对同一样品在同一时刻作两种或几种不同的实验测量,这样得到的数据的可比较性强,当然要比不同技术的一次测量好得多。这种联合技术最常见的是 X 射线衍射(XRD)与 X 射线吸收精细结构(XAFS)的联合。此外,还发展了 XRD 与光电子能谱、热分析的联合技术。

本节就实验室常规 X 射线粉末衍射技术及其应用作一介绍。

3.6.2 X 射线的产生及其特性

X 射线源可以是 X 射线发生器或是同步辐射 X 射线源。图 3.61 为 X 射线管示意图,它由阴极灯、阳极靶和真空密封装置等组成。

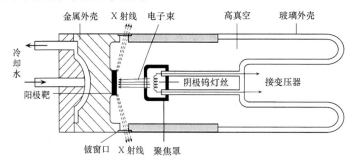

图 3.61 X 射线管示意图

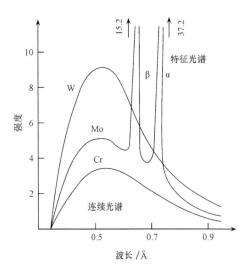

图 3.62 X 射线管产生的 X 射线谱

在 X 射线发生器产生的高压电场的作用下,X 射线管阴极发射出的电子迅速加速撞击阳极靶,电子运动受阻,大部分动能转化成热能,小部分的能量转变成 X 射线能量,产生波长为 10^{-3}~10nm 的连续 X 射线。X 射线管产生的 X 射线为连续光谱,其中含有几条强度很强的特征光谱,如图 3.62 所示。但特征谱线只占 X 射线管辐射总能量的很小一部分。特征光谱的波长与 X 射线管的工作条件无关,只取决于对阴极组成元素的种类,是阴极元素的特征谱线。对于不同的金属阳极靶,产生特征 X 射线的临界电压不同。特征 X 射线的单色性很好,其半峰宽度一般小于 10^{-4} nm。X 射线粉末衍射中常用的铜靶,其 K 线特征 X 射线的临界电压为 8.981kV,钼靶为 20.01kV。当管电压继续增高,只能增加 X 射线的强度。

设高速电子的动能超过靶材原子某层电子的电离能,并且将它击出原来壳层,则靶原子将成为激发态的游离原子。于是处在较外层的电子便跃入内层填补空位,靶原子又成为低能量基态,同时发出一个光子。该光子的波长与原子初始态能量差 ΔE 之间的关系为

$$\lambda = \frac{hc}{\Delta E} \tag{3-29}$$

式中,h 为普朗克常量;c 为光速;λ 为所产生的光子的波长。

在 X 射线衍射实验中,最常用的是 K 特征 X 射线,即 K 层电子被击出,随后这些 K 层的空位被高能级的电子填充所产生的辐射。其中 K_{α_1}、K_{α_2}、K_{β_1} 线是分别由 L_{III}、L_{II} 和 M_{III} 壳层的电子跃补到 K 层时所产生的辐射。铜靶的这三条 X 射线波长分别为 0.154 051nm、0.154 433nm 和 0.139 217nm。由于 K_{α_1} 和 K_{α_2} 线的波长非常接近,在低衍射角时不易分辨,通常总称其为 CuK_α 线,其强度比为 1∶0.497,由此其平均波长以 0.154 18nm 计算。

3.6.3 单色器

在物相和结构分析中,只有 K 特征 X 射线是有用的,而且通常只采用 K_α 线。所以,除选择适当操作条件(如管电压)外,还需要将连续谱以及 K_β X 射线滤去。使 X 射线管产生的 X 射线单色化的方法主要有滤波片法和晶体单色器法。滤波片法是利用物质对 X 射线的吸收限进行滤波,除去不需要的连续谱和 K_β 射线。可根据阳极靶元素选择滤波片材料。一般选用滤波原子序数低于靶元素原子序数 1 或 2 的元素,其 K 吸收限波长正好在靶元素的 K_α 和 K_β 波长之间。例如,当使用 Cu 靶 X 射线时,以镍作为滤波单色器。使用滤波片是最简单的单色化方法,但只能获得近似单色的 X 射线。

反射型晶体单色器的效果比滤波片好。选择一种发射率较强的晶体,使其表面与原子密度大的晶面平行,再将晶体弯成一定曲率。当 X 射线射到其表面时,同样可以得到符合布拉格反射定律的单色及其谐波的 X 射线。如欲避免谐波反射,可采用萤石的(111)面。在这种晶面上二次谐波的反射极弱,而高次谐波可用降低管电压的办法抑制其产生。由于晶体表面弯成一定的曲率,有聚焦作用,因此可以增加单位面积上的 X 射线强度。石墨是目前已知效率最高的反射型单色器。

3.6.4 辐射波长的选择

利用 X 射线衍射法测定物相成分与晶体结构时,必须根据样品的化学成分,正确选择 X 射线阳极靶。通常,特征 X 射线波长要稍大于试样中各元素的 K 吸收限,使 K 系荧光 X 射线的产生概率减小。因此,靶元素的原子序数应比样品中元素的原子序数大 4 或 5 以上。常用的 X 射线管阳极靶材有铜、铁、钴、铬和钼等。

一般地,波长越长,或者说 λ/d 数值越大,相邻衍射线的分辨率越大。因此,对多相物质和结构复杂的物质进行测定时,应选用特征谱线较长的靶材。当然,分辨率的提高将会失去部分高衍射角的衍射线。常用阳极靶的 K 系辐射波长及其滤波器等数据见表 3.13。

表 3.13　常用阳极靶的 K 系辐射波长及其滤波器数据

靶材元素	原子序数	波长 λ/nm				工作电压 U/kV	滤波器	
		K_{α_1}	K_{α_2}	K_α^*	K_β		K_α	K_β
Cr	24	0.228 962	0.229 351	0.229 09	0.208 480	20~25	Ti,Sc,Ca	V
Fe	26	0.193 597	0.193 991	0.193 73	0.175 553	25~30	Cr,V,Ti	Mn
Co	27	0.178 892	0.179 278	0.179 02	0.162 075	30	Mn,Cr,V	Fe
Ni	28	0.165 784	0.166 169	0.165 91	0.150 010	30~35	Fe,Mn,Cr	Co
Cu	29	0.154 05	0.154 433	0.154 18	0.139 217	35~40	Co,Fe,Mn	Ni
Mo	42	0.070 926	0.071 354	0.071 07	0.033 225	50~55	Y,Sr,Ru	Nb,Zr
Ag	47	0.055 941	0.056 381	0.056 09	0.049 201	55~60	Ru,Mo,Nb	Pd,Rh

* 按习惯方法,取 $K_\alpha = (2K_{\alpha_1} + K_{\alpha_2})/3$ 作为 K_α 辐射的平均波长。

3.6.5　衍射仪

X 射线粉末衍射仪有多种规格型号。它可进行物相的定性和定量分析,新一代的 X 射线粉末衍射仪,根据用途、分析研究的对象,一般在基本配置基础上配置安装特殊功能的附件和软件。但衍射仪的主要组成部分都包括 X 射线发生器、衍射测角仪、X 衍射线探测器和仪器控制、数据采集和处理系统,如图 3.63 所示。

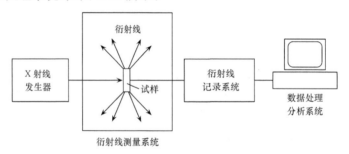

图 3.63　X 射线衍射仪构成示意图

根据 X 射线检测记录方法的不同,粉末衍射仪可分为两大类:照相法和衍射仪法。照相法使用感光胶片记录衍射强度。粉末照相法 X 射线衍射仪由 X 射线发生器和照相机两大部分组成。根据照相底片和试样的安排方法不同,又分为德拜-谢乐(Debye-Scherrer)法、聚焦照相法、塞曼-波林法、纪尼叶法和双筒聚焦法等。德拜-谢乐照相法设备简单,所获得的衍射图花样非常直观,但其灵敏度和分辨率较低,定量测量比较困难,精度也差。但因其在测试及数据处理方法上相对简单,在早期被广泛应用。

衍射仪法采用 X 射线检测器来检测衍射强度及衍射方向,通过测量记录系统及计算机处理得到多晶衍射数据并可得到衍射图谱。新发展的 X 射线粉末衍射仪的样品测试速度快(一般只需数分钟),已成为常规的科研和教学仪器。它提供常用的衍射图谱处理程序包,包括图谱处理,寻峰、求面积、重心、积分宽,减背景,衍射图比较,格式转换(将仪器采集的衍射数据文件转换成其他数据处理程序能接受的文本格式文件,如 EXCEL、ORIGIN、GSAS 等);还配有

X 射线衍射物相定性和定量分析、峰形分析、晶粒大小测量、晶胞参数的精密修正、指标化和径向分布函数分析等应用程序。它们使 X 射线衍射数据的处理变得十分方便。

X 射线衍射仪的规格和型号有多种,其操作使用可参阅相应的说明书。

3.6.6　物相分析

在粉末方法中,样品是大量任意取向的很小晶体。多晶团粒形成一个圆柱,其直径比入射 X 射线束的直径小。衍射图是一系列不均匀的分立锥形(截面在照相底片上),其距离通过主要的晶面测定。

在制样方面,金属样品可以加工成圆柱形,塑料材料常用适当的模具挤压成型,其他所有样品最好研成粉末(200~300 目)与火棉胶混合后制成细棒,或填塞在均匀的玻璃毛细管中。液体必须转换成晶体衍生物。

物质的多晶 X 射线衍射图由它本身的晶体结构特征决定。每种结晶物质都有其特有的衍射花样(衍射线的位置和强度)。它们由晶胞的形状及其大小、原子或离子的种类及它们在晶胞中的位置决定。因此,对于特定波长的 X 射线,不同晶体的衍射谱图不同。对于多相样品,其 X 射线衍射谱由所含各相的衍射叠加而成,其中每种物质的特有衍射花样保持不变,就如“指纹”一样,因此可将它们用于物质鉴别、进行物相分析。例如,用 X 射线衍射容易鉴定出各种氧化物之间的区别,如 MnO、Mn_2O_3、MnO_2 和 Mn_3O_4,或一些材料中有 $NaCl+KBr$ 或 $KCl+NaBr$ 的混合物;另一应用是对各种氢化物的鉴定,如 $Na_2CO_3 \cdot H_2O$ 和 $Na_2CO_3 \cdot 10H_2O$。

物相分析方法是将实验测得的一系列 d_i 和 I_i(衍射花样)与已知的数据作比较。因此,需要收集大量的已知物质的粉末衍射谱图。早在 1938 年 Hanawalt 和 Rinn 等就发起以 d-I 数据组代替衍射花样,制作衍射数据卡片(powder diffraction data,PDF)。卡片中的数据以一定格式填入,分组编号。1941 年,美国材料试验协会(American Society for Testing and Materials,ASTM)重印这些卡片,出版了第一集 PDF 卡,至今已出版了 52 集,超过 250 000 种衍射花样。目前,收集、出版 X 射线粉末衍射谱图的工作由美国材料试验协会和结晶学、陶瓷、矿物等学会以及英国、加拿大、法国的有关学会共同组成一个粉末衍射标准联合会——国际衍射数据中心(Joint Committee on Powder Diffraction Standards-International Center for Diffraction Data,JCPDS-ICDD)进行。自 1965 年以来,每年都有约 2000 个新的衍射花样加到 PDF 中,近些年来增加幅度迅速加快。随着 PDF 卡的数量日益增加,人工检索更加困难。计算机和储存技术的发展使这个问题得以顺利解决。1963 年开始出版发行了 PDF 数据库磁带,可使用计算机进行检索。现在已将所有的 PDF 数字化,且从 1987 年起 ICDD 已不再出版印刷 PDF 卡片,而是出版发行 CD 光盘 PDF 数据库并建立了在线数据库。人们可以使用计算机进行在线或 CD 光盘检索。

1. X 射线粉末衍射卡片说明

PDF 除 d、I 和米勒(Miller)指数 hkl 外,还包括一些其他数据。早期 PDF 卡片印刷在一张 7.6cm×12.7cm 的卡片上。在 PDF 卡的发展过程中,其格式和所包括的内容均有不少变化,图 3.64 为 1995 年出版的 $Ce_2(SO_4)_3$ 的 PDF 卡片。

1-208

Ce$_2$(SO$_4$)$_3$	d(Å)	Int	hkl	d(Å)	Int	hkl
	9.5	6		1.56	14	
Cerium Sulfate	8.0	2		1.50	4	
	6.7	4		1.46	4	
Rad. MoKα_1　λ 0.709　Filter Beta　d-sp	6.1	50		1.43	4	
Cut off　Int　I/I$_{out}$	5.5	100		1.37	4	
Ref. Hanawalt，J.，Rimn，H.，Frevel，L.，Anal. Chem.，	4.85	4		1.32	20	
10457（1938）	4.33	16		1.28	8	
Sys.　　　S. G.	3.50	50		1.26	8	
a　b　c　A　C	3.03	80		1.22	6	
α　β　γ　Z　mp	2.85	100		1.19	2	
Ref.	2.71	4		1.17	4	
	2.60	2		1.14	2	
D$_x$　　D$_m$3.912　　SS/FOM	2.47	14		1.11	2	
Color Colorless，green	2.37	14		1.09	4	
CAS ＃：13454-94-9. Color and measured density from	2.27	14		1.05	4	
Data on Chemicals for Ceramic Use，National Research	2.15	35				
Commctl Bulletin *107*. Decomposition temperature is	2.08	4				
920℃ at 746mm.	2.01	8				
	1.93	6				
	1.87	60				
	1.82	2				
	1.76	12				
	1.71	20				
	1.68	12				
	1.63	4				

图 3.64　1995 年出版的第一组 Ce$_2$(SO$_4$)$_3$ 的 PDF 卡片

为便于说明，可将 PDF 卡片（表 3.14）分为 10 个区，各区所含内容和信息分别如下：

（1）1 区。"1a、1b、1c"三栏分别为衍射图中衍射强度第 1、2、3 的三条衍射线对应的面间距，1d 为最大面间距。

（2）2 区。"2a、2b、2c"对应于上述各衍射线的相对强度 I/I_1，最强的衍射线的强度定为 100。

（3）3 区。"3"为实验条件。其中，"Rad."为测试用的 X 射线种类，如 CuK$_\alpha$、MoK$_\alpha$ 等；"λ"为所用的 X 射线波长；"Filter"为滤波片；"Dia."为照相机直径；"Cut off"为所用测试方法（照相法或衍射仪法）能测得的最大面间距；"Coll."为光栏狭缝的大小；"I/I_1"为测定相对衍射强度的方法；"dCorr. abs. ?"为 d 值是否经过吸收校正；"Ref."为参考文献。

（4）4 区。"4"为样品的晶体学数据，各符号分别表示："Sys."为样品所属晶系；"S. G."为空间群；"a_0、b_0、c_0"为晶胞参数：$A=a_0/b_0$、$C=c_0/b_0$；"α、β、γ"为晶轴之间夹角；"Z"为单位晶胞中化学式单位的数目；"Ref."为参考文献。

表 3.14 X 射线粉末衍射卡片示例

d	1a	1b	1c	1d	7		8			
I/I_1	2a	2b	2c	2d						
Rad. λ Filter					$d(\text{Å})$	I/I_1	hkl	$d(\text{Å})$	I/I_1	hkl
Dia. Cut. off Coll.										
I/I_1 d Corr. abs? 3						9			9	
Ref.										
Sys. S. G.										
a_0 b_0 c_0 A C 4										
α β γ Z D_x										
Ref.										
$\varepsilon\alpha$ $n\omega\beta$ $\varepsilon\gamma$ Sign										
$2V$ D_X m. p. Color 5										
Ref.										
6										

(5) 5 区。"5"为样品的某些物理性质:"$\varepsilon\alpha$、$n\omega\beta$、$\varepsilon\gamma$"为折射率;"Sign"为光学性质的正负;"$2V$"为光轴夹角;"D_X"为用 X 射线测定的晶体密度(D 则为用其他方法测定的密度);"m. p."为熔点;"Color"为肉眼或在显微镜下观察到的样品颜色;"Ref."为参考文献。

(6) 6 区。"6"为样品来源、制备方法、化学分析数据、升华点(s. p.)、分解温度(r. p.)、转变点(t. p.)、收录衍射图的温度等资料。

(7) 7 区。"7"是化学式和英文名称。

(8) 8 区。"8"是矿物学名称或结构式,右上角标记符号为"☆"表示数据的可靠性很高;"O"表示数据可靠性较低;"i"表示已指标化,可靠性介于前两者之间;"C"表示衍射数据从理论计算获得。

(9) 9 区:"9"是衍射线的面间距、相对衍射强度、衍射指标。

(10) 10 区:"10"是 PDF 卡片编号。例如,1-208 表示第 1 集中第 208。

2. PDF 卡片索引简介

PDF 卡片数量大,因此在卡片之外又编制了索引,以方便检索和进行物相分析。

1) 字母顺序索引

按照物质的英文名称的第一个字母的顺序排列,称为字母顺序索引(alphabetical index)。如果已知物质的名称或分子式而需查找其粉末衍射数据,可用这类索引。该索引有助于迅速鉴定样品所属物相。字母顺序索引又按物质的类别不同分为无机物、矿物、有机物及有机物分子式索引。在英文名称后列出化学式、三强线的 d 值和相对强度,最后为卡片编号。相对强度采用十级制,标于 d 值右下角。最强线用"x"表示;若有特别强的线,则用"g"表示。

2) 数字索引

当被测物质的化学成分和名称完全未知时,必须利用数字索引。数字索引按各物质粉末衍射图中最强线的 d 值由大到小排列,用以从衍射数据确定样品物相。数字索引又分为

Hanawalt 和 Fink 两种。

（1）Hanawalt 索引：将每一物质的标准衍射谱图中的三条最强线的 d 值作为检索根据，以黑体表示，这三条最强线必须在 $2\theta<90°$ 的范围内选取，再另选五条次强线，接在三条最强线的后面，按强度递减排列成行。在 d 值的右下则附有相对强度的脚注。每行除了八条最强线 d 值外，后面还列出该物质的化学式及卡片编号。

考虑到 d 值测定可能会有误差，索引按 d 值范围分成若干组，由大到小排列。另一方面，当两条衍射线的强度差小于 25% 时，则将这两个 d 值位置对调，也编入索引。所以，同一物质可能在索引中只出现一次，也可能出现两次或三次。各组内则依第二条线的 d 值递减顺序排列。

Hanawalt 索引的使用方法：在被检测样品的衍射谱图中，在 d 值大于 1.09Å（$2\theta<90°$）的数据中找出三条最强线及五条次强线，并作出三条最强线的三种排列[$d_{(A)}\ d_{(B)}$、$d_{(B)}\ d_{(C)}$、$d_{(C)}\ d_{(A)}$]。先任取一种排列，按照第一个 d 值大小找到所属的区，在这个区中的第二列找到第二个 d 值所在的区段，核对三条最强线和五条次强线，若八个 d 值吻合良好，按照索引找出卡片，并把全部的 d、I 值对比。若吻合良好，则得到鉴定结果。若吻合不好，则调换三强线的另外二种排列，或把三强线与次强线适当调换，因为 I 值不但受到晶体结构的影响，也受到实验条件的影响，而 d 值是物质结构的特征数据，所以 d 值的吻合情况作为主要依据，而 I 值的吻合情况则是第二位的。

（2）Fink 索引：采用每一物质的标准衍射谱图中八条最强线的 d 值作为该物质的指标，按照数值大小（不考虑强度，也不带强度脚注）进行排列。强度为前四位的 d 值用黑体字印刷，并各自放在第一位排列一次。各强线轮番占据第一位时，不改变整个数列的顺序。与 Hanawalt 索引相同，全部 Fink 索引也按各行第一个 d 值大小分区，在一个区的内部按照第二个 d 值的递减排列。在每一行中，除了代表该物质的八个 d 值外，还列入该物质的化学或矿物名称及卡片编号。

Fink 索引查对方法：从粉末衍射谱图中选出八条最强线，按 d 值递减排列，再循环排列；在索引中找到第一个 d 值所属的区，再找到第二个 d 值所在的区段，……，逐级核对八个 d 值，如吻合良好，找出相应卡片，核对全部 d、I 值，作出鉴定；除了简单的衍射图谱，一般应该假设有混合物。当找到一个物相后，再鉴定另一物相时，应在原始衍射数据中扣去第一物相的数据，然后挑出八条最强线，核对第二物相。依次核查，直到所有数据核对正确为止；在鉴定过程中必须随时考虑 d 值的可能误差。

需指出，若某个物相在混合物中含量很低，可能运用 Fink 索引不能找出第二个 d 值或第四个 d 值。此时可运用其他化学知识和 Hanawalt 索引进行核查。

3. 定性物相分析

首先用衍射仪方法或照相法测定样品的粉末衍射谱图，计算各衍射线对应的 d 值，测量各线条的相对强度，按 d 值顺序列成表格。当已知被测样品的主要化学成分时，利用字母顺序索引查找卡片。在包含主元素的各物质中找出三强线相符的卡片编号，取出卡片，核对全部衍射线，若符合，便可定性。

当样品组成元素未知时，可利用数字索引进行分析。首先，注意样品的归属，如为无机或有机物，再在 $2\theta<90°$ 的衍射线中选取三条或四条最强线，可分别按前述方法用 Hanawalt 或

Fink 索引分组查找。若数据相符则按编号取出卡片。对比被测物和卡片上的全部 d 值和 I/I_1 值。若 d 值在误差范围内,强度基本相当,则可认为定性完成。

若被测物质为两个或更多物相的混合物,过程就比较复杂。最好能配合化学元素分析或其他检测方法,逐一确定。设法使各物相的衍射线或峰完全不重叠,逐一检出还不算非常困难;混合物各相常会发生衍射峰相互重叠的现象,使得其相对强度变大,这就需要结合其他手段细致分辨。为了精确测定 2θ 值,可使用标样。

4. 计算机检索

将 PDF 资料输入数据库,并编成正、反两个文件包。正文件以 PDF 为索引,内容包括各卡的编号、化学式、主元素(原子序数大于 10 的元素以及硼和氮)、三强线、物质类型,以及每一谱的面间距、相对强度和米勒指数。反文件则以 d 值为索引,存放具有某一晶面间距的全部卡片的编号。未知物分析要用反文件查找,再通过正文件核对、筛选。计算机程序可计算各检出相在实验谱中分配到的强度及剩余的强度。根据这些数据可以辅助判断漏检和误检,也可有助于混合物分析。

目前很多衍射仪都配有计算机、粉末衍射数据库和相应程序,这极大地提高了物相分析的效率。不论用手册还是计算机,通常对一个系统的鉴定要 1h。可以鉴定出多至 9 个化合物的混合物。最小检测限大约是单物相的 $1\%\sim2\%$.

3.6.7　X 射线粉末衍射技术在化学中的应用

1. 衍射图的指标化

晶体上每个晶面在三晶轴上的截数之倒数成简单的互质整数比,通常称为晶面指数 hkl。用粉末衍射图确定相应的晶面指数就称为指标化。指标化结果可以用于确定晶体所属晶系。以下介绍立方晶系样品的指标化工作。

对于立方晶系,其晶胞的三边等长,夹角均为 90°。由解析几何可证明,晶面间距 d 与边长 a_0 之间的关系为

$$d = \frac{a_0}{(h^2 + k^2 + l^2)^{\frac{1}{2}}} \tag{3-30}$$

代入布拉格方程可得

$$\sin^2\theta = \frac{\lambda^2}{4a_0^2}(h^2 + k^2 + l^2) \tag{3-31}$$

由一个物相产生的同一张 X 射线粉末衍射谱图,$\lambda^2/4a_0^2$ 为一常数,其布拉格角 θ 正弦的平方 ($\sin^2\theta$) 比可化为一系列整数之比。但对于各种点阵类型的晶体,由于结构因素的作用,引起系统消光,因此能产生衍射的晶面指数就会不同。由表 3.15 所列立方晶系三种晶格的 $(h^2 + k^2 + l^2)$ 的数值可见,有些晶面就不能产生衍射。所以根据衍射花样线条的分布可确定一个物相的点阵类型,进而推得相应的指数 hkl。若在检测误差范围内没能找到整数互质序列,则该结晶物质可能属于其他晶系。

表 3.15　立方晶系($h^2+k^2+l^2$)的可能值[1]

hkl	($h^2+k^2+l^2$)		
	简单立方	体心立方[2]	面心立方
100	1	—	—
110	2	2(1)	—
111	3	—	3
200	4	4(2)	4
210	5	—	—
211	6	6(3)	—
—	—	—	—
220	8	8(4)	8
300	9	—	—
310	10	10(5)	—
311	11	—	11
222	12	12(6)	12
320	13	—	—
321	14	14(7)	—
—	—	—	—
400[a]	16	16(8)	16
410	17	—	—
322	17	—	—
411	18	18(9)	—
330	18	18(9)	—
331	19	—	19
420	20	20(10)	20
⋮	⋮	⋮	⋮

1) 只列出低指数部分。

2) 括号内为($h^2+k^2+l^2$)/2。

非立方晶系有两个或两个以上不相等的点阵常数,这使得指标化变得复杂。下面列出四方、正交和六方三种晶系的晶面间距与晶胞参数之间的关系式:

四方晶系:

$$\frac{1}{d^2}=\frac{h^2+k^2}{a_0^2}+\frac{l^2}{c_0^2} \tag{3-32}$$

正交晶系:

$$\frac{1}{d^2}=\frac{h^2}{a_0^2}+\frac{k^2}{b_0^2}+\frac{l^2}{c_0^2} \tag{3-33}$$

六方晶系:

$$\frac{1}{d^2}=\frac{4}{3}\frac{h^2+k^2+l^2}{a_0^2}+\frac{l^2}{c_0^2} \tag{3-34}$$

根据上述关系,利用赫尔-戴维(Hull-Davey)创立的图解法可获得其米勒指数,可参阅有关著作。

2. 立方晶系样品参数的测定

1）晶胞点阵常数 a_0 和晶胞体积 V_c

已知入射 X 射线波长及米勒指数，根据式(3-31)可计算得到 a_0，其三次方即为晶胞的体积 V_c。为了减少误差，可以选取 θ 较大的若干条衍射线进行计算，取其平均值。

2）晶胞中含有的分子数 Z

$$Z = \frac{晶胞质量}{一个"分子"的相对质量} = \frac{V_c D}{M/N_A} \tag{3-35}$$

式中，V_c 为晶胞体积；D 为晶体密度；M 为物质的摩尔质量；N_A 为阿伏伽德罗常量。

3）晶体密度 D_X

在空间结构确定的情况下，单位晶胞所含"分子"数 Z 已知，利用上述关系式则可以反过来求得用 X 射线衍射法测得的晶体密度，这就是 PDF 中的 D_X。

3. 粉末样品晶体粒度和比表面积的测定

无论以照相法或衍射仪法获得的衍射图，其衍射"线"都有一定宽度。这一现象既与 X 射线光源波长分布和发散度、狭缝记忆及其仪器的其他因素有关，也与样品的晶粒大小有关。前者总称为几何宽化，后者则称为物理宽化。当晶粒小于 0.1nm 时，衍射线将弥散宽化。晶粒越小，衍射线越宽。而对同一样品，宽化程度将随衍射角 2θ 的增大而更加明显。

1）晶体平均粒度

多晶实际上是由一些细小的单晶紧密聚集而成的二次聚集态，而每一个细小单晶则称为一次聚集态。通常所指的平均晶粒度是指一次聚集态在某一晶面的法线方向上的平均厚度 δ_{hkl}。它与衍射线宽度的增加值 β_{hkl} 之间的关系可用下列谢乐公式表示：

$$\delta_{hkl} = \frac{K\lambda}{\beta_{hkl}\cos\theta} \tag{3-36}$$

式中，β_{hkl} 以弧度表示；K 为与晶体形状有关的常数，通常取值为 0.89，也可近似取为 1。为减少误差，通常用衍射仪在某一衍射角范围内以慢速扫描得到一个加宽的衍射峰；另以晶粒大于 10^{-3} cm 的不弥散的标准试样晶体，测得它在相同操作条件下的谱线宽度作为仪器的几何宽化值。两者之差即为样品的粒度宽化 β_{hkl}。选用标准试样的衍射角应尽可能与待测样品的衍射角相近。这样，由式(3-36)就可求出晶粒在这一方向的"粒度"大小。

2）立方晶系粉末样品的比表面积

设晶粒为正立方体，根据晶体密度 D 或 D_X 可求得晶体的比表面积 A

$$A = \frac{6\delta_{hkl}^2}{D_X \delta_{hkl}^3} = \frac{6}{D_X \delta_{hkl}} \tag{3-37}$$

4. 晶体结构的推定

利用面探单晶衍射仪，可对物质单晶的晶体结构进行精确的测定。但对于那些难以获得单晶的样品，粉末衍射法仍是获得晶体结构的主要手段。如表 3.15 所示，在晶体的 X 射线衍射图中，往往有许多衍射线有规律地不出现，称为系统消光，它是晶体结构中微观对称性的反

映。例如,带心格子和含有平移动作微观对称元素可使某些衍射点的结构振幅 $|F_{hkl}|$ 有规律地等于零;在立方面心结构的晶体衍射图中,衍射指数 hkl 三者为奇、偶混合时,其晶面的衍射线并不出现。因此,可以根据晶体的系统消光规律,判断晶体所属的空间格子及所含微观对称元素,它对于确定晶体的对称性有重要作用。

根据法国晶体学家布喇菲(Bravais)的论证,晶体的阵胞有 14 种空间格子(称为 14 种布喇菲点阵),这 14 种布喇菲点阵与晶体微观对称元素的合理组合得到的微观对称元素系称为空间群。有 230 个空间群对应于 32 个点群。通过系统消光确定空间群,以及每一空间群所包含的对称元素,可参阅晶体 X 射线衍射学或晶体结构测定方面的专著。有些消光规律只能确定该晶体属于哪两三个空间群,还需要利用衍射强度的统计规律以及晶体的其他性质来进一步确定晶体的精确结构信息。例如,由于两种或更多原子之间的相互干涉,某些衍射线强度改变甚至消失的现象则需要应用其他手段予以修正。

只有全面了解晶体的对称性,准确测定一个未知结构的晶体所属的空间群,才有可能进一步确定原子在晶胞中的位置。晶胞中原子的坐标参数一经确定,根据结构模型就能计算原子间距离、成键原子间的键长和键角以及平面间交角等结构参数。

5. 定量相分析

一般的定量分析方法可精确测定样品的元素组成,但难以确定样品中各物相的元素组成和各相的含量。X 射线粉末衍射图中,衍射线的强度与它本身的含量有关。根据各种物相的 X 衍射线的强度可以对混合物中多种晶相的相对含量进行测定。盖革计数器的出现,使得 X 射线粉末衍射线的定量相分析的精确度及测量速度都大为提高。

晶体 X 射线衍射强度 I 可用下式表示:

$$I = I_0 \frac{e^4}{m^2 c^4} \frac{1 + \cos^2 2\theta}{2} \frac{\lambda^3}{16\pi R^2 \sin^2\theta\cos\theta} \frac{|F_{hkl}|^2}{V_c} D_t V \qquad (3\text{-}38)$$

式中,I_0 为入射 X 射线强度;e、m、c 分别为电子的电荷、质量和光速;第 3 项称为极化因子;R 为照相机或衍射仪测角台半径,$(\sin^2\theta\cos\theta)^{-1}$ 为洛伦兹(Lorentz)因子;D_t 为温度因子;V 为参加衍射的粉末样品总体积。式(3-38)是对单相物质而言的。

对于多相物质,参加衍射物质中的各个相对 X 射线的吸收各不相同。若它的某一组成物相 i 的质量分数为 w_i,某一 hkl 的衍射强度为 I_i,纯 I 相 hkl 衍射的强度为 I_i^0,考虑样品的吸收,有

$$I_i = I_i^0 w_i (\mu_i / \overline{\mu}) \qquad (3\text{-}39)$$

式中,μ_i 为物相 i 的质量吸收系数;$\overline{\mu}$ 为样品的平均质量吸收系数($\overline{\mu} = \sum_j w_j \mu_j$)。又从已知成分比例的工作曲线求出 $\mu_i / \overline{\mu}$,即可根据某一衍射线的 I 和 I_i^0 值,由式(3-39)计算出 i 相的质量分数 w_i。

6. 聚合物表征

从聚合物的宽角和小角 X 射线研究能获得以下信息:结晶度、晶体尺寸、择优取向度和种类、同质异相、微衍射图、有关晶粒的宏观晶格信息。

纤维和部分定向样品给出不规则的衍射图而不是均匀的锥形;样品越定向,衍射图越不规

则。在粉末、薄膜和纤维中可以测出结晶度和晶体的尺寸。测量通常需要几个小时,单轴取向材料(如纤维)的取向度可在几小时内测量。若是单轴以外的取向,测量其取向的类型和粗略的取向度需要同样的时间。

同质异相(一个化学物能以多种晶型存在的现象)常为聚合物。从衍射图的研究能定出同质异相的存在,并测出多晶型物存在的大概百分比。这样的一个研究需要一两天时间。

微 X 射线衍射能用于鉴定聚合物和其他材料中的杂质。它还可用于研究纤维的表皮与内部的关系,这些涉及结晶度、微晶尺寸和取向。研究面积可小到 $25\mu m^2$。样品必须能被 X 射线穿透。对大多数材料,厚度可到 1mm。研究时间要一两天。

小角 X 射线散射用于获得有关大晶格的信息,它是指物质的周期排列,其空间尺寸大于 5.0nm。在许多聚合物中,它们的链折叠并形成微晶。这就导致晶体和无定型区域尺寸范围为 10～100nm。小角散射研究用于测定这些区域的尺寸、分布和取向。

3.6.8 X 射线粉末衍射技术对样品的要求

1. 对样品的要求

对于要进行 X 射线粉末衍射测定的样品,首先要求其是结晶态物质,而玻璃态、无定形态的物质对 X 射线是没有衍射的,也就不能进行衍射测量。样品要求最好是 200 目的粉末样品,另外,外形是薄片状样品、镀膜样品、块材样品也能进行检测。待测样品质量一般要求为 10～100mg。

2. 制样技术介绍

在 X 射线粉末衍射分析中,制样很重要。

对于粉末样品,可以把样品直接压在样品架(由实验室提供)上,或者均匀地撒在样品架中间,要求样品的测量面与样品架的基准面平齐。

对于薄片状样品,可以将样品粘贴在样品架上,也要求样品的测量面与样品架的基准面平齐。

有时会遇到极易吸水潮解的样品,有的样品在制样时就开始潮解,因而无法进行衍射分析;有的样品在衍射过程中逐渐吸水潮解,导致在低角度时衍射峰明显变小,灵敏度下降,严重时甚至发生样品流淌而污染样品室,这一问题在南方潮湿季节尤为明显。在实际工作中,可将易潮解的样品封装于用火棉胶做成的小袋子中进行测量;或采用一种"淤泥干涸、液膜保护"的方法对这类样品进行处理后再测量,详细的制样步骤可参阅文献[张伟庆,张建辉,胡谷平. 2007. X 射线粉末衍射分析中易吸湿样品的制样法. 宁夏大学学报(自然科学版), 28:293～296]。

对于易氧化或对空气敏感的样品,也可采用上述方法制样。

第 4 章 基础性实验

实验 1 燃烧热的测定

【实验目的】

(1) 明确燃烧热的定义,了解恒容燃烧热与恒压燃烧热的差别与联系。

(2) 了解氧弹量热计的原理、构造和使用方法,掌握燃烧热的测定方法;加深对热化学基本理论和基本知识的理解,获得热化学研究方法和实验技术的基本训练。

(3) 测定萘的燃烧热,掌握雷诺图解法校正温度的改变值。

【实验原理】

标准摩尔燃烧焓是指 1mol 物质在标准压力 $p^\ominus$ 及指定温度下被氧完全氧化时的反应热,通常称为燃烧热,以 $\Delta_c H_m^\ominus$ 表示,是热化学中重要的基本数据。燃烧产物被指定为该化合物中的元素 C 变为 $CO_2(g)$,H 变为 $H_2O(l)$,S 变为 $SO_2(g)$,N 变为 $N_2(g)$,Cl 变为 $HCl(aq)$,其他元素转变为氧化物或游离态。一些物质在 298.15K 的标准摩尔燃烧焓在化学手册中可查到。根据上述定义,燃烧产物的燃烧焓等于零。

一般化学反应的热效应,往往因反应太慢或反应不完全,而难以直接测定,但根据赫斯定律可由燃烧热数据间接求得。而燃烧热较易直接测定,故燃烧热广泛地用在各种热化学计算中。

对于化学反应

$$dD + eE \longrightarrow gG + hH$$

其反应热效应等于各反应物燃烧焓的总和减去各产物燃烧焓的总和,即

$$\Delta_r H_m^\ominus(T) = -\sum_B \nu_B \Delta_c H_m^\ominus(B,\beta,T)$$

式中,对于反应物的计量系数 ν 取负号,对于生成物的 ν 取正号,β 表示物质的相态。由于燃烧热比一般反应热的数值大,因此测定燃烧热时不大的误差也会给计算的反应热带来较大的相对误差。

许多物质的燃烧热和反应热已经精确测定。燃烧热数据用于评价固体或液体燃料、食品等的热值,还用于计算反应热、反应器和过程热平衡等工程设计计算。燃烧热的测定,除具有重要实际应用价值外,还可以用于求算化合物的生成焓、键能等基础数据。

量热法是热力学的基本实验方法之一,测定燃烧热的氧弹量热计是重要的热化学仪器,在热化学、生物化学和某些工业部门中有着广泛应用。量热计种类较多,可参阅有关专著。

1. 恒容燃烧热和恒压燃烧热的关系

在恒容或恒压条件下可分别测得恒容燃烧热 Q_v 和恒压燃烧热 Q_p。常用量热计所测的燃

烧热是恒容燃烧热 Q_V。根据热力学第一定律,体系不做非膨胀功时,恒容燃烧热等于体系热力学能的变化,$\Delta U = Q_V$,而恒压反应热 $Q_p = \Delta H$。在氧弹量热计中测定的是 Q_V。

一般地,热化学计算中常用的是 Q_p,它与 Q_V 之间的关系为

$$Q_p = Q_V + p\Delta V \tag{4-1}$$

若参加反应的气体和生成的气体均作为理想气体处理,则有

$$Q_p = Q_V + \Delta nRT \tag{4-2}$$

式中,Δn 为反应前后气态物质的物质的量之差;R 为摩尔气体常量;T 为燃烧反应体系的热力学温度,本实验中即为室温(实验环境温度)。

2. 氧弹量热计

本实验用氧弹量热计测定物质的恒容燃烧热,其基本原理是能量守恒定律。样品完全燃烧放出的能量使氧弹本身及其周围介质(本实验用水)和量热计有关附件的温度升高,因此通过测量介质在燃烧前后体系温度的变化值 ΔT,即可根据下式计算样品的恒容燃烧热 Q_V:

$$mQ_V + Q_{点火} = (m_水 C_水 + C_计)\Delta T \tag{4-3}$$

式中,m 为燃烧样品的质量;$Q_{点火} = lQ_l$,l 和 Q_l 分别为引燃用铁丝的实际长度和单位长度的燃烧热;$m_水$ 和 $C_水$ 分别为所用测量介质水的质量和比热容;$C_计$ 称为量热计的水当量,即除水之外,量热计升高 1℃所需的热量;ΔT 为样品燃烧前后介质(水)温度的变化值。

在氧弹量热计中,吸收热量的不仅有水,还有量热计的其他部件(如氧弹、盛水桶、温度计、搅拌器等)。若知道量热计的每一部分的质量和比热容数据,则从温度的变化值可求出它们的总热容。然而,上述各部件的比热数据并不容易获得,所以量热计的水当量是由实验来确定的。量热计的热容用数量与它相当的水的热容表示,这个数量称为量热计的水当量。$C_计$ 一般是用已知燃烧热的物质(如本实验用纯苯甲酸)标定。苯甲酸的标准摩尔燃烧焓 $\Delta_c H_m^\ominus (298.15K) = -3226.87 kJ \cdot mol^{-1}$。在标定 $C_计$ 时,先用已知质量的苯甲酸在量热计中燃烧,测定其 ΔT,便可求出 $C_计$。知道 $C_计$ 后,在相同实验条件下将其他样品置于量热计中燃烧,获得 ΔT 数据后,由式(4-3)便可计算出样品的 Q_V。

为确保样品完全燃烧,氧弹中必须充入足够量的氧气,同时粉末样品必须压成片状,以免充气时冲散样品,使燃烧不完全,造成实验误差。样品完全燃烧是实验成功的关键。氧弹须有良好的密封性能和耐高压耐腐蚀性能。另外,须使燃烧后放出的热量不散失而全部传递给量热计本身和其中盛放的水。为了减少量热计与环境的热交换,氧弹应放在一个恒温套壳中;为了减少热辐射和空气的对流,盛水桶和套壳之间装有一个高度抛光的挡板。尽管如此,热漏还是无法避免的,因此燃烧前后温度变化的测量值必须经过雷诺(Renolds)图解法校正。

3. 雷诺图解法

将样品燃烧前后历次观测所得的水温对时间作图,得如图 4.1(a)和(b)所示的曲线 $ABNCD$。在图 4.1(a)中,B 点相当于开始燃烧,热传入介质;C 点为观察到的最高温度值;过 B、C 点作水平(横)轴的平行线;从相当于外套桶桶温(室温)。实验过程中,将外桶温度设定为零点)的 M 点作水平线 MN 交曲线 $ABNCD$ 于 N 点,过 N 点作垂线 $E'F'$,然后将 AB、CD 线外延交 $E'F'$ 线于 E、F 两点,则 E、F 两点所表示的温度差即为校正过的 ΔT。图 4.1 中 EE' 为

开始燃烧到体系温度上升至外套桶桶温这一段时间内,由环境辐射进来和搅拌引进的能量所造成的升温,故应予以扣除;FF'是由外套桶桶温升到最高点C这一段时间内,量热计向环境辐射出的能量所造成的量热计温度的降低,需要添加。由上述分析知,E、F两点的温度差较客观地表示了由于样品燃烧使量热计温度升高的数值。

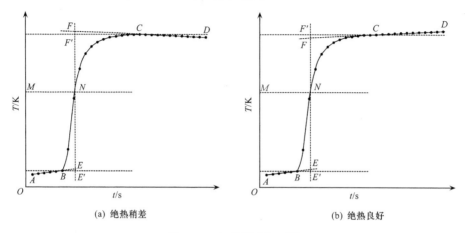

(a) 绝热稍差　　　　　　　　　　(b) 绝热良好

图 4.1　ΔT 的雷诺校正图

有时量热计的绝热情况良好,漏热很小,而搅拌功率大,不断引进的能量使得曲线不出现最高温度点,此时 ΔT 仍然可按此法校正,如图 4.1(b)所示。

本实验采用计算机量热仪进行自动量热,并通过计算机进行数据处理;用数字式精密温差测量仪测量温度差,其工作原理和使用方法见 3.1 节。

【仪器试剂】

1. 仪器

计算机量热仪 1 套(含氧弹量热计、数字式精密温差测量仪、计算机、打印机,图 4.2 和图 4.3);压片机 2 台;0～50℃温度计 1 支;氧气钢瓶,氧气减压器;万用表、烧杯(1000mL)、电子秤(12kg)、药物天平、塑料桶、剪刀、直尺。

2. 试剂

$\phi0.15$mm 引燃专用纯铁丝;苯甲酸(A. R.);萘(A. R.);无水乙醇。

【实验步骤】

1. 测定量热计的水当量 $C_{计}$

1) 样品压片
用药物天平称取约 1g 苯甲酸(不超过 1.0g),在压片机上稍用力压成圆片。用镊子将样品放在干净的称量纸上轻击两三次,除去表面粉末后再用分析天平准确称量。

2) 量热计及其附件清洁
整理量热计及各部件,用砂纸打磨燃烧皿并用乙醇擦拭干净;用乙醇擦拭氧弹套桶内表面及氧弹各部件,减少热量的辐射散失。

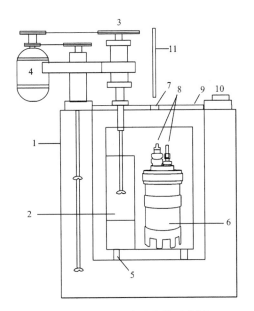

图 4.2　氧弹量热计安装示意图

1. 外套；2. 量热容器；3. 搅拌器；4. 搅拌马达；

5. 绝缘支柱；6. 氧弹；7. 内桶测温探头插口；

8. 电极；9. 桶盖；10. 外桶测温探头插口；11. 测温探头

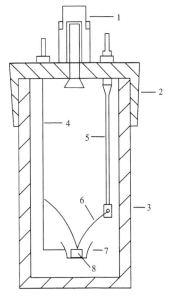

图 4.3　氧弹剖面图

1. 出气管；2. 弹盖；3. 弹体；4. 电极

5. 进气管兼电极；6. 引燃铁丝；7. 金属皿；

8. 样品片

3）装氧弹及充氧

（1）装氧弹：将氧弹上盖旋出，将已称量的压片放在氧弹的小器皿中；剪取约 10cm 的纯铁丝，将铁丝中间捏成 V 形，两端分别绑牢在两根电极上；将小器皿放回氧弹套筒中，旋紧氧弹盖。用万用电表检查两电极间电阻值，一般应不大于 20Ω。

（2）充氧：①卸下进气管口的螺栓，换上导气管接头，导气管的另一端与氧气钢瓶上的减压阀接通；②关闭（反时针方向渐渐旋松）减压阀；③打开总阀至指针指向 $100 kg \cdot cm^{-2}$（$1 MPa = 10.197\ 16 kg \cdot cm^{-2}$）；④开启（顺时针渐渐旋紧）减压阀，使指针指在约 1.8MPa 的位置；⑤充气 3min 后先关闭（反时针旋松）减压阀，然后松开导气管接头，氧弹内已充好氧气；⑥将氧弹的进气螺栓旋上，再次用万用表检查两电极间的电阻，若阻值过大或电极与弹壁短路，则应放出氧气，开盖检查；⑦在气瓶总阀与氧气减压器之间尚有余气，应旋紧减压阀以放掉余气，再旋松减压阀，使两个表的指针均恢复零位。

4）安装量热计

用电子秤准确称取已被调节到低于外套桶桶温 0.5～1℃ 的自来水 3000g 于盛水桶内。将氧弹放入量热计的盛水桶中间，装好搅拌马达，将氧弹两电极用导线与点火导线相连接，盖好盖子。

5）燃烧及测量

开启量热仪并调零；打开计算机，选择燃烧热实验及热容测量，根据计算机的提示命令，分别将探头放入外桶和内桶进行温度测试和点火燃烧，计算机根据设定的时间间隔（点火前，每隔 30s 读取一次温度数据，记录 6 个温度数据；点火成功至样品燃烧期间，每隔 30s 读取一次温度数据，直至两次读数差值小于 0.005℃；样品燃烧完毕，每隔 30s 读取一次温度数据，记录 6 个温度数据，然后停止实验）自动采集、记录温度随时间的变化关系，给出计算结果并绘出图形。

实验停止后,关闭搅拌马达,小心取下温度计,打开盖子,小心拿出氧弹,打开氧弹排气孔,放出余气,旋出氧弹盖,检查样品燃烧情况。若氧弹中有许多黑色残渣,表示燃烧不完全,实验失败,应重做实验。燃烧后剩余的铁丝长度必须用尺测量,将数据记录下来。擦干氧弹和盛水桶,备用。

样品点火成功和燃烧完全与否是本实验的关键所在。

2. 测定萘的燃烧热

称取约 0.8g 萘,同上法重复实验,测定萘的燃烧热。

3. 结束工作

实验结束后,倒出桶中的水,晾干备用;放掉氧气气瓶减压阀与总阀之间的余气;关闭氧气气瓶的总阀。做好实验室台面及地面清洁工作。

【注意事项】

(1) 苯甲酸必须经过干燥,受潮样品不易燃烧且称量有误;压片时注意识别压片机上的标签,一台用于苯甲酸,另一台用于萘,两台压片机不可混用,以免引进样品交叉污染;压好的样品要求密实,否则在称量及燃烧样品时易造成样品散落,带来实验误差。

(2) 检查氧弹内部是否干净;铁丝不可悬得太高,但也不能接触样品和器皿,最好在样品上方 1mm 左右的距离,以保证最佳的引燃效果。

(3) 充氧气之前旋紧氧弹的排气孔,防止漏气。严格按照氧气气瓶操作步骤进行充氧气操作:减压阀顺时针旋转为开启阀门,逆时针旋转为关闭阀门。

(4) 用冰水将水温调节至低于室温 $0.5\sim1℃$;盛水桶在量热计套桶里要垂直放稳;将氧弹放入盛水桶中时注意手不要沾上已称量的水。

(5) 安装搅拌马达时注意搅拌桨不能与周围的卡计发生碰撞,搅拌马达须运转自如。

(6) 进行萘的燃烧实验时要重新调节水温,称量水质量。

【数据处理】

(1) 将实验原始数据和实验条件列表记录。

(2) 苯甲酸的燃烧热为 $Q_p(298.15K) = -3226.87kJ \cdot mol^{-1}$,引燃铁丝的燃烧热值为 $Q_l = -2.9J \cdot cm^{-1}$。

(3) 根据测得的实验数据,画雷诺图进行温度校正,求出温度的改变值,并与计算机软件输出的结果比较;计算水当量 C_{tt} 和实验温度下萘的燃烧热 Q_V,并计算其 Q_p。将测量所得萘的燃烧热值 $Q_p(萘,s,298.15K,exp)$ 与文献值[$\Delta_c H_m^\ominus(萘,s,298.15K) = -5153.1kJ \cdot mol^{-1}$]进行比较,并讨论影响实验结果准确性的因素。注意量纲、有效数字以及误差的计算。

(4) 根据实验所用仪器的精度,正确表示测量结果,通过误差分析指出最大测量误差所在。

【分析讨论】

(1) 热化学实验常用的量热计有环境恒温式量热计和绝热式两种,本实验使用前者。氧弹中有的是浸在水中,有些则是挂在抽真空的套中(称为"无液"弹式量热计),其氧弹都是静止的。在此基础上发展了转弹量热计,它有许多优点。由于电子技术的迅速发展,量热测量精度不断提高,燃烧样品的用量从原来的 1～2g 减少到 10mg 的高精度量热计已在科研中广泛使用。

对于挥发性足够大的物质(包括气体),不使用弹式量热计而使用火焰量热计。

(2) 标定量热计的水当量,除了用苯甲酸外,常用的标准物质还有丁二酸、噻蒽、4-氯苯甲酸、三羟甲基氨基甲烷、五氟苯甲酸、尿素、2,2,4-三甲基戊烷、4-氟苯甲酸等。

(3) 以上测量没有考虑燃烧反应形成的酸(氧气中的氮气燃烧后与水蒸气反应生成硝酸)的生成热和溶解热,在精密测定中必须考虑这部分热效应校正。方法如下:在装氧弹时,预先在氧弹中加 5mL 蒸馏水。燃烧后,将所生成的稀硝酸溶液倒出,再用少量蒸馏水洗涤氧弹内壁,一并收集到 150mL 锥形瓶中,煮沸 5min(以除去 CO_2),加入 2 滴 1‰ 酚酞溶液,以 $0.1000mol \cdot L^{-1}$ NaOH 溶液滴定至粉红色,记下消耗的 NaOH 溶液的体积,其放出的热值为 $5.983J \cdot mL^{-1}$ NaOH($0.1000mol \cdot L^{-1}$)。由此可计算出氧气中含氮杂质氧化所产生的热效应。

(4) 对其他热效应(如溶解热、中和热、化学反应热等)可用普通杜瓦瓶作为量热计,先用已知热效应的反应物体系求出量热计的水当量,然后对未知热效应的反应进行测定。对于吸热反应,可用电热补偿法直接求出反应热效应。

【思考题】

(1) 实验测量得到的温度改变值为什么还要经过雷诺图解法校正?哪些误差来源会影响测量结果的准确性?

(2) 本实验中,哪些是体系?哪些是环境?实验过程中有哪些热损耗?该采取何种措施减少热损耗?

(3) 为什么加入内桶的水温要比外桶的水温低?低多少合适?

(4) 如何用萘的燃烧热数据计算其标准生成热?

$$C_{10}H_8(s) + 12O_2(g) \longrightarrow 10CO_2(g) + 4H_2O(l)$$

(5) 固体样品为什么要压成片状?若不压片,实验能进行吗?

(6) 试讨论本实验装置可否进行气体(如 H_2、CH_4、C_3H_8 等)、液体(如花生油、柴油等)样品的燃烧热的测定,并说明理由。

(7) 点火是否成功和燃烧完全与否是本实验的关键。有些样品本身不易点火,此时该采取何种措施使点火成功?

(8) 有些低热值煤或固体废料,要准确测定其燃烧热,该怎样进行实验?

(9) 论述燃烧热数据对化学和化工过程设计和生产的重要性。

(10) 将本实验测量系统进行改造,使之能用于物质溶解热、化学反应热效应的测定。

实验 2 凝固点降低法测定摩尔质量

【实验目的】

(1) 加深对稀溶液依数性质的理解。

（2）掌握溶液凝固点的测量技术。

（3）用凝固点降低法测定萘的摩尔质量。

【实验原理】

固体溶剂与溶液成平衡的温度称为溶液的凝固点。含非挥发性溶质的双组分稀溶液的凝固点低于纯溶剂的凝固点。凝固点降低是稀溶液依数性质的一种。当溶剂的种类和数量确定后,溶剂凝固点的降低值仅取决于溶液所含溶质的分子数目。

对于理想溶液,根据相平衡条件,稀溶液的凝固点降低与溶液组成的关系由范特霍夫凝固点降低公式给出,有

$$\Delta T_f = \left[R(T_f^*)^2 / \Delta_f H_m(A) \right] \left[n_B / (n_A + n_B) \right] \tag{4-4}$$

式中,ΔT_f 为稀溶液的凝固点降低值,$\Delta T_f = T_f^* - T_f$,T_f 和 T_f^* 分别为稀溶液和纯溶剂的凝固点;$\Delta_f H_m(A)$ 为溶剂 A 的摩尔凝固热;n_A 和 n_B 分别为溶剂和溶质的物质的量。当溶液浓度很稀时,$n_B \ll n_A$,则式(4-4)简化为

$$\Delta T_f = \frac{R(T_f^*)^2}{\Delta_f H_m(A)} \frac{n_B}{n_A} = \frac{R(T_f^*)^2}{\Delta_f H_m(A)} \frac{m_B}{M_B} \frac{M_A}{m_A} = K_f b_B \tag{4-5}$$

$$K_f = \left[R(T_f^*)^2 / \Delta_f H_m(A) \right] M_A \tag{4-6}$$

$$b_B = 1000 m_B / (M_B m_A) \tag{4-7}$$

式中,M_A、M_B 分别为溶剂和溶质的摩尔质量,$g \cdot mol^{-1}$;b_B 为溶液中溶质 B 的质量摩尔浓度,$mol \cdot kg^{-1}$;K_f 称为质量摩尔凝固点降低常数,$K \cdot kg \cdot mol^{-1}$,其值只与溶剂性质有关,与溶质性质无关。常见溶剂的 K_f 值见附录 6。

如果已知溶剂的凝固点降低常数 K_f,并测得此溶液的凝固点降低值 ΔT_f 以及溶剂和溶质的质量 m_A、m_B,则溶质的摩尔质量由下式求得:

$$M_B = 1000 K_f m_B / (\Delta T_f m_A) \tag{4-8}$$

需注意,若溶质在溶液中有解离、缔合、溶剂化和配合物形成等情况时,不能简单地运用式(4-8)计算溶质的摩尔质量。显然,溶剂凝固点降低法可用于溶液热力学性质的研究,如电解质的电离度、溶质的缔合度、溶剂的渗透系数和活度系数等。

纯溶剂的凝固点是其液相和固相共存时的平衡温度。若将纯溶剂逐步冷却,理论上其冷却曲线(或称步冷曲线)应如图 4.4(a)所示。但实际过程中往往发生过冷现象,即在过冷而开

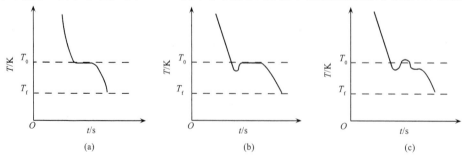

图 4.4　纯溶剂的步冷曲线示意图

始析出固体时,放出的凝固热才使体系的温度回升到平衡温度,待液体全部凝固后,温度再逐渐下降,其步冷曲线呈图 4.4(b)的形状。过冷严重时会出现如图 4.4(c)的形状。

　　溶液凝固点的精确测量难度较大。当将溶液逐步冷却时,其步冷曲线与纯溶剂不同,如图 4.5 所示。由于溶液冷却时有部分溶剂凝固而析出,使剩余溶液的浓度逐渐增大,因而剩余溶液与溶剂固相的平衡温度也在逐渐下降,出现如图 4.5(a)的形状。通常发生稍有过冷现象,则出现如图 4.5(b)的形状,此时可将温度回升的最高值近似地作为溶液的凝固点。若过冷严重,凝固的溶剂过多,溶液的浓度变化过大,则出现如图 4.5(c)的形状,测得的凝固点将偏低,影响溶质摩尔质量的测定结果。因此在测量过程中应该设法控制适当的过冷程度,一般可通过控制寒剂的温度、搅拌速率等方法来达到此目的。

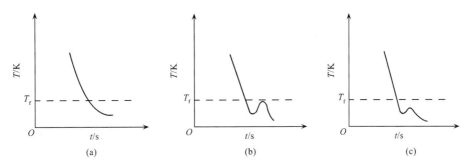

图 4.5　溶液的步冷曲线示意图

　　严格地说,纯溶剂和溶液的步冷曲线均应用外推法求得凝固点 T_f^* 和 T_f。如图 4.4 所示曲线应以平台段温度为准。对于图 4.5(c),则可以将凝固后固相的步冷曲线向上外推至与液相段相交,并以此交点温度作为凝固点。

【仪器试剂】

1. 仪器

凝固点测定仪 1 套;烧杯(1000mL)1 只;数字式精密温差测量仪(数字式贝克曼温度计)1 台;压片机 1 台;汞温度计(分度值 0.1℃)1 支;酒精温度计 1 支;移液管(25mL)1 支。

2. 试剂

萘(A. R.);环己烷(A. R.);碎冰。

【实验步骤】

1. 仪器安装

按图 4.6 将凝固点测定仪安装好。凝固点管、数字式贝克曼温度计探头及搅拌棒均须清洁和干燥,防止搅拌时搅拌棒与管壁或温度计摩擦。有关数字式贝克曼温度计的使用参见 3.1 节。

2. 调节寒剂的温度

调节冰水的量,使寒剂的温度为 3.5℃左右(寒剂的温度以不低于所测溶液凝固点 3℃为

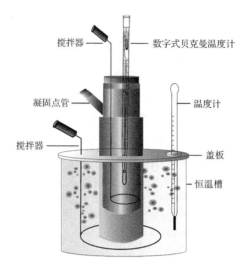

图 4.6　凝固点测定装置示意图

宜),实验时寒剂应经常搅拌并间断地补充少量碎冰,使寒剂温度基本保持不变。

3. 溶剂凝固点的测定

用移液管准确量取 25mL 环己烷加入凝固点管中,加入的环己烷要足够浸没数字式贝克曼温度计的探头,但也不要太多,注意不要将环己烷溅在管壁上。塞紧软木塞,以免环己烷挥发。记下溶剂温度。

先将盛有环己烷的凝固点管直接插入寒剂中,上下移动搅拌棒,使溶剂逐步冷却,当有固体析出时,从寒剂中取出凝固点管,将管外冰水擦干,插入空气套管中,缓慢而均匀地搅拌(约每秒一次)。观察贝克曼温度计读数,直至温度稳定,此温度即为环己烷的近似凝固点。

取出凝固点管,用手温热,使管中的固体完全熔化。再将凝固点管直接插入寒剂中缓慢搅拌,使溶剂较快地冷却。当溶剂温度降至高于近似凝固点 0.5℃时迅速取出凝固点管,擦干后插入空气套管中,并缓慢搅拌(每秒一次),使环己烷温度均匀地降低。当温度低于近似凝固点 0.2~0.3℃时应急速搅拌(防止过冷超过 0.5℃),促使固体析出。当固体析出时,温度开始回升,立即改为缓慢搅拌,连续记录温度回升后贝克曼温度计的读数直至稳定,此温度即环己烷的凝固点。重复测定三次,要求溶剂凝固点的绝对平均误差小于±0.003℃。

4. 溶液凝固点的测定

取出凝固点管,使管中的环己烷熔化。自凝固点管的支管加入事先压成片状并已精确称量的萘(质量 m_B,所加的量约使溶液的凝固点降低 0.5℃)。测定该溶液凝固点的方法与纯溶剂相同,先测近似凝固点,再精确测定。但溶液的凝固点取过冷后温度回升所达到的最高温度。重复测定三次,要求其绝对平均误差小于±0.003℃。

【数据处理】

(1) 用公式 $\rho(t)/(g \cdot cm^{-3}) = 0.7971 - 0.8879 \times 10^{-3} t/℃$ 计算室温 t 时环己烷的密度,然后算出所取的环己烷的质量 m_A。

(2) 由测定的纯溶剂的凝固点 T_f^*、溶液凝固点 T_f 计算萘的摩尔质量,并判断萘在环己中的存在形式。

（3）根据仪器的精密度计算测量误差,正确表示实验结果。

（4）将萘的摩尔质量的测定结果与理论值比较,计算测定的相对误差。注:萘的摩尔质量为 $128g \cdot mol^{-1}$,实验测定结果应在$(128 \pm 4)g \cdot mol^{-1}$。

【分析讨论】

（1）"凝固点降低法测定摩尔质量"是有近百年历史的经典实验,它不仅是一种简便、准确的测量溶质摩尔质量的方法,而且在溶液热力学研究和实际应用上都有重要的意义,因此迄今为止几乎所有重要的化学实验教科书中都有这个实验。

（2）严格而论,由于测量仪器的精密度限制,被测溶液的浓度并非符合假定的要求,此时所测得的溶质摩尔质量将随溶液浓度的不同而变化。为了获得比较准确的摩尔质量数据,常用外推法,即以所测的摩尔质量为纵坐标,以溶液浓度为横坐标,外推至溶液浓度为零可得到比较准确的摩尔质量数值。

（3）市售的分析纯环己烷一般会吸收空气中的水蒸气,并含有微量的杂质,因此实验前需用高效精馏柱蒸馏精制,并用 5A 分子筛进行干燥。否则会使纯溶剂凝固点测量值偏低。另外,高温高湿季节不宜安排本实验,因为水蒸气容易进入测量体系,影响测量结果。

（4）本实验操作的关键步骤是控制过冷程度和搅拌速率。理论上,在恒压条件下,纯溶剂体系只要两相平衡共存就可达到平衡温度。但实际上,只有固相充分分散到液相中,也就是固、液两相的接触面相当大时,平衡才能达到。例如,凝固点管置于空气套管中,温度不断降低达到凝固点后,由于固相是逐渐析出的,此时若凝固热放出速率小于冷却用寒剂所吸收的热量,则体系温度将继续降低,产生过冷现象。这时应控制过冷程度,采取突然搅拌的方式,使骤然析出的大量微小结晶得以保证两相的充分接触,从而测得固、液两相共存的平衡温度。为判断过冷程度,本实验先测近似凝固点。为使过冷状况下大量微晶析出,本实验规定了搅拌方式。对于两组分的溶液体系,由于凝固的溶剂量多少将会直接影响溶液的浓度,因此控制过冷程度和确定搅拌速率就更为重要。

（5）本实验的误差主要来源于过冷程度的控制,最好在达到一定的过冷程度时加入少量纯溶剂的晶种。对于过冷程度的体会需要较长的操作时间。

（6）不同溶剂的 K_f 值不同,选用较大 K_f 值的溶剂对于用凝固点降低法测定溶质的相对摩尔质量是有利的。本实验选用环己烷比用苯好,其毒性比苯低。

（7）由式(4-5)知,增大溶质的量,凝固点降低值将增大,这可减小温度测量的相对误差,但溶质过多时此式将不适用。一般加入溶质的量以使凝固点降低 $0.5℃$ 左右为宜。

（8）安装一台电动搅拌机代替手动搅拌,用低温恒温浴槽代替冰水浴,可使操作条件稳定,提高测定结果的精确度。

（9）樟脑的 $K_f = 40.0kg \cdot K \cdot mol^{-1}$,因而对大分子物质摩尔质量的测定有利。但需注意,市售樟脑的纯度较低,其 K_f 值应重新测定。若待测物质不溶于樟脑或与樟脑有反应,或加热到樟脑熔点($178℃$)即分解,则不适用。

（10）由凝固点的测定结果可鉴定物质的纯度。

【思考题】

（1）在冷却过程中,凝固点管内液体有哪些热交换存在? 它们对凝固点的测定有何影响?

（2）当溶质在溶液中有解离、缔合、溶剂化和形成配合物时,测定的结果有何意义?

（3）加入溶剂中的溶质的量应如何确定?加入量过多或太少将会对实验结果产生何种影响?

（4）估算实验测量结果的误差,说明影响测量结果的主要因素。

（5）举两三例,说明凝固点降低现象与现实生活的关系。

实验3　纯液体饱和蒸气压的测定

【实验目的】

（1）明确纯液体饱和蒸气压的定义和气-液两相平衡的概念,了解克劳修斯-克拉贝龙(Clausius-Clapeyron)方程的含义。

（2）学习真空的获得与检漏技术,掌握一种测量纯液体蒸气压的方法。

（3）掌握从蒸气压-温度数据计算测定温度范围内物质的平均摩尔蒸发焓(汽化热)的方法。

【实验原理】

在一定温度下,纯液体与其气相达成平衡时蒸气的压力称为该温度下液体的饱和蒸气压,简称为蒸气压,用符号 p 表示,其 SI 单位为 Pa;此温度就是液体在该压力下的沸点。

纯液体的饱和蒸气压与液体的本性(分子大小、结构、形状,即分子间作用力,此为内因)、温度及外压(外因)等因素有关;对于液体混合物,除上述因素外,其蒸气压还与液体混合物的组成有关。纯液体的蒸气压随温度而改变,当温度升高时,蒸气压增大;温度降低时,蒸气压减小。当蒸气压与外界压力相等时,液体就沸腾。将外压为 101.325kPa 时液体的沸腾温度定义为液体的正常沸点,用符号 T_b 表示。

液体的饱和蒸气压是非常重要的物性数据,表示液体挥发的难易程度。物质气、液共存区域的饱和压力与温度的关系由蒸气压方程来描述,它对于气-液相变的基础理论具有特别重要的意义,且对研究物质的其他热力学性质也非常重要。蒸气压方程对于状态方程的确定,一阶和二阶气-液相变物理规律的研究,物质热力学性质表的获得,气、液两相焓、熵的导出,两组分或多组分体系的气-液相平衡的计算和描述等都是必需的基础数据。它在热物理、化学物理及热力学、石油化工、分离及提纯、冶金、材料科学与工程等领域都有广泛的应用。

液体的饱和蒸气压随热力学温度的变化关系可用克劳修斯-克拉贝龙方程表示

$$\frac{\mathrm{d}\ln\{p/[p]\}}{\mathrm{d}T}=\frac{\Delta_{vap}H_m}{RT^2} \tag{4-9}$$

式中,p 为纯液体在温度 T 时的饱和蒸气压;T 为热力学温度;R 为摩尔气体常量;$\Delta_{vap}H_m$ 为液体的摩尔蒸发焓,$J \cdot mol^{-1}$。

式(4-9)是由热力学原理导出的描述液体蒸气压的基本方程。当温度变化范围不大时,$\Delta_{vap}H_m$ 可近似看作常数,于是将式(4-9)积分,得

$$\ln\frac{p_2}{p_1}=\frac{\Delta_{vap}H_m}{R}\left(\frac{1}{T_1}-\frac{1}{T_2}\right) \tag{4-10}$$

或

$$\ln\{p/[p]\} = -\Delta_{vap}H_m/R\{T/[T]\}+C \tag{4-11}$$

式中，C 为积分常数。若已知不同温度下的蒸气压数据,就可利用式(4-10)和式(4-11)求得摩尔蒸发焓 $\Delta_{vap}H_m$。

蒸发焓与温度有关,$\Delta_{vap}H_m$ 随着温度的升高逐渐减小;当体系的状态到达临界点,即体系温度为其临界温度 T_c、压力为其临界压力 p_c 时,气、液之间的界面消失,纯液体的 $\Delta_{vap}H_m(T_c, p_c)=0$。

若需要更准确的计算,需考虑 $\Delta_{vap}H_m$ 是温度的函数,可将 $\Delta_{vap}H_m$ 表示为

$$\Delta_{vap}H_m = A+BT+CT^2 \tag{4-12}$$

将式(4-12)代入式(4-9),积分后得

$$\ln\{p/[p]\} = [-A/(T/K) + B\ln(T/K) + C(T/K)]/R + D \tag{4-13}$$

式中,D 为积分常数;T 的单位为 K。

在工程上,广泛使用的是 Antoine 经验公式,即

$$\ln\{p/[p]\} = A + B/(t/℃-C) \tag{4-14}$$

式中,A、B 和 C 为三个随物质而异的经验常数。

测定液体饱和蒸气压常用的方法有动态法和静态法。

动态法:常用的有饱和气流法。在一定温度和外压下,将干燥的惰性气体通过被测液体,让惰性气体被液体的蒸气饱和,然后用某种物质吸收气流中的蒸气。已知一定体积的气流中蒸气的质量便可计算蒸气的分压,也就是该温度下被测液体的饱和蒸气压。动态法适用于蒸气压较小的液体。

静态法:将待测液体置于一个封闭体系中,在不同温度下,直接测定饱和蒸气压或在不同外压下测定液体相应的沸点。静态法适用于蒸气压较大的液体。

液体的 $\Delta_{vap}H_m$ 可以用量热法测定,其精度比由 p-T 数据得到的 $\Delta_{vap}H_m$ 高。

本实验测定液体(如纯水、乙醇或环己烷)在一系列温度下的蒸气压数据,然后将实测的 p-T 数据按式(4-11)拟合,得一直线方程,从该方程 T^{-1} 的系数,即直线方程的斜率可求出在测定温度范围内液体的平均摩尔蒸发焓 $\Delta_{vap}H_m = -R\times$ 斜率;或将实测的 p-T 数据作 $\ln(p/\text{Pa})$-$1/T$ 图,求出直线的斜率,进而可求得 $\Delta_{vap}H_m$。

【仪器试剂】

1. 仪器

数字温度压力计(仪)1 台;恒温槽 1 个;稳压瓶 1 个;安全瓶 1 个;1/10 温度计 1 支;真空泵 1 台;同压器 1 个。实验装置如图 4.7 所示。

2. 试剂

纯水、乙醇(A. R.)或环己烷(A. R.)。

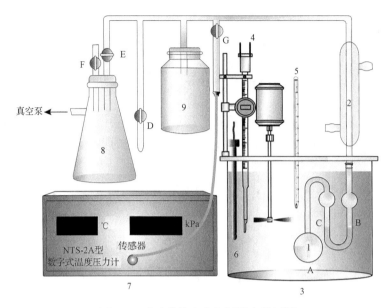

图 4.7 纯液体饱和蒸气压测定装置图

1. 同压器；2. 冷凝管；3. 恒温槽(水浴)；4. 接触温度计；5. 1/10 温度计；6. 测温探头；
7. 数字式温度压力计；8. 安全瓶；9. 缓冲瓶；A. 玻璃球；B、C. U 形管；D、E、F、G. 两通开关

【实验步骤】

(1) 按图 4.7 安装装置，浸在恒温槽(水浴)(详见 3.1 节)中的部分是一个同压器。同压器中玻璃球 A 及 U 形管 C、B 中装入被测量的液体——纯水或其他纯液体，A 球内盛装的液体以达球直径的 2/3 为宜。同压器与冷凝管、数字式温度压力仪、稳压(缓冲)瓶相连，再接安全瓶 8，最后接真空泵。

(2) 熟悉真空系统各个部件的功用。

(3) 记录室内大气压，开启冷凝水。

(4) 检查系统是否漏气。关闭通大气的活塞 D 和 F，开启活塞 E，开动抽气泵抽至一定压力(约 10kPa)，关闭活塞 E 后，如在 5min 内压力计读数不能稳定在一个读数上，证明系统漏气，需分段检查漏气原因，直至系统不漏气为止。

(5) 在 50～80℃测量纯水的 p-T 数据。

(i) 打开恒温槽，将温度调至 50℃。

(ii) 开启活塞 E，关闭放空活塞 F 和 D，开真空泵抽气，减压一段时间，让 A 球内液面上方的空气排尽。

(iii) 关闭活塞 E，这时 A 球内的蒸气通过 U 形管由 C 向 B 冒泡，U 形管液面 B 比 C 高。

(iv) 逐渐调节 D 阀，缓慢放入少量空气，使系统的压力慢慢上升。由 B 管排出的气泡将慢慢放缓，至系统压力与 A 球内水的蒸气压接近时，B 管不再有气泡放出，但 U 形管 B 端的液面此时仍比 C 端稍高。此时应注意观察，当 B 端液面与 C 端齐高时，立即记录下此时的温度和压力读数。重复测量三次。

(v) 将恒温槽的温度升高，重复以上操作。每隔 3℃测一组数据。

【注意事项】

　　实验过程中,若 U 形管内冒泡很快,气柱直往冷凝管上冲,应注意开启 D 阀放入空气升高系统压力,以免同压器内的水被蒸干。同时,停真空泵之前,必须确认放空阀 F 已开启,以免真空泵油被倒吸入安全瓶中。

【数据处理】

　　(1) 将所测定的 p-T 数据与文献值比较,将 p-T 数据的实验值和文献值画在同一张图上,分析两者之间误差产生的原因。

　　(2) 查出纯水在 50～80℃的蒸发焓数据。用克劳修斯-克拉贝龙方程计算纯水的平均摩尔汽化焓 $\Delta_{vap}H_m$(作图法),并与文献值比较。

　　(3) 应用最小二乘法,自编程序或应用 Microcal Origin 软件,将实测的 p-T 数据按式(4-11)拟合,计算出 $\Delta_{vap}H_m$,将其与作图法所得的 $\Delta_{vap}H_m$ 值及文献值比较。

【思考题】

　　(1) 液体饱和蒸气压的大小取决于哪些因素? 查阅有关文献,从微观和宏观两方面进行分析。提示:讨论中,可以非极性液体、极性液体、强极性液体、小分子液体、复杂分子液体、液体混合物等为例,作具体分析。

　　(2) 液体饱和蒸气压的测定方法有哪些? 它们各有什么特点?

　　(3) 为什么要排尽平衡管 A、C 中的空气? 怎样用实验方法判断空气是否被赶尽? 若未排尽空气,对实验结果有何影响? 具体分析影响液体蒸气压测量准确性的因素有哪些。如何改进实验仪器,使之能获得更精确的蒸气压数据?

　　(4) 在实验过程中,怎样防止空气倒灌? 如何防止真空泵油被倒吸入安全瓶中?

　　(5) 静态法测定液体蒸气压的原理是什么? 能否在加热情况下检查系统是否漏气?

　　(6) 升温时液体急剧汽化,应作何处理? 每次测定前是否要重新抽气?

　　(7) 旋片式机械真空泵的工作原理是什么? 它有哪些类型? 其特点是什么? 真空泵在使用和保养中,应特别注意哪些问题? 通过查阅文献,学习获得粗真空、高真空和超高真空的有关知识,并撰写一篇小综述(3000 字左右)。

　　(8) 试解释 $\Delta_{vap}H_m$ 随温度的升高而减小的原因。根据下式:

$$\mathrm{d}(\Delta_{vap}H_m) = \left(\frac{\partial \Delta_{vap}H_m}{\partial T}\right)_p \mathrm{d}T + \left(\frac{\partial \Delta_{vap}H_m}{\partial p}\right)_T \mathrm{d}p$$

推导出单组分系统两相平衡的相变焓($\Delta_{vap}H_m$)随温度变化的关系式,即 Planck 方程

$$\frac{\mathrm{d}(\Delta_{vap}H_m)}{\mathrm{d}T} = \Delta C_p + \frac{\Delta_{vap}H_m}{T} - \Delta_{vap}H_m \left(\frac{\partial \ln \Delta V}{\partial T}\right)_p$$

　　(9) 在查阅文献的基础上,拟出一个实验方案(含实验原理、实验仪器、实验步骤、数据处理等),测定固体的饱和蒸气压随温度的变化,如 $CO_2(s)$、$H_2O(s)$、$C_6H_5COOH(s)$ 等物质的蒸气压,进而求出 $\Delta_{sub}H_m$。

实验 4　CO$_2$ p-V-T 关系的测定及其临界状态观测

【实验目的】

(1) 了解 CO$_2$ 临界状态的观测方法,获得对临界状态概念的感性认识。

(2) 加深对课堂所讲的工质热力学状态、凝结、汽化、饱和状态,膨胀、压缩、绝热及等温过程等基本概念的理解。

(3) 掌握 CO$_2$ 的 p-V-T 关系的测定方法,学会研究实际气体状态变化规律的方法和实验技巧。

(4) 学会活塞式压力计的使用方法。

(5) 了解压力的产生及测量、中(高)压系统密封的原理与一般方法。

【实验原理】

1. 单组分流体的 p-V-T 行为

对于单组分流体系统,压力 p、温度 T 和体积 V 是其热力学状态因变量。当压力、温度和体积一定时,其热力学状态是确定的。在一定条件下,流体的存在相(聚集态)的形式由其化学特性决定。吉布斯相律可以给出相的数目。

物质系统中能够相互平衡共存的聚集态的种类和数目取决于温度、压力和组成等强度变量,表示物质聚集态与强度变量之间关系的图形称为相图,这种直观的图形描述方法简单,便于学习和应用。对于单组分流体,其平面相图易于测绘,但是仅限于只有两个变量连续变化的情况。根据研究问题的需要,可固定这些变量中的一个或几个,而画出一系列的平面相图,如等温线、等压线或等浓度线。由温度、压力和体积三个变量构成了单组分流体的三维相图,由此可系统认识温度、压力和体积对流体热力学状态与性质的影响。

尽管不同流体在相图上有不同的表现形式,但是流体的 p-V-T 行为存在共性规律。系统的 p、V、T 是可以直接实验测定的量,掌握它们之间的联系规律,有助于进一步研究流体的其他热力学性质,如流体的焓、熵以及气、液平衡关系等。

2. 临界现象

1860 年,俄国学者门捷列夫在研究表面张力与温度的关系时,发现液-气界面张力在一特定温度消失,液、气两相变为一相。当时,门捷列夫称此温度为物质的绝对沸腾温度,现在称其为物质的临界点。当温度高于临界温度(T_c)时,不能区分物质的气、液相,通常称为气态,物质则通称为流体(fluid)。液-气两相平衡的 p-T 曲线在临界温度时终止。

1869 年,安德鲁斯研究 CO$_2$ 的等温线时也发现临界温度的存在。

纯物质 p-V-T 系统的临界点是气-液两相平衡共存的极限点(终止点)。在此点两相不能区分。它是均相的稳定态,而且是处在均相稳定态边界上的态。

一级相变与连续相变具有显著不同的特征,但是某些一级相变的终止点——临界点上的相变是连续相变。现在将临界点与连续相变点附近的现象统称为临界现象,其内容相当丰富,在此只介绍几点实验事实。

1) 临界乳光

用一束光照射均相物质,同时降低物质的温度使其向临界点逼近。处于高温时,若物质是透明的,当温度降低到相对温度 $\left(\dfrac{T-T_c}{T_c}\right)$ 附近百分之几范围内时,光束便逐渐向四周散开(散射),整个样品发亮呈现蓝色。进一步逼近临界点时,向前的光突然增强,而向四周散射的光减弱,颜色转变为白色。它是一种特有的美丽乳光,称为临界乳光;越接近临界点,乳光越强,物质的气、液临界点以及二元溶液的临界点附近都可以观察到可见的临界乳光。在不透明物质的临界点附近(如铁磁体相变,合金的有序-无序相变等)也发现散射强度的反常增大,其规律与临界乳光现象相同。现在认为,临界乳光与体系的密度等性质的涨落有关。不同点的涨落不是相互独立的,而是彼此间有关联,关联长度随着趋近临界点而变长。在临界点,关联长度变为无穷大。关联长度在临界点发散是导致临界乳光的主要原因。分子间力是短程作用力,但可出现长程关联,这是奥恩斯坦-策尼克(Ornstein-Zernike)提出的一个非常重要的观念。临界点的许多特性都与关联长度的发散密切相关。因此,关联长度在临界现象中起着特殊的重要作用。此外,近 20 年发展起来的分形理论认为,临界点附近的涨落"斑点"是一种分形。这些问题涉及涨落、散射及分形理论,有兴趣的读者可参阅有关文献与专著。

2) 有趣现象观察

1968 年,森格尔斯(Sengers)等发表了观察临界现象的一个典型实验:在封闭的中部为椭球形的玻璃瓶中充满 CO_2 气体,其平均密度接近临界密度 $\rho_c = 1/V_c$。瓶中装了三个球,1 为红球,2 为绿球,3 为蓝球,其密度与 CO_2 的临界密度 ρ_c 的关系为:绿球的密度稍低于 ρ_c,红球的密度接近于 ρ_c,蓝球的密度稍高于 ρ_c。三个球位置的高低反映了密度的差别。如图 4.8 所示,(a)~(d)对应四种不同的温度。

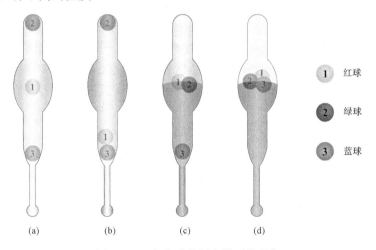

图 4.8　二氧化碳临界点附近的现象

图 4.8(a):T 稍高于 T_c,瓶中的 CO_2 为气态,其密度比较均匀,三个球完全分开,密度小的球在瓶顶,密度大的球在瓶底,密度约为 ρ_c 的球飘浮在中间。由于温度靠近 T_c,光的散射已经很强,整个瓶可呈现临界乳光。

图 4.8(b):T 略高于 T_c 时,临界乳光变得很明显,因为 CO_2 的压缩系数在 T_c 附近变得很大,密度分布对压力梯度非常敏感,密度约为 ρ_c 的球不再精确地漂浮在瓶中间,而是掉到瓶的下部,这是一个非常有趣的物理现象。

图 4.8(c)：T 略低于 T_c 时,瓶中的一部分 CO_2 变为液体,出现气-液弯月界面,界面上方是密度低于 ρ_c 的气体,原来在瓶顶的球便落到界面上。瓶下部液体的密度大于 ρ_c,因而密度约为 ρ_c 的小球便浮到了界面上。虽然温度已在 T_c 以下,临界乳光还隐约可见。

图 4.8(d)：$T < T_c$,液体的密度进一步增大,气体的密度进一步减小,三个球都浮到了气-液界面上,临界乳光完全消失。

3. 状态方程

表示系统 $p\text{-}V\text{-}T$ 之间的关系式

$$f(p, V, T) = 0 \tag{4-15}$$

称为状态方程。

三百多年以前,人们通过对气体 $p\text{-}V\text{-}T$ 性质的研究,提出了最简单的理想气体状态方程为

$$pV_m = RT \tag{4-16}$$

上述理想气体定律奠定了研究流体 $p\text{-}V\text{-}T$ 关系的基础。然而,自然界中不存在理想气体,它只是一种抽象的、人为规定的理想模型。导出理想气体定律有两个基本假设:①气体分子间不存在相互作用力;②分子本身不占有体积。显然,没有一种实际气体能够满足以上条件。

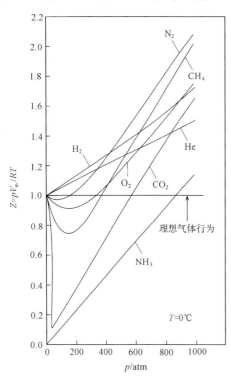

物质分子的大小、形状和结构决定了它们之间相互作用的力和最终的 $p\text{-}V\text{-}T$ 行为。吸引力使分子结合在一起,排斥力使分子分开。前者在分子距离较大时起作用,后者在近距离范围内有影响。根据分子的电性质,物质分子可分为非极性分子、极性分子、可产生缔合作用或形成氢键作用的分子等。在所有分子中都存在排斥力和吸引力,但在缔合和极性分子中,它们常以较复杂的形式出现。所有这些都是实际气体与理想气体行为之间存在偏差的原因。

人们常用压缩因子 Z 来描述实际气体对理想气体的偏差,有

$$Z = \frac{pV_m}{RT} \tag{4-17}$$

图 4.9　理想气体与实际气体的 $p\text{-}V\text{-}T$ 行为

理想气体的 Z 等于 1,而实际气体的 Z 可能大于 1,也可能小于 1,图 4.9 给出了部分常见气体的实验结果。由图 4.9 可知,在极低的压力下,实际气体的 $p\text{-}V\text{-}T$ 规律接近理想气体定律,可以当作理想气体处理。

能否适用理想气体状态方程,视气体是否容易被液化而异。一般地,容易液化的气体,如 NH_3、SO_2 等,低温时即使压力为 0.1MPa,作为理想气体处理也已有明显偏差;而对于难液化的气体,如 N_2、H_2、O_2 等,在常温、1MPa 下产生的偏差也不大。

用理想气体状态方程处理实际气体的意义首先在于,它是衡量实际气体状态方程是否正确的尺度之一。因为对任何实际气体,当其压力趋于零时,都应该服从理想气体定律,故任何实际气体状态方程在零压下的形式应与理想气体定律一致。其次,它可以使问题简化。尽管在工程设计计算中,它所适用的温度和压力范围不大,但在一些精度要求不高或是半定量分析中却是很方便的。因此,理想气体状态方程在工程计算中仍有重要作用。

近一百多年来,文献上已公布了上百个实际气体状态方程,其中少数为纯理论方程,大部分为半理论半经验方程,也有一部分是由实验数据归纳而得的纯经验方程。目前,文献报道的多数状态方程只适用于气相,但也有一些状态方程不仅适用于气相,也可描述液相的 p-V-T 行为。虽然已获得了许多在一定范围内有意义的结果,一些状态方程在理论和实际上有重要意义,然而还没有一个状态方程能普遍适用于所有物质。不同方程适用的范围不同,选用得当才能取得满意结果。

$J\ Phys\ Chem\ Ref\ Data$ 杂志上发表了许多重要的常见物质的状态方程,并对 p-V-T 实验数据进行了收集、整理、分析和评价,是 p-V-T 数据的重要来源之一。一些著名的化学物理手册、物理化学手册或专门书籍收集了大量物质的 p-V-T 数据,可参阅选用。

4. 实验内容

对简单可压缩热力学系统,当工质处于平衡状态时,其状态参数 p-V-T 之间有如下关系:

$$f(p, V, T) = 0 \text{ 或 } T = f(p, V) \tag{4-18}$$

本实验是根据式(4-18),采用定温方法测定 CO_2 的 p-V 关系,从而找出 CO_2 的 p-V-T 关系。

实验中,由压力台(见实验仪器)送来的压力油进入高压容器和玻璃杯上半部,迫使汞进入预先装了 CO_2 气体的承压玻璃管,CO_2 被压缩,其压力和容积通过压力台上的活塞杆的进、退调节。温度由恒温槽供给的水套里的水温调节。

实验工质 CO_2 的压力由装在压力台上的压力表读出(如要提高精度,可由加在活塞转盘上的平衡码读出,并考虑汞柱高度的修正)。温度由插在恒温水套中的温度计读出。比体积首先通过承压玻璃管内 CO_2 柱的高度测量,而后再根据承压玻璃管内径均匀、截面不变等条件换算得出。

由于充进承压玻璃管内的 CO_2 质量不便测量,而玻璃管内径或截面积(A)又不易测准,因而实验中采用间接方法来确定 CO_2 的比体积,认为 CO_2 的比体积 ν 与 CO_2 柱高度是一种线性关系。具体方法如下:

(1) 已知 CO_2 液体的比体积 ν(293.15K, 9.80MPa)$=0.001\ 17\text{m}^3 \cdot \text{kg}^{-1}$。

(2) 实际测定实验台在 293.15K 和 9.80MPa 时的 CO_2 液柱高度 Δh_0(注意玻璃套上刻度的标记方法)。

(3) 因为 ν(293.15K, 9.80MPa)$= \Delta h_0\ A/m = 0.001\ 17\text{m}^3 \cdot \text{kg}^{-1}$,则有

$$K = m/A = \Delta h_0/0.001\ 17 \tag{4-19}$$

K 即为玻璃管内 CO_2 的质面比常数。任意温度和压力下 CO_2 的比体积则为

$$\nu = \Delta h/(m/A) = \Delta h/K \tag{4-20}$$

式中，h 为实验温度和压力下汞柱的高度；h_0 为承压玻璃管内径顶端刻度（是定值）；$\Delta h = h - h_0$；m 为玻璃管内 CO_2 的质量。

本实验内容包括：①测定 CO_2 的 p-V-T 关系，在 p-V 坐标系中绘出低于临界温度（$T=298.15K$）、临界温度（$T_c=304.25K$）和高于临界温度（$T=313.15K$）的三条等温曲线，并与文献实验曲线及理论计算值相比较，分析其差异的产生原因；②观测临界状态，包括临界状态附近气、液两相模糊的现象和气、液整体相变现象。

【仪器试剂】

整个实验装置由压力台、恒温系统和实验台本体及其防护罩三大部分组成，如图 4.10 和图 4.11 所示。

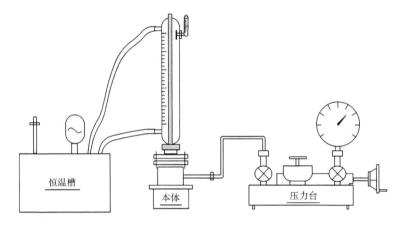

图 4.10　CO_2 p-V-T 关系测定实验系统

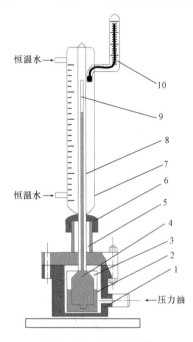

图 4.11　实验台本体

1. 高压容器；2. 玻璃杯；3. 压力油；4. 汞；5. 密封填料；6. 填料压盖；
7. 恒温水套；8. 承压玻璃管；9. CO_2 空间；10. 温度计

【实验步骤】

（1）按图 4.10 装好实验系统，并开启实验本体上的日光灯。

（2）恒温槽准备及温度调定。

（i）将蒸馏水注入恒温槽内，注至水面离盖约 1cm。

（ii）接通电源，设定温度；若实验温度低于室温，开"制冷"，否则不开；最后开"循环"。

（iii）观察玻璃管水套上的温度计，若其读数与恒温槽上显示的温度一致（或基本一致）时，则可（近似）认为承压玻璃管内的 CO_2 的温度已恒定。

（iv）当需要改变实验温度时，重复步骤（ii）和（iii）即可。

（v）实验完毕，按顺序关闭"制冷"、"循环"和"电源"。

（3）加压前的准备。因为压力台的油缸容器容量小，需要多次从油杯里抽油，再向主容器充油，才能在压力表上显示压力读数。压力台抽油、充油的操作过程非常重要，若操作失误，不但加不上压力，还会损坏实验设备，所以务必认真掌握，其步骤如下：

（i）关闭压力表及其进入本体油路的两个阀门，开启压力台上的进油阀。

（ii）缓慢地摇退压力台上的活塞螺杆，直至螺杆全部退出。等待几分钟，此时压力台油缸中抽满了油。

（iii）先关闭油杯阀门，然后开启压力表和进入本体油路的两个阀门。

（iv）非常缓慢地摇进活塞螺杆，使本体充油。如此重复，直至压力表上有压力读数为止。

（v）再次检查油杯阀门是否关好，压力表及本体油路阀门是否开启。若均已调定后，即可进行实验。

（4）实验原始记录。

（i）设备数据：仪器和仪表的名称、型号、规格、量程、精度。

（ii）常规数据：室温、大气压、实验环境情况等。

（5）测定承压玻璃管内 CO_2 的质面比常数 K 值。调节恒温槽温度，使承压玻璃管内的温度计的读数稳定为 293.15K，然后给系统加压，使压力表读数为 9.80MPa，待压力和温度均稳定后读取 Δh_0。

（6）测定低于临界温度时的定温线。

（i）将恒温槽定在 $T=298.15K$，并保持恒温。

（ii）压力从 4.40MPa 或 5.20MPa 开始，当玻璃管内汞升起来后，应足够缓慢地摇进活塞螺杆（摇进到指定的压力后再平衡 3min），以保证定温条件。否则，体系来不及达到热力学平衡，读数不准。

（iii）按照适当的压力间隔进行实验，读取 h 值，直至压力 $p=9.40MPa$。注意：在 6.80~7.60MPa 时，实验压力间隔应取为 0.20MPa，其余可取为 0.40MPa。

（iv）注意加压后 CO_2 的变化，特别是注意饱和压力和饱和温度之间的对应关系以及液化、汽化等现象。

（7）测定临界等温线（$T_c=304.25K$）和临界参数，并观察临界现象。

（i）测出临界等温线。实验步骤同（6）。

（ii）观察临界现象。

整体相变现象：由于在临界点时，汽化潜热等于零，饱和气线和饱和液线合于一点，所以这时气液的相互转变不是像临界温度以下时那样逐渐积累（需要一定的时间，表现为渐变过程）

的,这时当压力稍有变化时,气、液是以突变的形式相互转化的。

气、液两相模糊不清现象:处于临界点的 CO_2 具有共同参数(p,V,T),因此不能区别此时 CO_2 是气态还是液态。如果说它是气体,那么这个气体是接近液态的气体;如果说它是液体,那么这个液体又是接近气体的液体。下面就用实验来证明这个结论。因为这时是处于临界温度下,如果按等温线过程进行,使 CO_2 压缩或膨胀,则管内什么也看不到。如按绝热过程进行,首先在压力等于 7.60MPa 附近突然降压, CO_2 状态点由等温线沿绝热线降到液区,管内 CO_2 出现了明显的液面。如果这时管内的 CO_2 是气体,那么这种气体离液区很接近,可以认为是接近液态的气体;当膨胀之后,突然压缩 CO_2 时,这个液面又立即消失。这就告诉我们,这时 CO_2 液体离气区也是非常接近的,可以认为是接近气态的液体。既然此时的 CO_2 既接近气态,又接近液态,所以能处于临界点附近。可以这样认为:临界状态究竟如何,就是饱和气、液分不清。这就是临界点附近,饱和气、液模糊不清的现象。

在实验时,应重复上述实验观察三次,深刻理解临界区域的特性。

(8)测定高于临界温度时的等温($T=313.15K$)线。实验步骤同(6)。

将以上测得的实验数据及观察到的现象一并填入自行拟定的实验数据记录表。

【数据处理】

(1)将测得的实验数据在同一 p-V 坐标系(p 为纵坐标,V 为横坐标)中绘出三条等温线。

(2)将实验测得的等温线与从文献查得的等温线比较,并分析它们之间的差异及其产生原因。

【分析讨论】

(1)将实验测定的临界比体积 v_c 与理论计算值进行比较,见表 4.1,分析它们之间的差异及其产生原因。

表 4.1　临界比体积值 v_c 比较 *(单位:$m^3 \cdot kg^{-1}$)

文献值	实验值	从理想气体状态方程计算	从范德华方程计算
v_c	v_c	$v_c = \dfrac{10^3 RT_c}{Mp_c}$	$v_c = \dfrac{3 \times 10^3 RT_c}{8Mp_c}$
0.002 16			

* M 为 CO_2 的摩尔质量,$g \cdot mol^{-1}$。

(2)画出 CO_2 的 p-T 相图,分析各点、线、面的意义,各相区物系所代表的相态、自由度数目。将 CO_2 的 p-T 相图与水的相图进行比较,并分析这两个相图存在差异的原因以及克拉贝龙方程对各条线的应用情况。

【思考题】

(1)试述二氧化碳的基本物理化学性质(包括临界性质)。

(2)试述二氧化碳有哪些工业应用。

(3)做完本实验后,对热力学状态、等温膨胀或压缩、绝热膨胀或压缩、临界现象等概念如何理解? 对于单组分流体系统,临界点的含义是什么?

(4)何谓超临界流体? 超临界流体有哪些重要特性? 超临界流体有什么工业应用?

（5）通过查阅文献,列出 $CO_2(s)$、$CO_2(l)$ 的蒸气压方程,计算 CO_2 的 $\Delta_{vap}H_m$、$\Delta_{fus}H_m$ 和 $\Delta_{sub}H_m$。

（6）查阅 H_2O、NH_3、CHF_3、CH_4、C_2H_6、C_3H_8、$n-C_6H_{14}$、Xe、CS_2 的临界参数,论述这些物质作为超临界流体使用的优缺点。

（7）试设计出提高本实验结果准确性和实验精度的仪器改进方案。

（8）在本实验中,突然加压或降压,体系内部温度会出现怎样的变化? 试用物理化学原理分析。

（9）将一定质量的纯液体物质密封于一容器内,其中剩余部分空间。给该容器加热,则容器内可达成气-液平衡。有人说,随着温度的升高,容器内部的液体越来越像气体,而气体越来越像液体。请仔细分析上述说法的含义。

（10）查阅有关论著,阐明临界现象及其物理本质,上交一篇短文(题目自拟),字数在 4000 字左右。

（11）有人说,高压下的液体 CO_2 或超临界 CO_2 就像水一样,是一个非常好的溶剂,对此如何理解?

（12）查阅文献,论述超临界 CO_2 在开发纺织印染新技术、涂料新产品中的应用。

（13）CO_2 的危害性有哪些? 怎样尽可能减少其危害?

实验 5　双液系的气-液平衡相图的测绘

【实验目的】

（1）采用回流冷凝法测定一系列不同组成的环己烷-乙醇双液系的沸点和气-液两相平衡组成,绘出压力 $p^\ominus$ 下环己烷-乙醇体系的沸点-组成相图,并确定体系的最低恒沸点及相应组成。

（2）掌握阿贝折射仪的工作原理和使用方法。

（3）熟练掌握沸点的测量方法、通过测定折光率以确定二组分溶液组成的方法。

（4）通过对实验现象的分析,加深对相律的理解和相图的认识,理解分馏原理,了解气-液平衡数据的工业应用。

【实验原理】

相平衡是热力学在化学领域中的重要应用。相平衡研究对生产和科学研究具有重大的实际意义。例如,化工生产过程的分离操作常会遇到各种相变化过程,如蒸发、冷凝等,这些过程涉及不同相之间的物质传递。相平衡研究是选择分离方法、设计分离装置和实现最佳操作的理论基础。

长期以来,气-液平衡数据的实验测定方法及仪器,数据测定及收集、整理、评价等基础性工作受到化学化工科学家的高度重视,已取得丰硕成果,出版了许多论著,大量的气-液平衡数据已被汇编成册,并建立了相应的数据库,查阅极为方便。

1. 气-液相图

两种在常温时为液态的物质混合而成的二组分体系称为双液系。两液体若能按任意比例互相溶解,称为完全互溶双液系,如环己烷-乙醇、苯-乙醇等都是完全互溶双液系。若只能在某一比例范围内互相溶解,称为部分互溶双液系,如苯-水体系。

在完全互溶的双液系中,有一部分能形成理想溶液,如苯-甲苯形成的溶液可认为是理想溶液,其行为符合拉乌尔定律。但绝大部分双液系是非理想溶液,其行为与拉乌尔定律产生偏差。

根据相律,双液系的沸点不仅与外压有关,还与双液系的组成有关,即与双液系中两种液体的相对含量有关。一般情况下,双液系在蒸馏时的气相组成和液相组成并不相同,因此原则上用反复蒸馏的方法,有可能使双液系中的两液体相互分离。但有时不能用单纯蒸馏的方法使两液体分离。例如,水与乙醇在一定比例时发生共沸,无法用单纯蒸馏含水乙醇的方法获得无水乙醇。因此,了解一个完全互溶双液体系在蒸馏过程中的沸点及气、液两相组成的变动情况,对于工业分馏过程具有十分重要的实用价值。

在恒压下完全互溶双液体系的沸点与组成关系有下列三种情况:溶液沸点介于二纯组分之间,如四氯化碳和环己烷、水和甲醇等构成的双液系,如图 4.12(a)所示,此时溶液行为符合拉乌尔定律或对拉乌尔定律的偏差不大;溶液有最低恒沸点,如环己烷-乙醇、水-乙醇双液系,如图 4.12(b)所示,此时溶液行为对拉乌尔定律产生较大正偏差;溶液有最高恒沸点,如氯化氢和水、硝酸和水、丙酮和氯仿等构成的双液系,如图 4.12(c)所示,此时溶液行为对拉乌尔定律产生较大负偏差。

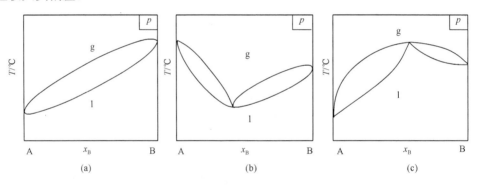

图 4.12　完全互溶双液系的气-液平衡(T-x)相图

图 4.13 表示有最低恒沸点体系的沸点-组成图。图 4.13 中,与下部液相区交界的 $A'ELB'$ 代表液相线,与上部气相区交界的 $A'EVB'$ 代表气相线。等温的水平线段和气、液相线的交点表示在该温度时互成平衡的两相的组成。E 点对应的温度称为最低恒沸点,对应溶液称为恒沸混合物,其气、液两相的组成相同。

绘制沸点-组成相图的简单原理如下:当总组成为 x 的溶液开始蒸馏时,体系的温度沿虚线(xL)上升,开始沸腾时有成分为 y 的气相生成(V),若气相量很少,x、y 两点(L、V)即代表互成平衡的气、液两相组成。继续蒸馏(温度升高),气相量逐渐增多,沸点沿虚线(xL)继续上升,气、液两相组成分别在气相线和液相线上向右变化。当两相成分达到某一对数值 x' 和 y' 时,维持两相的量不变,则体系气、液两相又在此温度达到平衡,此时两相的物质数量按杠杆原理分配。

根据相律,对二组分体系,当压力恒定时,在气、液两相共存区域中,自由度等于1,若温度一定,则气、液两相组成也就确定。当体系总组成一定时,由杠杆原理知,两相的相对量也一定。反之,在一定实验装置中,利用回流的方法保持气、液两相的相对量一定,则体系温度也恒定,待两相平衡后,取出两相的样品,用物理方法或化学方法分析两相的组成,即可给出在该温度下气、液两相平衡组成的坐标点;改变体系的总组成,再如上法找出另一对坐标点。这样测得若干对坐标点 (T,x,y) 后,分别按气相点和液相点连成气相线和液相线,即得 $T\text{-}x$ 平衡相图。

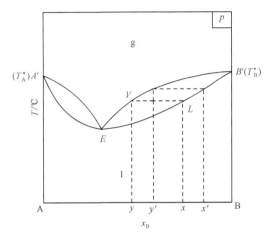

图 4.13　沸点-组成相图

2. 沸点仪

绘制 $T\text{-}x$ 相图时,要求同时测定溶液的沸点及气-液平衡时两相的组成,这就要用到沸点仪(图 4.14)。文献已报道多种沸点仪,其构造各不相同,但设计思想都集中于如何正确测定沸点、便于取样分析、防止过热及避免分馏等方面。

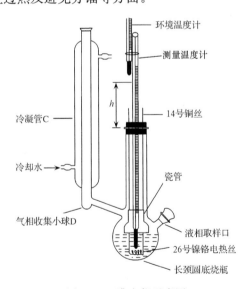

图 4.14　沸点仪示意图

本实验用一只带有回流冷凝管的长颈圆底烧瓶,采用回流冷凝法测定乙醇和环己烷溶液在不同组成时的沸点,绘制其 $T\text{-}x$ 相图。沸点仪构造如图 4.14 所示,C 为冷凝管,冷凝管底部有一球形小室 D,用以收集冷凝下来的气相样品,液相样品通过烧瓶上的支管抽取。电热丝直接浸在溶液中,以减少过热,同时防止暴沸。

3. 体系组成分析

对于环己烷-乙醇体系,其折射率相差悬殊,因此气-液平衡时两相组成均可通过测定其折射率来确定,为此需作该体系的折射率-组成工作曲线(20℃、25℃或30℃)。数字式阿贝折射仪的工作原理及使用方法见使用说明书。

【仪器试剂】

1. 仪器

沸点仪 1 套;WAY-2S 数字式阿贝折射仪 1 台;超级恒温水浴 1 套;数字恒流源(或调压变压器)1 个;汞温度计(50~100℃,分度值 0.1℃;0~100℃,分度值 0.1℃)2 支;试管 2 支;小滴瓶 1 个;1mL、5mL 带刻度移液管各 1 支;长、短取样管各 1 支;20mL 量筒 1 个;镜头纸;废液回收瓶。

2. 试剂

环己烷、乙醇和丙酮均为分析纯。

【实验步骤】

(1) 安装沸点仪。按图 4.14 所示,将洁净、干燥的沸点仪安装好。检查带有温度计的软胶塞是否塞紧。电热丝要靠近烧瓶底部的中心,并且全部浸入液体中。温度计汞球的 2/3 浸在液体中,与电热丝的间距不少于 2cm,两者绝不可相互接触。先通冷凝水再通电。

(2) 调节恒温槽温度到欲测温度,并与阿贝折射仪连通。

(3) 测定沸点和气相及液相样品的折射率。将 20mL 环己烷加入沸点仪中。冷凝管 C 通入冷却水。将电阻丝接在数字恒流源或输出电压为 12.6V 的变压器上,使温度升高并沸腾。待温度稳定数分钟,记下平衡温度及大气压。切断电源,停止加热,用 500mL 烧杯装冷(自来)水,套在沸点仪底部,冷却沸点仪圆底烧瓶。用两支干净的滴管,分别从支管 D 处和蒸馏瓶中取出几滴液体,立即测定其折射率(重复三次)。

第一组实验:向蒸馏瓶中加入 0.5mL 乙醇,按上述方法测其沸点及气、液两相折射率。再依次分别加入 1.0mL、1.0mL、2.0mL、2.0mL、3.5mL 和 5.0mL 的乙醇,做同样实验。

如果样品来不及分析,可将样品暂时置于带有磨口塞的小试管中,并将其放在冰水中(防止试样挥发)。有空时再测其折射率。第一组实验完毕,将溶液倒入回收瓶中。

第二组实验:将蒸馏瓶用少量乙醇洗涤三次,注入 20mL 乙醇,再装好仪器,先测定纯乙醇的沸点,然后依次加入 1.0mL、1.0mL、2.0mL、3.0mL、4.0mL 和 5.0mL 的环己烷,做同样实验。分别测定它们的沸点及气、液两相样品的折射率。

若实验时间允许,可在以上两组实验中增加实验点个数,以获得更多的气-液平衡数据点及对气相线和液相线的完整认识。

实验结束,将母液倒入回收瓶中,关冷却水,关闭数字恒流源、恒温槽和折光仪。

(4) 工作曲线绘制。欲知气、液两相乙醇和环己烷的质量分数,要作一标准工作曲线(折射率-组成图),用内插法在图上找出折射率所对应的组成。此项工作学生不做。

不同质量分数溶液的配制方法如下:洗净并烘干 11 个样品瓶,冷却后准确称量其中的 9 个。然后用带刻度的移液管分别加入 1mL、2mL、3mL、4mL、5mL、6mL、7mL、8mL、9mL 的乙醇,分别称其质量,再依次分别加入 9mL、8mL、7mL、6mL、5mL、4mL、3mL、2mL、1mL 的环己烷,再称量。旋紧盖子后摇匀。另外 2 个空的样品瓶中分别加入纯环己烷、纯乙醇。

在恒温 20℃、25℃ 和 30℃ 下分别测定这些样品的折射率,并绘制乙醇-环己烷的折射率-组成工作曲线,同时将一定温度下测定的折射率-组成数据拟合成方程 $n_D = f(x_{乙醇})$。学生根据实测样品的折射率数据,查折射率-组成工作曲线或通过拟合方程计算,便可获得气、液两相中环己烷和乙醇的组成。

【数据处理】

(1) 沸点温度校正。液体在压力 $p^{\ominus} = 101.325\text{kPa}$ 下沸腾时的温度为其正常沸点。然而,通常外界压力并不恰好等于 $p^{\ominus}$,因此应对实验大气压 p 下测得的沸点温度值 t_A 作压力校正。根据特鲁顿(Trouton)规则和克劳修斯-克拉贝龙方程,可导出温度的压力校正公式为

$$\Delta t_{压}/℃ = \left[(273.15 + t_A/℃)/10\right] \times \frac{101.325 - p/\text{kPa}}{101.325} \tag{4-21}$$

(2) 温度露茎校正。在作精密温度测量时,需对温度计读数作校正。除了温度计的零点和刻度误差等因素外,还应作露茎校正。这是由汞玻璃温度计未能完全置于被测体系而引起的。根据玻璃与汞膨胀系数的差异,校正值计算式为

$$\Delta t_{露} = 1.6 \times 10^{-4} \times (h/℃)(t_A - t_B) \tag{4-22}$$

式中, t_B 为露茎部位的温度值; h 为露在体系外的汞柱长度,即图 4.14 中温度计的观测值与沸点仪软胶塞处温度计读数之差,并以温度差值作为长度单位(℃)。

(3) 体系的正常沸点。经校正后体系的正常沸点为

$$t_{沸} = t_A + \Delta t_{压} + \Delta t_{露} \tag{4-23}$$

(4) 根据环己烷和乙醇的沸点判断是否需对温度计的零点和刻度进行校正。

(5) 实验数据记录表(自拟)。

(6) 确定实测溶液的组成并绘制相图。根据折射仪的工作温度,从教师给定的折射率-组成曲线查得溶液组成,或从拟合方程 $n_D = f(x_{乙醇})$ 计算得到溶液组成。将环己烷、乙醇以及系列溶液的沸点和气、液两相组成列表,并绘制其 T-x 相图,从图上确定最低恒沸点温度及相应的恒沸物组成。

【思考题】

(1) 每次加入乙醇或环己烷的体积是否要求准确?

(2) 如何判断气、液两相已达平衡状态? 沸点仪中的小球 D 体积过大或过小对实验结果有何影响?

(3) 本实验采用蒸馏瓶内电加热的方式有何优点? 能否采用水浴、电炉或明火直接加热? 为什么?

(4) 在测定中,溶液过热或分馏不彻底将使得到的相图图形发生何种变化? 测定混合液两相组成时,先取气相样还是先取液相样? 为什么?

（5）测定纯环己烷和纯乙醇的沸点时，为什么要求蒸馏瓶必须是干燥的？测混合液沸点和组成时则无需将原先附在瓶壁上的混合液彻底除尽，为什么？

（6）平衡时，气、液两相的温度是否应该一样？实际是否一样？怎样防止有温度差异？回流时若冷却效果不好，则对实验结果有无影响？

（7）本实验测得的沸点与标准大气压 $p^{\ominus}$ 下的沸点是否一致？

（8）克劳修斯-克拉贝龙方程适用于图 4.12 中相图上的哪些线？请用克劳修斯-克拉贝龙方程估算大气压偏高 133Pa 所引起沸点的系统误差。

（9）试改进本实验所用的沸点仪，使之能更准确地测定气-液平衡时的两相组成。

（10）过热现象将对本实验产生什么影响？如何尽可能避免过热？讨论本实验的主要误差来源。

（11）本实验中，测定工作曲线时阿贝折射仪的恒温温度与测定样品折射率时折射仪的恒温温度是否需要保持一致？为什么？

（12）请以某一工业生产为例，说明气-液平衡数据的重要性。须查阅文献，论述文字不少于 2500 字。

实验 6　二组分固-液相图的测绘

【实验目的】

（1）了解固-液相图的基本特征。

（2）了解热分析法的原理并掌握其测量技术。

（3）用热分析法测绘 Bi-Sn 体系的固-液相图。

【实验原理】

相图是多相体系处于相平衡状态时体系状态随浓度、温度、压力等强度变量的改变而发生变化的图形，它能反映在指定条件下体系中存在的相数及其性质和各相的组成。由于相图反映了多相平衡体系在不同条件下的相平衡情况，因此研究多相体系的性质以及相平衡状态的演变规律不仅具有理论意义，而且对于地质、冶金工业、无机材料制备、化工分离过程的设计等实际生产具有重要的指导意义。

迄今为止已发表了大量二组分、三组分体系的固-液相图，并汇编成册供查阅。

根据相律，体系的自由度 f 与组分数 K 及相数 Φ 之间的关系为 $f = K - \Phi + 2$。对于二组分体系，$K=2$，体系的相数最少为 1，故体系的自由度最多为 3，它们是温度 T、压力 p 和组成 x。由于一般物质的固、液两相的摩尔体积相差不大，所以固-液相图受压力的影响可忽略。因此，二组分的固-液相图可用 T-x 图来表示。

图 4.15 是组分 A 和 B 形成的固相不互溶而液相完全互溶的固-液相图。现分析图 4.15 的意义如下：

F 点：纯 A(s) 在压力 p 下的凝固点 T_A^*。

G 点：纯 B(s) 在压力 p 下的凝固点 T_B^*。

E 点：最低共熔点 T_E；在该点体系的三相 A(s)＋B(s)＋l(x_E) 处于相平衡，体系的自由度 $f=0$。

a 点:体系是液相混合物,为单相,体系的 $f=2$。

FE 和 GE 线:两相平衡共存曲线,在曲线上体系的 $f=1$,该变量即为温度(或组成)。

CED 线:三相 $A(s)+B(s)+l(x_E)$ 平衡共存曲线,在该线上体系的 $f=0$。

FEG 线以上的区域:液体混合物(熔液)l 的单相区,在该区域内体系的 $f=2$,即温度和组成均可在一定范围内变化。

FCE 区域:两相区,即 $l+A(s)$,在该区域内体系的 $f=1$,即温度(或组成)可在一定范围内变化。

GDE 区域:两相区,即 $l+B(s)$,在该区域内体系的 $f=1$,即温度(或组成)可在一定范围内变化。

CED 线以下的区域:两相区,即 $A(s)+B(s)$,在该区域内体系的 $f=2$,即温度和组成均可在一定范围内变化。

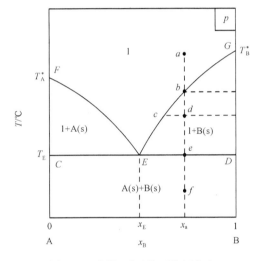

图 4.15　固相不互熔而液相完全
互熔的二组分体系的 $T\text{-}x$ 相图

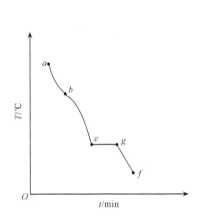

图 4.16　图 4.15 的 a 点熔液的步冷曲线

熔液从 a 点开始降温,体系的温度随时间变化的曲线称为步冷曲线,如图 4.16 所示,体系温度均匀下降(ab 段);降至 b 点时开始析出纯 B,放出相变热,使体系温度下降速率减小,于是步冷曲线出现转折且斜率变小(be 段);降至 e 点(T_E)时 A 和 B 同时析出,为三相 $A(s)+$ $B(s)+l(x_E)$ 平衡共存,此时体系的 $f=0$,温度保持不变,步冷曲线上出现水平段(eg),液相消失后,温度才可继续均匀下降(gf 段),体系进入两相 $A(s)+B(s)$ 平衡共存区。

$a\to b$:温度降低,体系进入两相区,纯 B 开始从熔液中析出,而液相变得富含 A。

$b\to d$:温度进一步降低,更多的固体 B 析出,相互平衡的固相和液相的物质的量服从杠杆规则,液相组成为 c 点。

$d\to e$:在该步结束时,液相的量比 d 点的更少,其组成为 E 点(x_E)。当温度为 T_E 时,体系的三相 $A(s)+B(s)+l(x_E)$ 处于相平衡,体系的 $f=0$,这时熔液(x_E)开始凝固,即 $A(s)$ 和 $B(s)$ 同时析出。当熔液完全凝固后,体系的温度又可下降,体系进入由纯 $A(s)$ 和纯 $B(s)$ 组成的二固相体系。

各种体系不同类型相图的解析在物理化学中占有重要地位,可参阅有关专著和教材。

相图的测绘方法有很多,统称为物理化学分析法。对于凝聚相体系,即固-液、固-固等相平衡,常用方法是热分析和差热分析法,即通过测定体系相变化过程中温度的变化及相应的热效应变化来确定体系的相态变化关系。本实验就是用热分析法测绘二组分固-液相图。

热分析是绘制相图常用的基本方法之一。这种方法是通过观察体系在加热或冷却过程中的温度随时间的变化关系判断有无相变的发生。通常的做法是先将体系全部熔化,然后让其在一定环境中自行冷却,并每隔一定的时间记录一次温度。以温度(T)为纵坐标,时间(t)为横坐标,绘出步冷曲线 T-t 图。当体系均匀冷却时如果体系不发生相变,则体系温度随时间的变化是均匀的。若在冷却过程中发生了相变,由于在相变过程中伴随着热效应,所以体系温度随时间的变化速率将发生改变,体系的冷却速率变慢,步冷曲线将出现转折。当熔液继续冷却到某一点时,如果此时熔液的组成已达到最低共熔混合物的组成,将有最低共熔混合物的析出。在最低共熔混合物完全凝固以前,体系温度保持不变,因此步冷曲线出现平台。当熔液完全凝固后温度才继续下降。

用热分析法测绘相图时,被测体系必须时时处于或接近相平衡状态。因此,体系的冷却速率必须足够慢,才能得到较好的结果。

由此可知,对组成一定的二组分低共熔混合物体系来说,可以根据它的步冷曲线,从中找出各转折点即能画出二组分体系最简单的相图(T-x 图)。

图 4.17 所示图形为一具有最低共熔点的二组分固-液相图。其绘制方法如下:将各种不同组成的二组分体系(如纯 A,B 的浓度依次为 N_1、N_2、N_3,…,纯 B),分别加热熔化,然后缓缓冷却,每经一定时间观察其温度数值,以温度-时间作图,得步冷曲线;再以温度(初晶温度和共晶温度,指冷却而言)-组成为坐标,则得 A-B 二组分固-液相图。

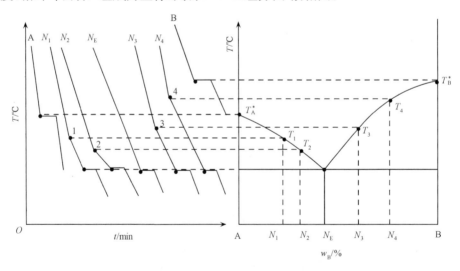

图 4.17　步冷曲线与相图

由图 4.17 可知,纯物质的步冷曲线在其凝固点温度出现水平线段,而其余部分则表示温度随时间均匀变化的情形。

图 4.17 中组成为 N_1 的体系的步冷曲线:在达到点 1 的温度以前,体系温度的下降是均匀的,达到点 1 的温度以后,由于晶体析出(A 析出)同时放热,使得温度下降得更慢一些,故曲线的斜度变得更小一些(有一转折点),但没有产生水平线段。当达到最低共熔点 T_E 时,才产生水平线段,这是因为此时熔化物的两个组分同时结晶出来,放出的热量能抵消向环境散失的热量而使温度保持恒定,再继续冷却时,温度的下降是均匀的。其他组成的熔化物的步冷曲线

也具有类似于组成为 N_1 的步冷曲线的特征。

图 4.17 中,组成为 N_E 的低共熔混合物的冷却曲线无斜度变化的转折点,只有在 T_E 时两组分同时析出,此时熔体的组成和温度都不变,从而在 T_E 时出现水平线段,直到熔体完全凝固后温度再下降。

体系温度的控制与测量都是根据体系温度变化范围选择适当的测量工具。对于金属相图的步冷曲线,以往大都采用热电偶测温。本实验中采用微电脑控制金属相图实验炉,可以起到控温和测温作用。利用单片机的软件补偿功能,补偿了检测回路及传感器的非线性,使控制器的测温误差不大于 $\pm1℃$,测量精度高。

【仪器试剂】

1. 仪器

硬质玻璃样品管(或不锈钢套管);微电脑温度控制仪;金属相图实验炉;铂电阻(测温探头)。实验装置如图 4.18 所示。

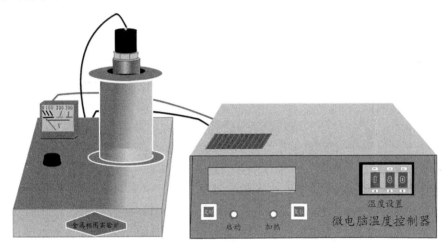

图 4.18　金属相图实验装置图

2. 试剂

Bi(化学纯,C.P.);Sn(C.P.);石墨粉;纯锡,含锡 20％、30％、40％、70％的锡-铋合金,纯铋,共 6 份样品。

【实验步骤】

1. 仪器操作

1) 通电前准备

(1) 依据图 4.18 和图 4.19,连接炉体电源线、控制器电源、铂电阻插头(2 芯)、信号线插头(5 芯)、接地线。

(2) 按操作规程装好样品试管,并在试管中插入铂电阻后放入炉体。

(3) 设置控制器拨码开关:由于炉丝在断电后热惯性的作用,将会使炉温上冲 100～160℃

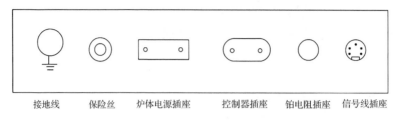

图 4.19　炉体背面示意图

（冬天低,夏天高）。

（4）将炉体上黑色旋钮反时针旋到底,处于不保温状态。

2）通电工作

（1）通电升温:接通电源,控制器显示室温,加热灯亮,炉体上电压表指示电压值,炉体开始升温。

（2）炉体自动断电:当炉内温度（显示温度）高于设置温度后,加热灯灭,电压表指零,炉内电流切断,停止加热。

（3）限温功能:为了防止拨码开关值设置过大而损坏铂电阻,软件功能使拨码开关百位数不大于2（万一拨码开关百位数大于2,程序中也默认为2）。

（4）一次加热功能:由于实验按先升温后降温的顺序进行,所以软件中采取了一定措施使得温度降到低于拨盘值时仍不加热,只有操作人员按复位键或重新通断一次电源,炉体才重新开始加热至拨码开关值。

（5）中途加热:当炉体升温未达到要求温度时,如果显示温度小于299℃,可增加拨码开关数值后再按一下复位键,则加热继续进行。当显示温度超过299℃时,把黑色旋钮向顺时针转动（工作人员不能离开）,这时炉体继续加热,注意应提前切断炉丝电流（防止热惯性使温度上冲过高）,即反时针转到黑色旋钮至电压表指示为零。

（6）保温功能:由于冬天气温太低,需防止温度下降太快,不易发现拐点、平台现象,可将黑色旋钮顺时针转动使电压表指示20~40V,使得炉体中有少量的保温电流通过。正常温度下降速率为6~8℃·min^{-1}。

3）报时功能

按定时键可选择15~60s的定时鸣笛,按一次显示15s,表示15s叫一声,第二次显示30s,依次类推,按复位键可使叫声停止。

2. 实际测量

（1）装样:将上述6份合金各100g样品装入6个不同硬质玻璃管中,再加盖一层石墨粉,密封,并按顺序标上1~6号。

（2）测定样品的步冷曲线:将装有样品的硬质玻璃管逐个放入金属相图实验炉中,设定温度后开始加热升温。考虑到热惯性作用,设定温度值比样品熔点要低,1号样为180℃,其他样品依次为170℃、160℃、150℃、150℃、230℃。待样品完全熔化后,用带有保护套的测温探头轻轻搅动管内的样品,以确保管内各处组成均匀一致,样品表面上也都均匀地覆盖着一层石墨粉。将测温探头固定于管的中心,探头插入样品液面下约3cm,但与管底部距离应不小于1cm,避免环境对测定的影响。待仪器自动断电后,开始冷却,每隔1min记录一次温度值。直到温度不再变化的水平部分出现后,再读五六个数据即可。

（3）实验完毕,将样品管按编号顺序放置于固定的支架上,切断实验装置的电源。

【数据处理】

（1）将不同组成的温度-时间实验数据列表。

（2）用坐标纸绘出各组成样品的步冷曲线,确定各相变点的温度。

（3）根据上面确定的温度-组成数据绘制相图。从相图上确定最低共熔物的组成。

（4）分析体系组成 $w(\mathrm{Bi})=25.0\%$、40.0%、75.0% 时,体系从溶液冷却至室温过程中所发生的相变,并画出相应的步冷曲线。

【分析讨论】

（1）高纯金属或合金,当冷却速率十分缓慢且无振动时,有过冷现象出现,液体的温度下降至比正常凝固点更低的温度才开始凝固,固相析出后又逐渐使体系温度上升到正常的凝固点。如图 4.20 所示,曲线 Ⅱ 表示纯金属有过冷现象时的步冷曲线,而曲线 Ⅰ 为无过冷现象时的步冷曲线。

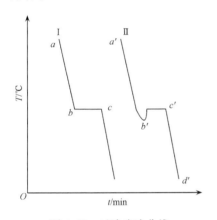
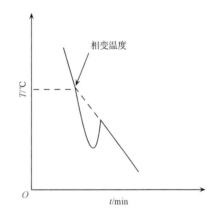

图 4.20　过冷步冷曲线　　　　　图 4.21　出现过冷现象时相变温度的确定

由于过冷现象的存在,步冷曲线上将出现一个低谷。这是因为少量固相开始析出所释放的能量不足以抵消外界冷却所吸收的热量。体系温度进一步降低至相变温度以下,这导致众多的微晶同时形成,温度才得以回升。过冷现象的存在使得步冷曲线的水平段变短,更使得转折点难以确定。如图 4.21 所示,此种情况下,可近似地线性外推,以求得较为合理的相变温度。

（2）实验中,温度控制一定要适当,温度上升过高会导致样品氧化。

（3）本实验的关键是,步冷曲线上转折点和水平段是否明显。步冷曲线上温度变化的速率取决于体系与环境间的温差、体系的热容和热传导率等因素。若体系析出固体时放出的热量能抵消散失热量的大部分,则转折变化明显,否则转折不明显。故控制样品降温速率很重要,一般以 $6\sim 8\,^{\circ}\mathrm{C}\cdot \mathrm{min}^{-1}$ 较好。冬季实验时,需设置保温电流,以维持适宜的降温速率。

（4）本实验一般用 Sn-Bi、Sn-Pb、Cd-Bi、Pb-Zn 等低熔点金属体系,其蒸气对人体有害,因而须在样品表面覆盖石墨粉,以防止样品的挥发和氧化。

（5）固-液体系的相图类型很多,二组分间可形成固熔体、化合物等,其相图较复杂。因此,要获得一个完整的相图,除热分析法外,还常需借助金相显微镜、X 射线衍射方法及化学分析等手段共同解决。

【思考题】

(1) 是否可用加热曲线来绘制相图?

(2) 为什么要缓慢冷却体系来做步冷曲线?

(3) 若硬质玻璃管中的样品混有杂质,则测得的实验数据或 T-x 图会发生怎样的变化?

(4) 步冷曲线上各段的斜率以及水平段的长短与哪些因素有关?

(5) 分析降温速率对步冷曲线的影响。

(6) 用差热分析法或差示扫描量热法来测绘相图是否可行?

(7) 从实验方法与测量技术两方面分析气-液平衡相图和固-液平衡相图测定时的异同点。

(8) 如何避免过冷现象? 若出现过冷步冷曲线,该怎样确定相变温度?

(9) 什么是固熔体? 从分子或原子结构的角度分析形成固熔体的基本条件有哪些?

实验 7　部分互溶三液系相图的测绘

【实验目的】

(1) 掌握用三角形坐标表示三组分体系相图的方法。

(2) 掌握用溶解度法作出具有一对共轭溶液的乙醇-水-氯苯三元体系相图的方法和步骤。

(3) 熟悉相律,熟练掌握杠杆规则的原理和应用。

【实验原理】

1. 用三角形坐标表示三元相图

三组分体系的组分数 $K=3$,由相律 $f=K-\Phi+2$,可得 $f=5-\Phi$。当相数最少时须为 1,此时体系的自由度最大,有 $f_{max}=4$,这四个变量是温度、压力和两个组分的浓度。由此可知,要完整地表示三组分体系的相图需用四维坐标,这是很不方便的。若将温度和压力同时固定,则此时体系的自由度为 2,用平面图形即可表示体系的状态与组成之间的关系,称为三元相图。

在一定温度和一定压力下,通常用等边三角形坐标表示三元相图,如图 4.22 所示。三角形的三个顶点 A、B、C 分别表示三个纯组分,三条边 AB、AC、BC 分别表示 A 和 B、A 和 C、B 和 C 所组成的二组分体系,边上的任意一点表示此二组分体系的组成,如 c 点表示 B 和 C 组成的混合物且 C 的含量为 7.50%;三角形中任意一点 f 表示三组分体系的组成,具体为:过 f 点作平行于三角形三条边的直线交三边于 h、i、j 三点,由平面几何学原理知,$fh+fi+fj=AB=AC=BC$,或 $Ch+Ai+Bj=AB=AC=$

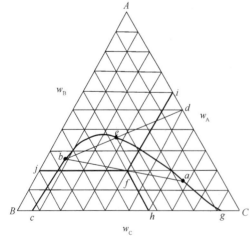

图 4.22　等边三角形相图

$A.$ 乙醇;$B.$ 水;$C.$ 氯苯

BC,因此任一三组分体系的组成可用 Ch、Ai 和 Bj 的长度来表示。若将每条边分为 100 等分,则 $fh=Bj=w_A$,$fi=Ch=w_B$,$fj=Ai=w_C$。w_A、w_B、w_C 分别为 A、B、C 的质量分数,一般是沿着逆时针方向在三角形的三条边上标出 A、B、C 三个组分的质量分数(或摩尔分数)。对于 f 点,体系的组成为 20% A、40% B、40% C。

图 4.22 表示的是有一对不互溶的三液系相图的溶解度曲线,由 ceg 点构成溶解度曲线,ab 是联结线,联结线两端对应的一对溶液称为"共轭溶液"。溶解度曲线下方是两相区,即一层是氯苯在水中的饱和溶液(c),另一层是水在氯苯中的饱和溶液(g)。曲线上方是单相区。在 A(乙醇)-B(水)-C(氯苯)三组分体系中,液体 A 分别能完全溶解在液体 B 和液体 C 中,而 B 与 C 则只能部分互溶。若在 B 和 C 所组成的体系中逐渐加入 A,则可使 B 与 C 之间的互溶度增大,直至该体系变成匀相;相反,若将 B 逐渐加入 A 和 C 组成的溶液(或将 C 加入 A 和 B 组成的溶液)中,则溶液最后会分成两层。因此,利用体系在相变化时清浊现象的变化,可以判断体系中各组分间互溶度的大小。一般由清变混浊,肉眼较易分辨。所以本实验采用向均相的氯苯-乙醇体系滴加水使之变成二相混合物的方法确定两相间的相互溶解度。

2. 三元相图的绘制

要作出有一对不互溶(B、C)的三液体系相图,首先应作出它们的溶解度曲线,即图 4.22 中的 ceg 曲线。作溶解度曲线时,可先配好各组成的 B-C 体系,然后滴加 A,使 B 与 C 刚好完全互溶(澄清);或先配好各种组成的 A-C 体系,然后逐渐滴加 B 至溶液刚好混浊为止。根据滴定"终点",可绘出三组分体系的溶解度曲线。

若两相区内某一整体组成为 f,分成两相后,每相中的组成则由这对共轭溶液的组成 a 及 b 表示,线 ab 称为联结线。联结线 ab 可由实验求得,因为两个共轭溶液质量的比可用杠杆规则确定,即

$$m_a/m_b = bf/af \qquad (4-24)$$

式中,m_a、m_b 分别为两个共轭溶液的质量。只要知道两个共轭溶液的质量比,便知道 bf 与 af 两线的长度之比。由此可画出联结线。由于在实验操作中,要把两层溶液分得很彻底并准确称出每层的质量是不容易的,故采用如下方法画联结线:设整体组成为 f,则共轭溶液的组成由 a 层、b 层表示。若在 b 层中取一部分质量为 m_b 的澄清液体,将 50% 的 A-C 溶液逐渐滴入 b 液中,使组成变成 e(实验现象为澄清→混浊→澄清),此时体系不分层,假设所加入的 50% A-C 溶液质量为 m_d,则按杠杆规则可得

$$m_b/m_d = ed/eb \qquad (4-25)$$

由此可以确定 b 点的位置(通过 d 点画一直线,调节到 $ed : eb = m_b : m_d$,此线交于曲线左边所得点即为 b 点),连接 b 与 f 两点并延长交溶解度曲线于 a 点,ab 线即为所求的联结线。

三元液-液相图在工业上有重要应用,是混合物分离、提纯过程设计的重要基础数据。

【仪器试剂】

1. 仪器

U 形 5mL 酸式半微量滴定管 1 支;10mL 酸式滴定管 1 支;1mL、2mL 和 5mL 刻度移液管各 1 支;25mL 圆底烧瓶 3 个;50mL 碘量瓶 3 个;50mL 梨形分液漏斗 1 个。

2. 试剂

氯苯(A.R.);无水乙醇(A.R.);蒸馏水。

【实验步骤】

(1) 用移液管准确吸取 2mL 氯苯,用另一支刻度移液管吸取 0.2mL 乙醇,将两者加入 25mL 干燥洁净的圆底烧瓶中,然后用微量滴定管滴加蒸馏水,不停摇荡至混合液刚出现混浊为止,记下滴加水的体积。然后依次加入 0.5mL、1.0mL、1.5mL、2.5mL、3.5mL、4.5mL 累加的乙醇,按照上述方法依次用蒸馏水滴定,记下每次滴加的水体积。

(2) 再在另一个 25mL 圆底烧瓶中准确加入 0.2mL 氯苯,然后依次加入 0.5mL、1.0mL、1.5mL、3.0mL、4.5mL 累加的乙醇,用上述方法滴定,记下每次滴加的水体积。

(3) 在一个干净的 50mL 分液漏斗中准确加入 1mL 水、4mL 氯苯和 2mL 乙醇,剧烈振荡后静置,待分层后,分出约 1mL 水层溶液于一个已称量的干净的 25mL 圆底烧瓶中,再称其质量。然后用 50% 的氯苯-乙醇溶液滴定。起初混浊,继续滴定至澄清为止。再称此瓶与溶液的质量,利用水层溶液的质量和所滴加的 50% 氯苯-乙醇溶液的质量,应用杠杆规则,作出联结线。

(4) 将每次实验后的溶液全部倒入回收瓶中,洗净实验用的所有玻璃器皿并干燥。

【数据处理】

(1) 将所测数据填入表 4.2 和表 4.3 中。

表 4.2　滴定终点时各组分的含量　　　　实验温度:　　℃

序号	氯苯		乙醇		水		三组分	$w/\%$		
	$\dfrac{V}{\text{mL}}$	$\dfrac{m_{总}}{\text{g}}$	$\dfrac{V_{累加}}{\text{mL}}$	$\dfrac{m_{总}}{\text{g}}$	$\dfrac{V_{累加}}{\text{mL}}$	$\dfrac{m_{总}}{\text{g}}$	$\dfrac{m_{总}}{\text{g}}$	氯苯	乙醇	水
1	2		0.2							
2	2		0.5							
3	2		1.0							
4	2		1.5							
5	2		2.5							
6	2		3.5							
7	2		4.5							
8	0.2		0.5							
9	0.2		1.0							
10	0.2		1.5							
11	0.2		3.0							
12	0.2		4.5							

表 4.3　用 50％的氯苯-乙醇溶液滴定的实验结果　　　　实验温度：　℃

项　　目	氯　苯	乙　醇	水	样　品	m/g
V/mL	4	2	1	水层	
m/g				50％氯苯-乙醇	
$w/\%$				混合液	

（2）将终点时溶液中各组分的体积根据其密度换算成质量,再求出溶液的质量分数。注意:正确记录滴定体积和计算结果的有效数字。将所得结果列表并在三角形坐标图中标出实验点,作出一平滑的溶解度曲线。

（3）根据式(4-25)作出共轭溶液的联结线,方法是:先在坐标纸上定出 d 点(50％氯苯-乙醇溶液),过 d 点作曲线的割线 db,使 $ed:eb = m_b:m_d$,求出 b 点后,连接 b、f 点(f 点为原始三元混合物总体组成)并延长此线与溶解度曲线交于 a 点,ab 即为所求的联结线。

【分析讨论】

（1）该相图是为回收聚羟砜醚生产母液中的乙醇和氯苯而作,它提供了回收乙醇和氯苯的理论依据和方法。

（2）在滴加水的过程中须逐滴加入,且需不停地振摇烧瓶,特别是在接近终点时要多摇振,这时溶液接近饱和,溶解平衡需较长的时间,待出现混浊并在 2～3min 内不消失时,则为终点。

（3）测定乙醇-水-氯苯体系的相图也可采用下述方法进行:

（i）测定一系列饱和溶液的组成(溶解度)和折射率,以此数据绘制工作曲线。

分别在若干个碘量瓶中准确配制组成不同而呈两个液相的两组分(氯苯＋水)混合物,将其置于(35.00±0.10)℃的恒温槽中恒温,然后在继续振摇下小心滴加同一温度的乙醇,至混合物刚从两个液相转变为一个液相为止。称其质量,并测定恒温下的各饱和溶液的折射率。根据溶液的组成和相应的折射率 n_D 数据,分别绘制各组分的 n_D-$w_{氯苯}$ 和 n_D-$w_{乙醇}$ 的工作曲线。

（ii）测定一系列互成平衡的两个液相(轻相和重相)溶液的折射率,用工作曲线确定各共轭溶液的组成。

分别在若干碘量瓶中准确配制整体组成不同而呈两个液相的三组分(乙醇＋水＋氯苯)混合物,置于(35.00±0.10)℃的恒温槽中恒温,并充分振摇使两相达成平衡,然后静止至完全分成上、下两个清晰相层时,分别测定轻相和重相的折射率,再利用工作曲线确定各共轭溶液的组成。

【思考题】

（1）作联结线时,为什么要取一定量水层溶液用 50％氯苯-乙醇溶液进行测定?

（2）实验所用的玻璃器皿为什么要干燥?

（3）三元相图数据对工业生产有何重要性,试举例说明。

（4）学习并阐述杠杆规则的原理及其应用。

（5）二元或三元液-液相图数据从哪些书刊、手册中可以查到?

（6）固-液、液-液相互溶解度数据的测定方法有哪些? 试分别予以讨论。

（7）物质之间相互溶解形成溶液的微观本质是什么?

实验 8　分解反应平衡常数的测定

【实验目的】

(1) 用静态平衡压力方法测定一定温度下氨基甲酸铵的分解压力,并求出分解反应的平衡常数。

(2) 了解温度对反应平衡常数的影响,由不同温度下平衡常数的数据计算此分解反应的有关热力学函数变化值,即 $\Delta_r H_m^\ominus$、$\Delta_r G_m^\ominus$ 和 $\Delta_r S_m^\ominus$。

(3) 掌握低真空实验技术及在低真空条件下化学平衡的研究方法。

【实验原理】

任何化学反应都可按照反应方程的正向及逆向进行。化学平衡热力学就是用热力学原理研究化学反应的方向和限度,亦即研究一个化学反应在一定温度、压力等条件下,按化学反应方程能够正向进行还是逆向进行,以及进行到什么程度为止。描述化学反应达到平衡时体系组成之间的定量关系的重要物理量是(标准)平衡常数。

对任意化学反应, $0 = \sum_B \nu_B B$, 定义

$$K^\ominus(T) \overset{\text{def}}{=\!=\!=} \exp[-\sum_B \nu_B \mu_B^\ominus(T)/RT] \tag{4-26}$$

式中, $K^\ominus(T)$ 称为化学反应标准平衡常数(standard equilibrium constant of chemical reaction),它与参与反应的各反应物质的本性、温度及标准态的选择有关。对指定的反应,它只是温度的函数,为量纲一的量,单位为 1。

根据热力学,有

$$\Delta_r G_m^\ominus(T) = -RT\ln K^\ominus(T) \tag{4-27}$$

式(4-26)或式(4-27)对任何化学反应都适用,即无论是理想气体反应或真实气体反应、理想液态混合物中的反应或真实液态混合物中的反应、理想稀溶液中的反应或真实溶液中的反应、理想气体与纯固体(或纯液体)的反应以及电化学系统中的反应都是适用的。

化学平衡热力学是解决化工生产和科学实验中关于反应的方向、反应的最大限度和反应条件控制等重要问题的基础理论,是学生学习物理化学课程中必须熟练掌握的内容。为此,设计了本实验——分解反应平衡常数的测定,这是一类重要的化学反应。

氨基甲酸铵是合成尿素的中间产物,为白色固体,很不稳定,易发生如下分解反应:

$$NH_2COONH_4(s) \Longleftrightarrow 2NH_3(g) + CO_2(g)$$

该反应是可逆的多相反应,若不将分解产物从体系中移走,则很容易达到平衡。在实验条件下气体的逸度近似为 1,且纯固态物质的活度为 1。在一定温度下,固体氨基甲酸铵的蒸气压有一定的数值,而与固体的量无关,即 $p_{NH_2COONH_4}$ 是常数。基于以上分析,可导出此分解反应的标准平衡常数 $K^\ominus$ 为

$$K^\ominus = p_{NH_3}^2 \, p_{CO_2}/(p^\ominus)^3 \tag{4-28}$$

式中，p_{NH_3}、p_{CO_2} 分别为某温度下体系平衡时 NH_3、CO_2 的分压；$p^\ominus = 100kPa$ 或 $101.325kPa$。又因固体氨基甲酸铵的蒸气压很小，可将体系的总压 p 表示为

$$p = p_{NH_3} + p_{CO_2} \tag{4-29}$$

从分解反应式可知

$$p_{NH_3} = 2p_{CO_2}$$

则有

$$p_{NH_3} = \frac{2}{3}p \qquad p_{CO_2} = \frac{1}{3}p$$

$$K^\ominus = \frac{4}{27}\left(\frac{p}{p^\ominus}\right)^3 \tag{4-30}$$

式(4-30)表明，当体系达到平衡后，只要测量其平衡总压 p，即可求得实验温度下的标准平衡常数 $K^\ominus$。

在恒压条件下，温度对平衡常数的影响一般都很显著，可表示为

$$d\ln K^\ominus / dT = \Delta_r H_m^\ominus / RT^2 \tag{4-31}$$

式中，T 为热力学温度；$\Delta_r H_m^\ominus$ 为等压反应热效应。若温度变化范围不大，$\Delta_r H_m^\ominus$ 可视为常数，则将式(4-31)积分，得

$$\ln K^\ominus = -\Delta_r H_m^\ominus / RT + C \tag{4-32}$$

以 $\ln K^\ominus$ 对 $1/T$ 作图，应得一直线，其斜率为 $-\Delta_r H_m^\ominus / R$，由此可求得 $\Delta_r H_m^\ominus$。

氨基甲酸铵的分解反应是吸热反应，反应热效应很大，在 298K 时其标准摩尔反应焓变 $\Delta_r H_m^\ominus$ 为 $159.4kJ \cdot mol^{-1}$，故温度对 $K^\ominus$ 的影响很大，实验中应严格控制恒温槽的温度。

由某温度下的平衡常数，可按下式算出该温度下的标准摩尔反应吉布斯自由能变 $\Delta_r G_m^\ominus$。

$$\Delta_r G_m^\ominus = -RT\ln K^\ominus \tag{4-33}$$

某温度下的标准摩尔反应熵变 $\Delta_r S_m^\ominus$ 可由下式求得：

$$\Delta_r S_m^\ominus = (\Delta_r H_m^\ominus - \Delta_r G_m^\ominus)/T \tag{4-34}$$

【仪器试剂】

1. 仪器

数字式压力计 1 台；恒温水浴 1 套；等压计 1 个；样品管 1 个；缓冲瓶 1 个；三通真空活塞 2 个；真空泵 1 套。

2. 试剂

硅油；氨基甲酸铵（自制）。

氨基甲酸铵的制备方法：干燥的氨和干燥的二氧化碳接触后，不论两者的比例如何，只生成氨基甲酸铵。若有水存在，还会生成碳酸铵或碳酸氢铵。因此，原料气和反应体系必须事先干燥。此外，生成的氨基甲酸铵极易在反应容器的壁上形成一层黏附力很强的致密层，这不仅

影响反应热散去,而且很难将其剥离,产物无法取出。故反应容器选用聚乙烯薄膜袋,反应后只要对其揉搓,即可得到白色粉末状的氨基甲酸铵产品。自制反应装置如图4.23所示。

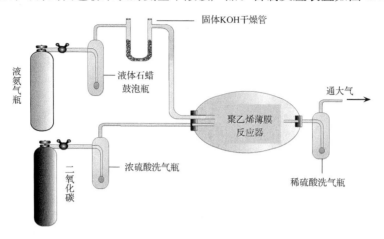

图4.23　氨基甲酸铵制备装置示意图

操作步骤:先开启 CO_2 气瓶,控制 CO_2 流量不要太大,在浓硫酸洗气瓶中可看到正常鼓泡;然后开启 NH_3 气瓶,使 NH_3 流量比 CO_2 大一倍,可从液状石蜡鼓泡瓶中的气泡估计其流量。如果 CO_2 和 NH_3 的配比适当,反应又很完全(从反应器表面能感到温热),可由尾气鼓泡瓶看出此时尾气的流量接近于零。通气约 1h,能得到 $200\sim400g$ 白色粉末状氨基甲酸铵产品,装瓶备用。

如图4.24所示安装测量装置,将干燥并装有硅油的等压计和干燥并装有氨基甲酸铵的样品管安装好,样品管和等压计用乳胶管连接,两端用铅丝扎紧在玻璃管上。

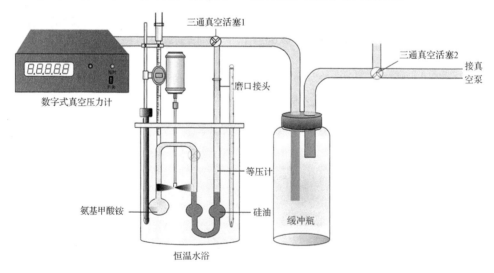

图4.24　氨基甲酸铵分解测定装置

【实验步骤】

(1)准确读取实验开始时的大气压,实验结束时再读一次,取两次读数的平均值,并进行温度校正。

（2）检查系统是否漏气。

（3）调节恒温浴温度为 25℃，旋转活塞 1 处于三通状态，缓慢旋转活塞 2 使真空泵与系统连通，对系统缓缓抽气约 10min，直至排尽系统内空气。旋转活塞 2 使真空泵与大气连通，与系统隔开，停泵。

（4）缓慢旋转活塞 2，使空气缓缓放入系统，直至等压计 U 形管两臂的硅油面平齐，立即关闭活塞。仔细观察硅油面，设法保持硅油面平齐不变。待硅油面不再随时间而发生变化时（一般要求保持 10min），可认为体系已处于平衡状态，读取数字式真空压力计读数、大气压力及恒温浴温度。恒温浴精度应能达到 ±0.1℃。

（5）提高恒温浴温度至 30℃，按上述方法再次测量。然后依次测定 35℃、40℃、45℃、50℃时的分解压力。

（6）测量完毕后，旋转活塞 1，使等压计与系统其他部分隔开。然后开动真空泵抽去压力计和管道内的气体，再旋转活塞 2 使真空泵与大气接通，停真空泵。再缓慢旋转活塞 2 和活塞 1，使整个系统与大气相通。

【注意事项】

（1）对于等压计的封闭液，过去一般采用汞或液状石蜡，但汞污染环境；而液状石蜡本身有一定蒸气压，会影响测量结果，故本实验采用蒸气压极小的硅油作封闭液。

（2）由如表 4.4 所示的氨基甲酸铵分解压的文献数据可知，温度对分解压的影响很大，因此实验中必须仔细控制分解反应的温度，一般要求准确到 ±0.1℃。实验表明，温度越高，温度波动对分解压测量的影响越大。

表 4.4　氨基甲酸铵分解压的文献值*

温度/℃	25.00	30.00	35.00	40.00	45.00	50.00
分解压/mmHg	88.0	128.0	178.5	247.0	340.0	472.0

* Joncich M J, Solka B H, Bower J E. J Chem Edu, 1967, 44: 598。

（3）用真空泵对系统抽气时，因为氨有腐蚀性，同时当氨与二氧化碳一起吸入泵内时将会生成凝结物，以致损坏泵及泵油，因此在真空泵前应装吸附有浓硫酸的硅胶的干燥塔来吸收氨。

【数据处理】

（1）将所测的分解压进行校正，计算分解反应的平衡常数 $K^{\ominus}$，并将所测的分解压与文献值进行对照。

（2）以 $\ln K^{\ominus}$ 对 $1/T$ 作图，计算氨基甲酸铵分解反应的平均等压反应热效应 $\Delta_r H_m^{\ominus}$。

（3）计算 25℃时氨基甲酸铵分解反应的标准摩尔反应吉布斯自由能变 $\Delta_r G_m^{\ominus}$ 和标准摩尔反应熵变 $\Delta_r S_m^{\ominus}$。

【思考题】

（1）试述本实验测量装置气密性的检测方法。

（2）当将空气缓缓放入系统时，如放入的空气过多，将有何现象出现？怎样克服？

（3）本实验和纯液体的饱和蒸气压实验都使用等压计，测定的体系和测定的方法有何区别?

（4）如何判定装有样品的小球中的空气已被抽尽？若此部分空气未被抽尽，则对 $K^\ominus$ 值有何影响？

（5）在实验装置中，安置缓冲瓶的目的是什么？

（6）温度对标准平衡常数有何影响？用哪些数据可估计温度对标准平衡常数的影响？

（7）从实验数据分析温度和压力对氨基甲酸铵分解反应的影响，对气体分子数减少的其他合成反应是否也有类似的规律？

实验 9　差　热　分　析

【实验目的】

（1）了解热分析的一般原理，掌握差热分析（DTA）和差动热分析（DSC）的基本原理、实验方法及技术。

（2）了解差动热分析仪的构造，掌握其使用方法。

（3）用差动热分析仪测定 $CuSO_4 \cdot 5H_2O$ 在加热过程中发生的温度变化，并对热谱图进行定性分析和定量处理。根据测得的实验数据和分析结果，讨论 $CuSO_4 \cdot 5H_2O$ 中 5 个结晶水的热稳定性的差异与空间结构的关系。

【实验原理】

热分析是一种重要的实验技术，可分为差热分析法、热重法、差动热分析法等。

差热分析法是一种重要的物理化学分析方法，利用它可以对物质进行定性和定量分析，因而在科学研究和化工、冶金、陶瓷、地质和金属材料等工业生产部门中有着广泛应用。目前，差热分析法已成为化学学科中的常规分析手段之一，在相图绘制、固体热分解反应、脱水反应、物质相变、反应速率及活化能测定、配合物热稳定性研究等许多方面得到广泛应用。

物质受热时发生化学反应，其质量也随之改变，测定物质质量的变化就可研究其变化过程。热重法（TG）是在程序控制温度下，测量物质质量与温度关系的一种技术。热重法得到的曲线称为热重曲线（TG 曲线）。热重曲线以质量作纵坐标，从上向下表示质量减少；以温度（或时间）为横坐标，自左至右表示温度（或时间）增加。热重法的主要特点是定量好，能准确地测量物质质量的变化及变化的速率。热重法的实验结果与实验条件有关。在相同实验条件下，同种样品的热重数据是重现的。

从热重法又发展出微商热重法（DTG），即热重曲线对温度（或时间）的一阶导数。实验时可同时得到微商热重曲线和热重曲线。微商热重曲线能精确地反映出起始反应温度、达到最大反应速率的温度和反应终止温度。在热重曲线上，对应于整个变化过程中各阶段的变化互相衔接而不易区分开，而同样的变化过程在微商热重曲线上能呈现出明显的最大值，所以微商热重法能很好地检测出重叠反应，区分各个反应阶段，这是微商热重法的最大优点。此外，微商热重曲线峰的面积精确地对应变化的质量，因而用微商热重法能精确地进行定量分析。有些材料由于种种原因不能用差热分析，却可以采用微商热重法分析。

随着电子技术的发展，差热分析仪也由早期的简单型发展成为现在的数字化、高精度型，仪器档次有多种；另外，热分析法与其他分析技术和实验仪器联用也得到发展和应用，如热重-

红外(IR)谱仪等。

有关差热分析、差示扫描量热法、热重分析法的基本原理见 3.5 节。下面介绍 $CuSO_4 \cdot 5H_2O$ 晶体的脱水过程。

很多离子型的盐类从水溶液中析出时,常含有一定量的结晶水。结晶水与盐类结合得较牢固,但受热到一定温度时,会脱去结晶水的一部分或全部。$CuSO_4 \cdot 5H_2O$ 晶体在不同温度下可逐步脱水,颜色随着水的含量不同由蓝色变为浅蓝色,最后为白色或灰白色。$CuSO_4 \cdot 5H_2O$ 晶体按下列反应逐步脱水(注意:在不同无机化学教科书和有关手册中,$CuSO_4 \cdot 5H_2O$ 逐步脱水的温度数据相差较大)。

$$CuSO_4 \cdot 5H_2O \xrightarrow{102℃} CuSO_4 \cdot 3H_2O + 2H_2O$$

$$CuSO_4 \cdot 3H_2O \xrightarrow{113℃} CuSO_4 \cdot H_2O + 2H_2O$$

$$CuSO_4 \cdot H_2O \xrightarrow{258℃} CuSO_4 + H_2O$$

硫酸铜失去结晶水的过程分三个阶段,与其结构有关。图 4.25 示出了 $CuSO_4 \cdot 5H_2O$ 的空间结构,可见四个水分子以平面四边形配位在 Cu^{2+} 的周围,第五个水分子以氢键与硫酸根结合,SO_4^{2-} 分别在平面四边形的上、下,形成不规则的八面体。四个与 Cu^{2+} 配位的水分子中,有两个与第五个水分子也形成一个氢键。

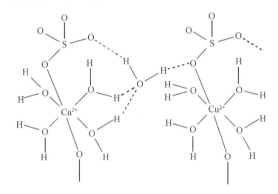

图 4.25　$CuSO_4 \cdot 5H_2O$ 的结构

【仪器试剂】

1. 仪器

CDR-4P 型差动热分析仪;电子天平;装样工具。

2. 试剂

$CuSO_4 \cdot 5H_2O$(A. R.),密封好并置于干燥器中备用。

【实验步骤】

1. 实验过程

(1) 仪器通电预热 20min。

（2）开冷却水，如果需要，将一定的气氛通入通气管。

（3）将"数据站接口单元"的显示选择在 T 挡。

（4）将"差动热补偿单元"的"差热"、"差动"开关置于"差动"挡，微伏放大器量程开关置于 $\pm 100\mu V$ 处，"斜率调整"置于"6"。

（5）准确称取 5～10mg 已研细的样品于坩埚内，使样品平铺坩埚底。

（6）将盛装样品的坩埚置于炉体中：转动手柄，使电炉上升到距最高位置 0.8～1cm 处，炉体即能从护板上转出，用镊子夹住装好样品的坩埚，手不要抖动，轻轻放在样品支架的左侧，右侧已放置装好参比物的坩埚（参比物是在试温区内对热高度稳定的物质，如 α-Al_2O_3，一般不用更换）。将炉体转回原处，一定要对准，否则容易碰断样品杆，再轻轻地向下摇到底。切记此点。

（7）根据测量要求，选择适当的升温方式和速度编制程序，接通电炉电源，使炉温按预定要求变化。

（8）操作计算机进行采样。

2. DSC 操作规程

对于 CDR-4P 型差动热分析仪，其操作步骤如下：

（1）开机后，按住 $\wedge$ 键，SV 屏幕显示 STOP 时再松手。

（2）按一下＜键即放开，PV 屏幕显示 C 01，用 $\wedge$、$\vee$ 键调节温度高低，用＜键移动小数点位置，输入起始温度（一般设为 20℃）。

（3）按一下□键，立即松手（若按住超过 2s，出现 STEP 时，不能再按其他键，必须等待 SV 出现跳跃 STOP 状态时，重新由第一步开始设置），PV 屏幕显示 T 01，用 $\wedge$、$\vee$ 键输入第一阶段升温所需时间（温度跨度值/升温速度）。

（4）按一下□键，PV 屏幕显示 C 02，用 $\wedge$、$\vee$ 键输入第一阶段结束温度（通常比实际所需温度高 30℃左右）。

（5）按一下□键，PV 屏幕显示 T 02，用 $\wedge$、$\vee$ 键输入-120 表示停止加热。等待 SV 屏幕自动跳跃到 STOP 状态，即 STEP1 设定操作完毕。

（6）按住 $\vee$ 键，SV 屏幕显示 HOLD 时立即松手，等待 3min 后再做下一步。

（7）按住 $\vee$ 键，SV 屏幕显示 RUN 时立即松手，再按电炉启动按钮，即电炉开始升温，此时输出电压由 0.2V 逐渐增大至 50V 左右即为正常。

（8）操作计算机开始采样。

（9）升温至所需值后，按电炉停止按钮，结束升温。

（10）按操作规程关闭仪器。

3. 谱图打印

将保存于计算机中的测量谱图打印一份，用作实验报告的原始数据。

【注意事项】

（1）升温结束后，把炉体打开，降至室温。取出样品，观察样品的颜色、状态变化，称量并对比反应前后的质量变化，可推断出其组成。

（2）样品是否吸潮、样品的粒度大小等会影响峰形。

【数据处理】

根据图谱和数据分别计算第一步、第二步、第三步失去结晶水的个数,分析这五个结晶水的不同热稳定性。

【思考题】

(1) 对测定样品的质量有什么要求? 如果样品装得太多、太厚,对实验有何影响?

(2) 如果升温速率太快,对峰形、实验结果有何影响?

(3) 哪些因素会影响硫酸铜结晶水测定结果的准确性?

(4) DSC 和 DTA 实验技术有何区别?

(5) 对于 $CaC_2O_4 \cdot H_2O$ 的热分解反应,分别讨论空气和氮气气氛对其差热分析曲线的影响。

(6) 对于 DTA,在何种情况下,升温过程与降温过程所得到的差热分析结果相同? 在什么情况下,只能采用升温或降温的方法?

(7) 样品粒度是否越细越好? 为什么?

(8) 选择参比物时应考虑哪些因素? 为什么?

实验 10　蔗糖转化反应动力学

【实验目的】

(1) 了解旋光仪的基本原理,掌握旋光仪的使用方法。

(2) 了解准级数反应的动力学实验研究方法。

(3) 测定蔗糖转化反应的速率常数,考察温度对该反应动力学性能的影响。

【实验原理】

1. 蔗糖转化反应及其动力学

蔗糖水溶液在酸催化作用下,可转化为葡萄糖与果糖,有

$$\underset{\text{蔗糖}}{C_{12}H_{22}O_{11}} + H_2O \xrightarrow{\;H^+\;} \underset{\text{葡萄糖}}{C_6H_{12}O_6} + \underset{\text{果糖}}{C_6H_{12}O_6} \tag{4-35}$$

该反应是个二级反应,在纯水中的反应速率极慢,所以需要在 H^+ 的催化作用下进行。当蔗糖含量不大时,由于在整个反应过程中,水始终是大量的,故其浓度可看作不变;作为催化剂的氢离子,其浓度在反应过程中也不变。因此,蔗糖转化的速率只与蔗糖的浓度有关。实验表明,此反应速率与蔗糖浓度成正比,即蔗糖转化为一级反应,有

$$-\frac{\mathrm{d}c_{\text{蔗}}}{\mathrm{d}t} = k_{\text{蔗}}\, c_{\text{蔗}} \tag{4-36}$$

式中,$k_{\text{蔗}}$ 为蔗糖转化的表观反应速率常数;$t=0$ 时,蔗糖浓度为 c_0,时间为 t 时,蔗糖浓度为 $c_{\text{蔗}}$。对式(4-36)积分可得

$$\ln c_{蔗} = \ln c_0 - k_{蔗} t \tag{4-37}$$

因为蔗糖、葡萄糖和果糖都含有不对称的碳原子,均是旋光性物质,但其旋光能力不同,故可利用体系在反应过程中旋光性的变化来衡量反应进程。在一定温度下,对于一定波长光源和一定长度的试样管,旋光性物质溶液的旋光度 α 与溶液的浓度成正比,即 $\alpha = Kc$,比例系数 K 与物质旋光能力、溶剂性质、溶液浓度、样品管长度及温度等因素有关。基于此,可用反应液旋光度的变化来代替蔗糖浓度的变化,从而可对其动力学过程进行跟踪与研究。

由上述关系推导可得

$$\ln(\alpha_t - \alpha_\infty) = \ln(\alpha_0 - \alpha_\infty) - k_{蔗} t \tag{4-38}$$

式中,α_0 为反应开始时溶液的旋光度;α_∞ 为蔗糖完全转化后溶液的旋光度。因此,将 $\ln(\alpha_t - \alpha_\infty)$ 对 t 作图应为一直线,由其斜率即可求得表观反应速率常数 $k_{蔗}$。

2. 旋光度及比旋光度

一般光源发出的光,其光波在垂直于传播方向的一切方向上振动,这种光称为自然光,或称非偏振光;而只在一个方向上有振动的光称为平面偏振光。当一束平面偏振光通过某些物质时,其振动方向会发生改变,此时光的振动面旋转一定的角度,这种现象称为物质的旋光现象,具有这种性质的物质称为旋光物质。旋光物质使偏振光振动面旋转的角度称为旋光度。

旋光度是旋光物质的一种物理性质,它的大小除了取决于被测分子的立体结构外,还受到测定溶液的浓度、偏振光通过溶液的厚度(样品管的长度)及温度、偏振光的波长等因素的影响。实验中把在钠光 D 线(589.3nm)光源下,以偏振光通过浓度为每毫升含 1g 旋光物质、厚度为 1dm 溶液时所表现出来的旋光度称为比旋光度,其定义式为

$$[\alpha]_D^t = \frac{\alpha}{lc} \tag{4-39}$$

式中,D 表示光源为钠光 D 线;t 为实验温度;α 为旋光度;l 为液层厚度,dm;c 为被测物质的浓度,$g \cdot mL^{-1}$。在测定比旋光度值时,应说明使用的溶剂,如未说明一般指水为溶剂。

比旋光度可以用来度量物质的旋光能力,为了区别右旋和左旋,常在左旋光度的前面加一负号。例如,蔗糖的比旋光度为 $[\alpha]_D^{20} = 66.55°$,葡萄糖的比旋光度为 $[\alpha]_D^{20} = 52.5°$,它们都是右旋物质;而果糖的比旋光度为 $[\alpha]_D^{20} = -91.9°$,它是左旋物质。

3. 旋光度的测量原理

要测出物质的旋光度,首先必须具有一束平面偏振光。实验中的偏振光常用尼科尔棱镜获得。尼科尔棱镜是将一块方解石晶体沿一定的对角面剖开后再用加拿大树胶黏合而成的,如图 4.26 所示。

由于方解石晶体具有各向异性的特点,当自然光进入尼科尔棱镜时就被分解成两束互相垂直的光,它们分别到达方解石与加拿大树胶的界面上时,其中一束受到全反射而不能穿过树胶层,并被棱镜涂黑的四面所吸收;另一束光则透过树胶层和第二片棱镜,这样就获得一束单一的平面偏振光。

用于产生平面偏振光的棱镜称为起偏镜,如让起偏镜产生的偏振光照射到另一个透射面与起偏镜透射面平行的尼科尔棱镜,则这束平面偏振光也能通过第二个棱镜;如果第二个棱镜

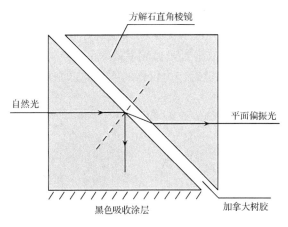

图 4.26　尼科尔棱镜起偏振的原理图

的透射面与起偏镜的透射面垂直,则由起偏镜出来的偏振光完全不能通过第二个棱镜。如果第二个棱镜的透射面与起偏镜的透射面之间的夹角为 $0° \sim 90°$,则光线部分通过第二个棱镜,此第二个棱镜称为检偏镜。通过调节检偏镜,能使透过的光线强度在最强和零之间变化。

　　如果在起偏镜与检偏镜之间放有旋光性物质,则由于物质的旋光作用,使来自起偏镜的光的偏振面改变了某一角度,只有检偏镜也旋转同样的角度,才能补偿旋光线改变的角度,使透过的光的强度与原来的相同。旋光仪最初就是根据这种原理设计的,目前旋光仪有两种类型,即直接目测与自动显示数值,下面分别予以简单介绍。

图 4.27　WXG-4 圆盘旋光仪

4. 旋光仪

1）目测旋光仪

　　以 WXG-4 圆盘旋光仪为例,如图 4.27 和图 4.28 所示。目测旋光仪一般包括两个尼科尔棱镜、样品管和回旋刻度盘。其中靠近光源处有个固定不动的尼科尔棱镜,它使光源射入的普通光线变为偏振光,称为起偏镜;靠近目镜处可旋转的尼科尔棱镜接在回转刻度盘上,用来检查偏振光的旋转情况,称为检偏镜;回转刻度盘用来读出检偏镜的旋转读数。

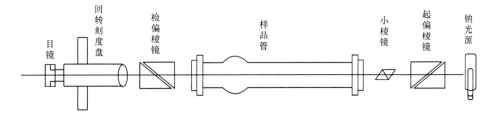

图 4.28　目测旋光仪的主要组成部件

　　用肉眼判断偏振光通过旋光物质前后的强度是否相同是十分困难的,为了减小测定误差,特别设计了三分视界的装置,即在起偏镜后放置一块狭长的石英片,由起偏镜透来的偏振光通过石英片时,由于石英片的旋光性,使偏振旋转了一个角度 Φ,称为半暗角($\Phi = 2° \sim 3°$),如

图 4.29 所示。当检偏镜的偏振面处于 $\Phi/2$ 时,石英片两旁直接来自起偏镜的光偏振面被检偏镜旋转了 $\Phi/2$,而中间被石英片转过角度 Φ 的偏振面对被检偏镜旋转角度 $\Phi/2$,这样中间和两边的光偏振面都被旋转了 $\Phi/2$,故视野呈微暗状态,且三分视野内的暗度相同,很容易观察到,如图 4.29(c)所示,因此将这一位置作为仪器的零点,在每次测定时,均调节检偏镜使三分视界的暗度相同,然后读数。

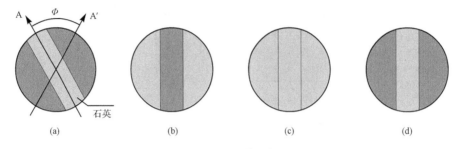

图 4.29　三分视场

2)数显旋光仪

图 4.30 和图 4.31 分别是 WZZ-2 型数字式自动旋光仪的外形和工作原理示意图。该仪器用 20W 钠光灯为光源,并通过可控硅自动触发恒流电源点燃,光线通过聚光镜、小孔光柱和物镜后形成一束平行光,然后经过起偏镜后产生平行偏振光,这束偏振光经过有法拉第效应的磁旋线圈时,其振动面产生 50Hz 的一定角度的往复振动,该偏振光线通过检偏镜透射到光电

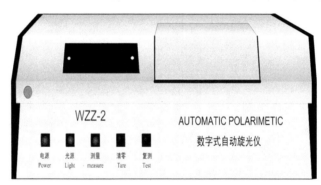

图 4.30　WZZ-2 型数字式自动旋光仪

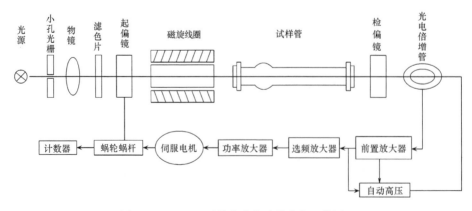

图 4.31　WZZ-2 型数字式自动旋光仪工作原理

倍增管上,产生交变的光电讯号。当检偏镜的透光面与偏振光的振动面正交时,即为仪器的光学零点,此时出现平衡指示。而当偏振光通过一定旋光度的测试样品时,偏振光的振动面转过一个角度 α,此时光电讯号就能驱动工作频率为 50Hz 的伺服电机,并通过蜗轮杆带动检偏镜转动角度 α 而使仪器回到光学零点,此时读数盘上的示值即为所测物质的旋光度。

【仪器试剂】

1. 仪器

数显旋光仪(包括旋光管);恒温槽一套;秒表;50mL 容量瓶 1 个;25mL 和 50mL 移液管各 1 支;100mL 锥形瓶 2 个;烧杯。

2. 试剂

蔗糖(A. R.);2 mol·L^{-1} HCl;经离子交换等工序处理过的纯水。

【实验步骤】

1. 恒温

将恒温槽调节到(25.0±0.1)℃恒温,将恒温水接到旋光管的外套上。

2. 旋光仪零点的校正

洗净旋光管各部分零件,将旋光管一端的盖子旋紧,向管内注入纯水,取玻璃盖片沿管口轻轻推入盖好,再旋紧套盖,勿使其漏水或产生气泡。套盖不宜旋得过紧,以免产生应力或压碎玻璃片。用滤纸擦净旋光管两端玻璃片,将此旋光管放入旋光仪的样品室,盖上箱盖、黑布,待示数稳定后,按清零按钮。管内如有气泡,应让气泡浮在凸颈处。

3. 蔗糖水解过程中 α_t 的测定

(1) 称取 10g 蔗糖配制成 50mL 溶液。

(2) 用移液管取 25mL 蔗糖溶液和 50mL 浓度为 2mol·L^{-1} 的 HCl 溶液,分别注入两个干燥的 100mL 锥形瓶中,一起放入恒温槽内并恒温 10min。

(3) 恒温后取 25mL 浓度为 2mol·L^{-1} 的 HCl 溶液注入蔗糖溶液中,在中值点(盐酸溶液加入一半时)开动秒表计时。

(4) 将混合液混匀,用少量混合液清洗旋光管两次,然后迅速以此混合液注满旋光管(操作与装纯水时的相同),盖好玻璃片,旋紧套盖(检查是否漏液、有气泡),擦净旋光管两端玻璃片,立刻置于旋光仪中,盖上槽盖、黑布。测量不同时间 t 时溶液的旋光度 α_t。在测定第一个旋光度数值之后的时间 $t=5$、10、15、20、25、30、50、75min 各测一次。

4. 测定 α_∞

将步骤 3 剩余的混合液置于近 60℃的水浴中,以加速反应,恒温 30min,然后冷却至实验温度,按上述操作,测定其旋光度,此值即可认为是 α_∞。

5. 调温

将恒温槽调节到(35.0±0.1)℃恒温,其他实验条件和操作步骤同上,再测定蔗糖转化反应的速率常数。

【注意事项】

实验测量至 30min 后,每次测量间隔时应将钠光灯熄灭,以免因长期过热使用而损坏,但下一次测量之前应提前 10min 打开钠光灯。实验结束时,应立刻洗净擦干旋光管,以防止酸对旋光管的腐蚀。

【数据处理】

(1) 将两个不同温度下反应过程中所测得的旋光度 α_t 与对应时间 t 列表,作出 α_t-t 曲线图。

(2) 分别从 α_t-t 曲线上 10~40min 内等间隔取 8 个(α_t-t)数组,对其处理,以 $\ln(\alpha_t - \alpha_\infty)$ 对 t 作图,由直线斜率求出反应速率常数 k,计算半衰期 $t_{1/2}$。

(3) 根据实验测得的 $k(T_1)$ 和 $k(T_2)$ 计算反应的阿伦尼乌斯平均活化能。

(4) 蔗糖转化反应的动力学数据的文献值见表 4.5,从表数据可算得 $E_a = 108\text{kJ} \cdot \text{mol}^{-1}$。

表 4.5　温度与盐酸浓度对蔗糖转化反应速率常数的影响*

$c_{HCl}/\text{mol} \cdot \text{L}^{-1}$	$k/10^{-3}\text{min}^{-1}$		
	298.2K	308.2K	318.2K
0.0502	0.4169	1.738	6.213
0.2512	2.255	9.355	35.86
0.4137	4.043	17.00	60.62
0.9000	11.16	46.76	148.8
1.214	17.455	75.97	—

＊ 资料来源:Lamble A, Lewis W C M. J Chem Soc, 1915, 107:233。
反应所用蔗糖溶液的初始浓度为 20%。

【分析讨论】

(1) 蔗糖在纯水中的水解速率很慢,但在催化剂作用下会迅速加快,此时反应速率大小不仅与催化剂种类有关而且与催化剂的浓度有关。由表 4.5 可知,盐酸浓度的变化对蔗糖转化的速率常数影响很大。

(2) 温度对蔗糖转化的速率常数的影响显著,故应严格控制反应体系的温度。反应开始时溶液的混合操作应尽可能在恒温箱中进行。

反应进行到后阶段,为了加快反应进程,采用近 60℃的恒温,以促使反应进行到底。但温度不能高于 60℃,否则会产生副反应,此时溶液变黄。因为蔗糖是由葡萄糖的苷羟基与果糖的苷羟基之间缩合而成的二糖,因此在 H^+ 催化下,除了苷键断裂进行转化反应外,高温还有脱水反应,这样就会影响测量结果。

(3) 准级数反应。反应(4-35)的速率方程为 $r = k'c^m(\text{C}_{12}\text{H}_{22}\text{O}_{11})c^n(\text{H}_2\text{O})$。但在一定的

蔗糖浓度下,人们发现该转化反应的速率方程为 $r = kc(C_{12}H_{22}O_{11})$。因水大量存在,在实验中水的浓度几乎保持不变,因此可认为 $k = k'c^n(H_2O)$。这个反应称为假一级反应,或称为准一级反应。n 的测定比较困难,动力学研究表明 $n = 6$。

准级数包括在催化反应中,催化剂影响反应速率,但在反应中不损耗。在各次实验中,H_3O^+ 浓度保持恒定。然而,改变 $c(H_3O^+)$ 进行一系列实验时,研究发现该反应速率对 H_3O^+ 为一级反应。因此,对于反应(4-35),正确的速率方程为 $r = k''c(C_{12}H_{22}O_{11})c^6(H_2O) \cdot c(H_3O^+)$,反应的总级数为 8 级。然而在一次实验中,其准(表观或假)级数为 1。

(4)本实验采用两个温度下的反应速率常数求得其反应活化能。若时间许可,应测定 5～7 个温度下的速率常数,用作图法或最小二乘法求得其反应活化能 E_a,则更合理可靠。

阿伦尼乌斯方程的积分形式为

$$\ln\{k/[k]\} = -\frac{E_a}{RT} + 常数$$

由不同温度下的 k 值,通过作图或拟合方程,便可求得 E_a。

【思考题】

(1)在测定蔗糖转化反应的速率常数时,选用长旋光管好还是短旋光管好?

(2)为什么可用纯水来校正旋光仪的零点?

(3)在旋光度的测定中,为什么要对零点进行校正?在本实验中,若不作校正,对实验结果是否有影响?

(4)蔗糖溶液为什么可粗略配制?

(5)蔗糖转化反应的速率常数与哪些因素有关?

(6)将测定的蔗糖转化反应的速率常数与文献报道的数值比较,分析实验误差来源,并说明如何减少实验误差。

(7)配制蔗糖溶液和盐酸溶液时,是将盐酸加到蔗糖溶液中,能否将蔗糖溶液加到盐酸溶液中去?为什么?

(8)本实验中,若不测定反应终了时体系的旋光度值 α_∞,是否可计算出反应的速率常数?若行,请推导出具体的计算公式并说明数据处理方法,然后以自己实测的数据进行验算,得出 k^*,将此 k^* 值与测定了 α_∞ 时计算所得的速率常数 k 比较。

(9)用物理方法测定反应速率有何优点?采用物理方法的条件是什么?

实验 11   过氧化氢分解反应动力学

【实验目的】

(1)熟悉一级反应的特点,了解浓度、温度和催化剂等因素对反应速率的影响。

(2)了解均相催化反应的特点和研究方法。

(3)用量气法测定过氧化氢分解反应的速率常数和半衰期。

【实验原理】

1. 催化反应

能改变一个化学反应的反应速率,而本身的组成和质量在反应前后保持不变的物质称为催化剂。这种由于催化剂的存在而引起反应速率变化的现象称为催化作用,这类反应称为催化反应。

催化反应在工业上具有重要的意义。例如,接触法制硫酸、合成法制氨、氢化法制硬化油等,都是催化反应。在工业生产中,催化剂就像点石成金的魔术棒,能够极大地改变人类的工作与生活。

催化反应按催化剂与反应体系是否处于一相或多相状态,可分为两种:①复相催化,催化剂与反应物均不在同一相中,这种反应的催化剂大都是具有很大表面积的固体材料,是表面催化剂,在它的催化下,反应速率极高并有选择性;②均相催化,催化剂与反应物均在同一相中,大多发生在溶液中,这种反应的催化剂通常是具有金属的复杂分子,改变其分子结构可以获得极高的选择性。

本实验研究的过氧化氢在碘化钾催化下的分解反应即属于均相催化反应。

2. 过氧化氢在碘化钾水溶液中的分解反应

过氧化氢是不稳定化合物,在没有催化剂作用时也能分解,特别是在中性或碱性溶液中,但分解速率很慢。当有催化剂存在时,过氧化氢会较快分解,有

$$H_2O_2 \Longrightarrow H_2O + 1/2O_2 \uparrow \tag{4-40}$$

在介质和催化剂种类、浓度固定时,过氧化氢分解为一级反应,可用量气法测定其在不同温度下的反应速率常数,进而求得阿伦尼乌斯活化能。

在水溶液中能加快过氧化氢分解反应速率的催化剂有多种,如 KI、Pt、Ag、MnO_2、$FeCl_3$ 等。例如,在 KI 的作用下,H_2O_2 分解反应的步骤为

$$H_2O_2 + KI \xrightarrow{\text{慢}} KIO + H_2O \tag{4-41}$$

$$KIO \xrightarrow{\text{快}} KI + 1/2O_2 \tag{4-42}$$

由以上反应机理知,KI 与 H_2O_2 生成的中间化合物改变了反应途径,降低了反应的活化能,从而使反应加快。由于反应过程中 KI 不断再生,其浓度不变。实验表明,反应(4-41)的反应速率比反应(4-42)的反应速率慢得多,故反应(4-41)是 H_2O_2 整个分解反应的速率控制步骤,而总反应速率就等于反应(4-41)的反应速率,故 H_2O_2 分解反应的速率方程可表示为

$$-\frac{dc_{H_2O_2}}{dt} = kc_{H_2O_2} \tag{4-43}$$

式中,$k = k'c_{I^-}$,k 为反应的表观速率常数,k' 为反应速率常数,k' 的数值与温度和催化剂等有关。

最近,文献[1,2]报道了 KI 催化分解 H_2O_2 实验的一些新现象。研究发现,随着反应的进行,该反应体系的颜色变黄、碘离子浓度降低、电导率增大、pH 升高、温度上升、有单质碘生成,同时有振荡现象。这些实验事实表明,在 KI 与 H_2O_2 的混合水溶液中,发生的可能不是简

单的氧化还原或分解反应,而可能存在相当复杂的反应机理。对此,还需要进一步研究。在实验前,应查阅一些新的文献;实验时,务必仔细观察实验现象,有条件时应对反应体系性质进行多方面测定,以加深对该反应的认识。

对式(4-43)积分,得

$$t = \frac{2.303}{k} \lg \frac{a}{a-x} \tag{4-44}$$

式中,a 为 H_2O_2 的初始的物质的量;x 为 t 时间内 H_2O_2 已分解的物质的量。

以 $\lg(a-x)$ 对 t 作图,若得到一条直线,可证明该反应是一级反应,由直线的斜率可求得反应速率常数 k。反应中的 H_2O_2 物质的量可用反应所放出的 O_2 的体积来计算。

实验过程中,p、T 均保持不变,因此有

$$\frac{a}{a-x} = \frac{V_\infty}{V_\infty - V_{O_2}}$$

进而得

$$\lg(V_\infty - V_{O_2}) = \lg V_\infty - mt$$

式中,V_∞ 为 $a\,mol$ 过氧化氢完全分解所放出的 O_2 的体积;V_{O_2} 为 t 时间内分解反应所放出的 O_2 的体积。以 $\lg(V_\infty - V_{O_2})$ 对 t 作图,得到一条直线,斜率为 m,则均相催化分解的速率常数 k' 为

$$k' = -\frac{2.303m}{c_{I^-}} \tag{4-45}$$

因此,本实验的关键是准确地测量分解反应中生成的 O_2 体积。测量分解过程中的 O_2 的体积可用量气法,而求完全分解得到的 O_2 体积可用化学分析法。

3. 量气管法

量气测定必须在恒温恒压下进行,仪器装置如图 4.32 所示。H_2O_2 分解放出的氧气将压

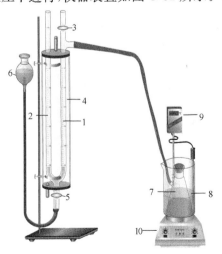

图 4.32　H_2O_2 分解反应实验装置

1、2. 量气管;3、5. 活塞;4. 恒温水夹套;6. 水准瓶;7. 碘瓶(反应器);8. 水浴;9. 温度设定与控制器;10. 加热磁力搅拌器

低量气管 A 的液面,在不同的时刻调节水准器液面使其与量气管 A、B 的液面相平,同时记录时间和量气管的显示值,即得每个时刻放出气体的体积。

【仪器试剂】

1. 仪器

H_2O_2 分解反应速率测定装置 1 套;秒表 1 块;加热磁力搅拌器 1 台;具单通管碘瓶 2 个;50mL 酸式滴定管 1 支;25mL 移液管 3 支;10mL 移液管 1 支;100mL 容量瓶 1 个;20mL 量筒 1 个;250mL 锥形瓶 2 个;500mL 烧杯 1 个;吸耳球 1 个。

2. 试剂

0.05mol·L^{-1} KI 溶液;0.1mol·L^{-1} KI 溶液;1% 的 H_2O_2 溶液;3mol·L^{-1} H_2SO_4 溶液;0.02mol·L^{-1} KMnO$_4$ 标准溶液。

【实验步骤】

(1) 在夹套 4、水浴 8、水准器 6 内充入室温蒸馏水,如实验装置图 4.32 所示。由加热磁力搅拌器 10 的温度设定与显示器 9 设定反应温度,保持烧杯内的水处于恒温状态(±0.2℃)。

(2) 打开活塞 3、5,将已洗净并干燥好的碘瓶 7 接在量气管上,并将磨砂口塞盖好,关闭 3,然后提高水准器 6,使 2 管水面比量气管 1 水面高 30mL 刻度左右,关紧 5,观察 1 管水面是否不断上升,如上升,则说明系统漏气,必须检查各管道及接口,务必使系统不再漏气。

(3) 确保系统不漏气后,打开 3、5,提高 6,使水升到 1 管零刻度左右,关闭 5,把 6 放下到低于 1 管的最低刻度,读取 1 管液面的读数。

(4) 拔开碘瓶 7 上的磨砂盖,在此干燥的碘瓶内先放入一干净的磁力搅拌子,再依次用移液管准确移取 25mL 浓度为 0.05mol·L^{-1} 的 KI 溶液及 10mL 1% H_2O_2 溶液至碘瓶内,立即盖上碘瓶塞。关闭 3,开启磁力搅拌器,并打开 5,当 2 管液面低于 1 管液面 3mL 刻度左右,即把 5 关紧,待 1、2 管液面达到同一水平面时,立即开动秒表,同时准确读数取 1 管读数。读数完毕,又打开 5,使 2 管液面低于 1 管液面 4mL 刻度左右,照前法记下 1 管读数,并同时读取秒表读数。如此操作多次,至 1 管液面降至约 45mL 处为止。每次同样读取时间、体积数据。用另一洁净干燥的碘瓶,按上述操作检查密封后,顺序放入 25mL 浓度为 0.05mol·L^{-1} 的 KI 溶液及 10mL 1% H_2O_2 溶液,做重复实验。

(5) 重新设定水浴 8 的温度,按以上步骤测定 H_2O_2 在不同温度下的分解速率。

(6) H_2O_2 溶液浓度的标定。结束上述实验后,立即吸取 10mL 原 1% H_2O_2 溶液于 100mL 容量瓶中,稀释至刻度,吸取 25mL 稀释液于一洁净干燥的锥瓶内,加入 15mL 3mol·L^{-1} H_2SO_4 酸化,然后用 0.02mol·L^{-1} KMnO$_4$ 标准溶液滴定至浅粉红色,保持 30s 不褪色为终点。

【数据处理】

(1) 计算 H_2O_2 溶液的准确浓度 $c_{H_2O_2}$;计算 V_∞,其表达式为

$$V_\infty = \frac{c_{H_2O_2} V_{H_2O_2} RT}{2(p - p_{H_2O})}$$

式中，$c_{H_2O_2}$ 为实验步骤(6)标定得出的 H_2O_2 的初始浓度，$mol \cdot L^{-1}$；$V_{H_2O_2}$ 为实验时所吸取的 H_2O_2 的体积，mL；p 为实验环境下的大气压，Pa；p_{H_2O} 为实验温度 T 下水的饱和蒸气压，Pa；R 为摩尔气体常量。

(2) 将实验数据列表(表格自拟)。

(3) 作 $\ln(V_\infty - V_t)$-t 图，由直线斜率求表观反应速率常数 k 及相应的半衰期 $t_{1/2}$。

【分析讨论】

(1) 本实验反应速率很快，必须在实验前预习各个实验步骤，切不可边看书边做实验。

(2) 实验系统不得漏气，否则严重影响实验结果。所以，确保实验系统不漏气时方可开始实验。

(3) 所用碘瓶须洁净、干燥，加入溶液须按以上所述步骤的顺序进行。

(4) 秒表读数须连续，每次记下秒表读数后，切不可把秒表停下。

(5) 记录 O_2 体积时，须待 A、B 两管液面齐平时才可读数。

(6) 处理数据时，取氧气析出 15%～85% 的点，因开始时 O_2 的逸出速率还不稳定，而反应快结束时 H_2O_2 浓度很低，O_2 的逸出速率慢。

【思考题】

(1) H_2O_2 分解反应是几级反应？若要确定 H_2O_2 分解反应的级数，该如何进行实验？

(2) 为什么 $n_{O_2} = \dfrac{n_{H_2O_2}}{2}$？

(3) 为什么要待 A、B 两管液面相平时才读体积数？

(4) 为什么秒表可以在第一次读数时开启？

(5) 为什么反应液要均匀搅拌？搅拌速度对测定结果会产生怎样的影响？

(6) 为什么在反应一开始不立即收集 O_2，而要待反应进行一段时间后再收集 O_2 进行测定？

(7) H_2O_2 和 KI 溶液的初始浓度对实验结果是否有影响？应根据什么条件来选择？

(8) 查阅文献，提出对本实验装置的改进方案。

(9) 若不测定 V_∞，如何由已测定的一组 (V_{O_2}, t) 数据求得 k 或 k' 值？

参考文献

[1] 向明礼，高彦荷，袁支润. 过氧化氢碘化钾催化分解反应中的新现象. 西南民族学院学报(自然科学版). 2002，28(3)：294～296

[2] 向明礼，高彦荷，袁支润. 对"过氧化氢碘化钾催化分解"催化概念的质疑. 西南民族学院学报(自然科学版). 2003，29(1)：41～44

实验 12　乙酸乙酯皂化反应动力学

【实验目的】

(1) 学习用电导法研究化学反应的动力学规律，了解其基本原理。

（2）掌握电导仪的使用方法，学习计算机采集实验数据的原理。

（3）了解二级反应的特点及确定速率方程的方法，掌握图解法求二级反应的速率常数。

（4）测定乙酸乙酯皂化反应在两个温度（两个温度需相差 10K）下反应的速率常数，并计算反应的活化能。

【实验原理】

化学动力学的主要目的之一是测定反应的速率常数 k 及其随温度的变化规律。k 的测定方法一般可分为化学方法和物理方法，其中后者因具有快速、方便、准确的特点而得到更广泛的应用。通常是选择反应体系的某一物理性质或其中某一物质的一种物理性质作为测定指标，该物理性质须与反应体系中某些物质的浓度呈线性关系，因而通过测定该物理性质随反应时间的变化就能获得浓度随时间变化的规律。这类物理性质有压力、体积、旋光度、电导、酸度、电动势、吸收光谱（如 UV 等）、核磁共振（NMR）信号等。

对于化学反应

$$d\mathrm{D} + e\mathrm{E} \longrightarrow g\mathrm{G} + h\mathrm{H}$$

定义化学反应速率 r 为

$$r = \frac{1}{\nu_\mathrm{B}} \frac{\mathrm{d}c_\mathrm{B}}{\mathrm{d}t} \tag{4-46}$$

式中，ν_B 为化学反应的计量系数，对反应物取负值，对生成物取正值；c_B 为物质 B 的物质的量浓度。

质量作用定律：长期实验结果表明，对于由反应物经一步直接生成产物的基元反应来说，在一定温度下的反应速率与参加反应的各反应物浓度项的乘积成正比，而各反应物浓度项的方次等于反应式中相应的化学计量系数。若任意反应（4-46）为基元反应，则有

$$r = -\frac{1}{d} \frac{\mathrm{d}c_\mathrm{D}}{\mathrm{d}t} = k\, c_\mathrm{D}^d\, c_\mathrm{E}^e \tag{4-47}$$

式中，比例系数 k 称为反应速率常数；d、e 分别称为给定条件下该反应对物质 D 和 E 的分级数，而反应的总级数为 $n = d + e$。式（4-47）称为质量作用定律，它仅适用于基元反应或简单反应。需指出，同一个化学反应在不同条件下进行时，可能会有不同的反应级数。

一个反应的速率方程 $r = f(c_\mathrm{A}, c_\mathrm{B}, c_\mathrm{C}, \cdots)$ 本质上由反应机理决定，而速率常数 k 则取决于反应的内因（反应物本性，即反应物的分子大小、形状、结构，反应体系中分子间的相互作用力情况等）和外因［温度、压力、反应介质的性质、催化剂、外场（如磁场）等］，k 是有单位的物理量，k 的大小是反应进行难易程度的量度。

温度对反应速率常数有较大影响，通常由阿伦尼乌斯经验公式表示，有

$$k = A\exp(-E_\mathrm{a}/RT) \tag{4-48}$$

$$\ln\{k/[k]\} = -E_\mathrm{a}/RT + \ln\{A/[k]\} \tag{4-49}$$

式中，A 称为指前因子或频率因子，与 k 有相同的量纲；E_a 称为实验活化能或活化能，$\mathrm{kJ \cdot mol^{-1}}$。

活化能的定义式也可以表示为

$$E_a \xmaineq{def} RT^2 \frac{\mathrm{d} \ln\{k/[k]\}}{\mathrm{d}T} \tag{4-50}$$

其物理意义是，反应物中活化分子的平均摩尔能量与反应物分子总体的平均摩尔能量之差。

在一定温度范围内，可近似地将 A 和 E_a 看作是与温度无关的常数，则由式(4-48)可得

$$\ln \frac{k_2}{k_1} = \frac{E_a}{R}\left(\frac{1}{T_1} - \frac{1}{T_2}\right) \tag{4-51}$$

大量实验结果证实，乙酸乙酯皂化反应是一个典型的二级反应，已对其速率常数的测定方法、实验数据处理方法、影响速率常数的各种因素等进行了大量研究，读者可自行查阅有关文献。

乙酸乙酯皂化反应速率常数的文献值见表 4.6。

表 4.6　乙酸乙酯皂化反应速率常数的文献数据

$t/℃$	0.0	20.0	25.0	30.0	35.0	37.0	40.0
$k/10^{-2} \ \mathrm{dm^3 \cdot mol^{-1} \cdot s^{-1}}$	1.95	8.66	10.9	14.4	19.0	21.5	25.2

初始浓度相等的乙酸乙酯和 NaOH 发生皂化反应，反应时间为 t 时两者均消耗了 $x\,\mathrm{mol}$。反应过程中各反应物和产物的浓度关系为

$$CH_3COOC_2H_5 + NaOH \longrightarrow CH_3COONa + C_2H_5OH$$

$t=0$ 时	a	a	0	0
$t=t$ 时	$a-x$	$a-x$	x	x
$t=\infty$ 时	0	0	a	a

若反应为二级反应，则速率方程为

$$r = \frac{\mathrm{d}x}{\mathrm{d}t} = k(a-x)^2 \tag{4-52}$$

积分得

$$kt = \frac{x}{a(a-x)} \tag{4-53}$$

已知反应物起始浓度 a，若测得不同反应时间 t 对应的 x 值，便可由上式求出反应的速率常数 k，k 的量纲为 $[时间^{-1}] \cdot [浓度^{-1}]$。

电解质溶液的导电能力常用电导表示。电导是电阻 R 的倒数，用符号 G 表示

$$G = \frac{1}{R} \tag{4-54}$$

G 的单位为 Ω^{-1}，称为西门子(Siemens)，用符号 S 表示。电导值越大，体系的导电能力越强。

将欧姆定律 $R = \rho \dfrac{l}{A}$ 代入式(4-54)，得

$$G = \frac{1}{\rho} \frac{A}{l} = \kappa \frac{A}{l} \tag{4-55}$$

式中，ρ 是电阻率；l 和 A 分别是导体的长度和截面积；κ 是电阻率的倒数，称为电导率，单位为

西门子·米$^{-1}$,即 S·m^{-1}。电导率 κ 是指 $l=1m$、$A=1m^2$ 的导体的电导。

本实验采用电导法测定皂化反应进程中电导随时间的变化来反映不同时间反应物的浓度。采用电导法的条件是,反应物和生成物的电导率必须相差较大。体系的电导率与物质浓度 x 的关系可分析如下:反应体系中起导电作用的是 Na$^+$、OH$^-$ 和 CH$_3$COO$^-$。Na$^+$ 在反应前后浓度不变,OH$^-$ 浓度随反应进行不断减小,而 CH$_3$COO$^-$ 浓度不断增加。由于 OH$^-$ 的电导率比 CH$_3$COO$^-$ 的大得多,所以反应体系的电导将随反应进行而不断下降(溶液中 CH$_3$COOC$_2$H$_5$ 和 C$_2$H$_5$OH 的导电能力都很小,可忽略不计)。因此,用电导仪测定溶液在不同时刻的电导,即能求出反应速率常数。

在电解质稀溶液中,可近似认为每种强电解质的电导与其浓度成正比,而且溶液的电导为组成该溶液各电解质电导之和。设 G_0 为溶液的起始电导,G_t 为 t 时刻溶液的电导,G_∞ 为 $t \to \infty$ 时溶液的电导,则有

$$t=t \text{ 时} \qquad\qquad x=\alpha(G_0-G_t) \qquad\qquad (4\text{-}56)$$

$$t \to \infty \text{ 时} \qquad\qquad a=\alpha(G_0-G_\infty) \qquad\qquad (4\text{-}57)$$

式中,α 为比例常数。由式(4-56)和式(4-57),得

$$a-x=\alpha(G_t-G_\infty) \qquad\qquad (4\text{-}58)$$

将式(4-56)～式(4-58)代入式(4-53),得

$$kt=\frac{G_0-G_t}{a(G_t-G_\infty)} \qquad\qquad (4\text{-}59)$$

或

$$G_t=\frac{1}{k}\frac{1}{a}\frac{G_0-G_t}{t}+G_\infty \qquad\qquad (4\text{-}60)$$

以 G_t 对 $(G_0-G_t)/t$ 作图,得一条直线,其斜率为 $m=1/ka$,于是有

$$k=1/am$$

【仪器试剂】

1. 仪器

计算机 1 台,计算机采集实验数据软件 1 套;电导率仪 1 台;电导电极 1 支;50mL 移液管 1 支;小玻璃泡若干个,250mL 反应器 1 个,如图 4.33 和图 4.34 所示;10mL 和 15mL 刻度移液管各 1 支;1mL 注射器 1 支;恒温槽 1 套。

2. 试剂

NaOH(A.R.),NaOH 溶液(0.1800～0.2500mol·L^{-1});乙酸乙酯(A.R.),其密度 ρ 用下式计算:

$$\rho/\text{kg·m}^{-3}=924.54-1.168\times(t/\text{℃})-1.95\times10^{-3}\times(t/\text{℃})^2 \qquad (4\text{-}61)$$

式中,ρ 为乙酸乙酯在存放温度(室温)下的密度,乙酸乙酯的摩尔质量为 88.11×10^{-3} kg·mol^{-1}。

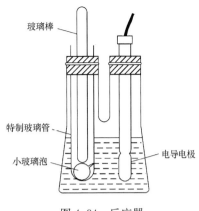

图4.33　小玻璃泡　　　　　　　　　　　　　　图4.34　反应器

【实验步骤】

（1）调节恒温槽的温度为欲测温度，要求其恒温精度为$\pm 0.05℃$。用50mL移液管移取150mL蒸馏水于干燥的250mL反应器中，并放入恒温槽恒温。先打开电导率仪的电源，再打开计算机，启动皂化反应动力学数据采集软件。

（2）用注射器把约0.2mL乙酸乙酯（应根据实验室提供的NaOH溶液的实际浓度估算出乙酸乙酯的需用量）注入已称量的小玻璃泡中，在煤气（或酒精）灯上封口，再次称量，求得乙酸乙酯的质量。

（3）向反应器中加入与乙酸乙酯等物质的量的标准NaOH溶液，充分混合；同时，将准备好的小玻璃泡放入特制玻璃管或不锈钢管中，其中插入一根玻璃棒，此管放入反应器中；再将电导电极表面的水用滤纸吸干后插入反应器中并完全浸入反应溶液，但不要与反应器底部接触。将以上准备好的反应器置于恒温槽的中部恒温20min，期间可以摇动反应器四五次。恒温20min后，点击数据采集软件中的"测G_0"，测定溶液的起始电导，停30s后，再测定电导，直至读数恒定，以此电导作为反应开始时体系的电导值G_0。

（4）用力压破玻璃泡，立即点击"开始测量"，计算机采集实验数据系统开始"跟踪"反应；彻底压碎玻璃泡，同时摇动反应器，使其中的乙酸乙酯与NaOH溶液迅速混合均匀，测量45min，停止实验。压碎玻璃泡后，抽出玻璃棒，用软木塞塞紧特制玻璃管，防止溶液挥发。

（5）重复步骤（1）～（4），测定另一个温度下反应的速率常数。

（6）结束实验。取出电极并用蒸馏水冲洗后浸入盛有蒸馏水的锥形瓶中；倾去溶液，洗净反应器，放入烘箱烘干。

【注意事项】

（1）反应物的浓度要低于$0.04mol \cdot L^{-1}$，否则电导与浓度不成正比。NaOH溶液的初始浓度要精确标定。

（2）严格控制反应物碱和酯的初始浓度相等。

（3）小玻璃泡壁要尽量薄，容易击碎，加入乙酸乙酯后，封口时玻璃泡要倾斜，小口向上，须防止乙酸乙酯溢出而炭化；要仔细检查是否漏液。若封口时出现炭化现象，则应用新的小玻璃泡，重新称样、封口。

（4）反应混合物浓度很稀,故其体积近似认为有加和性。

（5）本实验所用的蒸馏水需事先煮沸,待冷却后使用,以免溶有致使溶液浓度发生改变的 CO_2。

（6）配好的溶液需要装配碱石灰吸收管,以防止空气中的 CO_2 进入瓶中改变溶液浓度。

（7）乙酸乙酯皂化反应是吸热反应,混合后体系温度略降低,所以在混合后的起始几分钟内所测溶液的电导偏低,处理数据时最好使用反应 4～6min 后的实验数据,否则由作图得到的是一条抛物线,而不是直线。

（8）测量电导时,溶液要混合均匀,恒温。每次使用电极前,须先用蒸馏水冲洗干净,再用滤纸吸干水分。实验结束后,用蒸馏水冲洗电极,并将电极放入盛有蒸馏水的锥形瓶中保存。

（9）若电导率仪不与计算机相连接,则以上实验步骤中涉及"测 G_0"、点击"开始测量"等步骤不存在,其他操作不变。

【数据处理】

（1）记录表 4.7 中的原始数据。

表 4.7　实验数据

序　号	G_0/S	$m_{乙酸乙酯}/g$	$c_{NaOH}/(mol \cdot L^{-1})$	V_{NaOH}/mL	$T_{槽}/℃$	$T_{室}/℃$
1						
2						

（2）将测量的数据填入自行设计的表格中,并作必要的计算。

（3）a 值的计算:$a = n_{酯}/(V_{H_2O} + V_{NaOH} + V_{酯})$。

（4）以 G_t 对 $(G_0 - G_t)/t$ 作图,求得直线的斜率 m,由 $k = 1/am$ 计算 k 值。在进行数据处理时,横坐标与纵坐标的比例要适当,作出的图形应该是一条倾斜角约为 $45°$ 的直线。

（5）分别用手工作图和计算机程序拟合所测实验数据,比较两种方法所得的结果。

（6）将测得的 k 值代入阿伦尼乌斯公式,计算反应的活化能 E_a,并与文献值比较,分析产生误差的原因。

【思考题】

（1）乙酸乙酯皂化反应为吸热反应,在实验过程中如何处理这一影响而使实验得到较合理的结果?

（2）如果所用溶液(酯和碱)均为浓溶液,能否用电导法测定 k 值? 为什么? 温度相同,当反应物初始浓度不同时,测得的 k 值相同吗?

（3）在保持电导与离子浓度成正比关系的前提下,碱和酯的浓度高一些好还是低一些好? 为什么?

（4）当酯和碱的起始浓度不等时,如何计算速率常数 k? 若反应物的起始浓度不同,分别为 a 和 b,试导出其速率方程,并推导出用电导表示的求算速率常数的方程式。

（5）在 G_0 和 G_∞ 均未测知的情况下,试推导出求算速率常数 k 的方程,同时设计一种算法,应用 Basic、Fortran 或 C++ 等语言编写计算 k 值的程序。用自己测定的实验数据验算程序的正确性。

（6）反应物浓度、温度等条件均相同，若向反应体系中加入 NaCl、KCl、Na_2SO_4 等无机盐或 DMF、DMSO、C_2H_5OH 等有机溶剂，试分析它们对该反应的速率常数有何影响。提示：请查阅高等学校化学学报、化学通报等杂志上发表的有关文献。

（7）请提出另外两种实验方法测量乙酸乙酯碱性水解反应的速率常数，阐明实验原理和实验步骤，并与电导法进行比较。

（8）讨论影响实验结果（速率常数）精确度的因素。

实验 13　复相催化——甲醇分解

【实验目的】

（1）测量氧化锌催化剂对甲醇分解反应的催化活性。

（2）考察反应温度对催化活性的影响。

（3）了解催化剂制备条件对催化剂活性的影响。

（4）熟悉动力学实验中流动法的特点和关键操作，掌握流动法测量催化活性的原理及处理实验数据的方法。

【实验原理】

1. 催化反应

一个化学反应要转变成工业生产，基本前提就是该反应必须能以一定的速率进行，以确保在单位时间内获得足量的产品，否则就没有经济价值。一般地，可通过增加反应物浓度和升高反应温度来提高反应速率，但往往在采用这两个措施之后（不少情况下，升温措施还不宜采用，因为高温会引起一些反应物或产物分解），反应速率仍达不到工业生产的要求，这时就需要用催化剂来加速反应的进行，同时提高反应的选择性。一个化学反应由于催化剂的存在而引起反应速率的显著变化，这种现象称为催化作用，这类反应称为催化反应。催化剂能提高反应速率，缩短达到平衡的时间，但不能改变平衡，因为它对正向和逆向反应都起到相同的催化作用。

实践表明，使用催化剂是加快反应速率的最有效方法之一。目前，90%左右的化学品生产过程都需要用适当的催化剂，才能取得合理的经济效益。

催化剂的应用不仅使更多化学反应实现了工业化生产，而且还直接提高了产品质量、能源利用率和生产效率。基于此，关于催化剂的研究在理论、实验技术和工业应用三方面都十分活跃，一直受到化学化工科学家的高度重视，至今已取得很大发展。

2. 甲醇分解中催化剂的使用

甲醇是一种用途十分广泛、价格便宜、来源丰富的最基本的化工产品之一，并被作为合成许多其他产品的原料。甲醇分解制氢目前已经成为获取氢气的重要途径。而从甲醇制备燃料电池电动车用的纯氢原料，是人们正在努力开发的一种用途。因为当燃料电池电动车以纯氢为原料时，它能达到真正的"零"排放。为此，世界各国正致力于开发直接以甲醇为燃料的质子交换膜燃料电池，通常称其为直接甲醇燃料电池（DMFC）。

甲醇可从以下反应合成得到：

$$CO + 2H_2 \rightleftharpoons CH_3OH$$

这是一个可逆反应,热力学上可行,但反应速率很慢,工业生产中需要使用催化剂。催化剂开发过程包括其制备、结构表征、活性评价、回收等,其中催化剂活性评价是一个重要的环节。

甲醇的合成按正向反应进行,实验不仅须在高压下进行,而且还有生成 CH_4 等产物的副反应。然而,依据催化剂的特性,凡是对正向反应为优良的催化剂,对逆向反应也同样是优良的催化剂,上述反应的逆反应即甲醇的分解可在常压下进行,所以在催化剂筛选(活性评价)实验中往往利用甲醇的催化分解反应来进行,即

$$CH_3OH(g) \xrightarrow[\triangle]{ZnO} CO(g) + 2H_2(g)$$

3. 复相催化的研究

在复相催化中,如气-固相催化反应,催化剂为固相,反应物为气相,反应在气-固相界面上发生。本实验中,甲醇在氧化锌催化剂上分解属于复相催化反应。

催化剂使一个反应速率显著改变的能力称为催化剂的活性。这种活性来源于催化剂的活性表面结构。因此,催化剂的制备方法、活化处理条件对催化剂活性影响很大,而催化剂的活性与其表面状态的关系,只能由实验确定。

催化剂活性的表示方法很多,严格地说,催化剂活性的大小就是在某一确定的反应条件下催化剂存在时使反应速率增加的程度。对于多相催化反应,由于反应是在固体催化剂表面上进行的,因此催化剂的比表面大小往往起主要作用,因而催化剂活性用单位表面上的反应速率常数表示。但是,工业上常用单位质量或单位体积的催化剂对反应物的转化百分数来表示,这种表示活性的方法虽然不太确切,但较直观、方便,故常被采用。应指出的是,所谓的催化活性是指在某一确定条件下所进行的具体反应而言,离开了具体的反应条件,任何定量的催化剂活性比较都是没有意义的。

评价测定催化剂活性的方法大致可分为静态法和流动法两种。静态法是指反应物和催化剂放入一封闭容器中,测定体系的组成与反应时间关系的实验方法。流动法是指反应物不断稳定地流过反应器并在其中发生催化反应,离开反应器后再设法分离和分析其混合物的组成。流动法操作难度较大,计算也比静态法麻烦,但流动法也有许多优点,如易于模拟大规模工业生产,便于对反应体系进行自动监控,反应效率高及产物质量稳定等。流动法已在石油化工、基本有机合成等工业生产中广泛应用。另一方面,在实验室条件下,流动法所用的装置和实验条件较类似于连续的工业生产,因此在催化反应动力学研究、催化剂活性评价实验中,流动法使用较多。

使用流动法时,当流动的体系达到稳定状态后,确定位置处的反应物浓度不随时间而变化,所以保持体系达到稳定状态是成功的关键,因此须长时间控制整个反应系统中各处的实验条件(温度、压力、浓度、流量等)必须恒定。另外,选择合理的流速也很重要,流速太大时反应物与催化剂接触时间不够,反应物来不及反应完全就离开催化剂;流速太小则气流的扩散影响显著,有时会引起副反应。

按催化剂是否流动,流动法可分为固定床和流化床,而流动的流体又可分为气相和液相、常压和高压。为满足流动条件,必须等速加料,常用饱和蒸气带出法,即使稳定流速的惰性气体通过恒温的液体,惰性气体随之为液体的饱和蒸气所饱和。由于在一定温度时液体的饱和

蒸气压恒定,故控制气体的流速和液体的温度就能使反应物匀速地进入反应器。有关流动法技术的更详细内容可参阅 3.4 节。

　　本实验采用最简单的常压、气相、固定床的流动法考察 ZnO 催化剂对甲醇分解反应的催化活性,甲醇气体由惰性载气(N₂)带入反应器中。催化剂活性是按单位质量催化剂在特定条件下使 100g 甲醇分解的克数来表示。催化剂活性越大,分解的甲醇越多,即生成的氢气和一氧化碳气体越多。因此只要测量甲醇蒸气经过装有催化剂的反应器之后的体积增量,便可知道催化剂活性的大小。

【仪器试剂】

　　1. 仪器

　　D08-8B/2M 流量积算仪 1 台;2kV 调压变压器 1 台;DRZ-2 型管式电阻炉和 DTC-2B 温度控制器各 1 台;湿式流量计 1 台;水浴恒温槽 1 套;秒表 1 个。实验装置如图 4.35 所示。N₂ 的流量由流量积算仪监控,N₂ 先流经预饱和器再流经饱和器[温度为(40.0±0.1)℃],此时 N₂ 可带出 40.0℃ 的饱和甲醇蒸气,随后混合气进入装有 ZnO 催化剂的反应管进行反应。流出反应管的混合物中有 N₂、未分解的甲醇、产物 CO 和 H₂;流出的混合气继续进入盛有冰盐冷却剂的冷阱中,甲醇蒸气被冷凝截留在捕集器中,最后由湿式气体流量计测得的是 N₂、CO 和 H₂ 的流量。若反应管中无催化剂,则测得的是 N₂ 的流量。根据有催化剂和无催化剂时测得的这两个流量,便可计算出反应产物 CO 和 H₂ 的体积,进而获得催化剂的活性大小数据。

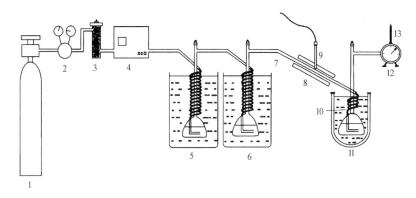

图 4.35　催化剂活性测定装置图

1. 高纯氮气钢瓶;2. 减压阀;3. 分子筛干燥管;4. 流量积算仪;5. 预饱和器(恒温槽内);6. 饱和器(恒温槽内);7. 反应管;8. 管式电炉;9. 热电偶;10. 捕集器;11. 冷阱;12. 湿式流量计;13. 1/10 温度计

　　反应管温度由管式电炉的温度控制器控制。在相同催化剂用量和流速等条件下,设置不同的反应管温度进行实验,便可考察温度对 ZnO 催化剂催化活性的影响。

　　2. 试剂

　　高纯氮气;甲醇(A. R.);ZnCO₃(C. P.);冰;食盐。

【实验步骤】

　　(1) 测量装置的准备:首先按图 4.35 连接实验装置,检查装置各部件是否安装妥当、是否漏气。检查时,用夹子夹紧湿式流量计与冷阱(捕集器)之间的导管,此时如果流量积算仪的流速缓慢下降直到为零,表明系统不漏气。按此法分段检查,确保各分段都不漏气。

（2）在冷阱中加入冰和食盐（加入量如何确定？请学生思考）。调节恒温槽温度,使预饱和器、饱和器的温度至预定值。调节 N_2 流速稳定在 $90.0cm^3 \cdot min^{-1}$,准确读出此时流量积算仪读数,且在整个实验过程中,应保持该流速读数不变,即保持 N_2 流量稳定。

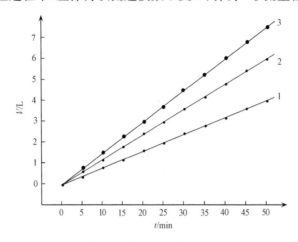

图 4.36　流量与时间的关系曲线

1. 空白曲线,无催化剂,反应温度为 360℃；2、3. 300℃灼烧的 ZnO,反应温度分别为 360℃和 430℃

（3）测空白曲线：反应管内不放催化剂,将其放入管式电炉中,反应管温度设置为 360℃。按氮气气瓶使用规则开启气瓶,待 N_2 流量读数（$90.0cm^3 \cdot min^{-1}$）稳定数分钟后,即可读取湿式流量计读数,每隔 5min 读数一次,共 50min,以流量 V_{N_2} 对时间 t 作图,可得图 4.36 的空白直线。重复两次测量,以确保测量结果准确。

（4）测 ZnO 催化活性：称取 2.0g 经 300℃灼烧的 ZnO 催化剂,不可研细,以免造成反应管内的气流阻塞而使实验无法进行。从系统取下反应管,放少量玻璃纤维于反应管中下端位置,以支持催化剂位于管式炉的恒温区。然后沿管壁轻轻倒入催化剂,转动管子使催化剂装填均匀,再塞入少量玻璃纤维,使催化剂床固定,测定并记下催化剂床的长度。将反应管装入管式电炉中,反应管温度设置为 360℃。按上述方法,调节 N_2 流速稳定于同一给定值（90.0mL $\cdot min^{-1}$）,然后读取湿式流量计读数,每 5min 读一次,共 50min,于图 4.36 中以流量 $V_{N_2+CO+H_2}$ 对时间 t 作出相应的曲线。重新更换 300℃灼烧的 ZnO,按上述方法重复测定一次。

将反应管温度设置为 430℃,按上述方法测定 300℃灼烧的 ZnO 催化剂的活性,重复测定两次。

设置反应管温度为 430℃,换上 500℃灼烧的 ZnO 催化剂,按上述方法测定其催化活性,重复实验两次。

记录实验时的室温和大气压。

（5）结束实验,关闭实验装置的所有电源,取出反应管并将 ZnO 置于给定的回收瓶中,清洁实验台面。

【注意事项】

氮气气瓶的使用规则：

（1）正常情况下,气瓶不用时,气瓶上的总阀和减压阀均是关闭的,两个压力表的指针均为零。确认减压阀已处于关闭状态或关闭(反时针方向渐渐旋松)减压阀门。

(2) 打开总阀,减压阀的第一个压力表显示的是气瓶内气体的压力($1\text{MPa}=10.197\ 16\text{kg} \cdot \text{cm}^{-2}$)。

(3) 开启(顺时针渐渐旋紧)减压阀,使减压阀的第二个压力表指针指在所需要的压力处。注意:减压阀不能突然开得过大,以免流出的气体压力过大而损坏后面连接的实验系统。

(4) 实验完毕,先关闭(反时针旋松)减压阀,再关闭气瓶总阀;然后开启减压阀,使气瓶总阀与减压器之间的余气放掉,两个表的指针均恢复零位;最后关闭减压阀。

(5) 氮气气瓶需用铁链扣紧或置于专用的气瓶柜内。

【数据处理】

(1) 数据记录:室温,℃;大气压,kPa;恒温槽温度,℃;催化剂质量,g。

其他实验结果记录于表 4.8 中。

表 4.8　ZnO 催化活性实验结果

t/min	V_{N_2}/mL	催化反应实验的 $V_{\text{N}_2+\text{CO}+\text{H}_2}/\text{mL}$		
		300℃灼烧的 ZnO 反应温度 360℃	300℃灼烧的 ZnO 反应温度 430℃	500℃灼烧的 ZnO 反应温度 430℃
0				
5				
10				
⋮				
50				

(2) 绘制空白及不同制备条件下的 ZnO 在不同反应温度下的 $V\text{-}t$ 曲线,即 $V_{\text{N}_2}\text{-}t$、$V_{\text{N}_2+\text{CO}+\text{H}_2}\text{-}t$,算出催化反应后增加的 H_2 和 CO 的总体积量。

(3) 根据 N_2 流速和甲醇在 40℃时的饱和蒸气压,算出 50min 内通入甲醇的物质的量 $n_甲$ 为

$$n_甲=\frac{p_甲}{p_{\text{N}_2}}n_{\text{N}_2}=\frac{p_甲}{p_0-p_甲}\frac{p_0\,V_{\text{N}_2}}{RT} \tag{4-62}$$

式中,$p_甲$ 为甲醇在恒温水浴温度时的饱和蒸气压;p_0 为大气压;T 为室温。

(4) 将 H_2 和 CO 的总体积量换算为 50min 内催化反应中所分解的甲醇的物质的量 $n_{甲,分}$ 为

$$n_{甲,分}=\frac{p_0(V_{\text{N}_2+\text{CO}+\text{H}_2}-V_{\text{N}_2})}{3RT} \tag{4-63}$$

(5) 以 100g 甲醇分解的质量表示实验条件下单位质量 ZnO 催化剂的活性,即甲醇分解百分数 w,并比较不同灼烧温度下制得的催化剂活性,以及相同灼烧温度下制得的催化剂在不同反应温度下的催化活性。

$$w=\frac{m_{甲,分}}{m_甲}\times100\%=\frac{n_{甲,分}}{n_甲}\times100\% \tag{4-64}$$

式中，$m_甲$ 和 $m_{甲,分}$ 分别为 50min 内通入反应管的甲醇质量和分解的甲醇质量。

【分析讨论】

（1）测量前应检查系统是否漏气。

（2）装填催化剂时，应防止系统堵塞。

（3）比较不同灼烧温度下制得的催化剂活性时，实验条件（如装样、催化剂床在管式电炉中的位置等）应尽量相同。

（4）在实验前需检查湿式流量计（操作方法参阅 3.3 节）的水平和水位，并预先使其运转数圈，使水与气体饱和后，方可进行测量。

（5）实验结束后，用夹子使饱和器不与反应管相通，以免炉温下降时甲醇被倒吸入反应管中或冷凝在连接胶管中。

（6）甲醇对人体有害，实验时须防止甲醇泄漏。另外，尾气中含有 CO、H_2 及少量甲醇蒸气，须排放至室外或下水道中。

（7）可购置商品化的纳米 ZnO 进行本实验，并与自制 ZnO 的实验结果比较。

【思考题】

（1）本实验的关键操作是什么？为什么实验时必须严格控制 N_2 流速稳定于某一数值？如果测定空白曲线和测 ZnO 活性时 N_2 流速不同，对实验结果有何影响？

（2）讨论流动法测量催化剂活性的特点。

（3）本实验要求载气带出 40℃的甲醇饱和蒸气，该如何验证实验设计的饱和器达到了上述要求？

（4）如何打破热力学平衡控制的反应，使其向生成产物的方向持续进行？

（5）ZnO 颗粒的粒度减小将增大反应物甲醇气体与催化剂的接触面积，即增大 ZnO 催化剂的比表面将有利于提高催化效果。为此，请查阅文献，简要论述纳米 ZnO 的制备方法。

（6）什么是膜催化反应？它有什么特点？它在甲醇分解反应中有可能应用吗？

实验 14　丙酮碘化反应动力学

【实验目的】

（1）掌握用孤立法测定反应级数的方法。

（2）测定酸催化作用下丙酮碘化反应的速率常数和活化能。

（3）进一步掌握分光光度计的使用及其在化学反应动力学研究中的应用。

（4）通过本实验加深对复合反应特征的理解。

【实验原理】

只有少数化学反应是由一个基元反应组成的简单反应，大多数化学反应并不是简单反应，而是由若干个基元反应组成的复合反应。大多数复合反应的速率和反应物浓度之间的关系不能用质量作用定律表示。因此，需要通过实验确定反应速率与反应物或产物浓度之间的关系，即测定反应对各组分的分级数和反应级数、速率常数、阿伦尼乌斯活化能和指前因子等，从而得到复合反应的速率方程,这便是反应动力学研究的核心内容。

获得反应动力学数据的实验方法主要分为化学分析法和物理化学分析法。最直接的方法是化学分析法,即在反应过程中每隔一定时间,从反应器取样进行化学分析,得到反应系统中反应物或产物的浓度。然而,此法在应用上受到一定限制,其主要原因是:①不少化合物很难用化学分析法进行定量测定,尤其是有机物;②为保证分析的准确度,每次都必须从反应器中取出较多样品,因而需用较大的反应系统;③测定比较费时,且为防止在取样后反应继续进行,须采取冲稀、骤冷、加入阻化剂或即时移去催化剂等措施,实验操作比较繁琐。

在反应动力学的实验研究中,更多采用的是物理化学分析法,其特点是测定反应系统的某些物理性质与时间之间的关系。这些物理性质应当与反应物或产物的浓度之间有较简单的关系,且其值在反应前后有显著的改变。最常用的物理性质有电导、电动势、旋光度、吸光度、折射率、蒸气压、黏度、气体的压力和体积、稀溶液的比体积等。由于物理性质的测定要比用化学分析法测定浓度简便迅速,因此在反应动力学研究中得到了广泛应用。

孤立法是确定速率方程的一种常用方法。设计一系列溶液,其中只有一种反应物的浓度不同,而其他物质的浓度均相同,据此可以求得反应对该反应物的级数。同样也可得到各反应物的级数,从而确定速率方程。

1. 反应速率方程

实验研究表明,丙酮与碘在稀薄的中性水溶液中的反应是很慢的。在强酸(如盐酸)条件下,该反应进行得相当快。但强酸的中性盐不增加该反应的反应速率。弱酸(如乙酸)条件对加快反应速率的影响不如强酸(如盐酸)。

在酸性溶液中,丙酮碘化反应是一个复合反应,其反应式为

$$CH_3COCH_3 + I_2 \xrightarrow{H^+} CH_3COCH_2I + I^- + H^+ \tag{4-65}$$

溶液中还存在下列平衡:

$$I_3^- \rightleftharpoons I_2 + I^- \tag{4-66}$$

反应(4-65)由 H^+ 催化,而反应本身又能生成 H^+,所以这是一个 H^+ 自催化反应,其速率方程可表示为

$$r = -\frac{dc(A)}{dt} = -\frac{dc(I_3^-)}{dt} = \frac{dc(E)}{dt} = kc^\alpha(A)c^\beta(I_3^-)c^\delta(H^+) \tag{4-67}$$

式中,r 为反应速率;k 为速率常数;$c(A)$、$c(I_3^-)$、$c(H^+)$、$c(E)$ 分别为丙酮、I_3^-、H^+、碘化丙酮的浓度,$mol \cdot L^{-1}$;α、β、δ 分别为反应对丙酮、碘、氢离子的分级数。反应速率、速率常数及反应级数均可由实验测定。

2. 分光光度法测定反应速率常数

丙酮碘化对于动力学研究是一个特别合适而且有趣的反应。因为 I_3^- 在可见光区有一个比较宽的吸收带,而在这个吸收带中,盐酸和丙酮没有明显的吸收,所以可以采用分光光度计测定光密度的变化(也就是 I_3^- 浓度的变化)来跟踪反应过程。

虽然在反应(4-65)中没有其他试剂吸收可见光,但存在一个次要却复杂的情况,即反应(4-66),其平衡常数 $K=700$。其中 I_2 在这个吸收带中也吸收可见光。因此 I_3^- 溶液吸收光

的数量不仅取决于 I_3^- 的浓度,而且也与 I_2 的浓度有关。根据朗伯-比尔定律

$$D = \varepsilon L c \tag{4-68}$$

式中,D 为光密度(消光度);ε 为吸收系数;L 为比色皿的光径长度;c 为溶液的浓度。

含有 I_3^- 和 I_2 的溶液的总光密度 D 可以表示为 I_3^- 和 I_2 两部分光密度的和,即

$$D = D(I_3^-) + D(I_2) = \varepsilon(I_3^-) L c(I_3^-) + \varepsilon(I_2) L c(I_2) \tag{4-69}$$

式中,吸收系数 $\varepsilon(I_3^-)$ 和 $\varepsilon(I_2)$ 为吸收光波长的函数。在特殊情况下,即波长 $\lambda = 565\text{nm}$ 时,$\varepsilon(I_3^-) = \varepsilon(I_2)$,所以式(4-69)变为

$$D = \varepsilon(I_3^-) L [c(I_3^-) + c(I_2)] \tag{4-70}$$

也就是说,在 565nm 这一特定的波长下,溶液的光密度 D 与 I_3^- 和 I_2 浓度之和成正比。吸收系数 ε 在一定的溶质、溶剂和固定的波长条件下是常数。实验中,使用同一个比色皿,L 是一定的,所以式(4-70)中,常数 $\varepsilon(I_3^-)L$ 就可以由测定已知浓度碘溶液的光密度 D 而求出。

在本实验条件下,实验将证明丙酮碘化反应对碘是零级反应,即 $\beta = 0$。由于反应并不停留在一元碘化丙酮上,还会继续进行下去,因此反应中所用的丙酮和酸应大大过量。而所用的碘量很少,这样,当少量的碘完全消耗后,反应物丙酮和酸的浓度仍基本保持不变,这就是孤立法的要点。

实验还进一步表明,只要酸度不很高,丙酮卤化反应的速率与卤素的浓度和种类(氯、溴、碘)无关(在百分之几误差范围内),因而直到全部碘消耗完以前,反应速率是常数,即

$$r = -\frac{dc(I_3^-)}{dt} = \frac{dc(E)}{dt} = kc^\alpha(A)c^\beta(I_3^-)c^\delta(H^+) = kc^\alpha(A)c^\delta(H^+) = 常数 \tag{4-71}$$

从式(4-71)可以看出,将 $c(I_3^-)$ 对时间 t 作图应为一条直线,其斜率就是反应速率 r。

3. 数据处理

为了测定反应级数,如指数 α,至少需进行两次实验。在两次实验中丙酮的初始浓度不同,H^+ 和 I^- 的初始浓度相同。若用"Ⅰ"、"Ⅱ"分别表示这两次实验,令

$$c(A, Ⅰ) = uc(A, Ⅱ), c(H^+, Ⅰ) = c(H^+, Ⅱ), c(I^-, Ⅰ) = c(I^-, Ⅱ)$$

由(4-71)式可得

$$r_Ⅰ / r_Ⅱ = kc^\alpha(A, Ⅰ)c^\delta(H^+, Ⅰ) / kc^\alpha(A, Ⅱ)c^\delta(H^+, Ⅱ) = u^\alpha$$

上式两边取对数,得

$$\lg(r_Ⅰ / r_Ⅱ) = \alpha \lg u$$

$$\alpha = \lg(r_Ⅰ / r_Ⅱ) / \lg u \tag{4-72}$$

同理,可求出指数 δ,若再做一次实验Ⅲ,使

$$c(A, Ⅰ) = c(A, Ⅲ), c(H^+, Ⅰ) = wc(H^+, Ⅲ), c(I^-, Ⅰ) = c(I^-, Ⅲ)$$

即可得到

$$\delta = \lg(r_Ⅰ / r_Ⅲ) / \lg w \tag{4-73}$$

同样,使

$$c(A,\ \mathrm{I})=c(A,\mathrm{N}),c(\mathrm{I}^-,\ \mathrm{I})=xc(\mathrm{I}^-,\mathrm{N}),c(H^+,\ \mathrm{I})=c(H^+,\mathrm{N})$$

得到

$$\beta=\lg(r_{\mathrm{I}}/r_{\mathrm{N}})\ /\lg x \tag{4-74}$$

根据式(4-67),由指数、反应速率和各浓度数据可以算出速率常数 k。由两个或两个以上反应温度下的速率常数,根据阿伦尼乌斯公式(4-48)可求得反应的表观活化能 E_a。

根据过渡态理论,有

$$k=K^{\neq}RT/N_A h$$

又由热力学公式

$$\Delta_r^{\neq}G_m=-RT\ln K^{\neq} \tag{4-75}$$

$$\Delta_r^{\neq}G_m=\Delta_r^{\neq}H_m-T\Delta_r^{\neq}S_m \tag{4-76}$$

可以推导出

$$k=(RT/\ N_A h)\exp(\Delta_r^{\neq}S_m/R)\exp(-\Delta_r^{\neq}H_m/RT) \tag{4-77}$$

式中,R 为摩尔气体常量;N_A 为阿伏伽德罗常量;h 为普朗克常量;$\Delta_r^{\neq}G_m$、$\Delta_r^{\neq}H_m$、$\Delta_r^{\neq}S_m$ 分别为反应的活化吉布斯函数、活化焓、活化熵。由式(4-77)可以求出反应的 $\Delta_r^{\neq}H_m$、$\Delta_r^{\neq}S_m$。

对于复杂反应,确定反应速率方程的具体形式后,就有可能对反应机理做出某些推测。

对于丙酮碘化反应动力学,有关文献数据为 $\alpha=1,\beta=0,\delta=1$;速率常数如表 4.9 所示,活化能 $E_a=86.2\mathrm{kJ}\cdot\mathrm{mol}^{-1}$。

表 4.9　丙酮碘化反应的速率常数与温度的关系*

$t/℃$	0	25	27	35
$k/10^{-5}\ \mathrm{dm^3\cdot mol^{-1}\cdot s^{-1}}$	0.115	2.86	3.60	8.80

* Thon N. (ed.). Tables of Chemical Kinetics, Homogeneous Reactions.

NBS Circular 510. U. S. Government Printing Office,1951,304.

【仪器试剂】

1. 仪器

V-1800 型可见分光光度计 1 套;超级恒温槽 1 套;25mL、50mL 容量瓶各 1 个;250mL 磨口瓶 4 个;5mL 移液管 3 支。

2. 试剂

约 0.02mol·L^{-1} 的碘溶液;约 2.5mol·L^{-1} 的丙酮溶液;约 1.0mol·L^{-1} 的盐酸溶液,这三种溶液的浓度需准确标定。

【实验步骤】

(1) 调节恒温槽温度为 10℃、15℃、20℃、25℃、30℃、35℃,温度波动应小于 0.1℃。每个

同学选择其中的两个温度进行实验,具体温度则由当日的指导教师分配。将已标定好的丙酮、盐酸、碘溶液及蒸馏水置于磨口瓶中放入恒温槽内恒温,恒温时间不少于 10min。

（2）启动化学动力学数据测定软件,用定波长测量功能测定 ε 值:①选择参数,测量方式为 A,光谱带宽为 2nm,定波长个数为 1,测量波长为 565nm;②测定 $0.002 mol \cdot L^{-1}$ 碘溶液的光密度 D（以蒸馏水为参比）。

（3）用动力学测量功能测定四种不同配比的溶液的反应速率:①选择参数,测量功能为 A,光谱带宽为 2nm,测量波长为 565nm,光密度范围为 0～1,测量时间为 0～900s,取样间隔为 30s;②将已恒温好的碘、丙酮、盐酸溶液和蒸馏水按配液表（表 4.10）在 25mL 容量瓶中依次配制不同配比的溶液。

表 4.10 配液表

序 号	$V(I_3^-)$/mL	$V($丙酮$)$/mL	$V(HCl)$/mL
1	5	5	5
2	5	2.5	5
3	5	5	2.5
4	7.5	5	5

用移液管先取盐酸和丙酮放入 25mL 容量瓶中,再取碘备用液,然后用已恒温好的蒸馏水稀释到刻度（此过程的动作要迅速）。将瓶中反应液摇匀后迅速倒入已恒温好的比色皿中（需用待测溶液润洗比色皿三次）,放入样品室中开始测量（以蒸馏水为参比）,记下光密度值。以后每隔 30s 记录一次,至测量完成为止。

（4）实验完毕,需将玻璃器皿洗干净,并整理好实验台面。

【注意事项】

（1）碘液见光分解,故从溶液配制到测量应迅速操作。

（2）计算速率常数 k 时要用到丙酮和酸溶液的初始浓度,所以其浓度一定要配准。

（3）比色皿使用完毕应用蒸馏水洗净擦干,并存放于比色皿专用盒子内;不得将比色皿乱放,损坏需赔偿。擦拭比色皿的透光面时须用镜头纸,切忌用其他的布或纸,以免影响其透光率。

（4）放置磨口瓶于恒温槽中或从瓶中吸取溶液时,须认真操作,避免将溶液洒落于恒温槽中或地面上。若有溶液滴落于恒温槽中,实验结束后,需洗净恒温槽,并充满蒸馏水。

【数据处理】

（1）自行设计数据记录表格,列出相应的测定数据和计算数值。

（2）计算 $\varepsilon(I_3^-)L$ 值。

（3）作每一组反应的 $D\text{-}t$ 图,由图求出初始反应速率及反应级数、反应速率常数。

（4）计算不同温度下的 k 值,进而求出 E_a、指前因子 A、$\Delta_r^{\neq} G_m$、$\Delta_r^{\neq} H_m$、$\Delta_r^{\neq} S_m$,将前述计算结果与文献值比较,分析误差的产生原因。

【分析讨论】

根据动力学实验结果可对丙酮碘化反应的机理推测如下:

$$
\begin{array}{c}
\overset{O}{\underset{\parallel}{}} \\
CH_3-C-CH_3 + H^+ \underset{k_{-1}}{\overset{k_1}{\rightleftharpoons}} (CH_3-\overset{OH}{\underset{\mid}{C}}-CH_3)^+
\end{array}
\tag{i}
$$

(A) (B)

$$
(CH_3-\overset{OH}{\underset{\mid}{C}}-CH_3)^+ \underset{k_{-2}}{\overset{k_2}{\rightleftharpoons}} CH_3-\overset{OH}{\underset{\mid}{C}}=CH_2 + H^+
\tag{ii}
$$

(B) (D)

$$
CH_3-\overset{OH}{\underset{\mid}{C}}=CH_2 + X_2 \overset{k_3}{\rightleftharpoons} CH_3-\overset{O}{\underset{\parallel}{C}}-CH_2X + X^- + H^+
\tag{iii}
$$

(D) (X) (E)

因丙酮是很弱的碱,故反应生成的中间体 B 很少,有

$$
c(B)=K_1 c(A) c(H^+)
\tag{iv}
$$

式中,$K_1=k_1/k_{-1}$。烯醇式 D 和产物 E 的速率方程分别是

$$
\frac{\mathrm{d}c(D)}{\mathrm{d}t}=k_2 c(B) -[k_{-2} c(H^+)+k_3 c(I_2)]c(D)
\tag{v}
$$

$$
\frac{\mathrm{d}c(E)}{\mathrm{d}t}=k_3 c(I_2) c(D)
\tag{vi}
$$

由式(iv)~式(vi),并应用稳态假设,令 $\dfrac{\mathrm{d}c(D)}{\mathrm{d}t}=0$,得

$$
\frac{\mathrm{d}c(E)}{\mathrm{d}t}=\frac{K_1 k_2 k_3 c(A) c(H^+) c(I_2)}{k_{-2} c(H^+)+k_3 c(I_2)}
\tag{vii}
$$

若 D 与碘的反应速率比 D 与 H^+ 的反应速率大得多,即 $k_3 c(I_2)\gg k_{-2} c(H^+)$,则式(vii)可简化为

$$
\frac{\mathrm{d}c(E)}{\mathrm{d}t}=kc(A) c(H^+)
\tag{viii}
$$

式中,$k=K_1 k_2$。又 $\mathrm{d}c(E)=-\mathrm{d}c(I_2)$,则得到式(4-67)中的 $\beta=0$。式(viii)与实验结果一致,故以上机理推测可能是正确的。

【思考题】

(1) 动力学实验中,计时是很重要的实验步骤。若在实验中开始计时晚了,这对实验结果有无影响? 为什么?

(2) 本实验中,若原始碘浓度不准确,对实验结果是否有影响? 为什么?

(3) 若测定时比色皿未洗涤干净或有残存的水,对测定有无影响? 如何避免?

(4) 本实验中将丙酮和酸的浓度视为常数,而实际上二者的浓度是变化的,能否估计出这会给反应速率常数测量值带来多大误差?

(5) 设计一个实验方案,验证丙酮碘化反应机理中间物的存在形式。

实验15　沉降分析

【实验目的】

（1）掌握沉降分析的基本原理及其实验技术。

（2）用沉降分析法测定分散系统粒子大小的分布。

（3）掌握扭力天平的使用方法。

【实验原理】

流体（液体或气体）系统中微粒（溶胶、固体颗粒、粉末等）的运动性质除扩散和热运动之外，还有在重力作用下的沉降。沉降是在重力作用下微粒沉至容器底部，微粒的尺寸和质量越大，沉降速度越快。然而，由于布朗运动而引起的扩散作用与沉降相反，它能使下层较浓的微粒向上扩散，有使系统浓度趋于均匀的倾向。粒子的尺寸和质量越大，扩散越慢，因此扩散是抗拒沉降的因素。当这两种作用力相等时，系统内微粒分布达到了平衡状态，称为沉降平衡。

在研究沉降平衡时，微粒直径大小对建立平衡的速度有很大影响，表 4.11 示出了一些不同尺寸的金属微粒在水中的沉降速度。从表 4.11 中数据可知，细小颗粒的沉降速度很慢。

表 4.11　球形金属微粒在水中的沉降速度

微粒半径	$v/\text{cm} \cdot \text{s}^{-1}$	沉降 1cm 所需时间
10^{-3}cm	1.7×10^{-1}	5.9s
10^{-4}cm	1.7×10^{-3}	9.8s
100nm	1.7×10^{-5}	16h
10nm	1.7×10^{-7}	66d
1nm	1.7×10^{-9}	19a

沉降在涂料、水泥、陶瓷、冶金、环境、水利等领域中有广泛应用，是控制生产过程、产品质量的一个重要手段。

沉降分析是指将一组微粒体系在外力场作用下沉降，从而得到微粒半径大小分布的一种实验方法。其测定原理是基于胶体（包括悬浮液）的动力性质。沉降分析法广泛用于颜料、硅酸盐、陶瓷等工业领域和医疗卫生部门。

球形粒子在另一均匀的气体或液体介质中将受到重力的作用而下沉，所受下沉力 F_1 为

$$F_1 = \frac{4}{3}\pi r^3 (d - d_0)g \qquad (4\text{-}78)$$

式中，r 为粒子半径，m；d、d_0 分别为粒子及介质的密度，$\text{kg} \cdot \text{m}^{-3}$；$g$ 为重力加速度，$\text{m} \cdot \text{s}^{-2}$。

另一方面，粒子下沉的同时受到介质的摩擦阻力的作用，当粒子所受重力和摩擦阻力相等时，粒子便以恒速 $v(\text{m} \cdot \text{s}^{-1})$ 下沉。根据斯托克斯定律，摩擦阻力 F_2 为

$$F_2 = 6\pi \eta r v$$

式中，η 为介质黏度，P。$F_1 = F_2$ 时，有

$$\frac{4}{3}\pi r^3 (d-d_0)g = 6\pi \eta r v$$

整理得微粒半径 r 的表达式为

$$r = \sqrt{\frac{9\eta v}{2(d-d_0)g}} = C\sqrt{v} \tag{4-79}$$

在一定温度下 d、d_0 和 η 有定值，g 已知，于是 C 为常数，因此只要测定微粒的沉降速度 v，则微粒半径 r 就可根据式(4-79)算出。

在导出式(4-79)时做了以下假设：①微(颗)粒是球形的；②与介质的分子相比，颗粒要大得多；③与正在下降的颗粒相比，介质体积要大得多；④颗粒作等速运动，因此速度不应太大，不超过某一极限值。实际上，悬浮液中的颗粒常常不是球形，因而由(4-79)求出的半径并非粒子的实际半径，而是具有相同质量和运动速度的颗粒的有效半径，或称为等当半径。上述条件规定了在进行测量时，分散介质的浓度不能太大。否则，颗粒间的相互作用会改变颗粒的沉降情形。分散介质的浓度一般不应大于 2%。另外，条件②与④也规定了沉降分析的应用范围，颗粒大小须为 $0.1\sim50\mu m$。故沉降分析法不适用于典型的胶体溶液。颗粒小于 $0.1\mu m$ 时可以在离心力场中进行沉降分析，而大于 $50\mu m$ 时可用金属筛分离。

分散体系的粒子大小一般是不均匀的，为了得到分散体系的全部特征，常需测定不同大小的粒子的相对含量，即作出它们的分布曲线，这种分布曲线可由沉降曲线的图解处理求得。

沉降曲线以函数 $P=f(t)$ 表示，其中 P 是从实验开始经过时间 t 后所沉降的颗粒质量或者与此量成正比的其他物理量。

设有一半径大小不同、沉降速度相等、沉降前均匀地分布在介质中的颗粒体系，按图4.37所示装置，称量不同时间 t 落在盘中的颗粒质量 P_i，作 $P\text{-}t$ 曲线，即沉降曲线，如图4.38(a)所示，图中有一条通过原点的直线，其斜率取决于颗粒的浓度、大小及介质的性质，而直线的长度取决于液面至盘的高度 h 和颗粒的沉降速度，至 t_1 时原来处于液面的颗粒已全部落在盘上，盘的质量不再改变，根据 t_1 和 h 数值可算出颗粒的沉降速度，$v=h/t_1$。将 v 值代入式(4-79)，即可求出颗粒的半径 r。

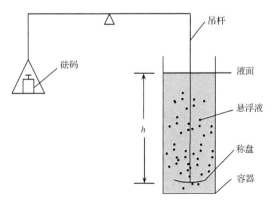

图 4.37　沉降分析示意图

对于含两种半径颗粒的分散体系，其沉降曲线如图4.38(b)中的 $OABC$ 所示，其中 $OA'C'$、$OB'D'$ 分别为两种不同颗粒的沉降曲线，从而可知 OA 段代表两种不同颗粒的沉降曲线，斜率大；当沉淀至 t_1 时，只剩下第二种颗粒沉降，沉降曲线发生转折，按 AB 段上升，至 t_2 时第

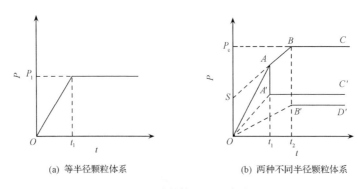

(a) 等半径颗粒体系　　　　　(b) 两种不同半径颗粒体系

图 4.38　分散体系的沉降曲线

二种颗粒也已经沉降完毕,质量不再改变,由 t_1、t_2 及 h 数值可求出两种颗粒的大小,而其相对含量可通过 AB 线段的延长线和纵轴交点 S 求得,OS 为第一种颗粒的相对质量,SP_c 为第二种颗粒的相对质量。

　　实际上所遇到的悬浮液均为颗粒半径连续分布的体系,所得的沉降曲线如图4.39所示。

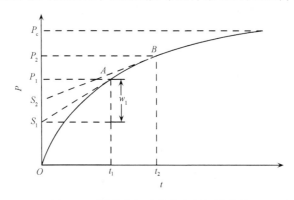

图 4.39　颗粒半径连续分布的沉降曲线

　　在任一时间 t_1 已沉降的颗粒总量为 P_1,其量分为两部分:一部分为半径大于在时间 t_1 时恰能沉降完全的那种粒子半径(r_1)的所有粒子的沉降量,大小为在 t_1 时曲线 A 处作切线交于纵轴的点 S_1;另一部分为半径小于 r_1,而在 t_1 时仍继续沉降的粒子的沉淀量(其量为 $w_1 = t_1 dP/dt$)。在 t_2 时已沉降的粒子总量为 P_2,也在 t_2 处作曲线的切线,得此时半径大于 r_2(r_2 为时间 t_2 内恰能沉降完全的粒子半径)的所有粒子的沉降量 S_2,所以 $S_2 - S_1$ 是半径 r_2、r_1 之间所有粒子的沉降量。

　　为了获得分散体系的粒子半径的分布情况,常用积分分布曲线和微分分布曲线表示。

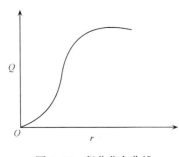

图 4.40　积分分布曲线

　　若沉降总量为 P_c,则在 t_i 时半径大于 r_i 的所有粒子的沉降量 S_i 占所有沉降总量的百分含量为

$$Q_i = \frac{S_i}{P_c} \times 100\%$$

　　以 Q_i 为纵轴、r_i 为横轴作图,即得沉降积分分布曲线(图4.40),其物理意义是在曲线上任意一点表示体系中半径大于该值的颗粒的总百分含量。

　　微分分布曲线表示粒子半径 r 到 $r+dr$ 之间的沉降总

量 P_c 的相对含量。以 $F(r)$ 表示，即

$$F(r) = \frac{dQ}{dr} = \frac{\Delta Q_i}{\Delta r_i}$$

所以，根据积分分布曲线可求得微分分布曲线(图 4.41)。作图方法是，按粒子半径分成许多颗粒组($r_{i+1} - r_i$)，求出每一颗粒组的平均半径 $r' = (r_{i+1} + r_i)/2$ 及对于积分分布曲线上每一粒子组的 $\Delta Q_i/\Delta r_i$，Δr_i 越小，$\Delta Q_i/\Delta r_i$ 就越接近 dQ/dr，以 $\Delta Q_i/\Delta r_i$ 对 r 作图得梯状折线，根据折线形状可作出一条光滑曲线即微分分布曲线。该曲线是 $F(r)$ 的近似曲线，所取点越多，近似程度越高，曲线的最高点相应于体系中含量最大颗粒的半径值 r_m。

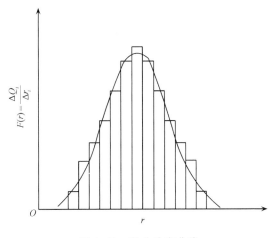

图 4.41　微分分布曲线

获得沉降曲线的方法很多，除了上述称量法外，还有：①测量悬浮液中指定点密度随时间的变化；②测量悬浮液中指定点的浮力随时间的变化；③测量悬浮液中指定点的静压随时间的变化等方法。

称量法是应用最广泛的一种获得沉降曲线的方法。本实验采用扭力天平装置获得沉降曲线。

【仪器试剂】

1. 仪器

JN-B-1000 型扭力天平 1 台(图 4.42)；沉降筒及沉降分析专用秤盘、吊杆 1 套；振动器 1 台(公用)；250mL 容量瓶 1 个；500mL 锥形瓶 1 个；长颈漏斗 1 个；10mL 量筒 1 个；表面皿 1 个；秒表 1 个；1/10 温度计 1 支(0~50℃)。

2. 试剂

$PbSO_4$ 粉末；5% $Pb(NO_3)_2$ 溶液；5% 阿拉伯胶溶液。

【实验步骤】

(1) 取约 1.5g $PbSO_4$ 粉末置于表面皿上，加少量分散介质(本实验为水)，用牛角勺调成糊状。

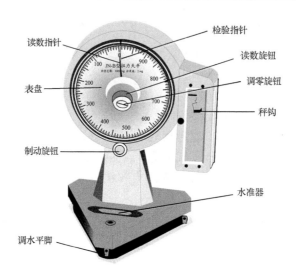

图 4.42　JN-B-1000 型扭力天平

称量范围:1000mg;　分度值:2mg

（2）将调成糊状的 $PbSO_4$ 通过长颈漏斗转移到 250mL 容量瓶中,加入 5% $Pb(NO_3)_2$ 溶液 1.5mL,再用水加到容量瓶刻度线。

（3）将 $PbSO_4$ 悬浮液转移到 500mL 锥形瓶中,振摇一段时间。

（4）调整扭力天平至水平,并向沉降筒中加入 250mL 水,按装置图 4.42 将秤盘及吊杆安装好。

（5）打开制动旋钮开启天平,逆时针旋转读数旋钮,使天平指针与镜子和刻度板上的检验线重合后再关闭天平,此时读数指针所示值即为天平的起始读数。

（6）小心取下沉降筒,倒掉其中的水,并擦干沉降筒秤盘和吊杆,然后将沉降筒放回原处。

（7）将锥形瓶内盛有的 $PbSO_4$ 悬浮液摇匀后,加入 2mL 5%阿拉伯胶,轻轻振摇后,用长颈漏斗沿沉降筒壁倒入沉降筒中(不要搅拌,以免产生气泡)。随后,将秤盘浸入悬浮液,并将吊杆挂于天平的秤钩上,打开制动旋钮使天平开始工作,同时立即按秒表计时。上述操作要迅速,并使秤盘底部没有气泡产生。

（8）沉降进行时,秤盘上积有沉降的 $PbSO_4$,于是天平的平衡指针偏离平衡零点,故需随时旋转读数旋钮使平衡指针回到平衡零点。在此同时,每隔 20~25s 读数一次,包括天平读数和时间,直至每隔 5min 增加质量小于 0.5mg 为止。

（9）量取秤盘至液面的距离 h 和悬浮液的温度。

（10）测量结束后关闭天平,取下吊杆、秤盘,倒掉悬浮液,洗净实验仪器。

【注意事项】

（1）实验过程中,秤盘与沉降筒不得相碰。

（2）将 $PbSO_4$ 悬浮液转移时应轻轻地摇动,以防止 $PbSO_4$ 粒子沉积而达不到转移目的。

（3）向 $PbSO_4$ 悬浮液中加入阿拉伯胶后不应剧烈振摇,以免产生大量泡沫,使实验操作困难。

（4）在处理数据时,应在沉降曲线斜率变化大的地方多选几个点。

（5）实验时,须随时保持平衡指针与镜子和刻度面板上的检验线重合,否则影响实验结果。

【数据处理】

自行设计实验数据记录表格并作如下处理：

(1) 以扭力天平增量 P 对沉降时间 t 作图，得 $PbSO_4$ 悬浮液的沉降曲线，求得沉降总量 P_c。

(2) 在沉降曲线上选 $10\sim25$ 个点，按式(4-79)及 $v=h/t_1$ 计算出对应于 t 时所能沉降完的粒子半径，并作出各点的切线，求得纵轴上截距 S 除以 P_c 的商 Q，作 Q-r 图，即得 $PbSO_4$ 悬浮液的积分分布曲线。

(3) 根据积分分布曲线图解求出微分分布曲线，并在微分分布曲线上找出体系中含量最高的颗粒的半径值。

实验数据的另一种处理方法是：将沉降曲线图解，直接得到微分分布曲线，即先在沉降曲线上选取不同的 t，求出与其对应的粒子半径 r 和 S，再计算出相邻 r 的 ΔS_i 及 Δr_i，以 $(\Delta S_i/P_c)\Delta r_i$ 对相邻的平均半径 $r'=(r_i+r_{i+1})/2$ 作图，得阶梯状折线，根据折线的形状作出一条光滑的分布曲线即微分分布曲线。

【分析讨论】

离心沉降法是测定颗粒分布的重要方法之一。$3000r\cdot min^{-1}$ 的普通离心机可产生的离心力约为地心引力的 2000 倍，超速离心机的转速可达 $100\sim160kr\cdot min^{-1}$，其离心力约为重力的 100 万倍。所以在离心力场中，颗粒所受的重力可以忽略不计。

在离心力场中，粒子所受的离心力 F_1 为

$$F_1=\frac{4}{3}\pi r^3(d-d_0)\omega^2 x$$

根据斯托克斯定律，粒子在沉降时所受阻力 F_2 为

$$F_2=6\pi\eta r\frac{\mathrm{d}x}{\mathrm{d}t}$$

式中，$\omega^2 x$ 为离心加速度；$\dfrac{\mathrm{d}x}{\mathrm{d}t}$ 为粒子的沉降速度。若沉降达到平衡，则有

$$\frac{4}{3}\pi r^3(d-d_0)\omega^2 x=6\pi\eta r\frac{\mathrm{d}x}{\mathrm{d}t}$$

将上式积分，得

$$\frac{4}{3}\pi r^3(d-d_0)\omega^2\int_{t_1}^{t_2}\mathrm{d}t=6\pi\eta r\int_{x_1}^{x_2}\frac{\mathrm{d}x}{x}$$

$$r=\sqrt{\frac{9}{2}\eta\frac{\ln\dfrac{x_2}{x_1}}{(d-d_0)\omega^2(t_2-t_1)}} \tag{4-80}$$

以理想的单分散体系为例，利用光学方法可测出清晰界面，记录不同时间 t_1 和 t_2 时的界面位置 x_1 和 x_2，由式(4-80)可求出颗粒大小，然后根据颗粒总数算出每种颗粒占总颗粒的分

数。另外,根据颗粒密度可进一步算出每种颗粒占总颗粒的质量百分含量。

【思考题】

(1) 称量法测定微粒半径及其分布实验的主要误差来源是什么? 导出微粒半径 r 的相对误差的计算公式? 怎样减少或消除误差?

(2) 如何选择实验条件,如介质浓度、介质黏度、微粒大小、沉降及称重设备等?

(3) 获得沉降曲线的实验方法有哪些? 其各自特点是什么?

(4) 如何从微粒沉降积分曲线绘制其微分分布曲线?

(5) 若离子为非球形,则测得的粒子半径的意义如何?

(6) 在本实验中,微粒含量太多或微粒半径太大或太小,对测定结果有什么影响?

(7) 沉降分析在江河湖海治理中有何应用?

(8) 在重力场下用沉降分析测定颗粒分布时,往往沉降时间太长,在测量时间内产生了颗粒的聚结,影响了测定结果的准确性。这时应选用何种实验方法研究颗粒分布?

实验 16　黏度的测定及其应用

【实验目的】

(1) 明确黏度的物理本质,了解其定义、量纲及其换算;了解黏度与物质摩尔质量的关系、影响黏度的因素(内因和外因)。

(2) 了解黏度测定在高分子、生物医学、药学、材料科学与工程等领域和实际生产中的应用。

(3) 测定聚乙烯醇的相对平均摩尔质量;掌握乌氏黏度计的使用方法。

【实验原理】

1. 黏度

流体在流动中,由于各流层的流速不同,在相邻两层流体的接触面上出现与接触面相切的一对阻碍相对滑动的等值而反向的阻力(内摩擦力),黏度(或称动力黏度)就是反映这种阻力大小的特征值。液体流层的运动如图 4.43 所示。

按照牛顿流体的黏性流动定律,流层之间的剪切应力 f 与两层间的接触面积 A 和流速梯度 $\dfrac{\mathrm{d}u}{\mathrm{d}z}$ 成正比,有

$$f = \eta A \frac{\mathrm{d}u}{\mathrm{d}z} \tag{4-81}$$

式中, η 为比例系数,称为液体的黏度,它的因次是力·时间·长度$^{-2}$或质量·长度$^{-1}$·时间$^{-1}$,单位是 Pa·s,而过去常用的单位是泊(P)、厘泊(cP)、微泊(μP),其换算关系为

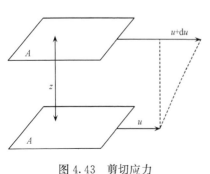

图 4.43　剪切应力

$$1P = 100cP = 1 \times 10^6 \mu P = 0.1Pa \cdot s = 0.1N \cdot s \cdot m^{-2}$$
$$= 1dyn \cdot s \cdot cm^{-2} = 1g \cdot s^{-1} \cdot m^{-1}$$

黏度是一种重要的传递性质或热物理性质,在流体力学、传热、传质计算中必不可少。从宏观上讲,黏度不是热力学性质或状态函数;从微观上讲,黏度也是由于分子间作用力所产生的,与热力学性质是一致的,两者可以相通。

在黏度测定时,由实验直接测得的常是黏度与密度的比值,该比值称为运动(动力)黏度(ν),也常直接用于化工计算。过去常用的单位是泡(Stoke),$cm^2 \cdot s^{-1}$,按 SI 制,应用 $m^2 \cdot s^{-1}$ 或 $cm^2 \cdot s^{-1}$。

黏度分为液体黏度和气体黏度两部分,在相同温度下,液体黏度大于气体黏度,在压力(温度)不高的很大范围内,两者相差 10～100 倍,随着温度(相应的饱和压力)升高,气、液黏度相差变小,至临界点处两者相等。

2. 黏度的测定方法

液体黏度易于测定,一般用毛细管法,即测量定量液体通过毛细管的时间,此时间可用目测,近年也用激光进行测定。毛细管法只能提供黏度相对值,因此测定未知物系时,首先要用标准液体求出仪器常数值。选择标准液时,应尽量使其黏度与被测液体黏度接近。常用的标准液有高纯水,也可从国家标准局买到各种黏度的标准油。毛细管黏度计可自制,但一定要严格控制恒温条件。另外,也可买到成套的毛细管黏度计。若黏度值很大,应当用旋转黏度计,它利用不同黏度液体产生不同的剪切,可直接测定黏度,它是唯一直接测量黏度绝对值的方法。

常压气体黏度极难测定,虽然也可用毛细管方法,但需要很多项校正,可靠性差。更可靠的是振板法(oscillating disk method),但其构造十分复杂,全世界只有几个实验室具有这类测定装置。

高压流体(包括液体和气体)都具有高密度的特征,其黏度测定方法很相似,现在用得最多的是落球法(落柱法)。该法是在一根细管内从充满流体中自由落下一球(或一柱),黏度大的物质,落体的下降时间就长,为适应不同黏度范围,还可使细管倾斜。石英振动法是更好的方法,但难度较高。

液体黏度的毛细管测定法:泊肃叶得出液体流出毛细管的速度与黏度之间的关系为

$$\eta = \frac{\pi}{8} \frac{pr^4 t}{V l} \tag{4-82}$$

式中,V 为在时间 t 内流过毛细管的液体体积;p 为管两端的压力差;r 为毛细管半径;l 为液体流过的毛细管长度。根据式(4-82),由实验直接测定液体的绝对黏度是困难的,但可据此测定液体相对于标准液体(如高纯水等,其绝对黏度值已知)的黏度值。设两种液体在本身重力作用下分别流经同一毛细管,实验温度相同,流出的体积相等,则

$$\eta_1 = \frac{\pi}{8} \frac{p_1 r^4 t_1}{V l}$$

$$\eta_2 = \frac{\pi}{8} \frac{p_2 r^4 t_2}{V l}$$

得

$$\frac{\eta_1}{\eta_2} = \frac{p_1 t_1}{p_2 t_2} \tag{4-83}$$

式中，$p = \rho g h$，其中 ρ 为液体密度，g 为重力加速度，h 为推动液体流动的液位差；t_1、t_2 分别为两种液体流经相同毛细管长度的时间。若每次取用试样的体积一定，则可保持 h 在实验中的情况相同，因此可得

$$\frac{\eta_1}{\eta_2} = \frac{\rho_1 t_1}{\rho_2 t_2} \tag{4-84}$$

若已知标准液体 1 的黏度和密度、试样 2 的密度，则由上式可得到所测试样 2 的黏度。

测定液体黏度的奥氏黏度计和乌氏黏度计的结构分别如图 4.44 和图 4.45 所示。

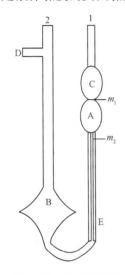

图 4.44　奥氏黏度计

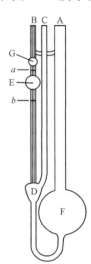

图 4.45　乌氏黏度计

在一些专著或手册中可以找到有关黏度测定的综述。

已测定的黏度数据量很大，所涉及的化合物很多，数据集中在常压及常温附近。虽然黏度数据量大，但分散发表在各类杂志中，且缺少整理，因此寻找数据有一定困难。

关于黏度的理论计算、与物质分子结构的关系、经验或半经验估算方程等内容可参阅有关专著或手册。

3. 黏度法测定水溶性高聚物的摩尔质量

摩尔质量是表征化合物特征的基本参数之一。在高聚物研究中，摩尔质量是一个不可缺少的重要数据。因为它不仅反映高聚物分子的大小，而且直接关系到高聚物的物理性能。但高聚物的摩尔质量大小不一，参差不齐，这是由于高聚物是由单体分子经加聚或缩聚过程而合成的，其聚合度不一定相同。一般高聚物是摩尔质量大小不同的大分子混合物，摩尔质量常为 $10^3 \sim 10^7 \, \mathrm{g \cdot mol^{-1}}$，通常所测的高聚物摩尔质量是一个统计平均值。

测定高聚物摩尔质量的方法有很多，其中以黏度法最常用。因为黏度法设备简单，操作方便，且有相当好的精度。然而，如上所述，黏度法不是测定摩尔质量的绝对方法，因为在此法中所用的黏度与摩尔质量的经验方程式要用其他方法来确定。由于高聚物、溶剂、摩尔质量范围、温度等不同，就有不同的经验方程式。

　　黏度比较大是高分子溶液的基本特征之一,并且其特性黏度与平均摩尔质量有关,可利用这一关系测定其摩尔质量。

　　实验证明许多聚合物溶液不是理想溶液,称为非牛顿流体,其流动规律不服从牛顿流体的流动定律。但对于一般柔性链聚合物,在切变速率较低且摩尔质量适中时,其稀溶液可以按牛顿流体处理。本实验应用黏度法测定聚乙烯醇的平均摩尔质量。

　　高聚物溶液的黏度是它在流动过程中内摩擦力的反映。内摩擦是由溶剂-溶剂、溶质-溶质、溶质-溶剂分子之间的相互作用力产生的,这一内摩擦力的大小取决于外因(温度、压力、溶液组成)和内因(溶质和溶剂分子大小、形状、结构,及由此决定的分子间作用力)两个方面。即使在稀溶液的情况下,高聚物溶液的黏度 η 比纯溶剂的黏度 η_0 也要大。高聚物溶液黏度与纯溶剂黏度的比称为相对黏度 η_r,即

$$\eta_r = \frac{\eta}{\eta_0} \tag{4-85}$$

　　相对黏度反映的仍是整个溶液的黏度行为。定义高聚物溶液黏度比纯溶剂黏度增大的分数为增比黏度 η_{sp},即

$$\eta_{sp} = \frac{\eta - \eta_0}{\eta_0} = \eta_r - 1 \tag{4-86}$$

　　η_{sp} 反映出扣除了溶剂分子间的内摩擦后仅留下纯溶剂与高聚物之间,以及高聚物分子之间的内摩擦效应。但溶液的浓度可以变化,浓度大,黏度也就大。为了便于比较,取在单位浓度下所显示出的黏度,从而引进比浓黏度的概念,以 $\dfrac{\eta_{sp}}{c}$ 表示,而将 $\dfrac{\ln \eta_r}{c}$ 定义为比浓对数黏度。为了进一步消除高聚物分子间内摩擦的作用,必须将溶液无限稀释,使得每个高聚物分子相隔极远,其相互干扰可以忽略不计,这时溶液所呈现的黏度行为主要反映了高聚物与溶剂分子之间的内摩擦。当浓度 c 趋近于零时,比浓黏度 $\dfrac{\eta_{sp}}{c}$ 趋近于一极限值 $[\eta]$,$[\eta]$ 称为特性黏度,其值与浓度无关,即有

$$\lim_{c \to 0} \frac{\eta_{sp}}{c} = [\eta] \tag{4-87}$$

特性黏度 $[\eta]$ 反映了在稀溶液范围内高聚物分子与溶剂分子之间的内摩擦作用的大小。若高聚物的摩尔质量越大,则它与溶剂分子间的接触面积也越大,因此摩擦力就大,表现出的特性黏度也大,因此 $[\eta]$ 与高聚物的特性有关。其数值可通过实验求得。

　　哈金斯(Huggins)通过总结实验数据,发现了 $\dfrac{\eta_{sp}}{c}$ 及 $\dfrac{\ln \eta_r}{c}$ 与溶液浓度 c 之间存在如下关系:

$$\frac{\eta_{sp}}{c} = [\eta] + K'[\eta]^2 c \tag{4-88}$$

$$\frac{\ln \eta_r}{c} = [\eta] - \beta[\eta]^2 c \tag{4-89}$$

在无限稀的情况下,有

$$\lim_{c \to 0} \frac{\eta_{sp}}{c} = \lim_{c \to 0} \frac{\ln \eta_r}{c} = [\eta] \tag{4-90}$$

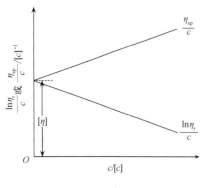

图 4.46　$\dfrac{\eta_{sp}}{c}$-c 或 $\dfrac{\ln \eta_r}{c}$-c 关系图

由式(4-90)，可作 $\dfrac{\eta_{sp}}{c}$-c 图或 $\dfrac{\ln \eta_r}{c}$-c 图(图 4.46)，得两条直线，它们相交于纵坐标的同一点，即将浓度外推到 $c=0$，截距即 $[\eta]$。$[\eta]$ 的单位是浓度单位的倒数。

一般地，η_r 取 $1.1 \sim 2.0$ 时，线性关系较好。当溶液浓度太高或摩尔质量太大时均得不到直线。

当高聚物的化学组成、溶剂、体系温度确定以后，$[\eta]$ 值只与高聚物的摩尔质量有关，这就是著名的马克-豪温克(Mark-Houwink)方程，即

$$[\eta] = K \overline{M}^{\alpha} \tag{4-91}$$

式中，K 和 α 均为常数，其值与高聚物的种类、溶剂性质和温度等因素有关，也与摩尔质量大小有关。K 值受温度的影响较明显，而 α 值主要取决于高分子线团在某温度下、某溶剂中舒展的程度，是与高聚物在溶液中的形态有关的经验参数。例如，在良溶剂中，线团舒展，当线团在溶剂中流过时，溶剂可全部或大部分穿透线团，线团上每个链段与溶剂分子发生摩擦的机会增加，对同样大小的高分子来说，摩擦力增大，$[\eta]$ 增大，所以 α 大，其值接近于 1。相反，在不良溶剂中，线团紧缩，线团链段与溶剂发生摩擦的机会减小，$[\eta]$ 也变小，α 小。对大多数聚合物来说，α 值一般为 $0.5 \sim 1$。K 与 α 的数值只能通过其他绝对方法确定(如渗透压法、光散射法等)。黏度法不是测定摩尔质量的绝对方法，它只能通过测定 $[\eta]$，再由式(4-91)求得高聚物的黏均摩尔质量 $\overline{M}$。K 与 α 的数值可以从有关手册中查到，查找时一定要注意这两个常数的测定条件，如使用的温度、溶剂、适用的摩尔质量范围、单位以及用什么方法测定的。对于聚乙烯醇水溶液有 $\alpha = 0.76 (25 ℃)$；$\alpha = 0.64 (30 ℃)$，$K = 6.66 \times 10^{-2} \, \text{mL} \cdot \text{g}^{-1}$。

本实验采用乌氏黏度计(去掉支管 C 即为奥氏黏度计)测定溶液的黏度。当液体在毛细管黏度计内因重力作用而流动时，遵循泊肃叶公式，即

$$\frac{\eta}{\rho} = \frac{\pi}{8} \frac{hgr^4 t}{lV} - \frac{1}{8\pi} \frac{mV}{lt} \tag{4-92}$$

式中，η 为液体的黏度；ρ 为液体的密度；l 为毛细管的长度；r 为毛细管半径；t 为液体流出时间；h 为液体流过毛细管的平均高度；g 为重力加速度；V 为流经毛细管的液体体积；m 为毛细管末端的校正常数(一般在 $\dfrac{r}{l} \ll 1$ 时，可以取 $m = 1$)。

对于同一支黏度计，式(4-92)可以写成

$$\frac{\eta}{\rho} = At - \frac{B}{t} \tag{4-93}$$

式中，A 和 B 为与毛细管黏度计结构有关的仪器常数，分别为

$$A = \frac{\pi}{8} \frac{hgr^4}{lV} \tag{4-94}$$

$$B=\frac{1}{8\pi}\frac{mV}{l} \tag{4-95}$$

当 $B/[B]<1$，流出时间 $t>100$s 时，该项可以忽略。对于稀溶液，其密度与溶剂的密度近似相等，在此近似条件下，可将 η_r 写成

$$\eta_r=\frac{\eta}{\eta_0}=\frac{t}{t_0} \tag{4-96}$$

式中，t 为高聚物溶液的流出时间；t_0 为溶剂的流出时间。

液体黏度受温度的影响较大，一般可用下式关联：

$$\eta=A\ \exp(B/RT) \tag{4-97}$$

式中，A 和 B 对于给定物质在一定温度范围内为常数，有些手册中已给出了许多物质的 A、B 值，供查用；R 为摩尔气体常量；T 为热力学温度。一般地，在正常沸点以下，液体的黏度随温度升高而呈现指数衰减的规律，因此在黏度测定实验中必须有很好的恒温装置。

【仪器试剂】

1. 仪器

恒温水浴 1 套；稀释型乌氏黏度计 1 支；洗耳球 1 个；10mL 移液管 1 支；50mL 小试剂滴瓶 1 个；100mL 烧杯；SW6011 秒表 1 个。

2. 试剂

聚乙烯醇水溶液（5g・L^{-1}），其中加少量正庚醇做消泡剂；溶剂：正庚醇/水（0.7mL・L^{-1}）。

【实验步骤】

1. 高聚物溶液配制

称取 0.5g 聚乙烯醇（摩尔质量大的少称些，小的多称些，使测定时最浓溶液和最稀溶液与溶剂的相对黏度为 2.0～1.2）放入 100mL 烧杯中，注入约 60mL 溶剂（正庚醇＋蒸馏水），稍加热使其溶解，待冷至室温，并移入 100mL 容量瓶中，用溶剂稀释至刻度。若溶液中有固体杂质，用 3 号玻璃砂漏斗过滤后待用。溶液配好后，一般要几小时至一两天时间才能完全溶解。

2. 恒温槽准备

水在 20℃时的黏度为 1.0050cP，而在 30℃时的黏度为 0.8007cP，两者相差达 20％，因此液体的黏度必须在恒温下测定。温度的控制对实验的准确性有很大影响，要求温度波动在±0.05℃以下。为使恒温槽内的温度波动在实验允许的范围之内，将搅拌器尽量靠近加热器，而黏度计应当置于恒温槽的中间位置，这样温度波动对黏度测定的影响较小。恒温槽装置见3.1节。

将恒温槽温度调节到（30.00±0.05）℃，待温度恒定即可开始测定聚合物溶液的黏度。

3. 不同浓度的聚乙烯醇水溶液及溶剂(正庚醇＋水)的流出时间测定

(1) 取已烘干、洁净的乌氏黏度计一支,在 C 管上接上软胶管,然后垂直(从正和侧面观察)地夹在恒温槽中,使水面完全浸没 G 球。本实验采用乌氏黏度计,其最大优点是溶液的体积对测定无影响,所以可在黏度计内采取稀释的方法,得到不同浓度的溶液。

(2) 用移液管吸取已知浓度的 10mL 聚乙烯醇溶液,自 A 管注入黏度计内,恒温 10min 后进行测定。用夹子夹紧 C 管上连接的胶管,用洗耳球在 B 管连接的胶管上慢慢抽气,待液体上升到 G 球的一半时,停止抽气,移开洗耳球,解去夹子,让 C 管接通大气,此时 D 球内的液体即回入 F 球,使毛细管以上的液体悬空。B 管内的液体慢慢下降,当弯月面降到 a 刻度时,按秒表开始计时,当弯月面降到 b 刻度时,再按停秒表,测得刻度 a、b 之间的液体流经毛细管所需的时间。同样操作重复三次,测得的流出时间相差不大于 0.4s,取三次平均值记作 t_1,即为该浓度溶液的流出时间。

(3) 用移液管吸取 5mL 已恒温溶剂,经 A 管加入已测定完毕的黏度计中,进行稀释、混匀,并将此稀释液抽洗黏度计的 G 球三次,使黏度计内溶液各处浓度相等。按上面所述方法测定溶液流出时间 t_2,重复测定三次。

(4) 再依次加入 5mL、10mL、10mL 已恒温的溶剂,按(2)操作,测得其平均流出时间分别为 t_3、t_4、t_5。

(5) 将已测定完毕的黏度计中的溶液倒于回收瓶中,用溶剂(正庚醇＋水)分三次洗涤移液管,每次洗涤移液管时又要各抽洗三次 G 球。

(6) 用移液管吸 10mL 已恒温的溶剂,经 A 管加入黏度计中,按(2)法操作,重复测流出时间三次,每次相差不超过 0.2s,得其平均流出时间为 t_0。

4. 测量完毕

将黏度计及移液管洗干净,并放进烘箱干燥。

【注意事项】

(1) 本实验是先测量溶液再测量溶剂,也就是要按从浓到稀的顺序测量。

(2) 要确保黏度计干净,检查洗耳球里面是否有污染物,不要让污染物堵塞毛细管。对于黏度计,有时微量的灰尘、油污等会产生局部的堵塞现象,影响溶液在毛细管中的流速,从而导致较大的误差。

(3) 在稀释溶液时,要注意多次(不少于三次)用稀释液抽洗毛细管,以使溶液充分混合均匀,保持黏度计内各处浓度相等。

(4) 测量时,要使黏度计保持垂直状态。

(5) 用洗耳球抽提液体时,要避免气泡进入毛细管以及 G、E 球内。如有气泡进入,则要让液体流回 F 球后,重新抽提。

(6) 黏度测定中异常现象的近似处理:在特性黏度测定过程中,有时并非操作不当才出现如图 4.47 所示的异常现象,而是由于高聚物本身的结构及其在溶液中的形态所致,目前尚不能清楚地解释产生这些反常现象的原因。若出现异常现象时,作 $\frac{\eta_{sp}}{c}$-c 曲线且由截距求 $[\eta]$ 值。

(7) 随着浓度增加,高聚物分子链之间的距离逐渐缩短,因而分子链间作用力增大,当浓

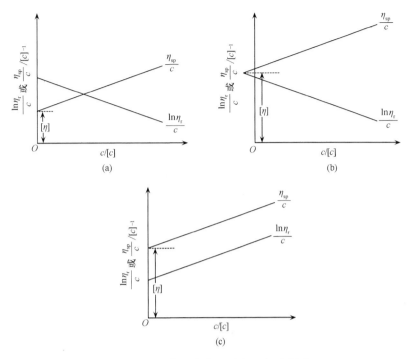

图 4.47　黏度测定中的异常现象示意图

度超过一定限度时,高聚物溶液的 $\dfrac{\eta_{sp}}{c}$ 或 $\dfrac{\ln\eta_r}{c}$ 与 c 的关系不呈线性。通常选用 η_r 为 1.2～2.0。

【数据处理】

(1) 记录数据。

黏度计型号_____;溶剂_____。

溶剂流出时间 t_0 _____ s;聚乙烯醇溶液起始浓度 c_0 _____ g·L^{-1}。

将测定溶液的流出时间列成表格。为方便作图,假定溶液起始浓度为 1,依次加入 5mL、5mL、10mL、10mL 溶剂,溶液稀释后的浓度 c' 分别为 2/3,1/2,1/3,1/4,将结果列于表 4.12 中。

表 4.12　聚乙烯醇水溶液黏度实验结果记录与数据处理表

$V_{溶剂}$/mL	0	5	5	10	10
c'	1	2/3	1/2	1/3	1/4
t_1,t_2,t_3/s					
$\bar{t}$/s					
$\eta_r=\dfrac{\bar{t}}{t_0}$					
$\ln\eta_r$					
$\dfrac{\ln\eta_r}{c'}$/L·g^{-1}					
η_{sp}					
$\dfrac{\eta_{sp}}{c'}$/L·g^{-1}					

(2) 分别作 $\frac{\eta_{sp}}{c}$-c' 和 $\frac{\ln \eta_r}{c}$-c' 图,得两条直线,并外推至 $c' = 0$,得截距 D,则 $[\eta] = \frac{D}{c_0}$,c_0 为起始浓度。

(3) 按式(4-91)计算聚乙烯醇的平均摩尔质量。

【思考题】

(1) 影响毛细管法测定液体黏度的因素是什么？

(2) 为什么黏度计必须垂直地置于恒温槽中？

(3) 使用奥氏黏度计时,加入的标准液体与被测液体的体积为什么要相同？

(4) 乌氏黏度计的支管 C 有何作用？除去支管 C 是否可测定黏度？乌氏黏度计的毛细管太粗或太细有什么缺点？

(5) 用黏度法测定高聚物摩尔质量有何优点及局限性？

(6) 测定流出时间时能否先测溶剂的流出时间？为什么？

(7) $[\eta]$ 与 $\overline{M}$ 的关系式中的 K 和 α 在什么条件下是常数？为什么？

(8) 外推求 $[\eta]$ 时两条直线的张角与什么有关？

(9) 为什么用 $[\eta]$ 求算高聚物的摩尔质量？它与纯溶剂黏度有无区别？

(10) 论述黏度与温度、压力、溶液组成的关系,黏度与物质分子结构的关系。

(11) 论述黏度在涂料和油墨等生产质量控制、医学诊断、管道内流体流动与节能等领域中的应用。

实验 17　BET 流动吸附法测定比表面

【实验目的】

(1) 了解多孔固体表面吸附的特性,加深对 BET 多分子层吸附理论的理解,掌握流动法测定固体比表面的基本原理和实验方法。

(2) 掌握气流的控制和流速计的使用方法。

【实验原理】

对于气-固相系统,固体表面上气体分子的浓度将大于其在气相中的浓度,这种气体分子在相界面上自动聚集的现象称为吸附。将起吸附作用的物质称为吸附剂,被吸附剂吸附的物质称为吸附质。

气体在固体表面的吸附可分为两种类型:①物理吸附;②化学吸附。化学吸附具有高度选择性,吸附质与吸附剂之间发生了电子转移;物理吸附时不发生电子转移,吸附质分子依靠范德华力作用而吸附在吸附剂表面上。这两种吸附差别的简单比较见表 4.13。

比表面是指单位质量(或单位体积)的固体物质所具有的总表面积,包括内表面和外表面,其数值与分散粒子的大小有关。

任何固体物质的表面都是不均匀的,存在凹凸、微空、毛细管(孔)等,其比表面大小和孔径分布情况取决于制备条件,它们是评选催化剂、了解固体表面性质和研究电极性质的重要参数,在粉末材料、冶金等工业生产中被广泛用作产品质量控制指标。

表 4.13　物理吸附与化学吸附的比较

性　质	吸附类型	
	物理吸附	化学吸附
吸附力	范德华力	化学键力
吸附热	较小,与气体凝聚热相近	较大,近于化学反应热
吸附层	单层、多层,均可能形成	只能形成单分子层
可逆性	可逆	不可逆
吸附温度	低	高
吸附平衡	较快建立	较慢建立
吸附速度	较快,受温度影响较小,易脱附	较慢,升温时吸附加快,不易达平衡,较难脱附
吸附选择性	无选择性,任何固体皆能吸附任何气体,易液化的气体易被吸附	有选择性,某一吸附剂只对某些气体有吸附作用

　　若气体在 1g 吸附剂的内外表面形成完整的单分子吸附层就达到饱和,那么只要将该饱和吸附量(吸附质分子数)乘以每个吸附质分子在吸附剂表面上占据的面积,就可求得吸附剂的比表面。朗缪尔(Langmuir)于 1916 年提出的单分子层吸附理论就被应用于测定固体比表面。

　　然而大量事实表明,气体在固体表面的吸附大都不会仅停留在单分子层的物理吸附,而是形成多分子层的物理吸附。1938 年,布龙瑙尔-埃梅特-特勒(Brunauer-Emmett-Teller)三人将朗缪尔吸附理论推广到描述多分子层吸附现象,进而建立了 BET 多分子层吸附理论,其基本假设有:①固体表面均匀;②吸附质-吸附剂、吸附质-吸附质分子间的作用力是范德华力,因此当气相中的吸附质分子被吸附在固体表面上之后,它们还能从气相中吸附同类分子,从而形成多分子层吸附,但同一层的吸附质分子之间无相互作用;③吸附与解吸达成动态平衡;④第二层及其以后各层分子的吸附热等于气体的液化热。

　　在以上假设基础上,导得的 BET 公式如下:

$$\frac{p/p_0}{\Gamma(1-p/p_0)}=\frac{1}{\Gamma_m C}+\frac{C-1}{\Gamma_m C}\frac{p}{p_0} \qquad (4\text{-}98)$$

式中,p 为平衡压力;p_0 为吸附平衡温度下吸附质的饱和蒸气压;Γ 为平衡时的吸附量;Γ_m 为 1kg 吸附剂表面上形成一个单分子层时的饱和吸附量;C 为与温度、吸附热和气体液化热有关的常数。BET 公式的适用范围是相对压力 p/p_0 为 0.05~0.35。

　　令式(4-98)中的左边为

$$\frac{p/p_0}{\Gamma(1-p/p_0)}\equiv B$$

则通过实验测定一系列的 p 和 Γ 数据,以 B 对 p/p_0 作图得一直线,其斜率为 $m=\dfrac{C-1}{\Gamma_m C}$,截距为 $I=\dfrac{1}{\Gamma_m C}$,从而可得

$$\Gamma_m=\frac{1}{m+I} \qquad (4\text{-}99)$$

进一步可求得固体的比表面 S 为

$$S = \Gamma_m N_A A \qquad (4\text{-}100)$$

式中，S 为比表面，即 1kg 吸附剂具有的总面积，$m^2 \cdot kg^{-1}$；N_A 为阿伏伽德罗常量；A 为每个吸附质分子的截面积。本实验以甲醇为吸附质，其分子截面积为 $0.25nm^2$。甲醇的饱和蒸气压 p_0 可由以下经验公式计算：

$$\lg(p_0/\text{mmHg}) = A - B/(C + t/℃)$$

式中，A、B 和 C 为经验常数，温度为 $-20 \sim +140℃$ 时，$A = 7.878\,63$，$B = 1473.11$，$C = 230.0$。

综上所述，测定固体比表面的关键是如何控制 p/p_0，并在不同的 p/p_0 下测定相应的吸附量 Γ。本实验采用甲醇作吸附质，N_2 为载气，活性炭为吸附剂。p/p_0 的控制由改变载气的流速来实现。Γ 则是由吸附剂在吸附前后质量的变化算得。

按图 4.48 装置，可由下法计算吸附质（如甲醇）的相对压力 p/p_0。

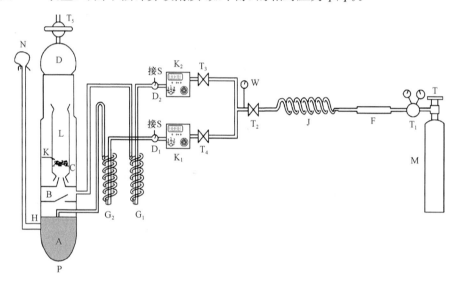

图 4.48　流动吸附法测定固体比表面装置图

T. 钢瓶阀门；T_1. 减压阀；T_2. 调压阀；T_3、T_4. 微量调节阀；T_5. 活塞；M. 高压氮气瓶；F. 净化器；J. 稳流管；W. 压力表；K_1、K_2. D08-1F 流量显示仪；D_1、D_2. 三通阀；S. 皂膜流速计；G_1、G_2. 预热管；A. 饱和器；B. 混合器；L. 样品管；C. 筛板；N、D. 磨口塞；P. 吸附仪（G_1、G_2 和 P 均置于恒温水浴中，水浴高度以水面高过样品管中的样品为准）；K. 玻璃丝；1. 阀控；2. 关闭；3. 清洗

N_2 以流速 v_1 从流量计 K_1 进入饱和器 A，带走了饱和的甲醇蒸气，使气流速度由 v_1 增加到 $v_1 + \Delta v$，而 Δv 与 $v_1 + \Delta v$ 之比等于混合气体中甲醇的摩尔分数，又等于 p_0/p_A（p_0 为实验温度下甲醇的饱和蒸气压，p_A 为实验大气压），即

$$\frac{\Delta v}{v_1 + \Delta v} = \frac{p_0}{p_A}$$

$$\Delta v = \frac{p_0 v_1}{p_A - p_0} \qquad (4\text{-}101)$$

混合气体从饱和器 A 进入混合器 B 后，又被来自流量计 K_2 的 N_2（流速为 v_2）冲稀，这时混合气流的总速度 v 等于 v_1、v_2 及 Δv 之和，甲醇在混合气流中的分压为 $p_甲$（吸附平衡时吸附

质的压力),$p_甲$ 与实验大气压 p_A 之比为

$$\frac{p_甲}{p_A} = \frac{\Delta v}{v_1 + v_2 + \Delta v} = \frac{\Delta v}{v} \tag{4-102}$$

将式(4-101)代入式(4-102),整理后得

$$\frac{p_甲}{p_0} = \frac{v_1 + \Delta v}{v} = \frac{v - v_2}{v}$$

$$\frac{p_甲}{p_0} = \frac{v_1}{v_1 + v_2 - v_2 \dfrac{p_0}{p_A}} \tag{4-103}$$

式中,v_1 和 v_2 用皂膜流速计直接测得;p_A 由实验室内气压计读出;p_0 为实验温度下甲醇的饱和蒸气压,可由前述的经验公式计算。

　　由于流动体系的不稳定性,不易达到吸附平衡,也由于吸附剂和吸附质之间的相互作用,可能引起甲醇的极化,这些都将影响测定的结果。但由于该法设备简单,操作方便,仍被一般缺乏低温高真空设备的实验室所采用。在比表面不太小(不小于 $200m^2 \cdot g^{-1}$)、截距不太大的情况下,可把截距 I 取为零,在 $p_甲/p_0 \approx 0.3$ 处测得一点,该点与原点连成一条直线,从斜率的倒数算出 Γ_m,此法称为一点法。实验证明,一点法与多点法所得的比表面数值相差不超过 5%,在一般对比表面数据准确度要求不太高的情况下,一点法可以大大节省测定时间。本实验就是采用一点法。

【仪器试剂】

1. 仪器

流动吸附法测定固体比表面装置一套,包括气源、甲醇相对压力控制和吸附量的测定三部分。

万分之一分析天平;秒表;皂膜流速计;吸附仪;样品管;流量计;预热管;压力表;恒温控制器;玻璃恒温水浴一套;其他仪器见实验原理部分装置图。

2. 试剂

甲醇(A.R.);活性炭(20～40 目)(在 $300℃$ 左右通高纯 N_2 3h,以除去吸附的水分、有机杂质等;停止加热,冷却到室温后,存放在干燥器中备用)。

【实验步骤】

　　(1) 打开磨口塞 N,把甲醇装入饱和器 A 中,装至高度 H 为止。调节恒温槽使槽温比室温高 $2℃$ 左右;室温较低时,槽温应控制在 $30℃$ 左右进行实验。

　　(2) 首先确认减压阀处于关闭状态,然后慢慢开启 T,调节减压阀 T_1 使表压在 $1.5kg \cdot cm^{-2}$ 左右,旋转 D_1 和 D_2(D_1、D_2 合成一个双三通阀)接 S 位置(流速挡,连接皂膜流速计),关闭 T_3、T_4,调节 T_2 使压力表 W 指示在 $0.7kg \cdot cm^{-2}$ 左右,再开启 T_3、T_4,调节 T_4 到合适流速(约 $5mL \cdot min^{-1}$),再调节 T_3 到另一个合适流速(约 $15mL \cdot min^{-1}$),控制 $p_甲/p_0$ 为 $0.2 \sim 0.3$。流速可在 S 上直接测定。流速 v_1 和 v_2 需平行测定三次,最后取平均流速。流速调好

后,将 D_1、D_2 接至 P(吸附挡)。流速准确与否是实验成功的关键,必须测准并保持稳定。

（3）于样品管 L 的筛板上铺一薄层玻璃丝,盖好管塞,在分析天平上称量。然后装入 0.4～0.5g 已处理好的活性炭,盖好管塞后称量,即得样品质量。取下管塞,把样品管 L 置于吸附仪 P 中的 K 上,盖好吸附仪 P 的磨口塞 D,把 T_5 通向大气。

（4）在稳定的流速下通气 50～60min,打开 D 后取下样品管 L,盖好管塞,称量,再装入 P 中的 K 上。在上述稳定流速下,继续通气 15min 左右,再取出称量,直至两次称量的质量差不大于 0.5mg。

（5）实验完毕,将样品管洗净、干燥,并置于干燥器中。

【数据处理】

（1）记录实验原始数据于表 4.14。

样品质量:_____ g;实验大气压:_____ Pa;室温:_____ ℃。

表 4.14　甲醇在活性炭上等温吸附实验结果

t/min	$t_{槽}$/℃	v_1/(mL·min^{-1})	v_2/(mL·min^{-1})	m/g

（2）根据所得实验记录,利用原理中所述数据处理方法得出图 4.49。

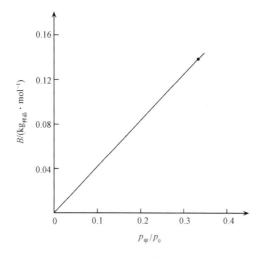

图 4.49　甲醇在活性炭上吸附实验的 B-$p_{甲}/p_0$ 图

由图 4.49 求出直线斜率 m,则 $\Gamma_m = 1/m$,由此进一步计算出所用活性炭的比表面。

【思考题】

（1）不用作图能否求出 Γ_m? 什么是一点法和多点法? 如何用一点法求出 Γ_m?

（2）影响本实验结果准确性的因素有哪些?

（3）固体比表面积的大小与其分散性有何关系? 什么是纳米材料? 它有哪些基本性质?

（4）测定固体比表面积的方法有哪些? 它们各有什么特点?

（5）BET 公式的导出过程中使用了什么假设? 该模型解决了什么问题? 其适用范围是什么?

（6）朗缪尔模型的基本要点是什么？它与 BET 吸附模型有什么差异？

（7）本实验中，为什么 $p_甲/p_0$ 应控制在 0.3 左右？

（8）基于 BET 理论，还设计了容量法测定固体的比表面积，该方法有什么特点？

（9）气体在固体表面吸附过程的热力学状态函数（ΔG、ΔH、ΔS）怎样变化？

实验 18　最大泡压法测定溶液的表面张力

【实验目的】

（1）了解表面张力和表面自由能的意义及表面张力与吸附的关系。

（2）掌握最大泡压法测定溶液表面张力的原理和实验技术。

（3）测定不同浓度的正丁醇水溶液的表面张力，计算表面吸附量和正丁醇分子的截面积。

【实验原理】

1. 关于表面张力

液体内部任一分子所受其周围分子的吸引力是对称的，而液体表面分子所受上方气相分子之引力远小于下层液体分子的引力，亦即表面层液体分子受到其周围分子的吸引力是非对称的，液面分子趋向于进入液体内部，此种内向引力使表面尽量收缩而形成表面张力（surface tension）。因此，液体表面最基本的特性是倾向于收缩，这表现在当外力很小时液滴趋于球形，如常见的汞珠和荷叶上的水珠。

定义：表面张力为抗拒表面扩展单位长度的力，或单位表面长度所具有反抗表面积增加的力，以符号 σ 或 γ 表示。对应在恒温恒压下增加单位表面积时，体系吉布斯自由能增量称为表面吉布斯自由能（surface Gibbs free energy）。

液体表面张力或表面吉布斯自由能分别是用力学或热力学的方法研究液体表面现象时所采用的物理量，具有不同的物理意义。两者有相同的量纲，用相同单位时有相同的数值。它们在应用上各有特色，采用表面自由能，便于用热力学原理或方法处理界面问题，因而对于难以应用力平衡的固体表面更方便。

气-液、液-液、固-液、气-固界面间都有内向引力，统称为界面张力。在各种界面张力中，气-液（或汽-液）表面间的表面张力最重要，在精馏塔设备设计计算及表面活性剂的使用中必不可少。

液-液界面张力也很重要，例如原油破乳、沥青和农药乳化，食品、化妆品及药品乳剂的制备，萃取或液膜分离等都与它有关，但实验数据少，数据规律尚未显现。

随物质组成及状态不同，表面吉布斯自由能或表面张力的作用本质也不同，其中有化学的，也有物理的。化学键与金属键的强度较大，对固体表面自由能作出贡献，表面张力极大。对于常见液体，其内部分子之间主要是物理作用（范德华力），表面张力小；而缔合液体有氢键作用，表面张力较高。由上可知，纯液体的表面张力取决于物质本性（分子结构、形状、大小，即分子间作用力）和温度（或压力），而溶液表面张力不仅与物质本性有关，而且还与溶液组成有关。随着温度升高，液体的表面张力减小，在临界点附近表面张力急剧减小，至临界温度时表面张力为零。

表面张力的 SI 单位是 $N \cdot m^{-1}$,过去常用的单位是 $dyn \cdot cm^{-1}$,换算关系为 $1N \cdot m^{-1} = 1J \cdot m^{-2} = 1 \times 10^3 \ dyn \cdot cm^{-1} = 1kg \cdot s^{-2}$。

表面张力又可分为动(态)表面张力和静表面张力,对前者的论述可参阅有关文献。

表面张力的测定方法较多(见有关专著或手册),也较简单,已发表很多文献数据,如 Jasper 对 1969 年以前发表的表面张力数据进行了详细的整理、评价,列出了共 2200 余种纯液体在不同温度下的表面张力数据[Jasper J J. J Phys Chem Ref Data, 1972, 1(4): 841~1009];N. B. Vargaftik 手册及一般工业溶剂手册都有丰富的表面张力数据。但当温度高于沸点时,表面张力的实验测定困难,实验数据很少。

表面张力是物理和传递过程中的重要基础数据,在化工生产、工程设计等方面应用广泛,随着精细化工的快速发展,现有温度范围内的表面张力数据已无法满足应用需求。由于化合物种类繁多,一一测定的实验量太大,所以发展表面张力的计算方法有重要的理论和实用意义,相关内容可参阅有关专著。

2. 表面张力的测定方法

表面张力的测定方法众多,发展历史大都超过百年,基本上都由物质在相界面作用力平衡关系求得。测定方法的总结可见一些专著,概括起来主要的测定方法包括以下几种:

1) 毛细管高度法

毛细管插入液体后,按静力学关系,液体在毛细管内将上升一定高度,此高度与表面张力值有关。该法理论完整,方法简单,有足够的精确度,是重要的测定方法。欲得准确结果,应注意:①要求毛细管内径均匀;②液体与毛细管的接触角必须是零;③基准液面应足够大,一般认为直径应在 10cm 以上液面才能看作平表面;④要校正毛细管内弯曲面上的液体质量。

2) 最大泡压法

将毛细管插入液体中,鼓入气体形成气泡,压力升高到一定值时气泡破裂,此最大压差值与表面张力有关,因此称为最大泡压法。此法设备简单,操作方便,但气泡不断生成可能扰动液面平衡,改变液体表面温度,因而要控制气泡形成速度,在实际操作中常用的是单泡法。因为气泡并非准确的球形,相应地也需要校正。

3) 滴重法和滴体积法

从一毛细管滴出的液滴大小与表面张力有关,因而可从落滴质量计算 σ。直接测定落滴质量的称为滴重法,通过测量落滴体积而推算的称为滴体积法。由于液滴下落的不完整,也需要校正。

4) 悬滴法

从毛细管中滴出的液滴形状与表面张力有关,σ 决定于密度差、毛细管直径和悬滴直径。此法具有完全平衡特点,也有校正因子但不算太复杂,主要困难在于保持液滴形状稳定不变和防止振动。

5) 静滴法

此法也称停滴法。置液滴于平板上,它将形成一个下半段被截去一块的不完整的椭圆体,表面张力与密度差及外形有关,在外形中最重要的是其最大半径值,而外形表达方式有三种不同计算方法。本法要求液体与固体的接触角大于 90°。

6) 拉环法

将一圆环从液体表面拉出时最大拉力与圆环的内外半径可决定表面张力。本法属经验方法,但设备简单,比较常用,要求接触角为零,环必须保持水平,也需要校正因子。

7) 吊片法

用打毛的铂片,测定当片的底边平行液面并刚好接触液面时的拉力,由此可算出表面张力,此法具有完全平衡的特点。这是最常用的实验方法之一,设备简单,操作方便,不需要密度数据,也不要作任何校正。它的要求是液体必须很好地润湿吊片,保持接触角为零,测定容器足够大。

3. 表面张力测定方法讨论

当低于沸点时,表面张力的测定常指空气-有机液系,即气相是空气,而不是有机蒸气与其平衡的液体,这两者是有些差别的。当高于沸点时,气相是饱和气,由于带压,上述方法未必都适用,至少设备要复杂得多。

上述各种方法比较见表 4.15。在选择方法时要考虑测定误差,温度控制可靠性,所需液体量和压力适应性等。

表 4. 15　表面张力测定方法比较

方　　法	理论基础	设备要求	数据处理
毛细管高度法	完整	精密测高仪	需密度数据及校正处理
最大泡压法	完整	无需特殊仪器	需密度数据及校正处理
滴重法或滴体积法	经验法	无需特殊仪器	需密度数据及校正处理
悬滴法	完整	精密测量悬滴外形设备	需密度数据,处理麻烦
静滴法	完整	精密测量悬滴外形设备	需密度数据,处理麻烦
拉环法	经验法	测力装置	要校正装置
吊片法	完整	测力装置	计算简单

虽然还有几种测定方法,如悬板法、表面势法等,但其重要性都小得多。

前面所介绍的各种方法都是针对纯液体的,当测定溶液时,由于溶质在表面上的吸附作用有时较慢,上述方法不一定适用。

4. 液-液界面张力测定

前述气-液表面张力测定方法的原理可应用于液-液界面张力的测定,但计算公式、实验方法及仪器有相应的更改。由于接触角的影响更大和液体物性的影响,上述的部分方法已难以应用了,目前应用的是滴体积法、静滴法和悬滴法,还有专用于液-液界面张力测定的旋滴法。旋滴法是将低密度液体注入含有较高液体密度的长玻璃管中,封闭后作水平旋转,使液滴处于一定离心力场中,根据其形状和大小求出界面张力。该法准确度高,特别适用于超低界面张力的测定,因此广泛应用于采油行业中。

5. 吸附量与浓度的关系

从热力学观点看,液体表面缩小是一个自发过程,这是使体系总的自由能减少的过程。例如,欲使液体产生新的表面 ΔA,则应对其做功,功的大小应与 ΔA 成正比,有 $-W = \sigma \Delta A$。

溶质溶解在溶剂中,它在表面层的浓度与在溶液内部的浓度可能不同。当表面层的浓度大于溶液内部的浓度时,称为正吸附,该溶质称为表面活性物质。这时溶剂的表面张力因溶质的加入而降低。当表面层的浓度小于溶液内部的浓度时，称为负吸附，该溶质称为表面非活性物质。这时溶剂的表面张力因溶质的加入而稍微增加。少量溶质加入溶剂（如水中）中就能显著降低溶剂的表面张力，该溶质称为表面活性剂，这类物质的分子由亲水基（如—COO⁻，—SO₄²⁻，—NH₃⁺等）和亲油基[如碳氢链 $CH_3(CH_2)_n$—CH_2—等]组成。表面活性物质在水溶液中的排列情况随溶液浓度而异，如图 4.50 所示。浓度小时，分子可以平躺在表面上[图 4.50(a)]；浓度增大时，分子的极性基团取向溶液内部，而非极性基团则基本上取向气相[图 4.50(b)]；当浓度增大到一定程度时，溶质分子占据了所有表面，就形成饱和吸附层[图 4.50(c)]。

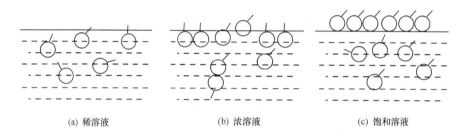

(a) 稀溶液　　　　　　(b) 浓溶液　　　　　　(c) 饱和溶液

图 4.50　表面活性物质分子在水溶液表面上的排列图

以表面张力对浓度作图，可得 $\sigma\text{-}c$ 曲线，如图 4.51 所示。从图 4.51 可见，在浓度较低时，σ 随浓度增加而迅速下降，以后的变化则较缓慢。

显然，在指定的温度和压力下，溶质的吸附量与溶液的表面张力随浓度的变化率 $\left(\dfrac{\partial \sigma}{\partial c}\right)_{T,p}$ 有关。从表面热力学可知，它们之间的关系遵循吉布斯吸附公式，有

$$\Gamma = -\frac{c}{RT}\left(\frac{\partial \sigma}{\partial c}\right)_{T,p} \tag{4-104}$$

式中，Γ 为每平方米表面上吸附溶质的物质的量；c 为溶质浓度，$mol \cdot L^{-1}$；σ 为溶液的表面张力，$N \cdot m^{-1}$；R 为摩尔气体常量；T 为热力学温度。

由式(4-104)可知，当 $\left(\dfrac{\partial \sigma}{\partial c}\right)_{T,p} < 0$，即溶质浓度增加时表面张力减少，吸附为正；当 $\left(\dfrac{\partial \sigma}{\partial c}\right)_{T,p} > 0$，即溶质浓度增加时表面张力也增加，吸附为负。

正吸附中，Γ 随浓度的增加而增加，当浓度较小时 Γ 值增加很快，浓度渐大时 Γ 增加变慢，后来增加很慢，达到饱和，如图 4.52 所示。

在单层吸附中，吸附量 Γ 与浓度 c 的关系符合朗缪尔方程，有

$$\Gamma = \Gamma_\infty \frac{Kc}{1+Kc} \tag{4-105}$$

式中，Γ_∞ 为饱和吸附量；K 为常数。将式(4-105)改写为

$$\frac{c}{\Gamma} = \frac{c}{\Gamma_\infty} + \frac{1}{K\Gamma_\infty} \tag{4-106}$$

若以 $\dfrac{c}{\Gamma}$ 对 c 作图，应为一直线，其斜率的倒数为 Γ_∞。由截距和斜率可求出 K 值。

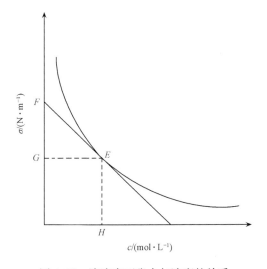

图 4.51　溶液表面张力与浓度的关系

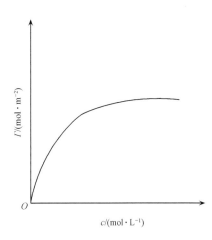

图 4.52　吸附等温线

如果以 N 代表 $1m^2$ 表面上的溶质分子数,则有

$$N = \Gamma_\infty N_A$$

式中,N_A 为阿伏伽德罗常量。由上式可求得每个溶质分子在表面上所占据的截面积 A,有

$$A = \frac{1}{\Gamma_\infty N_A} \tag{4-107}$$

本实验是在同一温度下测定各种不同浓度的正丁醇水溶液的表面张力,从而求出不同浓度时的吸附量。具体方法如下:在 $\sigma\text{-}c$ 曲线(图 4.51)上任取一点 E,过 E 点作曲线的切线,以及平行于横轴的直线,分别交纵轴于 F、G 两点,令 $FG = Z$,则 $Z = -c\left(\dfrac{\partial \sigma}{\partial c}\right)_{T,p}$,由吉布斯公式便知 $\Gamma = \dfrac{Z}{RT}$。

6. 最大泡压法

本实验采用最大泡压法测定液体的表面张力,其装置如图 4.53 所示,将被测液体装于小烧瓶中,毛细管须垂直且其下端面要与液面相切,液体沿毛细管上升。打开活塞慢慢放水,此时体系的压力 p_r 下降,毛细管中的大气压力 p_0 就会将管中液面压至管口,并形成气泡,在上述过程中气泡的曲率半径由大而小,直至恰好等于毛细管半径 r 时(此时压力差最大),此后气泡不断增大,曲率半径开始增大。

根据拉普拉斯(Laplace)公式,在一定温度下,最大压力差 $\Delta p_{\max}$ 与毛细管半径 r 和待测液体的表面张力 σ 有关,有

$$\Delta p_{\max} = p_0 - p_r = \frac{2\sigma}{r} \tag{4-108}$$

随着放水抽气,大气压力将该气泡压出管口(曲率半径再次增大),此时气泡表面膜所能承受的压力差必然减小,而测定管中的压力差却进一步增大,故立即导致气泡的破裂。实验过程中用数字式微压差测量仪测定最大压力差。

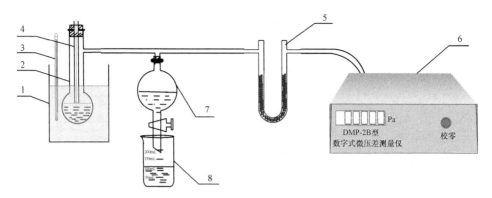

图 4.53　表面张力测定实验装置

1. 恒温槽；2. 烧瓶；3. 1/10 温度计；4. 毛细管；5. 干燥管；6. 微压差测量仪；7. 分液漏斗；8. 烧杯

若用同一套实验装置对两种具有不同表面张力 σ_1 和 σ_2 的溶液进行测量,则下列关系式成立:

$$\sigma_1 = \frac{r\Delta p_{\max 1}}{2}, \qquad \sigma_2 = \frac{r\Delta p_{\max 2}}{2}, \qquad \frac{\sigma_2}{\sigma_1} = \frac{\Delta p_{\max 2}}{\Delta p_{\max 1}}$$

$$\sigma_2 = \sigma_1 \frac{\Delta p_{\max 2}}{\Delta p_{\max 1}} = K' \Delta p_{\max 2} \tag{4-109}$$

式中, K' 为毛细管常数,可用已知表面张力的物质来确定。

由上述讨论,若已知某一液体的表面张力,就可以求出其他液体的表面张力。

使用时将待测的压力腔用软管连接至仪器后面板,若待测气压高于大气压力则接标记为 H 的接头处,若待测气压低于大气压力则接标记为 L 的接头处,另一端空置。然后插上电源插头,打开电源开关,3-1/2LED 显示即亮,初显示忽略不读(过量程时显示 $\pm$1999),2s 后正常显示。仪器需预热 5min。屏幕(LED)显示值即为压力腔体的压力值,如果压力腔体的压力成下降趋势,则出现的极大值保留显示约一秒半,此时可以准确读数。

使用时请注意不要将仪器放置在有强电磁场干扰的区域内;不要将仪器放置在通风的环境中,尽量保持仪器附近的气流稳定;压力极小值与极大值出现的时间间隔不能太小,否则显示值将恒为极大值;测量前按下前面板的校零按钮校零,测量过程中不可轻易校零。

【仪器试剂】

1. 仪器

DMP-2B 型数字式微压差测量仪;恒温槽;干燥管;烧瓶;毛细管;漏斗;烧杯;滴管;表面张力测定装置一套。

2. 试剂

正丁醇(A. R.);蒸馏水。

【实验步骤】

(1) 溶液配制:用容量瓶将正丁醇和经离子交换等工序处理过的纯水配制成浓度分别为

0.05、0.1、0.2、0.3、0.5、0.7、0.9mol·L⁻¹ 的水溶液。

（2）组装仪器,调节恒温槽水浴温度为(30.00±0.05)℃。

（3）将毛细管等玻璃器皿洗涤干净,并利用该装置测定纯水及上述 7 种不同浓度的正丁醇溶液的表面张力,测定顺序为从稀到浓;每更换一种溶液,均要用此溶液洗涤烧瓶和毛细管三次。

（4）实验时,微压差测量仪读数至少记下三次,取其平均值。

【数据处理】

（1）将所得实验数据作 σ-c 曲线。

（2）在实验浓度范围内从 σ-c 曲线上取 5 个点,分别作其切线。

（3）从各不同点对应的切线与纵坐标的交点求出差值 Z 的大小,即

$$Z = -c\left(\frac{\partial \sigma}{\partial c}\right)_{T,p}$$

（4）利用所得 Z 值就可以计算 Γ 值,作 $\frac{c}{\Gamma}$-c 曲线。

（5）利用直线的斜率求得 Γ_∞,再求出正丁醇分子的截面积 A。

（6）将实验求得的正丁醇分子的截面积与文献查得的数据比较,分析讨论产生误差的原因。

【思考题】

（1）试论述纯液体的表面张力(相对于其蒸气相而言)随温度的变化规律,阐明其物理本质。在临界点,液体的表面张力为何值?

（2）在测量中,若抽气速率太快或两三个气泡一起出来,对实验结果有什么影响? 为什么?

（3）毛细管端口为什么必须与液面相切? 能否将毛细管插入溶液内部一定深度进行实验? 为什么?

（4）最大泡压法测定表面张力时为什么要读取最大压力差? 请仔细体会,指出最大泡压法测定表面张力实验设计思想的巧妙之处。

（5）本实验选用的毛细管端口的半径大小对实验测定有何影响? 若毛细管不清洁会不会影响测定结果?

（6）体系的密闭性对实验有什么影响? 在插入带有毛细管的胶塞时由于体系被压缩,压力计显示压差不为零,是否影响实验结果?

（7）什么是静(态)表面张力? 什么是动(态)表面张力? 哪些方法测定的是静表面张力? 哪些方法测定的是动表面张力? 请查阅文献,予以论述(不少于 1500 字)。

（8）什么是表面活性剂? 什么是表面活性物质? 它们在分子结构上各有什么特点? 请查阅文献,论述超低表面张力的含义及其在工业上的应用。

实验 19　Fe(OH)₃ 溶胶制备及电泳法测定 ζ 电势

【实验目的】

（1）理解电动电势 ζ 的物理意义，掌握 $Fe(OH)_3$ 溶胶的制备及纯化方法、电泳法测定 ζ 电势的原理和实验技术。

（2）加深理解在外电场作用下胶粒与周围介质做相对运动时产生的动电现象。

（3）熟悉电解质对溶胶的聚沉作用，验证价数规则。

（4）了解用电泳法研究生物医学中的一些科学问题的基本特点。

（5）了解毛细管电泳法在分析科学中的应用。

【实验原理】

溶胶（胶体溶液）是由分散相线度在 $10^{-9} \sim 10^{-7}$ m 的粒子组成的高分散多相体系。胶核大多是分子或原子的聚集体，因选择性地吸附介质中的某种离子（或自身电离）而带电，介质中存在的与吸附离子电荷相反的离子称为反离子，反离子中有一部分因静电引力（或范德华力）的作用，与吸附离子一起紧密地吸附于胶核表面，形成紧密层。于是胶核、吸附离子和部分反离子（即紧密层）构成了胶粒。反离子的另一部分由于热扩散分布于介质中，故称为扩散层，如图 4.54 所示。

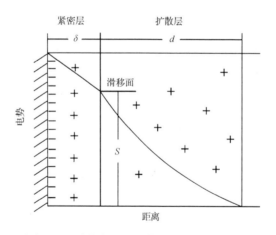

图 4.54　胶粒表面的扩散双电层结构示意图

紧密层与扩散层交界处称为滑移面（或 Stern 面），显然紧密层与介质内部之间存在电势差，该电势差称为 ζ 电势，其大小直接影响胶粒在电场中的运动速度。在外电场作用下，胶粒会向异号电极移动，这种胶粒向正极或负极移动的现象称为电泳。在特定的电场中，只有通过电泳（或者电渗）才能显示出 ζ 电势来，故 ζ 电势也称为电动电势，其数值与胶粒的性质、介质组成及胶体的浓度有关。

溶胶之所以在一定条件下能相对稳定的存在，主要原因之一就是体系中胶粒带有相同的电荷，彼此之间排斥不致聚集。胶粒带的电荷越多，ζ 电势越大，胶体体系越稳定。因此，ζ 电势大小是衡量溶胶稳定性的重要参数。

ζ 电势的测定方法有多种，利用电泳现象可测定 ζ 电势。电泳法又分为宏观法和微观法，前者是将溶胶置于电场中,观察溶胶与另一不含溶胶的无色导电液(辅助液)间所形成的界面的移动速度,此即界面移动法;后者是用显微镜直接观测单个胶粒在电场中的电泳速度,要求研究对象在显微镜下能明显观察到,此法简便、快速,样品用量少,在质点本身所处环境下测定,适用于粗颗粒的悬浮体和乳状液。此外,还有区域电泳法,它是以惰性而均匀的固体或凝胶作为被测样品的载体进行电泳,此时由于被测混合样品中各组分的电泳速度不同而被分开。该法简便,分离分析同步进行,且分离效率高,需用样品量少,还可避免对流影响,现已成为分离与分析蛋白质的基本方法。

对高度分散的溶胶如 $Fe(OH)_3$ 溶胶、As_2S_3 溶胶或过浓的溶胶,不易观察个别粒子的运动,只能用宏观法测其 ζ 电势;而对颜色太浅或浓度过稀的溶胶,可用微观法测其 ζ 电势。

在生物学、医学、药学、土壤学、地质学等领域中广泛接触到胶体体系,因此关于胶体制备、光电等性质的研究具有重要意义。

溶胶的制备方法有两种:分散法和凝聚法。分散法是用适当方法将较大的物质颗粒进一步分散,变为胶体颗粒大小的质点;凝聚法是先制成难溶物的分子(或离子)的过饱和溶液,再使之相互结合成胶体粒子而得到溶胶,该方法又可细分为物理凝聚法和化学凝聚法。

本实验采用化学凝聚法制备 $Fe(OH)_3$ 溶胶,即通过化学反应使生成物呈过饱和状态,然后粒子再结合成溶胶,其化学反应式为

$$FeCl_3 + 3H_2O \xrightarrow{\text{煮沸}} Fe(OH)_3 \text{ 溶胶} + 3HCl$$

$Fe(OH)_3$ 溶胶的结构式可表示为

$$\left\{ [Fe(OH)_3]_m \cdot nFeO^+ \cdot (n-x)Cl^- \right\}^{x+} \cdot xCl^-$$

制成的溶胶系统中常含有其他杂质,它们不仅影响溶胶的稳定性,而且影响电泳过程,故必须对制得的 $Fe(OH)_3$ 溶胶进行纯化。常用的纯化方法是半透膜渗析法。

本实验用宏观法测定 $Fe(OH)_3$ 溶胶的 ζ 电势,方法是:在 U 形电泳管下部装入一定量的溶胶,然后在溶胶上面小心地加入电导率与溶胶相等的辅助液,使溶胶与辅助液之间形成清晰的界面,在 U 形管两端各插入一支电极于辅助液中,并与电泳仪相连接,两极间的电势差为 U(单位为 V),通电时间 t(单位为 s)后,即可观察到溶胶界面移动的距离为 h(单位为 m),于是溶胶电泳速度 $u/(\text{m} \cdot \text{s}^{-1}) = h/t$,而相距 l(单位为 m)的两极间的电势梯度平均值 E(单位为 $\text{V} \cdot \text{m}^{-1}$)为

$$E = \frac{U}{l} \tag{4-110}$$

式(4-110)是在溶胶与辅助液的电导率相等的前提下,根据扩散双电层的物理模型而得出的。若辅助液的电导率 κ_0 与溶胶的电导率 κ 相差较大,则在整个电泳管中的电势降是不均匀的,此时须用下式计算 E:

$$E = \frac{U}{(l - l_k)\kappa/\kappa_0 + l_k} \tag{4-111}$$

式中,l_k 为溶胶两界面间的距离。

实验求得胶粒电泳速度 u 后,ζ 电势可按下式计算:

$$\zeta = \frac{K\pi\eta u}{\varepsilon E} = \frac{K\pi\eta u}{\varepsilon(U/l)} \tag{4-112}$$

式中，$\eta、\varepsilon$ 分别为测量温度下介质的黏度（单位为 Pa·s）和介电常数；当分散介质为水时，有 $\varepsilon/(F \cdot m^{-1}) = \exp(4.474\,226 - 4.544\,26 \times 10^{-3} t/℃)$，$\eta = 1.005 \times 10^{-3} Pa \cdot s(293.15K)$，$\eta = 0.8904 \times 10^{-3} Pa \cdot s(298.15K)$；$K$ 是与胶粒形状有关的常数，球形粒子 $K = 5.4 \times 10^{10} V^2 \cdot s^2 \cdot kg^{-1} \cdot m^{-1}$，棒状（圆柱形）粒子 $K = 3.6 \times 10^{10} V^2 \cdot s^2 \cdot kg^{-1} \cdot m^{-1}$。对于 $Fe(OH)_3$ 溶胶，其胶粒为棒形，$\varepsilon = \varepsilon_r \varepsilon_0$，$\varepsilon_r$ 为相对介电常数，真空介电常数 $\varepsilon_0 = 8.854 \times 10^{-12} F \cdot m^{-1}$。由式(4-112)知，$\zeta$ 电势的数值与胶粒的大小和形状、外加电场强度、胶粒运动速度、介质的性质等因素有关。

在一定温度下介质的 η 和 ε 有定值，因此本实验通过测定红棕色的 $Fe(OH)_3$ 溶胶在固定电势梯度 $E = U/l$ 的电场中的界面移动距离 h 所需的时间 t，便可由式(4-112)计算出 ζ 电势值。

在热力学上，溶胶属于多相高度分散的不稳定系统。使其相对稳定存在主要有以下三个原因：①胶体粒子带电，在胶体粒子间碰撞时静电排斥力的作用使溶胶不易发生聚沉；②固体粒子吸附的带电离子都是溶剂化的，因而在胶粒表面形成溶剂化外壳，这对碰撞后发生聚沉起了机械阻力的作用；③布朗运动的存在导致扩散作用，它与聚沉的变化方向正好相反。在以上三个原因中，以胶体粒子带电最为重要。

当向溶胶系统中加入某种电解质时，会使溶胶系统的扩散层变薄，部分反离子被压迫进入紧密层，使 ζ 电势下降。当加入的电解质达到一定浓度时，胶粒之间失去相互间的排斥力而发生聚沉。使溶胶发生明显聚沉所需电解质的最小浓度称为该电解质的聚沉值。某电解质的聚沉值越小，说明其聚沉能力越强。故将聚沉值的倒数定义为聚沉能力。

根据舒尔茨-哈迪（Schulze-Hardy）规则，能使溶胶发生聚沉的是反离子，反离子价数越高，聚沉能力越强。

【仪器试剂】

1. 仪器

DYY-2 型稳压稳流电泳仪 1 台；电导率仪 1 台，电导电极 1 支；磁力加热搅拌器 1 台；电泳管 1 支；秒表 1 个；漏斗 1 个；滴管 2 支；20mL 试管 5 支；5mL、10mL 移液管各 1 支；细铜线，直尺，电炉，铁架，烧杯（250mL、400mL、1000mL，各 1 个）；锥形瓶（500mL）1 个。

2. 试剂

20% $FeCl_3$ 溶液；稀 KCl 溶液（0.01mol·L^{-1}，用于配制辅助液）；KCl 溶液（2.5mol·L^{-1}）；K_2CrO_4 溶液（0.1mol·L^{-1}）；$K_3[Fe(CN)_6]$ 溶液（0.01mol·L^{-1}）；1% $AgNO_3$ 溶液；1%KCNS 溶液；稀盐酸溶液；蒸馏水。以上所有试剂均为分析纯。

【实验步骤】

1. $Fe(OH)_3$ 溶胶的制备和纯化

1) 水解法制备 $Fe(OH)_3$ 溶胶

配制 20% $FeCl_3$ 溶液。在 250mL 烧杯中加入 100mL 蒸馏水，加热至沸。缓慢滴加 5~10mL 20% $FeCl_3$ 溶液，并不断搅拌。加完后再沸腾 5min（注意保持溶液的体积，必要时加入适量蒸馏水),得红棕色 $Fe(OH)_3$ 溶胶。

溶胶表面的 $Fe(OH)_3$ 会再与 HCl 反应,有

$$Fe(OH)_3 + HCl \Longrightarrow FeOCl + 2H_2O$$

而 FeOCl 进一步解离成 FeO^+ 和 Cl^-。

2) 渗析半透膜的制备

选一内壁光滑、洁净、干燥的 500mL 锥形瓶,向其中加入 6% 的火棉胶溶液(溶剂为 1∶1 乙醇-乙醚溶液)约 18mL,小心转动锥形瓶,使火棉胶液在锥形瓶内壁上形成均匀的液膜,倒出多余的火棉胶溶液于回收瓶中,将锥形瓶倒置于铁圈上,使多余的火棉胶液流尽,让乙醇和乙醚蒸发完全(闻不出气味为止),此时用手轻摸火棉胶膜,已不粘手。然后,用风筒热风吹 5min,将锥形瓶放正,注满蒸馏水(若乙醚未蒸发完全,加水过早,则半透膜发白),浸泡 10min 后倒出瓶中的水,此时已溶去了剩余的乙醇。用小刀在瓶口剥开一部分膜,在膜与瓶壁间注水,使膜脱离瓶壁,倒出水,轻轻取出膜袋,若有漏洞,则用玻璃棒蘸少许火棉胶液轻轻地点到漏洞处,即可补好。将完好的膜袋灌水,扎好,悬空,袋中的水会渗透出来,要求渗出速率不小于 $4mL \cdot h^{-1}$,否则需重新制备半透膜。

3) 热渗析法纯化 $Fe(OH)_3$ 溶胶

将水解法制得的 $Fe(OH)_3$ 溶胶置于火棉胶半透膜袋内,扎紧口袋,置于 1000mL 干净的烧杯中,烧杯内加蒸馏水约 800mL,并置烧杯于磁力加热搅拌器上,在适当的搅拌速率下,烧杯中溶液的温度保持在 60~70℃,进行渗析。热渗析需进行多次,每 30min 换一次蒸馏水,分别用 1% $AgNO_3$ 和 1% KCNS 检验渗析水中是否存在 Cl^- 和 Fe^{3+},若仍存在,应继续更换蒸馏水渗析,直到检查不出为止。将纯化好的 $Fe(OH)_3$ 溶胶移入 250mL 清洁干燥的试剂瓶或烧杯中,放置一段时间进行老化。老化后的 $Fe(OH)_3$ 溶胶可供电泳使用。

2. KCl 辅助液的制备

在室温下,取适量的 $Fe(OH)_3$ 溶胶装于大试管中,用电导率仪测定其电导率,然后在另一烧杯中加入 200mL 蒸馏水,插入电导电极,边搅拌边慢慢滴入稀 KCl 溶液,同时测定其电导率,直至电导率与 $Fe(OH)_3$ 溶胶的电导率相等。

3. 电泳速度测定

(1) 实验在如图 4.55 所示的电泳管中进行。先用蒸馏水和 $Fe(OH)_3$ 溶胶洗涤电泳管,并检查活塞是否润滑、不漏液,然后用移液管吸取 KCl 辅助液,将辅助液从电泳管的 U 形管中注入约 10cm 高。注入时应将中间管的活塞打开,缓慢注入,当其刚刚超过活塞时,立即将活塞关闭,再继续加辅助液至 U 形管中约 10cm 高,这样可防止活塞中有气泡。

(2) 注入 $Fe(OH)_3$ 溶胶。将待测的 $Fe(OH)_3$ 溶胶从电泳管的中部加入,然后慢慢打开活塞,使 $Fe(OH)_3$ 溶胶尽可能缓慢地进入 U 形管中,以保持溶胶与辅助液之间的界面清晰。当溶胶上部的辅助液升高使电极浸没到一定高度时,关闭活塞。记下界面高度。

(3) 将电泳管上的两个电极接入电泳仪的输出端,调节输出电压为 150V,接通电源,记下瞬时溶胶界面的高度,同时启动秒表。通电 30min,观察界面移动方向,记录界面上升的距离 h。再重复一次上述测定。取两次测定的 h 的平均值 $\bar{h}$。

(4) 倾去 U 形管中的胶体溶液,按上述相同步骤,装上新的溶胶和辅助液,改变电泳管两

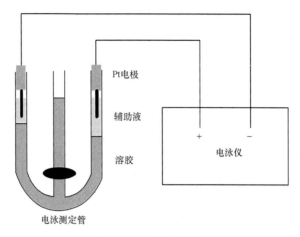

图 4.55　电泳测定装置

端的电压值,测定通电 30min 时溶胶界面上升的距离 h。测定两次,取平均值 $\bar{h}$。

　　(5)用细铜线测量电泳管中两电极端点在 U 形管中的距离 l(U 形管内溶液的导电距离,而不是两电极间的水平距离),测量四次,得平均值 $\bar{l}$。

　　(6)实验完毕,拆除测量线路。用自来水洗电泳管多次,最后用蒸馏水洗三次,将其倒置放于铁架上。

　　4. 聚沉

　　取 5 支试管,并编号。将 10mL 2.5mol · L^{-1} KCl 溶液加入 1 号试管中,而在其余 4 支试管中各加入 9mL 蒸馏水。从 1 号试管中移取 1mL KCl 溶液于 2 号试管中,将其混合均匀,此时 2 号试管中 KCl 溶液的浓度是 1 号试管的 1/10。然后,再从 2 号试管中移取 1mL KCl 溶液至 3 号试管中,以下依此类推。从 5 号试管中吸取 1mL 溶液弃去。于是,5 支试管中的溶液均为 9mL,且前一支试管中溶液的浓度是后面一支的 10 倍。对照试管:将 1mL 溶胶和 9mL 蒸馏水加入其中,并混合均匀。

　　用 5mL 移液管量取 5mL Fe(OH)$_3$ 溶胶,依此往 5 支试管中各放入 1mL 溶胶,记下时间并混合均匀。15min 后,将所有试管与对照试管比较,记录实验现象。

　　同上述方法,将电解质溶液改为 0.1mol · L^{-1} K$_2$CrO$_4$ 溶液和 0.01mol · L^{-1} K$_3$[Fe(CN)$_6$] 溶液,进行上述实验。记录每种电解质能使溶胶发生聚沉的最小浓度。

【数据处理】

　　(1)将电泳测量数据填入表 4.16。室温:_____;η:_____;ε:_____。

表 4.16　电泳实验结果

序　号	T/℃	t/s	U/V	$\bar{l}$/m	$\bar{h}$/m	u/(m · s^{-1})	ζ/V
1							
2							

　　(2)求出界面移动速率:$u = \dfrac{\bar{h}}{t}$。

(3) 根据式(4-112)计算 ζ 电势,列于上表。并计算 ζ 电势的平均值。

(4) 根据胶体界面移动的方向判断胶粒带何种电荷。

(5) 聚沉实验结果见表 4.17。

表 4.17　聚沉实验结果

电解质	作用离子	现　象	聚沉值/(mol·L⁻¹)	聚沉能力之比
KCl				1
K_2CrO_4				
$K_3[Fe(CN)_6]$				

【分析讨论】

(1) 溶胶的制备和净化效果均影响电泳速度。溶胶制备过程中,应很好地控制浓度、温度、搅拌和滴加速度。渗析时应控制水温,常搅动渗析液,勤换渗析液。这样制备得到的溶胶胶粒大小均匀,胶粒周围的反离子分布趋于合理,所得的 ζ 电势值准确,重复性好。

(2) 在制备半透膜时,一定要使整个锥形瓶的内壁上均匀地附着一层火棉胶液;在取出半透膜时,应借助水的浮力将膜托出。

(3) 纯化 $Fe(OH)_3$ 溶胶时,换水后应渗析一段时间再检查渗析水中 Fe^{3+} 和 Cl^- 的存在。

(4) 渗析后的溶胶必须冷却至与辅助液大致相同的温度(室温),以保证两者的电导率一致,同时避免打开活塞时因热对流而破坏溶胶界面。

(5) 在界面移动法电泳实验中,辅助液的选择很重要,因为 ζ 电势对辅助液成分十分敏感,最好是用该胶体溶液的超滤液。1-1 型电解质组成的辅助液多选用 KCl 溶液,因为 K^+ 与 Cl^- 的迁移速率基本相同。另外,要求辅助液的电导率与溶胶的一致,以避免因界面处电场强度的突变造成两电极管中的界面的移动速度不等产生界面模糊。

(6) 若被测溶胶没有颜色,则它与辅助液之间的界面用肉眼观察不到,此时可利用胶体的光学特性——乳光或利用紫外光的照射而产生荧光来观察其界面的移动。

(7) 随着测定时间延长,会产生以下情况:溶液受热而产生热对流,电极反应引起电泳池有效长度改变,电极反应产物扩散污染样品,颗粒沉降造成颗粒电荷分布发生改变。这些都会影响电泳实验结果。

【思考题】

(1) $Fe(OH)_3$ 溶胶胶粒带正电荷还是负电荷? 为什么?

(2) 辅助液应具备什么条件? 其电导率为什么要与所测溶胶的电导率相等(或十分接近)?

(3) 哪些因素影响溶胶与辅助液间界面的清晰度?

(4) 胶粒电泳速度的快慢取决于哪些因素? 胶粒做匀速运动的条件是什么? 要准确测定溶胶的电泳速度必须注意哪些问题?

(5) 若溶胶中 Cl^- 浓度增加,这对 ζ 电势产生什么影响? $Fe(OH)_3$ 溶胶的稳定性又将发生什么变化?

(6) 连续通电使溶液不断发热,会引起什么后果? 在电泳过程中,电极上还会发生什么变化? 电极的胶塞能否塞紧电泳管?

（7）电泳作为一种实验技术，它在生物医学中有哪些重要应用？通过查阅有关文献，撰写一篇小论文（2500 字）。

（8）涂料是一种典型的胶体系统。查阅论著和文献，论述影响水性丙烯酸涂料稳定性的因素有哪些？在涂料配方设计和涂料出厂时，应如何保证其在一定时间（一般为 12 个月）内的稳定性？

（9）电泳管有多种设计。请指出本实验用的电泳管的优缺点，提出改进方法。

实验 20   电动势的测定

【实验目的】

（1）加深对可逆电极、可逆电池和可逆电池电动势概念的理解。

（2）掌握用对消法测定电池电动势的原理及盐桥、参比电极和电位差计的使用方法。

（3）通过测定设计电池的电动势，获得硫酸铜溶液离子的平均活度系数与其浓度之间的关系，进而加深对电解质溶液非理想性的认识。

（4）了解电动势测定方法在科学研究和生产实践中的一些重要应用。

【实验原理】

1. 电池、电极和盐桥

电化学是研究电现象与化学现象之间内在联系的一门学科，其最基本的要素是电极和电解质溶液。电极能传导电子，常为金属，也可以是半导体。电池是原电池和电解池的通称，电池由至少两个电极及相应的电解质溶液组成，它依靠离子导电，溶液通常是水溶液，也可以是非水溶液、熔盐或固体电解质。为了有效降低电解质溶液间的液接电势或防止有害离子的扩散，通常使用盐桥。

（1）电极反应：在电极-溶液界面上产生的伴有电子得失的氧化或还原反应。

（2）电池反应：电池中各个电极反应、其他界面上的变化以及由离子迁移所引起的变化的总和。其中必进行氧化还原反应。

（3）阳极：发生氧化反应的电极称为阳极。

（4）阴极：发生还原反应的电极称为阴极。

（5）可逆电池：满足热力学可逆条件的电池，其两端的电势差为该可逆电池的电动势。形象地说，电动势是促使电荷流动的势头。可逆电池须满足以下三个条件：①电极和电池反应本身须可逆，这样在电池充电时，可使放电反应的物质得到复原；②在充电或放电过程中，通过电极的电流须无限小，此时电极反应在接近电化学平衡的状态下进行，电池能作最大的非体积功，这样在电池充电时，可使原放电时的能量得到复原；③电池工作时，无其他不可逆过程（如扩散）存在。

（6）可逆电极：可逆电池要求其各个相界面上发生的变化都是可逆的，即电极/溶液界面上的电极反应同样须是可逆的，此即可逆电极。

（7）标准电池：作为电动势测定时校验用，它具有稳定的电动势，且其温度系数很小。韦斯顿发明的镉汞电池常作为标准电池，这种电池具有高度可逆性。韦斯顿标准电池多为饱和式，有 H 管型和单管型两种，如图 4.56 所示。对于 H 型标准电池，负极为 Cd-汞齐（含 12.5%

Cd),上部铺以 $CdSO_4 \cdot \frac{8}{3} H_2O(s)$,正极为纯 Hg 上铺盖糊状体的 $Hg_2SO_4(s)$ 和少量 $CdSO_4 \cdot$

$\frac{8}{3} H_2O(s)$,两极之间盛以 $CdSO_4$ 的饱和溶液,管的顶端须密封,并留一定空间以供热膨胀之用,两极的底部各接一铂丝与电极相连。做标准电池所用的各种物质须纯度很高。

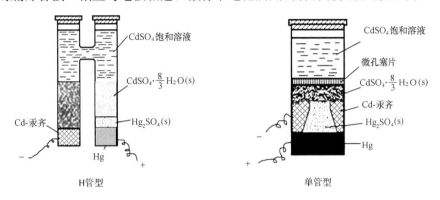

图 4.56 饱和式标准电池构造示意图

电池放电反应如下:

负极反应

$$Cd(汞齐) \longrightarrow Cd^{2+} + 2e^-$$

$$Cd^{2+} + SO_4^{2-} + \frac{8}{3} H_2O \longrightarrow CdSO_4 \cdot \frac{8}{3} H_2O(s)$$

正极反应

$$Hg_2SO_4(s) + 2e^- \longrightarrow 2Hg(l) + SO_4^{2-}$$

电池反应

$$Cd(汞齐) + Hg_2SO_4(s) + \frac{8}{3} H_2O \longrightarrow 2Hg(l) + CdSO_4 \cdot \frac{8}{3} H_2O(s)$$

标准电池制作时只有严格按规定的配方与工艺进行,才能保证所得的电动势值都基本一致,且在恒温下可长时间保持不变,即其电动势有很好的重现性和稳定性。因此,它是电化学实验中基本的校验仪器之一。

标准电池检定后只给出 20℃下的电动势值,为 $E_s(20℃) = 1.018\ 646V$。在实际测量时,若温度为 $t℃$,则其电动势 E_s 按下式计算:

$$E_s/V = 1.018\ 646 - 4.06 \times 10^{-5}(t/℃ - 20) - 9.5 \times 10^{-7}(t/℃ - 20)^2 \qquad (4\text{-}113)$$

尽管标准电池的可逆性很好,但仍应严格限制通过标准电池的电流。标准电池使用时应注意以下几点:①精密标准电池应在恒温下使用,使用温度范围最好为 4～40℃,温度变化大将会使电动势长时间才能达到平衡,因此温度波动应尽可能小;②正负极不能接错;③机械振动会损坏标准电池,因此携取要平稳,水平放置,绝不能倒置或过分倾斜、摇动,标准电池摇动后其电动势会改变,应静置 5h 以上再用;④标准电池只是校验器,不能作为电源使用,不允许用万用表、伏特表直接测它的电压,测量时间必须短暂、间歇地按键,一般要求通过的电流应小于 $1\mu A$,若电池短路,电流过大,则损坏电池;⑤电池若未加套盖而直接暴露于日光下,会使硫酸亚汞变质,电动势下降;⑥按规定时间对标准电池进行计量校正。

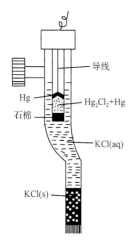

图 4.57 甘汞电极

此外,还有一种标准电池是干式的,其中溶液呈糊状且不饱和,故也称不饱和标准电池。这种标准电池的精度略差,一般可免除温度校正,常安装在便携式的电位差计之中。

(8) 参比电极。

(i) 甘汞电极:实验室中最常用的参比电极是甘汞电极。作为商品出售的有单液接与双液接两种,前者的结构如图 4.57 所示。

甘汞电极的电极反应为

$$Hg_2Cl_2(s) + 2e^- \longrightarrow 2Hg(l) + 2Cl^-(a_{Cl^-})$$

其电极电势可表示为

$$E_{甘汞} = E\{Cl^- \mid Hg_2Cl_2(s), Hg\}$$
$$= E^\ominus\{Cl^- \mid Hg_2Cl_2(s), Hg\} - \frac{RT}{F}\ln a_{Cl^-}$$

$E^\ominus\{Cl^- \mid Hg_2Cl_2(s), Hg\}$ 为甘汞电极的标准电极电势,a_{Cl^-} 为溶液中 Cl^- 的活度。

由上式知,$E_{甘汞}$ 仅与温度 T 和 a_{Cl^-} 有关。甘汞电极中常用的 KCl 溶液有 $0.1\text{mol} \cdot L^{-1}$、$1.0\text{mol} \cdot L^{-1}$ 和饱和三种浓度,其中以饱和式最常用(使用时溶液内应保留少许 KCl 晶体,以保证饱和)。各种浓度的甘汞电极的电极电势与温度的关系见表 4.18。

表 4.18 不同浓度 KCl 溶液的 $E_{甘汞}$ 与温度的关系

KCl 溶液浓度/(mol·L⁻¹)	电极电势 $E_{甘汞}$/V
饱和	$0.2412 - 6.61 \times 10^{-4}(t/℃ - 25)$
1.0	$0.2801 - 2.75 \times 10^{-4}(t/℃ - 25)$
0.1	$0.3337 - 8.75 \times 10^{-5}(t/℃ - 25)$

各文献上给出的甘汞电极的电位数据通常不相符合,这是因为接界电势的变化对甘汞电极电势有影响,由于所用盐桥的介质不同也影响甘汞电极电势的数据。

使用甘汞电极时须注意:①因甘汞电极在高温时不稳定,故它一般适用于 70℃ 以下的测量;②甘汞电极不宜用在强酸或强碱性介质中,因此时的液体接界电位较大,且甘汞电极可能被氧化;③若被测溶液中不允许含有氯离子,则应避免直接插入甘汞电极,这时应使用双液接甘汞电极;④保持甘汞电极的清洁,不得使灰尘或局外离子进入电极内部;⑤当电极内部溶液太少时应及时补充。

实验中饱和甘汞电极的制备方法:取玻璃电极管,在其底部焊接一铂丝。取化学纯汞约 1mL,加入洗净并干燥的电极管中,铂丝应全部浸没。在一个干净的研钵中放一定量的甘汞 (Hg_2Cl_2)、数滴纯净汞与少量饱和 KCl 溶液,仔细研磨后得到白色的糊状物(在研磨过程中,如果发现汞粒消失,应再加一点汞;如果汞粒不消失,则再加一些甘汞,以保证汞与甘汞相互饱和)。随后,在此糊状物中加入饱和 KCl 溶液,搅拌均匀成悬浊液。将此悬浊液小心地倾入电极容器中,待糊状物沉淀在汞面上后,注入饱和 KCl 溶液,并静止一昼夜以上,即可使用。

(ii) 银-氯化银电极:银-氯化银电极与甘汞电极相似,都是属于金属-微溶盐-负离子型的电极。其电极反应和电极电势表示如下:

$$AgCl(s) + e^- \longrightarrow Ag(s) + Cl^-(a_{Cl^-})$$

$$E\{Cl^- | AgCl，Ag\} = E^{\ominus}\{Cl^- | AgCl，Ag\} - \frac{RT}{F}\ln a_{Cl^-}$$

由此可见，$E\{Cl^- | AgCl，Ag\}$ 也只取决于温度与氯离子活度 a_{Cl^-}。

制备银-氯化银电极方法很多。较简便的方法是：取一根洁净的银丝与一根铂丝，插入 $1.0\ mol \cdot L^{-1}$ 的盐酸溶液中，外接直流电源和可调电阻进行电镀。控制电流密度为 $5\ mA \cdot cm^{-2}$，通电时间约 $5\ min$，在作为阳极的银丝表面即镀上一层 AgCl。用去离子水洗净，为防止 AgCl 层因干燥而剥落，可将其浸在适当浓度的 KCl 溶液中，保存待用。

银-氯化银电极的电极电势在高温下较甘汞电极稳定。但 AgCl 是光敏性物质，见光易分解，故应避免强光照射。当银的黑色微粒析出时，氯化银将略呈紫黑色。

（9）盐桥：盐桥的作用在于减小原电池的液体接界电位。

常用盐桥（质量分数为 3% 的琼脂-饱和 KCl 盐桥）的制备方法如下：将盛有 3g 琼脂和 97mL 蒸馏水的烧瓶放在水浴上加热（切忌直接加热），直到完全溶解。然后，加入 30g KCl，充分搅拌。KCl 完全溶解后，立即用滴管或虹吸管将此溶液装入已制作好的 U 形玻璃管（注意，U 形管中不可夹有气泡）中，静止，待琼脂冷却凝成冻胶后，制备即完成。多余的琼脂-KCl 用磨口瓶塞盖好，用时可重新在水浴上加热。将此盐桥浸于饱和 KCl 溶液中，保存待用。

所用 KCl 和琼脂的质量要好，以避免玷污溶液。应选择凝固时呈洁白色的琼脂。

高浓度的酸、氨都会与琼脂作用，从而破坏盐桥，污染溶液。若遇到这种情况，不能采用琼脂盐桥。

盐桥内除用 KCl 外，也可用其他正负离子的迁移数相接近的盐类，如 KNO_3、NH_4NO_3 等。具体选择时应防止盐桥中离子与原电池溶液中的物质发生反应，如原电池溶液中含有能与 Cl^- 作用而产生沉淀的 Ag^+、Hg_2^{2+} 或含有能与 K^+ 作用的 ClO_4^-，则不能使用 KCl 盐桥，应选用 KNO_3 或 NH_4NO_3 盐桥。

2. 电池电动势

对于所设计的电池，连接右端电极（正极）的金属引线与连接左端电极（负极）的相同金属引线之间的内电势差称为电池电势。通过原电池的电流为零（电池反应达到平衡）时其电池电势称为电池电动势，用符号 E 表示，单位为伏特。由于电动势的存在，当外接负载时，原电池就可对外输出电功。

需指出，实用电池都是不可逆电池，因它不满足通过电极的电流为无限小的条件。然而，研究可逆电池的意义在于指导实践，其结果能揭示一个原电池将化学能转化为电能的极限，利用其电动势随温度和压力的变化可进一步求得电池反应的热力学状态函数的变化，这就能为在此基础上改进电池性能提供理论依据。

目前，单电极电势之绝对值还不能从实验测定或从理论计算得到。通常所指的电极电势均系相对于标准电极而言。标准电极除了使用标准氢电极外，也可以使用其他电极作为次标准电极，或称参比电极，常用的参比电极有甘汞电极和银-氯化银电极。

可逆电池电动势的测定有多方面的应用，读者可详阅物理化学教科书。

3. 本实验体系

由铜电极与饱和甘汞电极组成的电池为

$$Pt \mid Hg(l) \mid Hg_2Cl_2(s) \mid KCl(饱和) \parallel CuSO_4(aq) \mid Cu$$

其电动势为

$$E = \varphi(Cu^{2+} \mid Cu) - \varphi_{甘汞}$$

$$= \varphi^{\ominus}(Cu^{2+} \mid Cu) + \frac{RT}{2F}\ln a_{Cu^{2+}} - \varphi_{甘汞} \tag{4-114}$$

式中，$a_{Cu^{2+}} = m_{Cu^{2+}}\gamma_{\pm}$；$a$ 为活度；m 为质量摩尔浓度；$\gamma_{\pm}$ 为硫酸铜溶液的离子平均活度系数。

　　测量电池电动势最常用的方法是补偿法(也称对消法)，其原理是在待测电池上并联一个大小相等、方向相反的外加电势，这样待测电池中就没有电流通过，外加电势差的大小就等于待测电池的电动势，如图 4.58 所示。B 为大容量的工作电池，常用甲电池。AC 为一均匀电阻，使回路中有合适的工作电流 I，这样在 AC 上就有一均匀的电势降产生。E_s 为标准电池。为了求得 AD 线段的电势差，在测量待测电池之前，先用标准电池 E_s 来标定。将选择开关 SW 接 E_s，调节活动触点的位置至 D 时检流计 G 中没有电流通过。此时标准电池的电动势正好与 AD 线段所示的电势差的数值相等而方向相反。即

$$E_s = IR_{AD} \tag{4-115}$$

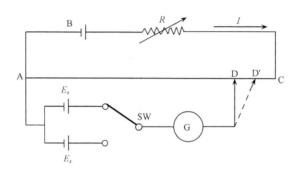

图 4.58　补偿法测定电池电动势原理线路(一)

　　完成上述标定后，将 SW 拨到待测电池 E_x 上，重新调节接触点，当调到 D′位置时检流计 G 中无电流通过，则 AD′线段上的电势降等于待测电池 E_x 的电动势，即

$$E_x = IR_{AD'} \tag{4-116}$$

由式(4-115)和式(4-116)，得

$$E_x = E_s \frac{R_{AD'}}{R_{AD}} \tag{4-117}$$

　　由于电阻与电阻线长度 l 成正比，故有

$$\frac{R_{AD'}}{R_{AD}} = \frac{l_{AD'}}{l_{AD}}$$

于是

$$E_x = E_s \frac{l_{AD'}}{l_{AD}} \tag{4-118}$$

　　已知标准电池的电动势为 $E_s = 1.018\,646V(20℃)$，如在电阻线 AC 上标上读数，使 D 点

为 1.018 646V,同时用可变电阻 R 调节电流 I,使 AD 段产生的电势降等于 1.018 646V。当检流计 G 指示无电流通过时,则有

$$E_x = E_s \frac{l_{AD'}}{l_{AD}} = 1.018\ 646 \frac{l_{AD'}}{l_{AD}} = l_{AD'} \tag{4-119}$$

这样,D′ 的读数就是待测电池电动势的数值。实验室常用的电位差计就是根据这一原理设计制造的。

在调节平衡时,为防止过大的电流通过 DGA 而损坏 E_s 及 G,故在 DGA 间串接一保护电阻 R_0,并在检流计 G 上并联一个开关 S_0,如图 4.59 所示。测量时,无论 SW 拨到 E_s 或 E_x,都要先按 S_2,调节触点至 G 基本上无电流通过时,再接 S_1,调节触点直到 G 指示无电流通过。如在按 S_2 或 S_1 后,G 的光点摆动不易停下,可拨 S_0 使它迅速停下。

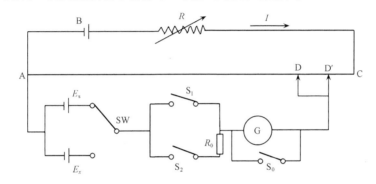

图 4.59　补偿法测定电池电动势原理线路(二)

【仪器试剂】

1. 仪器

UJ24 型直流电位差计 1 台;标准电池 1 个;饱和甘汞电极 1 支;甲电池(1.5V)2 个;光点反射式检流计 1 台;低压直流电源 1 台;滑线电阻(2000Ω)1 个;0~50mA 电流表 1 个;铜电极 2 支;50mL 烧杯 3 个;半电极管 1 支;吸气球 1 个;导线若干。

1) UJ24 型直流电位差计

UJ24 型直流电位差计面板如图 4.60 所示。

该电位差计由以下几部分组成:①工作电流调节部分(R_{P1},R_{P2},R_{P3});②标准电池电动势补偿部分(R_{NP});③测量回路部分;④测量转换开关(K_1);⑤检流计开关(K_2);⑥接线端钮组。

2) 检流计

检流计通常分为指针式和圈转式两种。前者的灵敏度一般为 10^{-6}A·分度$^{-1}$,后者又分为单程光点反射检流计和复射式光点检流计,其灵敏度分别为 $10^{-7} \sim 10^{-8}$A·分度$^{-1}$ 和 $10^{-8} \sim 10^{-10}$A·分度$^{-1}$。检流计主要用于以直流电工作的电测仪器(如电位差计、电桥等)中指示平衡(示零),有时也用于热分析或光-电系统中测量微小的电流值。目前,较常用的是复射式光点检流计,其基本结构如图 4.61 所示。

检流计的工作原理与电流表类似。弹簧片 1 通过吊丝 4 将活动线圈 2 悬于永久磁铁 10 的磁极与铁心 9 的空隙中,线圈下固定一平面镜 3,可随线圈一起转动。由白炽灯、透镜和光栅构成的光源 6 发射出一束光,投射在平面镜 3 上,再反射至反射镜 8、8′,最后成像在标尺 5

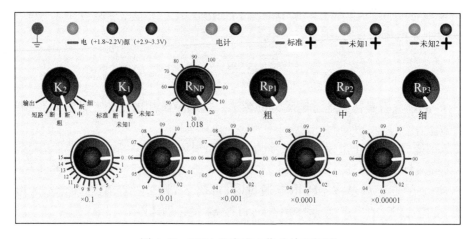

图 4.60　UJ24 型直流电位差计面板图

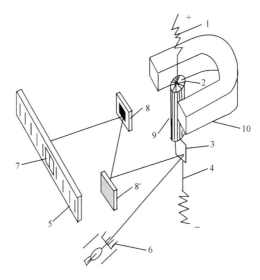

图 4.61　复射式光点检流计结构示意图

1. 弹簧片；2. 活动线圈；3. 平面镜；4. 吊丝；5. 标尺；6. 光源；7. 准直线；8、8′. 反射镜；9. 铁心；10. 永久磁铁

上,光像中有一根垂丝线,它在标尺上的位置反映了线圈的偏转角度。当线圈中通过微小电流时,线圈在磁场力作用下带动平面镜转动,转动角经反射镜放大后可看到光点在标尺上移动。被测电流大小与偏转角度成正比,由此可十分灵敏地测出极微弱的电流。

当检流计与电位差计联用时,要注意两者间灵敏度的匹配。例如,UJ25 型电位差计最小的电压分度为 10^{-6} V,若待测的原电池内阻为 1000Ω,则要求与之匹配的检流计必须能检出的最小电流为 $\dfrac{10^{-6}}{1000}$A $=10^{-9}$A。因为检流计的标尺以 mm 为最小分度,所以要求检流计的灵敏度为 10^{-9} A·mm^{-1}。AC15-4 型光点检流计即可满足此要求。

此外,实验室中也常用指针式的平衡指示仪。它的基本原理是利用运算放大器,将微弱直流电经放大后输入灵敏的检流系统,采用大面积的指针式表头代替光点式检流。其优点是读数稳定、清晰(尤其在室内光线比较明亮的情况下),抗干扰能力强,精度也相当高,如 ZH$_2$-B 平衡指示仪。

AC15 型检流计的面板如图 4.62 所示,其使用方法如下:①先检查电源开关所指示的电压是否与所使用的电源电压一致,然后接通电源;②旋转零点调节器,将光点准线调至零位;③用导线将输入接线柱与电位差计的"电计"接线柱接通;④测定时,先将分流器开关旋至最低灵敏度挡(0.01 挡),然后逐渐增大灵敏度进行测定("直接"挡灵敏度最高);⑤在测定中,若光点剧烈摇晃时,可按电位差短路键,使其受到阻尼作用而停止;⑥实验完毕或移动检流计时,应将分流器开关置于"短路",以防损坏检流计。

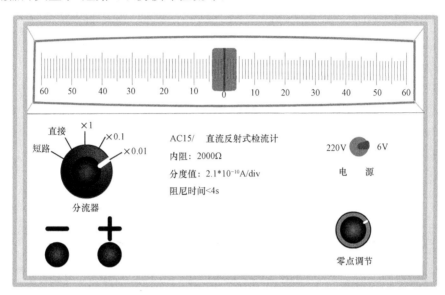

图 4.62　AC15 型检流计面板图

2. 试剂

标准浓度硫酸铜溶液;镀铜溶液($CuSO_4 \cdot 5H_2O$ 125g $\cdot L^{-1}$, H_2SO_4 25g $\cdot L^{-1}$,乙醇 50mL $\cdot L^{-1}$);饱和 KCl 溶液;蒸馏水。

【实验步骤】

1. 铜电极的制备

将铜电极在稀硝酸(约 6mol $\cdot L^{-1}$)内浸洗,取出后用蒸馏水冲洗干净。然后把它作为阴极,另取一铜电极作阳极,在镀铜液内进行电镀,其装置如图 4.63 所示。

电镀条件:电流密度控制在 $20 \sim 25$ mA $\cdot$ cm^{-2},电镀 $20 \sim 25$min,在铜电极表面得到一层致密镀层。取出铜电极,用蒸馏水冲洗干净,插入电极管中(图 4.64),然后再注入待测的硫酸铜溶液。

2. 电池电动势的测量

(1) 电池的组合:在 50mL 烧杯中加入饱和 KCl 溶液,再将刚刚制备的铜电极、饱和甘汞电极插入饱和 KCl 溶液中组成如下电池:

$$Pt|Hg(l)|Hg_2Cl_2(s)|KCl(饱和)\|CuSO_4(aq)|Cu$$

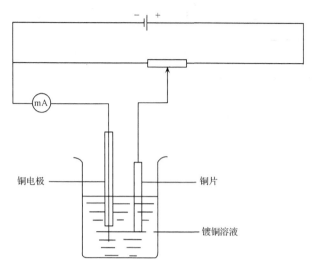

图 4.63　电镀铜装置

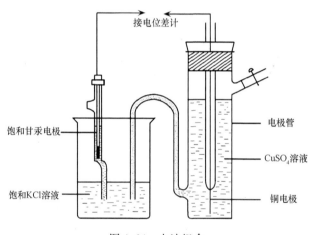

图 4.64　电池组合

装置如图 4.64 所示。

(2) 电位差计的测量转换开关 K_1 和检流计开关 K_2 分别置"断"位置。

(3) 按 UJ24 型直流电位差计面板图(图 4.60),将工作电池 B、标准电池 E_s、检流计 G、待测电池 E_x 分别接在电位差计的接线端钮上。

(4) 调节工作电流前,应考虑标准电池电动势受温度的影响,计算 $t℃$ 时的标准电池电动势 $E_s(t℃)$。

(5) 将温度补偿器 R_{NP} 调到与经过计算后的电动势 $E_s(t℃)$ 相同数值的位置。将 K_1 指在"标准"位置,K_2 指在"粗"挡,调节 R_{P1} 使检流计 G 指示零,再依次将 K_2 指在"中"、"细"挡,分别调 R_{P2}、R_{P3} 使检流计 G 指示零,此时工作电流已调好。随即将 K_2 置"断"位置,然后将 K_1 转至"未知 1"或"未知 2"的位置,即可进行待测电池电动势 E_x 的测量操作。通常可预置测量回路的五个旋钮,使其示值为被测电池电动势 E_x 的估计值。接通检流计(将开关 K_2 依次置"粗"、"中"、"细"各挡逐级测量,以免过大电流冲击而损坏检流计),再仔细调整测量回路中各旋钮,使检流计 G 指示无电流通过(指零)时,旋钮上面窗孔出现的数字,即是被测电池电动势的准确数值。

　　（6）分别向电极管中加入 $0.01\text{mol} \cdot \text{kg}^{-1}$、$0.02\text{mol} \cdot \text{kg}^{-1}$、$0.05\text{mol} \cdot \text{kg}^{-1}$、$0.1\text{mol} \cdot \text{kg}^{-1}$ 的 $CuSO_4$ 溶液,测量其电动势,每一浓度重复测三次,取其平均值作为测量结果。

【注意事项】

　　（1）电池电动势不能用伏特计直接测量,因为与伏特计接通后就有电流通过电极,使电极发生极化而偏离平衡状态。此外,电池本身有内阻,所以伏特计所测量的仅是两极间的电位降。

　　（2）通常将标准电池封在电木的盒子里。在放置或移动标准电池时,只能正放、平移,绝不可斜放、斜拿,更不允许倒置。

　　（3）在测量电动势过程中,应经常注意校正工作电流,在校正工作电流时,测量转换开关 K_1 应指向“标准”位置。

【数据处理】

　　（1）从手册查出反应 $Cu \longrightarrow Cu^{2+} + 2e^-$ 的标准电极电势 $[\varphi^{\ominus}(Cu^{2+}|Cu)]$,然后计算出 $CuSO_4$ 溶液的离子平均活度系数。

　　（2）从文献中查出 $CuSO_4$ 溶液的离子平均活度系数 $\gamma_\pm$,并与实验值比较。

　　（3）本实验中,铜电极的标准电极电势 $\varphi^{\ominus}(Cu^{2+}|Cu)$ 值除可以查表获得外,也可利用 $CuSO_4$ 的浓度 m 与实验测得的电池电动势 E 之间的一组数据,依据德拜-休克尔极限方程求出,有

$$E - \frac{RT}{2F}\ln m = \varphi^{\ominus}(Cu^{2+}|Cu) - \varphi_{\text{甘汞}} + \frac{RT}{2F}\ln \gamma_\pm$$

　　根据德拜-休克尔极限方程,在很稀的溶液中,$\ln\gamma_\pm$ 与 $\sqrt{m}$ 成正比,若用 $E - \frac{RT}{2F}\ln m$ 为纵坐标,$\sqrt{m}$ 为横坐标作图,可近似得一条直线。当 $m \rightarrow 0$ 时,$\gamma_\pm \rightarrow 1$,所以

$$E - \frac{RT}{2F}\ln m \rightarrow \varphi^{\ominus}(Cu^{2+}|Cu) - \varphi_{\text{甘汞}}$$

将直线外推至 $\sqrt{m} = 0$,在纵坐标上所得的截距为 $\varphi^{\ominus}(Cu^{2+}|Cu) - \varphi_{\text{甘汞}}$,于是可求得 $\varphi^{\ominus}(Cu^{2+}|Cu)$,得到 $\varphi^{\ominus}(Cu^{2+}|Cu)$ 值后,即能算出不同浓度 $CuSO_4$ 溶液的离子平均活度系数 $\gamma_\pm$。

【思考题】

　　（1）为什么用伏特表不能准确地测定电池电动势?

　　（2）在对消法测定电池电动势的装置中,电位差计、工作电池、标准电池以及检流计各起什么作用? 如何维护这些部件?

　　（3）可逆电池的条件是什么? 测定过程中如何尽可能地减小极化现象的发生?

　　（4）在测量电池电动势的过程中,若检流计光点总是往一个方向偏转,可能是什么原因造成的? 若电池的极性接反了,其后果是什么? 工作电池和未知电池中任一个没有接通会产生什么后果?

　　（5）测定电池电动势时,为什么按电位差计的电按键应间断而短促?

（6）测定电池电动势时，是否有必要事先估算出电池电动势的大小，将电位差计设定为此估算值？

（7）如何通过测定电池电动势的方法来获得以下电池：

$$Pt|Ag(s)|AgCl(s)|KCl(aq)|Hg_2Cl_2(s)|Hg(l)|Pt$$

所进行的电池反应的热力学函数 $\Delta_r G_m$、$\Delta_r H_m$、$\Delta_r S_m$ 的变化值以及反应的平衡常数 K？

实验 21　电势-pH 曲线的测定

【实验目的】

（1）掌握电极电势、电池电动势和 pH 的测量原理及方法。

（2）了解电势-pH 曲线的意义及其应用。

（3）测定 Fe^{3+}/Fe^{2+}-EDTA 体系在不同 pH 条件下的电极电势，绘制电势-pH 曲线。

【实验原理】

电势-pH 曲线，又称电势-pH 图，是由甫尔拜（M. Pourbaix）等人于 20 世纪 30 年代提出的。作为电化学热力学分析的结果，电势-pH 图在金属腐蚀、电化学、无机化学、分析化学、地质科学、湿法冶金等方面得到了广泛应用。迄今已有九十余种元素与水构成的电势-pH 图汇编成了手册，查用极为方便。

电势-pH 图是一种电化学的平衡图，它一般分为简单体系和复杂体系，简单体系只涉及某一元素（及其含氧与含氢化合物）与水构成的体系，而复杂体系在简单体系的基础上加入了一个或几个配位体的体系，如 Cu-S-H_2O 系，Cu-NH_3-H_2O 系，Cu-Cl^--H_2O 系等。

自 20 世纪 80 年代以来，许多学者对有关体系进行了系统研究，获得的成果对工业生产起了很重要的指导作用。例如，通过对 S-H_2O 系的热力学研究，为 H_2S 水溶液电解产生单质硫和氢气提供了极为有价值的理论指导，为 H_2S 废气的治理提出了一个新的途径；通过对 N-H_2O 系的热力学分析，在理论上提出了除去各类氮氧化物的途径，为应用电化学方法除去氮氧化物气体奠定了理论基础。

很多氧化还原反应的发生都与溶液的 pH 有关，此时，电极电势不仅随溶液的浓度和离子强度变化，还随溶液的 pH 而变化。对于这样的体系，通过考查其电极电势与 pH 的变化关系，可获得一个比较完整、清晰的认识。在一定浓度的溶液中，改变其酸碱度，同时测定电极电势和溶液的 pH，然后以电极电势对 pH 作图，就可得电势-pH 图。

对于电极反应

$$ox + ne^- \longrightarrow re$$

根据能斯特（Nernst）公式，其平衡电极电势与溶液中各物种浓度的关系为

$$\varphi = \varphi^\ominus - \frac{2.303RT}{nF}\lg\frac{a_{re}}{a_{ox}}$$

$$= \varphi^\ominus - \frac{2.303RT}{nF}\lg\frac{c_{re}}{c_{ox}} - \frac{2.303RT}{nF}\lg\frac{\gamma_{re}}{\gamma_{ox}} \tag{4-120}$$

式中，$\varphi^\ominus$ 为标准电极电势；a_{ox}、c_{ox} 和 γ_{ox} 分别为氧化态物质 ox 的活度、浓度和活度系数；a_{re}、c_{re}

和 γ_{re} 分别为还原态物质 re 的活度、浓度和活度系数;$a=\gamma c$。当温度及溶液离子强度保持定值时,式(4-120)可表示为

$$\varphi=(\varphi^{\ominus}-b)-\frac{2.303RT}{nF}\lg\frac{c_{re}}{c_{ox}} \tag{4-121}$$

式中, $b=\dfrac{2.303RT}{nF}\lg\dfrac{\gamma_{re}}{\gamma_{ox}}$ 为一常数。式(4-121)表明,在一定温度下,体系的电极电势与溶液中还原态和氧化态浓度比值的对数呈线性关系。

本实验以 Fe^{3+}/Fe^{2+}-EDTA 配合体系为研究对象,以 Y^{4-} 代表 EDTA 酸根离子 $(CH_2)_2N_2(CH_2COO)_4^{4-}$,下面分别讨论其电极电势与溶液 pH 的关系。

(1) 在一定 pH 范围内,Fe^{3+}/Fe^{2+} 能与 EDTA 生成稳定的配合物 FeY^{2-} 和 FeY^-,其电极反应为

$$FeY^-+e^-===FeY^{2-}$$

其电极电势为

$$\varphi=(\varphi^{\ominus}-b_1)-\frac{2.303RT}{F}\lg\frac{c_{FeY^{2-}}}{c_{FeY^-}} \tag{4-122}$$

式中, $b_1=\dfrac{2.303RT}{F}\lg\dfrac{\gamma_{FeY^{2-}}}{\gamma_{FeY^-}}$。当溶液离子强度和温度一定时,$b_1$ 为常数。

由于 FeY^- 和 FeY^{2-} 这两个配合物都很稳定,其 $\lg K_稳$ 分别为 25.1 和 14.32,因此在 EDTA 过量情况下,所生成的配合物的浓度就可近似看作配制溶液时的铁离子浓度,即

$$c_{FeY^-}=c_{Fe^{3+}}^0, \qquad c_{FeY^{2-}}=c_{Fe^{2+}}^0 \tag{4-123}$$

这里 $c_{Fe^{3+}}^0$ 和 $c_{Fe^{2+}}^0$ 分别代表 Fe^{3+} 和 Fe^{2+} 的配制浓度。于是式(4-122)变成

$$\varphi=(\varphi^{\ominus}-b_1)-\frac{2.303RT}{F}\lg\frac{c_{Fe^{2+}}^0}{c_{Fe^{3+}}^0} \tag{4-124}$$

由式(4-124)知,Fe^{3+}/Fe^{2+}-EDTA 体系的电极电势随溶液中的 $c_{Fe^{2+}}^0/c_{Fe^{3+}}^0$ 比值变化,而与溶液的 pH 无关。对于 $c_{Fe^{2+}}^0/c_{Fe^{3+}}^0$ 比值一定的某一溶液,其电势-pH 曲线应表现为水平线。

实际上,Fe^{3+} 和 Fe^{2+} 除能与 EDTA 在一定的 pH 范围内生成 FeY^- 和 FeY^{2-} 外,在低 pH 时,Fe^{2+} 还能与 EDTA 生成 $FeHY^-$ 型的含氢配合物;在高 pH 时,Fe^{3+} 则能与 EDTA 生成 $Fe(OH)Y^{2-}$ 型的羟基配合物。

(2) 在低 pH 时,体系的电极反应为

$$FeY^-+H^++e^-===FeHY^-$$

则

$$\begin{aligned}\varphi&=(\varphi^{\ominus}-b_2)-\frac{2.303RT}{F}\lg\frac{c_{FeHY^-}}{c_{FeY^-}}-\frac{2.303RT}{F}pH\\&=(\varphi^{\ominus}-b_2)-\frac{2.303RT}{F}\lg\frac{c_{Fe^{2+}}^0}{c_{Fe^{3+}}^0}-\frac{2.303RT}{F}pH\end{aligned} \tag{4-125}$$

式中, $b_2=\dfrac{2.303RT}{F}\lg\dfrac{\gamma_{FeHY^-}}{\gamma_{FeY^-}}$,温度一定时 b_2 为常数。

（3）在较高 pH 时，有电极反应

$$Fe(OH)Y^{2-} + e^- \Longrightarrow FeY^{2-} + OH^-$$

可导出

$$
\begin{aligned}
\varphi &= \left(\varphi^{\ominus} - b_3 - \frac{2.303RT}{F}\lg K_w\right) - \frac{2.303RT}{F}\lg\frac{c_{FeY^{2-}}}{c_{Fe(OH)Y^{2-}}} - \frac{2.303RT}{F}pH \\
&= \left(\varphi^{\ominus} - b_3 - \frac{2.303RT}{F}\lg K_w\right) - \frac{2.303RT}{F}\lg\frac{c^0_{Fe^{2+}}}{c^0_{Fe^{3+}}} - \frac{2.303RT}{F}pH
\end{aligned}
\tag{4-126}
$$

式中，$b_3 = \dfrac{2.303RT}{F}\lg\dfrac{\gamma_{FeY^{2-}}}{\gamma_{Fe(OH)Y^{2-}}}$ 也为常数；K_w 为水的离子积（在稀溶液中水的活度积可看作水的离子积）。

由式（4-125）和式（4-126）知，在低 pH 和高 pH 时，Fe^{3+}/Fe^{2+}-EDTA 体系的电极电势不仅与 $c^0_{Fe^{2+}}/c^0_{Fe^{3+}}$ 比值有关，而且与溶液的 pH 有关，在 $c^0_{Fe^{2+}}/c^0_{Fe^{3+}}$ 比值不变时，其电势-pH 图为直线，斜率为 $-2.303RT \cdot F^{-1}$。

基于上述分析，只要将 Fe^{3+}/Fe^{2+}-EDTA 体系用惰性金属（Pt 丝）作导体组成一电极，并且与另一参比电极组合成电池，测定该电池的电动势，即可求得体系的电极电势。与此同时，采用酸度计测出相应条件下体系的 pH，便可绘制出电势-pH 图。

对于 Fe^{3+}/Fe^{2+}-EDTA 体系，$c^0_{EDTA} = 0.15mol \cdot L^{-1}$，按表 4.19 初始浓度条件进行实验，得到一组电势-pH 曲线，结果如图 4.65 所示。该图中每条曲线均分为三段：中段是水平线，为电势平台区；在低 pH 和高 pH 时则都是斜线。图 4.65 所示电极电势都是相对于饱和甘汞电极电势的值。

表 4.19　实验各离子的初始浓度

曲线	$c^0_{Fe^{3+}}/(mol \cdot L^{-1})$	$c^0_{Fe^{2+}}/(mol \cdot L^{-1})$	$c^0_{Fe^{2+}}/c^0_{Fe^{3+}}$
I	0	9.9×10^{-2}	
II	6.2×10^{-2}	3.1×10^{-2}	0.5
III	9.6×10^{-2}	6.0×10^{-4}	6.25×10^{-3}
IV	10.0×10^{-2}	0	

对于电势-pH 图的应用，在此讨论 Fe^{3+}-EDTA 体系用于天然气脱硫。在天然气中含有 H_2S，它是有害物质，利用 Fe^{3+}-EDTA 溶液可将天然气中的硫化物氧化为元素硫除去，而溶液中 Fe^{3+}-EDTA 配合物则被还原为 Fe^{2+}-EDTA 配合物；通入空气可使低铁配合物氧化为 Fe^{3+}-EDTA 配合物，使溶液得到再生，不断循环使用。其反应如下：

$$2FeY^- + H_2S \xrightarrow{\text{脱硫}} 2FeY^{2-} + 2H^+ + S\downarrow$$

$$2FeY^{2-} + \frac{1}{2}O_2 + H_2O \xrightarrow{\text{再生}} 2FeY^- + 2OH^-$$

在用 EDTA 配合铁盐法脱除天然气中的 H_2S 时，Fe^{3+}/Fe^{2+}-EDTA 配合体系的电势-pH 曲线可以帮助我们选择较合适的脱硫条件。例如，低含硫天然气中 H_2S 含量约为 $1\times10^{-4} \sim 6\times10^{-4}kg \cdot m^{-3}$，在 25℃ 时相应的分压为 $7.3 \sim 43.6Pa$，电极反应为

$$S + 2H^+ + 2e^- \Longrightarrow H_2S(g)$$

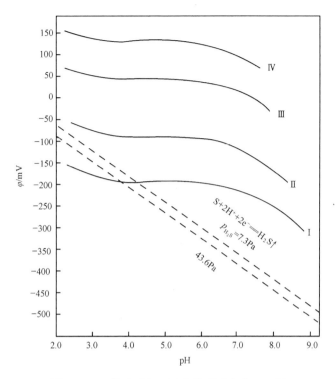

图 4.65　Fe^{3+}/Fe^{2+}-EDTA 体系的电势-pH 图

在 25℃时上述反应的电极电势 φ 与 H_2S 的分压 p_{H_2S} 及 pH 的关系为

$$\varphi = -0.072 - 0.0296 \lg(p_{H_2S}/Pa) - 0.0591 pH \tag{4-127}$$

在图 4.65 中以虚线标出这三者之间的关系。由图 4.65 可见,对 $c_{Fe^{2+}}^0/c_{Fe^{3+}}^0$ 比值一定的任何一个脱硫液而言,此脱硫液的电极电势与式(4-127)电势 φ 之差值在电势平台区内,随着 pH 的增大而增大,到平台区的 pH 上限时,两电极电势差值最大,超过此 pH 时,两电极电势差值不再增大。这一事实表明,$c_{Fe^{2+}}^0/c_{Fe^{3+}}^0$ 比值一定的任何一个脱硫液在它的电势平台区的上限时,脱硫的热力学趋势达到最大;超过此 pH 时,脱硫趋势保持定值而不再随 pH 增大而增加。由此可知,根据图 4.65,从热力学角度分析,用 EDTA 配合物铁盐法脱除天然气中的 H_2S 时脱硫液的 pH 选择在 6.5~8 或者高于 8 都是合理的。但 pH 不宜大于 12,否则会有 $Fe(OH)_3$ 沉淀出来。

【仪器试剂】

1. 仪器

数字式酸度计;数字电压表;500mL 五颈瓶(带恒温套);磁力加热搅拌器;药物天平(100g);电炉;铂片电极(或铂丝电极);饱和甘汞电极;玻璃电极;铂丝(Pt 电极);温度计;微量酸式滴定管(10mL);碱式滴定管(50mL);量筒(100mL);滴管;称量瓶;超级恒温槽。

2. 试剂

$FeCl_3 \cdot 6H_2O$;$FeCl_2 \cdot 4H_2O$;HCl 溶液(4mol · L^{-1});NaOH 溶液;氮气(钢瓶)。所用试

剂均为分析纯。

【实验步骤】

1. 测量装置

测量装置如图 4.66 所示。玻璃电极、甘汞电极和铂电极分别插入反应器的三个孔内,反应器的夹套通以恒温水,采用数字式 pH 计测量体系的 pH,体系的电势采用数字电压表测量。

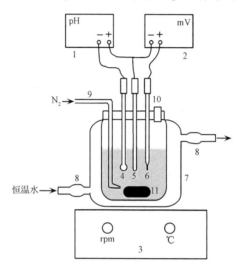

图 4.66　电势-pH 测定装置图

1. 酸度计;2. 数字电压表;3. 磁力加热搅拌器;4. 玻璃电极;5. 饱和甘汞电极;6. 铂电极;7. 反应器;
8. 接恒温水槽;9. 接氮气;10. 滴管;11. 搅拌子

2. 溶液配制

用台秤称取 7g EDTA,转移到反应器中,加 40mL 蒸馏水,加热溶解,然后将 EDTA 溶液冷却到 25℃。迅速称取 1.72g $FeCl_3 \cdot 6H_2O$ 和 1.18g $FeCl_2 \cdot 4H_2O$,立即转移到反应器中,总用水量控制在 80mL 左右。

3. 电极电势和 pH 的测定

调节超级恒温槽水温为 25℃,并将恒温水通往反应器的恒温水套中,开动磁力加热搅拌器,待搅拌子稳定旋转后,再插入玻璃电极;再用碱式滴定管缓慢滴加 1mol·L^{-1} NaOH 直至溶液的 pH 约为 8(用碱量约为 38mmol),此时溶液为褐红色。注意:加碱时要防止局部生成 $Fe(OH)_3$ 沉淀。分别从数字式电压表和酸度计读取并记录电动势和相应的 pH。

用 10mL 微量酸式滴定管,从反应器的一个孔滴入少量 4mol·L^{-1} HCl 溶液,搅拌 30s 后,重新测定体系的 pH 和 φ 值。

同上述步骤,每滴加一次 HCl 后(其滴加量以引起 pH 改变 0.3 左右为限),测一次 pH 和 φ 值,得出该溶液的一系列电极电势和 pH,直到溶液变浑浊(pH 约等于 2.3)为止。由于 Fe^{2+} 易受空气所氧化,故实验时需向反应器通 N_2 保护。

实验完毕,取出电极,用蒸馏水冲洗干净后妥善放置,最后使仪器复原。

【数据处理】

(1) 用表格形式列出所测的电池电动势 φ 和 pH 数据,以测得的电池电动势值(相对于饱和甘汞电极的体系的电极电势)为纵轴,pH 为横轴,作 Fe^{3+}/Fe^{2+}-EDTA 配合体系的电势-pH 图,从所得曲线上水平段确定 FeY^- 和 FeY^{2-} 稳定存在的 pH 范围。

(2) 25℃时,电极反应 $S+2H^++2e^- \Longrightarrow H_2S(g)$,其电极电势由式(4-127)表示,$p_{H_2S}=1Pa$,将 pH=2、5、8 所对应的 φ 值列表,在同一图上作电势-pH 直线,求出直线与曲线交点的 pH,并指出脱硫时宜采用的最佳 pH。

【思考题】

(1) 写出 Fe^{3+}/Fe^{2+}-EDTA 体系在电势平台区、低 pH 和高 pH 时,体系的基本电极反应及其所对应的电极电势的具体表达式,并指出各项的物理意义。

(2) 脱硫液的 $c_{Fe^{3+}}/c_{Fe^{2+}}$ 比值不同,测得的电势-pH 图有何差异?

(3) 用酸度计和电位差计测定电动势的原理有什么不同? 它们的测量精确度各是多少?

(4) 查阅 $Fe-H_2O$ 体系的电势-pH 图,说明 Fe 在不同条件下(电极和 pH)所处的平衡状态。

实验 22　阳极极化曲线的测定

【实验目的】

(1) 掌握用恒电位静态法测量金属极化曲线的原理和方法。

(2) 测量镍在硫酸溶液中的阳极极化曲线,求出临界钝化电位、临界钝化电流和临界钝化电流密度;考察 Cl^- 对镍阳极钝化的影响。

(3) 了解金属钝化行为、极化曲线的意义及其工业应用。

【实验原理】

金属的阳极极化研究不仅在理论上,而且在实践上都有重要意义。处于钝化状态下的金属,其溶解速率缓慢。当金属在防腐蚀应用以及电镀中作为不溶性阳极时,金属的钝化正是人们所需要的,例如,将待保护的金属作阳极,先用致钝电流密度使其表面处于钝化状态,然后用很小的维钝电流密度使金属保持在钝化状态,从而使其腐蚀速率大大降低,达到保护金属的目的。但是在另一些情况下,如化学电源、电冶金和电镀中金属作为可溶性阳极时,其钝化就是非常有害的。

1. 金属钝化

关于电极过程的机理和影响电极过程的各种因素的研究是电化学学科的重要内容,极化曲线的测量是研究电极过程的重要方法之一。对于可逆电池反应,在过程进行时电极上几乎没有电流通过,每个电极或电池反应都是在无限接近于平衡状态下进行的。然而,当有电流通过电池时,电极的平衡状态被破坏,此时电极反应是不可逆的,随着电极上电流密度的增大,电极反应的不可逆程度也增大。有电流通过电极时,由于电极反应的不可逆而使电极电势偏离平衡电位值的现象称为电极的极化。通过实验可获得描述电流密度与电极电势之间关系的曲线,称为极化曲线。

金属阳极过程通常分为金属阳极正常溶解、金属的钝化和金属的自溶解(化学溶解)三个部分。在一定外电位作用下,金属作为阳极时发生电化学溶解如下式所示:

$$M \longrightarrow M^{n+} + ne^-$$

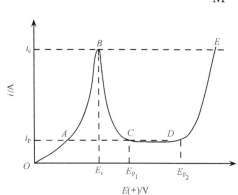

图 4.67　金属的阳极极化曲线

此阳极溶解过程只有当电极电势正于其热力学电位时才能发生。在金属的正常阳极溶解过程中,阳极溶解的速率随电位变正而逐渐增大。当电极电势正到某一数值时,其溶解速率达到一最大值。此后,阳极溶解速率随着电位变正突然大幅度地降低,这种现象称为金属的钝化现象。具有钝化特性的金属阳极极化曲线如图 4.67 所示。

在图 4.67 中,AB 段为活性溶解区,此时金属进行正常的阳极溶解,点 A 是金属的自然腐蚀电位;BC 段为过渡区,自 B 点起,金属开始发生钝化,溶解速率降低。B 点相应的电位、电流和电流密度分别称为临界钝化电位(E_c)、临界钝化电流(I_c)和临界钝化电流密度(i_c),对应于 C 点的电位称为活化电位 E_{p_1},对应 D 点的电位称为去钝化电位 E_{p_2};在 CD 段,电流几乎不随电位而改变,金属处于稳定的钝化区。俄歇电子谱等表面分析技术对金属表面钝化薄膜的测试结果表明,此时电极表面形成了极薄的氧化物钝化膜。与 CD 段对应的电流密度极小,称为维钝电流密度 i_p(钝态金属的稳定溶解电流密度)。若对可钝化金属通以对应于 B 点的电流,使其电位进入 CD 段,再用维钝电流密度 i_p 将电位维持在这个区域,则金属的腐蚀速率将会急剧下降;在 DE 段,电流重新随电位的正移而增大,金属的溶解速率增大,这种在一定电位下使钝化了的金属又重新溶解的现象,称为超钝化。在 DE 段的超钝化区,电流密度增大的原因,可能是析出氧气或产生高价金属离子(不能形成高价离子的金属,不会发生超钝化现象),也可能是两者都有。

对于钝化金属的活化问题,凡是能促使金属保护层破坏的因素都能使钝化了的金属重新活化。例如,可选用加热、通入还原性气体、阴极极化、加入某些活性离子、改变溶液的 pH 以及机械损伤等措施。在使钝化金属活化的各种手段中,以 Cl⁻ 的作用最引人注意,将钝化金属浸入含有 Cl⁻ 的溶液中,即可使其活化。

2. 金属钝化实验研究方法

研究金属阳极溶解及钝化过程通常采用恒电流法和恒电位法,所用仪器为恒电位仪,它同时具有恒电位和恒电流测量功能。恒电流法是将研究电极的电流恒定在某一定值下,测量其对应的电极电势,从而得到极化曲线。但对于金属钝化曲线,恒电流仪的测试结果出现多重性,是不可信任的。因为从图 4.67 可知,在一个恒定的电流密度下会出现多个对应的电极电势,因而在恒电流极化时,电极电势将处于一种不稳定状态,并可能发生电势的跳跃,甚至产生振荡,电极电势很难测量,所以由恒电流法得不到完整的钝化曲线。恒电流仪主要用于研究表面不发生变化和不受扩散控制的电化学过程。

由于电极电势并非电流的单值函数,采用控制电位法能测得完整的阳极极化曲线,因此在金属钝化现象的研究中,多采用恒电位法,以使实验结果反映电极的实际过程。恒电位法是,将被研究电极上的电位维持在某一数值上,然后测定对应于该电位下的电流。由于电极表面状态在未建立稳定状态之前,电流会随时间而改变,故一般测出来的曲线为"暂态"极化曲线。在实际测量中,采用控制电位的测量方法分为两种,即

(1) 静态法:将电极电势较长时间地维持在某一恒定值,同时测量电流随时间的变化,直到电流基本上达到某一稳定数值。每隔 $20 \sim 50 \mathrm{mV}$,逐点地测量各个电极电势下的稳定电流值,即可得到完整的极化曲线。

(2) 动态法:控制电极电势以较慢的速度连续地改变(扫描),并测量对应电位下的瞬时电流值,以瞬时电流与对应的电极电势作图,便获得整个极化曲线。采用的电位扫描速度由被研究体系的性质决定。通常电极表面建立稳态的速度越慢,则扫描速度(电位变化的速度)也应越慢,这样可使所测得的极化曲线与采用静态法时的结果接近。

上述两种测量方法各有特点。静态法的测量结果虽较接近稳态值,但测量时间较长。动态法的测定结果距稳态值相对较远,但测量时间较短。在实际工作中,常采用动态法进行极化曲线的测量。

3. 三电极体系

本实验用到三电极体系,如图 4.68 所示。

极化曲线描述的是电极电势与电流密度之间的关系。被用作研究电极过程的电极称为研究电极或工作电极。与研究电极构成极化回路,以形成对研究电极极化的电极称为辅助电极,也叫对电极,其面积通常要比研究电极的面积大,以降低该电极上的极化。参比电极是测量研究电极电势的比较标准,与研究电极组成测量回路。参比电极应是一个电极电势已知且稳定的可逆电极,该电极的稳定性和重现性要好。为减少电极测试过程中的溶液电位降,通常两者之间用鲁金毛细管相

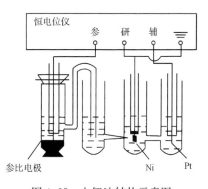

图 4.68　电解池结构示意图

连。鲁金毛细管应尽量靠近研究电极表面,但二者间距不宜小于鲁金毛细管的直径,以防止对研究电极表面的电力线分布造成屏蔽效应。

4. 影响金属钝化过程的因素

人们已对金属钝化现象进行了大量研究,对其机理和本质已获得了较深入的认识。研究表明,影响金属钝化的因素主要有三方面,即溶液组成、金属本身的性质(化学组成和结构)及系统所处环境等外因。

1) 溶液组成

金属在含有氧化剂的中性和酸性溶液中一般比较容易钝化,而在某些碱性溶液中则不易钝化,这与金属的溶解度有关;溶液中卤素离子(尤其是 Cl^-)的存在,往往能明显地延缓或阻止金属的钝化过程,已经钝化了的金属也容易被它破坏(活化),而使金属的阳极溶解速率重新增大;溶液中存在某些具有氧化性的阴离子(如 CrO_4^{2-})可以促进金属的钝化。

2) 金属本身的性质

各种金属的钝化能力是不同的,如铁、镍、铬三种金属的钝化能力为铬＞镍＞铁。基于此,可添加铬、镍来提高钢铁的钝化能力和钝化态的稳定性。

3) 外因

一般地,升高温度和加速搅拌,可以推迟或防止钝化过程的发生,这与离子扩散有关。

【仪器试剂】

1. 仪器

ZF-3 恒电位仪;电解池;镍电极(研究电极,自制);铂电极(辅助电极);饱和硫酸亚汞电极(参比电极)(Hg, $Hg_2SO_4 | 0.5mol \cdot L^{-1} H_2SO_4$);金相砂纸;万用表。

2. 试剂

$0.5mol \cdot L^{-1} H_2SO_4$ 溶液;$0.5mol \cdot L^{-1}$ KCl 溶液;1∶1 HCl 溶液;丙酮。所有试剂均为分析纯,配置溶液用的水为经离子交换等工序处理过的纯水。

【实验步骤】

(1) 电极处理:剪裁镍片,其面积约为 0.5cm×0.5cm,用金相砂纸仔细打磨镍片至光亮,依次用自来水、丙酮、1∶1 HCl 溶液、去离子水浸泡,并冲洗干净。

(2) 洗净电解池,并注入 25mL $0.5mol \cdot L^{-1} H_2SO_4$ 溶液。插入研究电极、辅助电极和参比电极,按图 4.68 所示连接线路。参比电极放在靠近鲁金毛细管的一端,研究电极与鲁金毛细管口对齐并尽量靠近,以便在测量电动势时减小溶液欧姆电位降对测定结果的影响。

开启恒电位仪,测定 H_2SO_4 溶液中 Ni 电极的阳极极化曲线。先测起始稳定电位,以起始稳定电位数值作起点,阳极电位向正方向每隔 50mV 改变一次,观察并记录每个电位相应的电流变化。依次连续改变阳极电位,直至电流显著增大并且研究电极上有大量 O_2 析出为止。测量每个电位点时需等到电流基本稳定再记录电流值。

(3) 更换电解液,使 Ni 电极在 23mL $0.5mol \cdot L^{-1} H_2SO_4$ 与 2mL $0.5mol \cdot L^{-1}$ KCl 混合溶液中进行阳极极化。重复上述步骤,并记录电极电势和相应的电流值,直至研究电极上有大量 O_2 析出为止。

(4) 实验完毕,断开电源,将恒电位仪表面各开关位置复原。取出研究电极和辅助电极,洗净电解池、辅助电极和参比电极。

【注意事项】

(1) 实验开始的前几个点,即极化曲线的 ABC 段,电流变化幅度很大,应仔细操作,遇有过载,应及时调节电流表的量程。

(2) 通电前,各开关、旋钮的位置如下:电极处于"不通","电流量程"位于"200mA"挡,"参比-给定-电流"开关置于"给定"。

(3) 研究电极与鲁金冒细管之间的距离每次测定时应保持一致。

(4) 考察 Cl^- 对 Ni 阳极钝化的影响时,测试方式和测试条件应保持一致。

【数据处理】

将实验数据列表(表格自拟),绘制阳极极化曲线,求出临界钝化电位 E_c、临界钝化电流密度 i_c。

【思考题】

(1) 金属阳极正常溶解的机理是什么? 其影响因素有哪些? 金属钝化作用的机理有哪些?

(2) 测定极化曲线为什么需要三支电极? 参比电极如何放置? 鲁金毛细管起什么作用?

(3) 实验过程中,插有辅助电极的胶塞与电解池壁之间为何要留有一定的空隙?

(4) 是否需要限制镍电极的面积? 为什么测量 Ni 的阳极极化曲线不宜使用饱和甘汞电极做参比电极?

(5) 试说明实验测得的金属钝化曲线各转折点的意义。

(6) 试讨论 Cl^- 影响镍在硫酸溶液中钝化行为的机理。

(7) 通过极化曲线的测定,对电极极化过程和金属钝化的工业应用有哪些更深入的理解? 请查阅有关文献,对此作较详细的论述,字数不少于 2000 字。

(8) 减缓金属在酸性溶液介质中腐蚀速度的方法有哪些? 它们各自有什么特点?

实验 23　X 射线粉末衍射法物相分析

【实验目的】

(1) 掌握 X 射线粉末衍射法的基本原理和技术,初步了解 X 射线粉末衍射仪的构造并掌握其使用方法。

(2) 了解 X 射线粉末衍射技术在化学、物理、材料、地质、冶金、生物等学科及工业生产中的应用。

(3) 测定某种氧化物的 X 射线粉末衍射谱图,据此进行物相分析,求出晶胞参数和晶体的密度。

【实验原理】

1. 关于 X 射线

(1) X 射线是电磁辐射的一种形式,它的特征波长为 0.01~1nm,它主要由两种效应得到:

(i) 接近光速运动着的带电粒子在改变运动方向时将辐射电磁波,辐射波长会落在 X 射线范围内。因为这一现象是在同步加速器上发现的,所以称为同步辐射。其特点是强度高、覆盖的频谱范围广,可以任意选择所需的波长,且连续可调,因此成为一种科学研究的新光源。

(ii) 原子内层电子的跃迁将产生电磁辐射,而原子最内层的能阶跃迁将发射 X 射线,如图 4.69 所示,水平线表示一个原子不同电子态的能量。如果一个电子从某一较低态移去,那么在较高态的电子就有可能落入空穴,从而放出能量。这一能量以电磁辐射的形式发射出来。

如果跃迁到最低的两个态,就会产生 X 射线:跃迁到最低态($n=1$),给出 K 系;到 $n=2$ 组,给出 L 系。

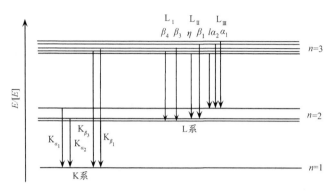

图 4.69　原子能级图解

(2) X 射线源。如图 4.70 所示为一个 X 射线管的工作过程。钨灯丝接到电源,大量电流通过它。由于热效应,灯丝的温度升高并发射热电子。当灯丝的温度稳定后,加上一个高电压(常用 50kV)使得钨灯丝相对于靶而言处于负电位。靶子是一块重金属如铜或钼,由钨灯丝释放出来的热电子在电场下高速打向阳极靶,并与靶相撞。仪器在高真空条件下工作,以保证电子在与靶相撞前不会和空气分子相撞而失去能量。当与靶相撞时,电子迅即减速,它和靶中的原子反复相撞,激发了靶原子最内层电子的跃迁,从而产生 X 射线。电子的能级有明确的能量,因此由特定原子的电子跃迁而发射出来的辐射波长也是特定的,这样我们选择特定的靶材料后,即可获得特定波长的 X 射线。

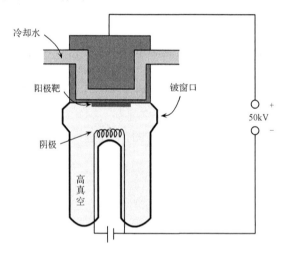

图 4.70　X 射线源的工作过程

2. 关于晶体

晶体具有点阵结构,每个点阵点代表一个或几个原子、分子、离子,晶体的结构可看作点阵点按照一定的周期排列而成。这种点阵结构是由晶面按一定的距离 d 排列而成的,也可看作是另外的晶面按距离 d' 排列而成,如图 4.71 所示。因此,一个晶体存在特定的 d 值,具有不同 d 值对应的点阵平面上的原子排布不同。晶体特征:d 值组和点阵平面原子排布。选择不同的晶面,将对应不同的 d 值,每个物质晶体的 d 值组不同,所以可用它来表示晶体特征。

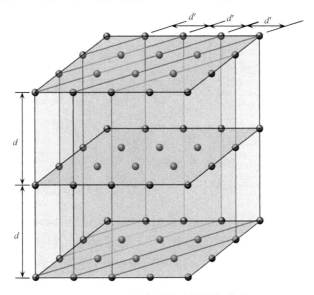

图 4.71　原子在晶体中的周期排列

3. 晶体衍射的布拉格方程

如图 4.72 所示的晶体中,某一方向上的点阵面 (hkl) 的距离为 d_{hkl},X 射线以夹角 θ 射入点阵面时,从不同的两个点阵面上产生不同的两条衍射线 D_1、D_2,光程差为 $2d_{hkl}\sin\theta$,简写为 $2d\sin\theta$。根据光学干涉原理,只有当光程差等于入射光波长 λ 的整数倍时,衍射线的相角才相同,从而产生被加强的衍射线,即 d 与 λ 之间的关系应符合布拉格方程,有

$$2d\sin\theta=n\lambda \tag{4-128}$$

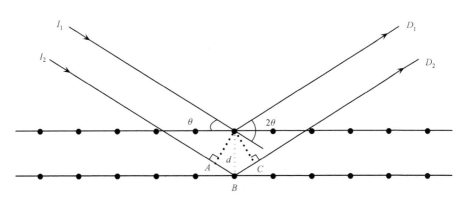

图 4.72　距离为 d 的晶面对 X 射线的衍射

两条衍射线的光程差为 $AB + BC = 2d\sin\theta$

当晶面以 θ 为夹角绕入射光线旋转一周时,则衍射线形成连续圆锥体表面,圆锥角等于 4θ,如图 4.73 所示。

4. X 射线粉末衍射法

将晶体研磨成线度为 $10^{-3} \sim 10^{-5}$ mm 的粉末,制作成粉末条,每粒粉末都是一个小晶体,

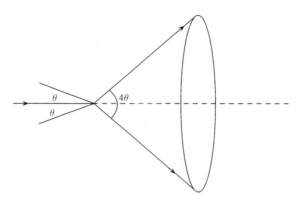

图 4.73　晶面旋转一周所产生的衍射线形成的圆锥体表面

粉末条中存在无数晶体,存在着各种可能的晶面取向。凡是符合布拉格方程的晶面将产生衍射。又因为晶面有各种取向,即相当于面间距为 d 的晶面绕 X 射线旋转一周,可获得圆锥角为 4θ 的环形衍射图。由布拉格方程式(4-128)知,$n\lambda < 2d$,而 X 射线波长与原子间距离 d 值处于同一数量级,因此过大的 n 或过小的 d 值将不符合衍射条件。

每种晶体都有它自己特定的晶面间距组 d_i,每一个符合衍射条件的 d 值在衍射图上将对应一个 θ。反映在衍射图上,即各种晶体的谱线有它特定的位置、数目和强度 I。由峰的位置 2θ 代入布拉格方程可以求出 d_i,由峰高可求出 I/I_0,因此只需将未知样品的衍射图中各谱线测定的 d 值和相对强度 I/I_0 与 X 射线卡片比较,就可以达到物相分析的目的。

【仪器试剂】

1. 仪器

D/MAX 2200 VPC 粉末 X 射线衍射仪;玛瑙研钵;样品槽及各种制样工具;各类索引和 ASTM 卡片一套。

2. 试剂

待测样品若干种(每个学生任选一种进行实验)。

【实验步骤】

实验前须认真阅读 3.6 节。

(1) 将待测试样在玛瑙研钵中充分研磨,压入样品槽中。样品表面要求平整光滑。

(2) 将样品槽夹在测角仪中央的样品台上,对准基准线。

(3) 参阅 X 射线衍射仪说明书,严格按步骤开启仪器,打开测量软件,设定测量的角度范围、数据保存的文件名等基本参数后,开始测量,保存测量数据到指定文件。

(4) 此仪器测量速度快,对于一般的测量要求,每个样品约需 10min,故每个同学按顺序独立进行测量;实验完毕,不关机,由实验室安排进行其他研究样品的测试。

【数据处理】

(1) 打印出测量样品的 X 射线粉末衍射谱图,在谱图上标出每条衍射线的 2θ 的度数,计算各衍射线的晶面间距 d 值,其中 Cu K_α 射线的波长 λ 可取 K_{α_1} 和 K_{α_2} 的权重平均值 0.1542nm。

(2) 各衍射线的衍射强度 I 可由衍射峰的面积求算,或近似地用峰的相对高度计算,于是可获得 d-I 数据。

(3) 根据衍射线的指标 hkl,选择较高角度的衍射线,由 $\sin\theta$、衍射指标及所用 X 射线波长数据求出晶胞参数。

(4) 物相分析。将所测样品的各衍射线依其衍射强度的强弱顺序排列,得 d_1、d_2、…;然后按 3.6 节所述 Hanawalt 或 Fink 索引查找其 PDF 卡片。检索得到可能的 PDF 卡片后,再仔细核对各衍射线的 d 值及相应的相对强度。若数据在允许的实验误差范围内,即可确定该样品的物相。由于实验条件的差异,核对卡片时,允许相对强度有较大的误差。

【分析讨论】

(1) 未知物的 X 射线衍射物相分析,通常应事先了解其化学组成。本实验给定了若干种样品,如三氧化二铁、硫酸钡、镍粉、三氧化二铝、铝粉、锐态矿型二氧化钛、金红石型二氧化钛、硫化亚铁、碳酸钙、氧化铅、氧化锌及铁粉等。

(2) 粉末衍射谱图的质量与样品的制备有密切关系。研磨样品时,以不损坏晶体的晶格为前提。一般地,试样细则所得衍射线较为平滑。对于立方、六方等高对称性的晶体,通过200 目筛通常就能得到较好的谱图。但对于单斜、三斜等晶系的样品,即使通过 325 目筛网,有时也得不到很好的谱图。粉末衍射仪要求样品的表面为非常平整的平面,试样片装上样品台后其中线应与衍射仪载物台上的标记线重合,以确保样品位于 X 射线的光路上。

(3) 在 X 射线衍射实验中,有些具体实验条件会影响实验结果,如发散狭缝、接收狭缝、防散射狭缝和扫描方式等。在测试时,需根据样品的衍射能力和实验目的(对数据的要求)进行选定。

(4) 教师须在实验过程中给予学生全面指导,注意安全,严格按操作规程测量,防止高压触电和 X 射线辐射(详阅 1.2 节)对人体的影响。

【思考题】

(1) X 射线粉末衍射实验的三个关键参数及其影响因素是什么?

(2) 对于一定波长的 X 射线,是否晶面间距 d 为任何值的晶面都可产生衍射?

(3) 计算晶胞参数 a 时,为什么要用较高角度的衍射线?

(4) 结合自己查 PDF 卡片的体会,比较 Hanawalt 索引和 Fink 索引的区别?

(5) 影响 d/n 及 I/I_0 值的因素有哪些?

(6) X 射线粉末衍射与 X 射线单晶衍射和 X 射线吸收光谱两种测试方法有何异同?

(7) 查阅文献,理解什么是小角散射,它在科学研究中有何种用途?

实验 24 磁化率的测定

【实验目的】

(1) 了解物质的磁性与其分子结构和电子结构的关系,加深对物质结构基本原理的理解。

（2）掌握古埃（Gouy）法磁天平测定物质磁化率的基本原理和实验技术。

（3）测定一些物质的磁化率，计算其摩尔磁化率，估算其离子的未成对电子数，据此判断这些分子的配键类型。

【实验原理】

磁性研究是物质制备与应用、地质科学、环境科学与工程、生物医学等领域中的重要方向之一。磁化率是物质的一种基本性质。磁化率的测定是研究物质结构的重要方法之一，用于某些有机物、稀土元素化合物、配合物、金属催化剂、磁流体和自由基体系的研究，旨在了解物质内部电子结构、化学键、构型、立体化学等信息。磁化率测定是新材料开发，特别是磁性材料研发中的一个基本实验技术，它涉及物理学和物质结构中的磁化强度、磁感应强度、磁场强度、分子磁矩等基本概念。关于物质磁性已有专著论述，针对磁性测量实验已开发出多种能在极低温度下进行实验的仪器。

磁化率测定方法很多，古埃磁天平是测定物质磁化率的一种普及型基本仪器，其特点是方法简便，数据重现性好，实验结果可靠。

1. 物质的磁性

物质在外磁场强度 B_0 的作用下，由于电子等带电体的运动，使其被磁化而产生一个附加磁场 B'，于是该物质的磁感应强度 B 为

$$B = B_0 + B' = \mu_0 H + B' \tag{4-129}$$

式中，B_0 为外磁场的磁感应强度；B' 为物质磁化产生的附加磁感应强度；H 为外磁场强度；μ_0 为真空磁导率，其数值等于 $4\pi \times 10^{-7} \mathrm{N \cdot A^{-2}}$。

物质的磁化可用磁化强度 I 来描述，I 是矢量，它与磁场强度成正比，有

$$I = \chi H \tag{4-130}$$

式中，χ 为物质的体积磁化率，是物质的一种宏观磁性质，用以度量物质被磁化的程度，它是一个量纲一的量。B' 与 I 的关系为

$$B' = \mu_0 I = \chi \mu_0 H \tag{4-131}$$

将式（4-131）代入式（4-129），得

$$B = (1+\chi)\mu_0 H = \mu\mu_0 H \tag{4-132}$$

式中，μ 称为物质的（相对）磁导率。

2. 物质的磁化率

在化学中，常用质量磁化率 χ_m 或摩尔磁化率 χ_M 来表示物质的磁性质，其定义为

$$\chi_m = \frac{\chi}{\rho} \tag{4-133}$$

$$\chi_M = M\chi_m = \frac{M\chi}{\rho} \tag{4-134}$$

式中，ρ 为物质密度；M 为物质的摩尔质量；χ_m 和 χ_M 的单位分别为 $m^3 \cdot kg^{-1}$ 和 $m^3 \cdot mol^{-1}$。

3. 磁化率与分子磁矩

物质的磁性与组成它的原子、离子或分子的微观电子结构有关。在外磁场作用下物质的磁化现象有以下三种情况：

（1）当组成物质的原子、离子或分子不具有永久磁矩时，由于其内部的电子轨道运动，它在外磁场作用下会产生拉摩进动，从而感应出一个诱导磁矩，表现为一个附加磁场，磁矩的方向与外磁场方向相反，其磁化强度与外磁场强度成正比，并随着外磁场的消失而消失，这就是物质的反磁性，称其为逆磁性物质，其 $\mu < 1$，$\chi_M < 0$。

（2）当组成物质的原子、离子或分子本身具有永久磁矩 μ_m 时，由于热运动，永久磁矩指向各个方向的机会相同，所以该磁矩的统计平均值等于零。然而，在外磁场作用下，一方面永久磁矩会顺着外磁场方向排列，其磁化方向与外磁场相同，而磁化强度与外磁场强度成正比，对物质摩尔磁化率的这部分贡献称为摩尔顺磁化率 χ_μ；另一方面，物质内部的电子轨道运动也会产生拉摩进动，其磁化方向与外磁场方向相反，对物质摩尔磁化率的这部分贡献称为摩尔逆磁化率 χ_0。因此，这类物质在外磁场作用下所产生的附加磁场是上述两部分贡献的总和，即有

$$\chi_M = \chi_\mu + \chi_0 \tag{4-135}$$

由于 $\chi_\mu \gg |\chi_0|$，故在要求不很精确的计算中，可忽略 χ_0 的贡献，即有

$$\chi_M \approx \chi_\mu \tag{4-136}$$

称这类具有永久磁矩的物质为顺磁性物质，其 $\mu > 1$，$\chi_M > 0$。

（3）物质被磁化的强度与外磁场强度之间不存在正比关系，而是随着外磁场强度的增加而剧烈的增强，当外磁场消失后，这种物质的磁性并不消失，呈现出滞后现象。这类物质称为铁磁性物质。

摩尔顺磁化率 χ_μ 与分子永久磁矩 μ_m 之间的关系为

$$\chi_\mu = \frac{N_A \mu_m^2 \mu_0}{3kT} = \frac{C}{T} \tag{4-137}$$

式中，N_A 为阿伏伽德罗常量；k 为玻耳兹曼常量；T 为热力学温度。物质的摩尔顺磁化率与热力学温度成反比，上述关系是由居里（Curie）在实验中首先发现的，故式（4-137）称为居里定律，C 称为居里常数。

χ_0 是由诱导磁矩产生的，它不随温度变化（或变化极小），因此具有永久磁矩的物质的摩尔磁化率 χ_M 与磁矩之间的关系为

$$\chi_M = \chi_0 + \frac{N_A \mu_m^2 \mu_0}{3kT} \approx \frac{N_A \mu_m^2 \mu_0}{3kT} \tag{4-138}$$

式（4-138）将物质的宏观物理性质 χ_M 与其微观性质 μ_m 相联系，因此只要实验测得 χ_M，便可由式（4-138）求得 μ_m。

顺磁性物质的 μ_m 与未成对电子数 n 的关系为

$$\mu_m = \mu_B \sqrt{n(n+2)} \tag{4-139}$$

式中，μ_B 为玻尔磁子，其物理意义是单个自由电子自旋所产生的磁矩，即

$$\mu_B = \frac{eh}{4\pi m_e} = 9.274 \times 10^{-24} \text{J} \cdot \text{T}^{-1}$$

式中，e 为电子电荷；h 为普朗克常量；m_e 为电子质量。

4. 磁化率与分子结构

通过实验测定物质的 χ_M，由式(4-138)计算得 μ_m，进而由式(4-139)可求得未配对电子数。这些结果可用于研究原子或离子的电子结构，判断配合物分子的配键类型。

通常将配合物分为电价配合物和共价配合物，前者中心离子的电子结构不受配体的影响，基本上保持自由离子的电子结构，靠静电库仑力与配体结合，形成电价配键；后者则以中心离子空的价电子轨道接受配体的孤对电子而形成共价配键，这类配合物形成时往往发生电子重排，以腾出更多的空轨道来容纳配体的电子对，从而尽可能多地成键，所以是低自旋配位化合物。例如，Fe^{2+} 在自由离子状态下的外层电子组态为 $3d^6 4s^0 4p^0$，若以它作为中心离子与 6 个 H_2O 分子配体形成 $[Fe(H_2O)_6]^{2+}$ 配位离子，是电价配合物，属于高自旋配位离子，此时 Fe^{2+} 仍然保持原自由离子状态下的电子层结构，$n=4$，如图 4.74 所示。

图 4.74 Fe^{2+} 在自由离子状态下的外层电子结构示意图

当 Fe^{2+} 与 6 个 CN^- 形成低自旋型配位离子 $[Fe(CN)_6]^{4-}$ 时，Fe^{2+} 的外层电子结构发生重排，此时 $n=0$，如图 4.75 所示。显然，其中 6 个空轨道形成 d^2sp^3 的 6 个杂化轨道，以此来容纳 6 个 CN^- 中 N 原子的孤对电子，形成 6 个共价配键。

图 4.75 Fe^{2+} 外层电子结构重排示意图

一般地，中心离子与配位原子之间的电负性相差很大时，易形成电价配键，而电负性相差很小时，则形成共价配键。

5. 古埃法测定磁化率的原理

本实验采用古埃磁天平法测定物质的磁化率，其实验装置如图 4.76 所示。

将装有样品的平底玻璃管悬挂在天平上，样品管底部处于永磁铁两极中心，此处是磁场强度最大的区域(H)，而样品管顶端处的磁场强度最弱(H_0)。这样，整个样品管处在一个不均匀的磁场中。设圆柱形样品的截面积为 A，则沿样品管轴心(长度)方向上 dz 长度的体积 Adz 内的样品在此非均匀磁场中受到的作用力 dF 为

$$dF = \chi \mu_0 AH \frac{dH}{dz} dz \tag{4-140}$$

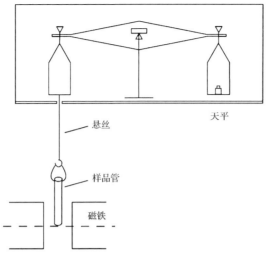

图 4.76　古埃磁天平示意图

式中，$\dfrac{\mathrm{d}H}{\mathrm{d}z}$ 为磁场强度梯度。将式(4-140)积分，得

$$F=\frac{1}{2}(\chi-\chi_0)\mu_0(H^2-H_0^2)A$$

式中，χ_0 为样品周围介质的体积磁化率。本实验中，样品周围介质为空气，其 χ_0 值很小，可以忽略，且设 $H_0=0$，于是玻璃管内的整个样品受到的力为

$$F=\frac{1}{2}\chi\mu_0 H^2 A \tag{4-141}$$

在非均匀磁场中，顺磁性物质受力向下，故样品增重；而逆磁性物质受力向上，故样品减重。设 ΔW 为施加磁场前后磁天平所称得的质量差，则

$$F=\frac{1}{2}\chi\mu_0 H^2 A=g\Delta W \tag{4-142}$$

又因 $\chi=\dfrac{\chi_{\mathrm{M}}\rho}{M}$，$\rho=\dfrac{W}{hA}$，将此关系代入式(4-142)，得

$$\chi_{\mathrm{M}}=\frac{2(\Delta W_{空管+样品}-\Delta W_{空管})ghM}{\mu_0 W H^2} \tag{4-143}$$

式中，$\Delta W_{空管+样品}$ 为样品管盛装样品后在施加磁场前后的质量差；$\Delta W_{空管}$ 为空样品管在施加磁场前后的质量差；g 为重力加速度；h 为样品高度；M 为样品的摩尔质量；W 为样品的质量。

实验中，磁场强度 H 用"特斯拉计"测定，也可以用已知磁化率的标准物质进行间接测定。本实验用莫尔盐来标定磁场强度，其质量磁化率 χ_{m} 与热力学温度 T 的关系为

$$\chi_{\mathrm{m}}=\frac{9500}{T/\mathrm{K}+1}\times4\pi\times10^{-9}\,\mathrm{m^3\cdot kg^{-1}} \tag{4-144}$$

【仪器试剂】

1. 仪器

MB-1A 磁天平 1 台；特斯拉计 1 台；软质平底玻璃样品管；直尺；装样工具 1 套（包括研钵、角匙、小漏斗、玻璃棒、橡皮垫）。

2. 试剂

莫尔盐 $(NH_4)_2SO_4 \cdot FeSO_4 \cdot 6H_2O$（A. R.）；亚铁氰化钾 $K_4[Fe(CN)_6] \cdot 3H_2O$（A. R.）；硫酸亚铁 $FeSO_4 \cdot 7H_2O$（A. R.）。

【实验步骤】

1. 磁极中心磁场强度的测定

（1）用特斯拉计测定：将特斯拉计探头置于磁铁的中心架上，套上保护套，调节特斯拉计数字显示为零。取下保护套，将探头平面垂直于磁场两极中心。接通电源，调节调压旋钮使电流增大至特斯拉计显示值为 0.35 T，记录此时的电流值 I。以后每次测定都要控制在同一电流，使磁场强度相同。在关闭电源前应将特斯拉计示值调为零。

（2）用莫尔盐标定：取一支洁净、干燥的空样品管悬挂在磁天平的挂钩上，样品管须与磁极中心线平齐，注意样品管不得与磁极相触。准确称取空管的质量 $W_{空管}(H=0)$，重复称取三次，取其平均值。接通电源，调节电流值为 I，记录加磁场后空管的称量值 $W_{空管}(H=H)$，重复测定三次，取其平均值。测量时，橱窗的玻璃门要关闭，以免受到外界的干扰。

取下样品管，将事先研细的莫尔盐通过漏斗装入样品管，装填样品时要不断将样品管底部敲击橡皮垫，使样品粉末填实，直至样品高度约 15cm 为止，并用直尺准确测量样品高度 h。按前述方法，称取 $W_{空管+样品}(H=0)$ 和 $W_{空管+样品}(H=H)$。测定完毕，将莫尔盐倒入回收瓶中。重复测定三次，取其平均值。

2. 未知样品摩尔磁化率的测定

同上述方法，用标定磁场强度的样品管分别测定 $K_4[Fe(CN)_6] \cdot 3H_2O$ 和 $FeSO_4 \cdot 7H_2O$ 的 $W_{空管}(H=0)$、$W_{空管}(H=H)$、$W_{空管+样品}(H=0)$ 和 $W_{空管+样品}(H=H)$。重复测定三次，取其平均值。

3. 测定完毕

将样品倒入贴有标签的回收瓶（不得弄错），洗净、干燥样品管。

【注意事项】

（1）所测样品应研细并保存于干燥器中。若即时研磨，须防止样品吸潮。
（2）样品管须干燥洁净。若空管在磁场中增重，说明样品管不干净，须更换。
（3）装样时尽量将样品填装紧密、均匀。
（4）挂样品管的悬线及样品管不要与任何物体接触。

（5）实验时须避免空气对流对测定的影响。

（6）磁极距离不得随意变动，以免影响结果的准确性。

（7）研磨、装填样品时，须十分小心，不可将样品洒落于实验台面或地面，否则难以清洁。

（8）对应实验所用的三种物质，已在研钵、角匙、小漏斗、玻璃棒和橡皮垫上贴了标签，注意不得混用。

【数据处理】

实验数据记录如表 4.20 所示。

表 4.20　实验结果

		莫尔盐	硫酸亚铁	亚铁氰化钾
$W_{空管}/g$	无磁			
	有磁			
	$\Delta W/g$			
$W_{空管+样品}/g$	无磁			
	有磁			
	$\Delta W/g$			
$W_{样品}/g$				
L/cm				

（1）由莫尔盐的磁化率和实验数据计算施加的磁场强度 H，并与相同励磁电流（磁场强度）下特斯拉计的测定值进行比较。

（2）计算亚铁氰化钾和硫酸亚铁的摩尔磁化率 χ_M、永久磁矩 μ_m 和未配对电子数 n。

（3）根据 μ_m 和 n，讨论亚铁氰化钾和硫酸亚铁中 Fe^{2+} 的最外层电子结构和配键类型。

（4）由式（4-143）计算测定硫酸亚铁的 χ_M 的最大相对误差，并指出哪一种直接测量对结果的影响最大。

【分析讨论】

（1）磁化率的单位换算：本实验采用的是 SI 制，而许多手册和书刊中仍使用 CGS 电磁制，两种单位制下质量磁化率和摩尔磁化率的换算关系为

$$1m^3 \cdot kg^{-1}（SI 单位）= \frac{10^3}{4\pi}cm^3 \cdot g^{-1}（CGS 电磁制）$$

$$1m^3 \cdot mol^{-1}（SI 单位）= \frac{10^6}{4\pi}cm^3 \cdot mol^{-1}（CGS 电磁制）$$

（2）磁场强度 $H(A \cdot m^{-1})$ 与磁感应强度 $B(T)$ 之间存在如下关系：

$$\frac{10^3}{4\pi}H\mu_0 = 10^{-4}B$$

（3）帕斯卡（Pascal）在总结和分析大量有机化合物的摩尔磁化率数据的基础上，发现每一化学键都有确定的磁化率数值，将某有机化合物所包含的各个化学键的磁化率加和，就是该有

机化合物的磁化率。这种磁性质的加和性可以用于研究有机物分子的结构,因为各种化学键的磁化率数据已测得,当合成出新的有机化合物时,就可以通过测定其磁化率来推断该化合物的分子结构。

(4) 对物质磁性的测量还可获得一系列其他信息,如测定物质磁化率随温度和磁场强度的变化规律,就可以定性判断物质是顺磁性、反磁性或是铁磁性的;测定合金的磁化率,可以得知合金的组成;通过磁化率测定来分析、确定矿石的品位;磁化率测定还被用于环境监测、气候变化研究等。

【思考题】

(1) 比较用特斯拉计和莫尔盐标定的相同励磁电流下的磁场强度数值,分析两种方法测定结果存在差异的原因。

(2) 本实验对样品的填充密度和高度有何要求? 若样品装填高度不够,对测定结果有什么影响?

(3) 不同励磁电流下测得的样品摩尔磁化率是否相同? 若测量结果不同,应如何解释?

(4) 为什么可用莫尔盐来标定磁场强度?

(5) 为什么大部分物质都是逆磁性物质?

(6) 目前,工业上常用的磁性材料是哪一类?

(7) 查阅文献,了解有机物的磁性及其特点和局限性,谈谈对金属有机配合物磁性材料的工业应用前景的认识。

实验 25 偶极矩的测定

【实验目的】

(1) 理解偶极矩与分子电性质的关系;掌握物质偶极矩的测量原理和实验方法。

(2) 掌握小电容仪、折射仪和密度仪的使用。

(3) 用溶液法测定乙醇的偶极矩。

【实验原理】

分子是构成物质的基本微粒,分子结构决定物质的基本性质。因此,了解分子结构及其性质是掌握和应用物质性质的前提。本实验就是了解分子电性质的基础性实验,下面介绍有关原理。

1. 偶极矩与极化度

分子由带正电荷的原子核和带负电荷的电子组成。由于正、负电荷总数相等,因此整个分子是电中性的。然而,由于电子云在空间分布的不同,即分子空间构型的不同,其正、负电荷中心可能重合,也可能不重合。电荷中心重合称为非极性分子,电荷中心不重合称为极性分子,如图 4.77 所示。

1912 年,德拜(Debye)提出用偶极矩 μ 来度量分子极性的大小,其定义为

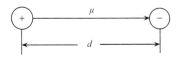

图 4.77 偶极矩示意图

$$\mu = qd \tag{4-145}$$

式中，μ 为矢量，其方向规定为从正到负，单位为德拜（D），$1D=3.338\times10^{-30}$C·m；q 为正、负电荷中心所带的电荷量；d 为正、负电荷中心之间的距离。因分子中原子间距离的数量级是 10^{-10}m，电荷的数量级是 10^{-20}C，故偶极矩的数量级是 10^{-30}C·m。

通过测定分子的偶极矩，可获得分子结构中电子云的分布、分子的对称性等信息，并可据此判断分子的几何构型和分子的立体结构等。

在没有外电场存在时，极性分子虽有永久偶极矩，但由于分子的热运动，偶极矩指向各个方向的机会均等，故偶极矩的统计平均值等于零。若将极性分子置于一均匀的外电场中，则分子将沿外电场的方向作定向排列，此时称这些分子被极化了，极化的程度可用摩尔转向极化度 $P_{转向}$ 来度量。$P_{转向}$ 与分子的永久偶极矩 μ 的平方成正比，而与热力学温度 T 成反比，有

$$P_{转向} = \frac{4}{3}\pi N_A \frac{\mu^2}{3kT} = \frac{4}{9}\pi N_A \frac{\mu^2}{kT} \tag{4-146}$$

式中，k 为玻耳兹曼常量；N_A 为阿伏伽德罗常量。

在外电场作用下，极性或非极性分子中的电子云都会发生对分子骨架的相对移动，分子骨架也会发生一定的变形，这种现象称为诱导极化或变形极化，这种极化的程度可用摩尔诱导极化度 $P_{诱导}$ 来衡量。$P_{诱导}$ 与外电场强度成正比，而与温度无关，它由两部分组成，即

$$P_{诱导} = P_{电子} + P_{原子} \tag{4-147}$$

式中，$P_{电子}$ 为电子极化度；$P_{原子}$ 为原子极化度。

若外电场是交变电场，则极性分子的极化情况与交变电场的频率有关。当外电场方向改变时，分子排列即分子偶极矩的方向也随之改变，偶极矩转向所需的时间，称为松弛时间。极性分子转向极化的松弛时间为 $10^{-11}\sim10^{-12}$s，原子极化的松弛时间约为 10^{-14}s，电子极化的松弛时间小于 10^{-15}s。

当物质处于频率小于 10^{10}s^{-1} 的低频交变电场或静电场中时，测得的极性分子的摩尔极化度 P 是转向极化、原子极化和电子极化三种极化度的总和，即

$$P = P_{转向} + P_{电子} + P_{原子} \tag{4-148}$$

当频率处于 $10^{12}\sim10^{14}$s^{-1} 的中频（红外光区）电场区时，电场的交变周期小于分子偶极矩的松弛时间，极性分子的转向运动跟不上电场的变化，即极性分子来不及沿电场定向，于是 $P_{转向}=0$。此时，极性分子的摩尔极化度 $P=P_{诱导}=P_{电子}+P_{原子}$。

当交变电场的频率进一步增大到 10^{15}s^{-1} 以上的高频（可见光和紫外光区）时，极性分子的转向运动和分子骨架变形都跟不上电场的变化，此时极性分子的摩尔极化度 $P=P_{电子}$。

依据上述原理，只要在低频电场下测得极性分子的摩尔极化度 P，在红外频率区测得极性分子的摩尔诱导极化度 $P_{诱导}$，两者之差值即为极性分子的摩尔转向极化度 $P_{转向}$，再由式（4-146）便可求出极性分子的永久偶极矩 μ。

对于非极性分子，因其 $\mu=0$，所以 $P_{转向}=0$，则 $P=P_{电子}+P_{原子}$。

2. 偶极矩的测定方法

1）温度法

如图 4.78 所示，将电解质填充于电容器中，并给电容器两极施加一定的电压，则组成物质

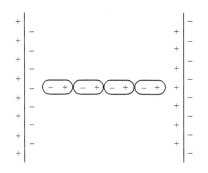

图 4.78　电解质在电场作用下极化
引起的反向电场

的分子将会被极化,极化作用的结果是将抵消一部分电容器的外加电压,这反映在电容器的电容量增大上。

设真空时的电容器的电容为 C_0,当填充电解质时电容器的电容为 C,则该电解质的介电常数 ε 为

$$\varepsilon = \frac{C}{C_0} \qquad (4\text{-}149)$$

真空 $\varepsilon=1$,空气 $\varepsilon=1.000\ 583$,因此物质的相对介电常数可近似表示为

$$\varepsilon = \frac{C}{C_空} \qquad (4\text{-}150)$$

由上可知,介电常数反映了物质在外电场作用下的极化情况,它必然与物质分子的极化度有关。克劳修斯-莫索蒂-德拜(Clausius-Mosotti-Debye)从电磁理论得到摩尔极化度 P 与介电常数 ε 之间的关系为

$$P=\frac{\varepsilon-1}{\varepsilon+2}\frac{M}{\rho}=\frac{4}{3}\pi N_A a \qquad (4\text{-}151)$$

式中,M 为被测物质的摩尔质量;ρ 为温度 T 下该物质的密度;a 为分子的极化率。ε 可通过实验测定,a 等于定温下单位电场强度梯度下的平均偶极矩。

对于极性分子,有

$$a＝a_{转向}＋a_{电子}＋a_{原子} \qquad (4\text{-}152)$$

式中,$a_{转向}$、$a_{电子}$ 和 $a_{原子}$ 分别为转向极化率、电子极化率和原子极化率。由于 $a_{电子}$ 和 $a_{原子}$ 与温度无关,而 $P_{转向}=\frac{4}{3}\pi N_A\frac{\mu^2}{3kT}=\frac{4}{3}\pi N_A a_{转向}$,将此关系和式(4-152)代入式(4-151),得

$$P=\frac{4}{3}\pi N_A\frac{\mu^2}{3kT}+\frac{4}{3}\pi N_A a_{电子}+\frac{4}{3}\pi N_A a_{原子} \qquad (4\text{-}153)$$

式(4-153)为测定偶极矩的基本公式。式(4-153)表明,已知物质的 M,在不同温度下测定其 ε 和 ρ,计算出相应的摩尔极化度 P,作 P-$\frac{1}{T}$ 图应得一条直线,由该直线的斜率即可求得物质的偶极矩 μ。这就是温度法测定 μ 的原理。

式(4-151)是在假定分子之间无相互作用的条件下导出的,所以上述测定偶极矩的方法只适用于温度不太低的气相体系。然而,要准确测定气相密度和介电常数在实验上是十分困难的,有些物质甚至根本无法处于稳定的气相。为此,发展了溶液法来测定分子的偶极矩。

2) 溶液法测定偶极矩

溶液法的基本思想是,在无限稀的非极性溶剂的溶液中,溶质分子所处的状态与气相时相近,于是无限稀溶液中溶质的摩尔极化度 P_2^∞ 就可看作式(4-151)中的 P。

海德斯特兰(Hedestran)利用稀溶液的近似公式

$$\varepsilon_溶 = \varepsilon_1(1+\alpha x_2) \qquad (4\text{-}154)$$

$$\rho_溶 = \rho_1(1+\beta x_2) \qquad (4\text{-}155)$$

并设稀溶液的摩尔极化度具有加和性,即有

$$P = x_1 P_1 + x_2 P_2 = \frac{\varepsilon_溶 - 1}{\varepsilon_溶 + 2} \frac{x_1 M_1 + x_2 M_2}{\rho} \tag{4-156}$$

在式(4-154)~式(4-156)基础上,导出无限稀时溶质的摩尔极化度的公式为

$$P = P_2^\infty = \frac{3\alpha \varepsilon_1}{(\varepsilon_1 + 2)^2} \frac{M_1}{\rho_1} + \frac{\varepsilon_1 - 1}{\varepsilon_1 + 2} \frac{M_2 - \beta M_1}{\rho_1} \tag{4-157}$$

式(4-154)~式(4-157)中,物理量的下标"1"指溶剂,"2"指溶质,"溶"指稀溶液;x 为摩尔分数;α 和 β 为常数,由式(4-154)和式(4-155)求得。

在红外频率的电场下可测得极性分子的 $P_{诱导}$。但由于实验条件的限制,一般总是在高频电场下测定极性分子的 $P_{电子}$。

根据光的电磁理论,在同一频率的高频电场作用下,透明物质的介电常数 ε 与其折射率 n(钠光 D 线)的关系为

$$\varepsilon = n^2 \tag{4-158}$$

实际上,常用摩尔折射度 R_2 来表示高频电场下测得的溶质分子的极化度,此时 $P_{转向} = 0$,$P_{原子} = 0$,于是有

$$R_2 = P_{电子} = \frac{n^2 - 1}{n^2 + 2} \frac{M}{\rho} \tag{4-159}$$

对于稀溶液,其折射率与组成之间存在近似关系,有

$$n_溶 = n_1 (1 + \gamma x_2) \tag{4-160}$$

基于式(4-159),可导出无限稀溶液的溶质的摩尔折射度 R_2^∞ 的公式为

$$P_{电子} = R_2^\infty = \lim_{x_2 \to 0} R_2 = \frac{n_1^2 - 1}{n_1^2 + 2} \frac{M_2 - \beta M_1}{\rho_1} + \frac{6 n_1^2 M_1 \gamma}{(n_1^2 + 2)^2 \rho_1} \tag{4-161}$$

式中,γ 为常数,由式(4-160)求得。

由于原子极化度一般只有电子极化度的 $5\% \sim 10\%$,而且 $P_{转向}$ 要比 $P_{电子}$ 大得多,故通常视 $P_{原子} = 0$。于是,由式(4-146)、式(4-148)、式(4-157)和式(4-161)可得

$$P_{转向} = P_2^\infty - R_2^\infty = \frac{4}{9} \pi N_A \frac{\mu^2}{kT} \tag{4-162}$$

式中,P_2^∞ 和 R_2^∞ 可分别通过实验测定溶液和溶剂的 ε、n 和 ρ 数据,再由式(4-154)、式(4-155)、式(4-157)、式(4-160)和式(4-161)求得,于是从式(4-162)可求出溶质的 μ,即该式将物质分子的微观性质偶极矩与其宏观性质如介电常数、折射率和密度相联系。上式可简化为

$$\mu = 0.042\,74 \times 10^{-30} \sqrt{(P_2^\infty - R_2^\infty) T} \ C \cdot m \tag{4-163}$$

式中,P_2^∞ 和 R_2^∞ 的单位均为 $mL \cdot mol^{-1}$,温度 T 的单位为 K。在精确测定时,需要考虑 $P_{原子}$ 的贡献,这时应对 R_2^∞ 进行修正。

上述溶液法测得的溶质偶极矩与气相法测得的数值之间存在一定偏差,其基本原因是非极性溶剂分子与极性溶质分子之间存在相互作用——溶剂化作用,这种偏差现象称为溶液法

测定偶极矩的"溶剂效应",其定量计算可参阅有关论著。

溶液法测定偶极矩的具体方法有多种,都涉及要测定密度的问题,虽然测定溶液的密度并不难,但仍有不少麻烦。下面介绍一种不需测定溶液密度也可计算出偶极矩的方法。

由于溶液由溶质和非极性溶剂组成,故必须扣除溶剂的影响,溶液中的德拜方程变为

$$\left(\frac{\varepsilon-1}{\varepsilon+2}\right)V_m - \left(\frac{\varepsilon-1}{\varepsilon+2}\right)V_{m,1}(1-x_2) = \left(P_{电子} + P_{原子} + \frac{4}{9}\pi N_A \frac{\mu^2}{kT}\right)x_2 \tag{4-164}$$

$$\left(\frac{n^2-1}{n^2+2}\right)V_m - \left(\frac{n_1^2-1}{n_1^2+2}\right)V_{m,1}(1-x_2) = P_{电子}x_2 \tag{4-165}$$

式中,V_m 为平均摩尔体积,$V_m = \frac{M}{\rho} = \frac{x_1 M_1 + x_2 M_2}{\rho}$;$\varepsilon$、$n$ 和 ρ 分别为溶液的介电常数、折射率和密度;$V_{m,1}$ 为溶剂的偏摩尔体积;x_2 为溶质的摩尔分数;ε_1 和 n_1 分别为纯溶剂的介电常数和折射率。式(4-164)和式(4-165)相减,得

$$\left(\frac{\varepsilon-1}{\varepsilon+2} - \frac{n^2-1}{n^2+2}\right)V_m = \left(\frac{\varepsilon_1-1}{\varepsilon_1+2} - \frac{n_1^2-1}{n_1^2+2}\right)V_{m,1}(1-x_2) + \left(P_{原子} + \frac{4}{9}\pi N_A \frac{\mu^2}{kT}\right)x_2 \tag{4-166}$$

假设溶质和溶剂的摩尔原子极化度与其摩尔体积成正比。令

$$P_{原子} = \left(\frac{\varepsilon_1-1}{\varepsilon_1+2} - \frac{n_1^2-1}{n_1^2+2}\right)V_{m,2} \tag{4-167}$$

对于无限稀溶液,有

$$V_m = x_1 V_{m,1} + x_2 V_{m,2} = V_{m,1} + x_2(V_{m,2} - V_{m,1}) \tag{4-168}$$

$$c = \frac{x_2 \times 1}{V_m} = \frac{x_2}{V_m} \tag{4-169}$$

由式(4-166)~式(4-169),可导出

$$\mu^2 = \frac{9kT}{4\pi N_A} \frac{3}{(\varepsilon_1+2)(n_1^2+2)}\left(\frac{\Delta}{c}\right)_{c\to0} \tag{4-170}$$

若以 w_2 表示溶质的质量分数,则 μ 的表达式为

$$\mu = \sqrt{\frac{9kT}{4\pi N_A} \frac{3}{(\varepsilon_1+2)(n_1^2+2)} \frac{M_2}{\rho_1}\left(\frac{\Delta}{w_2}\right)_{w_2\to0}} \tag{4-171}$$

式中,$\Delta = \Delta_1 - \Delta_2$,$\Delta_1 = \varepsilon - \varepsilon_1$,$\Delta_2 = n^2 - n_1^2$。又因为 $\varepsilon_1 \approx n_1^2$,则式(4-171)可进一步简化为

$$\mu = \sqrt{\frac{9kT}{4\pi N_A} \frac{3}{(\varepsilon_1+2)^2} \frac{M_2}{\rho_1}\left(\frac{\Delta}{w_2}\right)_{w_2\to0}} \tag{4-172}$$

式中,各物理量采用 cgs 单位制,M_2 是待测物质的摩尔质量。式(4-172)表明,测定一定温度下溶液和溶剂的介电常数 ε、ε_1 和折射率 n、n_1,将 $\frac{\Delta_1}{w_2}$ 对 w_2 作图,并外推到 $w_2 = 0$,得斜率值 K_1;同样,将 $\frac{\Delta_2}{w_2}$ 对 w_2 作图,并外推到 $w_2 = 0$,得斜率值 K_2;于是由 K_1 和 K_2 可求得 $\left(\frac{\Delta}{w_2}\right)_{w_2\to0}$,再由式(4-172)求得溶质的偶极矩 μ。

3. 介电常数的测定

介电常数 ε 可通过测定电容器的电容来计算。ε 等于电容器充满溶液时的电容值 C 与其在空气中时的电容值 $C_空$ 之比。测定电容的方法较多，有电桥法、拍频法和谐振电路法等。本实验用电桥法测定电容，其测定原理如图 4.79 所示。

电桥平衡的条件是

$$\frac{C_x}{C_s} = \frac{U_s}{U_x} \qquad (4\text{-}173)$$

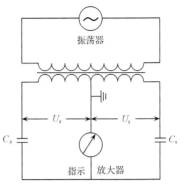

图 4.79　电容电桥原理图

式中，C_x 为电容池两极间的电容；C_s 为可调节标准差动电容器的电容；U_x 和 U_s 分别为桥路两侧的电压。调节差动电容器，当 $C_x = C_s$ 时，$U_x = U_s$，此时指示放大器的输出趋于零。C_s 可从刻度盘上读出，于是 C_x 即可测得。

本实验所用仪器为 PCM-1A 型精密电容测量仪。电容仪通过两根导线与电容池相连接，因此，实际测得的电容值 C_x 为两极间的样品电容 $C_样$ 和测量系统（电容池）的分布电容 C_d 之和，即

$$C_x = C_样 + C_d \qquad (4\text{-}174)$$

C_d 对同一台仪器而言是一个恒定值，称为仪器的本底值，需先求出仪器的 C_d，并在各次测定中予以扣除。确定 C_d 的方法是先测定无样品时空气的电容 $C'_空$，有

$$C'_空 = C_空 + C_d \qquad (4\text{-}175)$$

再测定一已知介电常数的标准物质的电容 $C'_标$，则有

$$C'_标 = C_标 + C_d = \varepsilon_标 C_空 + C_d \qquad (4\text{-}176)$$

由式（4-175）和式（4-176），得

$$C_d = \frac{\varepsilon_标 C'_空 - C'_标}{\varepsilon_标 - 1} \qquad (4\text{-}177)$$

将式（4-177）代入式（4-174）和式（4-175），即可求得 $C_样$ 和 $C_空$，然后由式（4-150）就可计算待测液的介电常数。

【仪器试剂】

1. 仪器

PCM-1A 电容测量仪 1 台（介电常数测量仪）；DMA 4500 数字式密度仪 1 台（共用，Anton Paar GmbH）；恒温槽 1 套；电容池 1 个；针筒 1 支（5mL）；WAY-2S 型阿贝折射仪 1 台；电子天平 1 台；电吹风 1 个；容量瓶 6 个（50mL）；移液管 1 支（25mL）；刻度吸量管 6 支（2mL）。

2. 试剂

环己烷（A.R.）；乙醇（A.R.）。

【实验步骤】

1. 溶液配制

在 5 个 100mL 已称量过的干燥容量瓶中,各加入 50mL 环己烷,分别称其质量。然后用刻度移液管依次加入 0.5、1.0、2.0、3.0、4.0mL 乙醇,再称其质量,摇匀。

2. 电容池的线路连接

将电容池洗干净,吹干,将连在池盖上的空气电容器用环己烷洗干净并用电吹风吹干,将超级恒温槽、电容池、阿贝折射仪用胶管连接,如图 4.80 所示。恒温槽的温度控制在(25.0±0.1)℃,开泵使恒温硅油通过电容池夹套及折射仪。电容仪通电,预热 20min 后方可使用。

3. 折射率的测定

用阿贝折射仪,测定同一温度下环己烷(溶剂)和溶液的折射率 n_1 和 n。

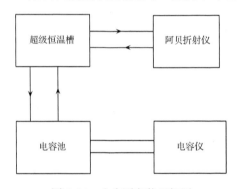

图 4.80　电容测定装置框图

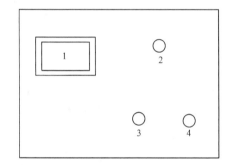

图 4.81　电容仪示意图
1. 显示屏;2. 调零;3、4. 电容池接头

4. 电容的测定

(1) PCM-1A 型电容测量仪的面板如图 4.81 所示。测定前,先调节恒温槽(以硅油为介质)温度为(25.0±0.1)℃。用电吹风的冷风将电容池的样品室吹干,盖上池盖。将电容池的下插头(连接内电极)插入电容仪的池坐插口,上插头插入池插口。恒温后,待显示屏的数据稳定,即可进行读数。重复读数三次,取其平均值为 $C'_{空}$。

(2) 将电容池洗净,吹干,旋上池盖,再测定空气的电容 $C'_{空}$,与前面所测的 $C'_{空}$ 值的偏差应小于 0.02pF,否则表明样品室有残液,应继续吹干;然后,再加进环己烷,测定 $C'_{环}$。

(3) 打开盖子,用针筒把电容池中的溶液吸出,用电吹风吹干至数字表所显示值为 $C'_{空}$ 时,按浓度从低到高的顺序逐一测定溶液的 C'_x。

5. 密度的测定

用密度仪测定同一温度下环己烷(溶剂)的密度 ρ_1 和溶液的密度 ρ,其操作参阅仪器说明书。

【注意事项】

(1) 每次测定前须用冷风将电容池吹干,并重测 $C'_{空}$,与原来的 $C'_{空}$ 值相差应小于 0.02pF。严禁用热风吹样品室。

(2) 测样品的电容 C'_x 时,操作应迅速,池盖要紧,以防止样品挥发和吸收空气中极性较大的水汽。

(3) 每次装入的样品量为用刻度移液管加入 2.0mL,样品过多会腐蚀密封材料,这将导致溶液渗入恒温腔,使实验无法正常进行。

(4) 应反复练习差动电容器旋钮、灵敏度旋钮和损耗旋钮的配合使用和调节,在能够正确寻找电桥平衡位置后,再开始测定样品的电容。

(5) 不得用力扭曲连接电容池的电缆线,以免损坏。

【数据处理】

记录实验温度。

(1) 以溶剂环己烷作为标准物质,其介电常数 $\varepsilon_{环}$ 与摄氏温度 t 的关系为

$$\varepsilon_{环} = 2.203 - 0.0016(t/℃ - 20)$$

已知 $\varepsilon_{环}$,由实验测得 $C'_{环}$ 和 $C'_{空}$,应用式(4-176)求出 C_d,再由式(4-174)和式(4-150)计算出 ε。

(2) 将实验数据及计算结果列于自拟的表格中。

(3) 若有测定密度数据,则按前述有关公式,先求得 α、β、γ,进而计算 P_2^∞ 和 R_2^∞,最后求出乙醇的偶极矩 μ。

(4) 若没有测定密度数据,则根据实验数据处理结果,将 $\dfrac{\Delta_1}{w_2}$ 对 w_2 作图,并外推到 $w_2 = 0$,得斜率值 K_1;同样,将 $\dfrac{\Delta_2}{w_2}$ 对 w_2 作图,并外推到 $w_2 = 0$,得斜率值 K_2;由 K_1 和 K_2 求得 $\left(\dfrac{\Delta}{w_2}\right)_{w_2 \to 0}$,再由式(4-172)求得乙醇的偶极矩 μ。

【思考题】

(1) 将实验测定的乙醇的偶极矩值与文献值(自行查找)比较,对实验结果进行分析,并说明本实验的主要误差来源。

(2) 室温、恒温槽的温度与本实验有何关系? 温度不准是否对实验结果有影响?

(3) 诱导极化由哪些部分组成? 本实验在求偶极矩时,是如何考虑这一问题的?

(4) 物质偶极矩的测定方法有哪些? 它们各有什么特点?

(5) 物质的折射率与哪些量有关? 折射率作为物质的基本物理性质,它在化学研究中有哪些应用?

(6) 试论述介电常数与分子的极化率之间的关系。

(7) 极性分子在交流电场中的极化情况怎样? 其摩尔极化度由哪几部分组成?

(8) 测定电容和折射率时应注意哪些问题?

实验 26　Gaussian03W 的基本操作与应用

【实验目的】

（1）掌握 Gaussian03W 基本菜单与命令。

（2）掌握 Gaussian03W 进行小分子计算的方法，比较不同方法与基组对计算结果的影响；能进行简单的分子设计及性质分析。

（3）应用 Gaussian03W 进行频率、热力学性质及过渡态计算。

【实验原理】

Gaussian 是半经验计算和从头计算使用最广泛的量子化学软件。可以研究的内容包括分子的能量和结构、过渡态的能量和结构、化学键以及反应能量、分子轨道、偶极矩和多极矩、原子电荷和电势、振动频率、红外和拉曼光谱、NMR、极化率和超极化率、热力学性质及反应路径等。既可以模拟气相中的体系，也可以模拟溶液中的体系。Gaussian03 还可以对周期边界体系进行计算。Gaussian 是研究诸如取代效应、反应机理、势能面和激发态能量的有力工具。

1. 输入文件格式

1）窗口基本结构

窗口基本结构如图 4.82 所示。

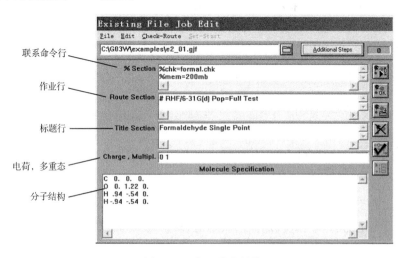

图 4.82　窗口基本结构

联系命令行：设定中间信息(.CHK)文件存放的位置、计算所需的内存、CPU 数量等。

作业行：指定计算的方法、基组、工作类型。

例如：

♯P　　　　HF/6-31G(d)　　　scf＝tight　　　units＝(Bohr，Radian)　　　Opt　　　pop＝full

说明：

♯：作业行的开始标记。

P：计算结果显示方式为详细；T：简单；N：常规（默认）。

HF/6-31G(d)：方法/基组。

Opt：对分子做几何优化。

对作业的要求（或命令）：各项命令（如 scf）及其选项（如 tight 等）。

2）分子结构的表示

（1）直角坐标：格式：原子符号   X 坐标   Y 坐标   Z 坐标

（2）Z 矩阵：用内坐标（键长、键角和二面角）输入，是最重要的基本输入法，便于保持原子的对称性。

例如：

NH_3 的输入，对称性为 C_{3v}，要引入虚原子

0，1

X1

N2　　1 1.0

H3　　2 HN 1 AAA

H4　　2 HN 1 AAA 3 120.0

H5　　2 HN 1 AAA 3 -120.0

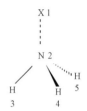

HN＝1.01

AAA＝109.47

2. 输出文件格式与内容

（1）Gaussian 公司版权、版本及软件作者。

（2）输入文件。

（3）将分子结构参数转化为标准坐标（直角坐标系）。

（4）所用基函，初始猜测计算结果（INDO）。

（5）分子总能量，若是几何优化计算，则出现若干个过程总能量，应取最后的能量。

（6）几何优化结果。

（7）分子轨道对称性及其能量。

（8）分子轨道组成。

（9）原子净电荷，电子自旋布居。

（10）分子多极矩性质。

（11）计算所用时间，正常结束标记。

【仪器试剂】

硬件：奔腾Ⅳ 2.8GHz 以上计算机，内存 512M 以上。

软件：WinXP，Gaussian03 for Windows。

【实验步骤】

1. 不同方法与基组下的几何优化

（1）试按分子对称性，写出以下分子的 Z-矩阵，建立输入文件。

作业行：♯p HF/6-31G opt pop＝full

记录其计算结果（键长、键角、能量、电荷、偶极矩、计算时间等）。

$H_2O(C_{2v})$　　　　$NH_3(C_{3v})$　　　　$CH_4(T_d)$　　　　苯(D_{6h})

(2) 增大基组，重复上面的计算。

作业行：♯p HF/6-31G＊ opt pop＝full

按步骤(1)记录其计算结果。

(3) 用 MP2 方法，6-31G＊基组对 $H_2O(C_{2v})$、$NH_3(C_{3v})$、$CH_4(T_d)$进行计算。

作业行：♯p MP2/6-31G＊ opt pop＝full

按步骤(1)记录其计算结果。

(4) 用 DFT(密度泛函)B3LYP 方法，6-31G＊基组对 $H_2O(C_{2v})$、$NH_3(C_{3v})$、$CH_4(T_d)$进行计算。

作业行：♯p B3LYP/6-31G＊ opt pop＝full

按步骤(1) 记录其计算结果。

比较上面不同方法及基组的计算结果，并与实验结果相比较，说明哪一种方法不仅计算速度快，而且精度高。

2. 同分异构体稳定性比较

用 B3LYP/6-31G＊进行几何优化，说明二氯乙烯三种异体结构的稳定性次序。

3. 频率及热力学性质计算

先对甲醛进行几何优化，然后进行频率计算，作业行：♯p B3LYP/6-31G＊ opt pop＝full Freq

(1) 在输出文件中观察频率与强度，找到 IR 最强峰的频率。例如：

	1	2	3
	B1	B2	A1
Frequencies -	1336.0043	1383.6450	1679.5843
Red. masses --	1.3689	1.3442	1.1039
...			
IR Inten --	0.3694	23.1585	8.6240
Raman Activ --	0.7657	4.5170	12.8594

...

用 molden 观察各个频率的动态振动模式。

（2）观察并记录计算的热力学数据，在输出文件中找到如下部分：

Temperature 298. 150 Kelvin.　　Pressure　　　1. 00000 Atm.

Zero-point correction＝　　　　　　　　　　0. 029201（Hartree/Particle）

Thermal correction to Energy＝　　　　　　　0. 032054

Thermal correction to Enthalpy＝　　　　　　0. 032999

Thermal correction to Gibbs Free Energy＝　　0. 008244

Sum of electronic and zero-point Energies＝ －113. 837130　$E_0＝E_{elec}＋ZPE$

Sum of electronic and thermal Energies＝ －113. 834277　$E＝E_0＋E_{vib}＋E_{rot}＋E_{transl}$

Sum of electronic and thermal Enthalpies＝ －113. 833333　$H＝E＋RT$

Sum of electronic and thermal Free Energies＝ －113. 858087　$G＝H－TS$

4. 过渡态搜寻

预测下面反应的过渡态结构，比较过渡态与反应物的 Si—H 和 H—H 的键长。

$$SiH_4 \longrightarrow SiH_2＋H_2$$

输入文件如下：

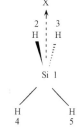

♯T HF/6-31G(d) Opt(QST2，AddRedundant)

SiH₄　　reactants

```
0    1
Si
X   1    1.0
H   1    1.48    2    55.0
H   1    1.48    2    55.0    3   180.0
H   1    R       2    A1      3   90.0
H   1    R       5    A2      2   180.0

R=2.0
A1=80.0
A2=22.0
```

SiH₂＋H₂　　　Products

```
0    1
Si
X   1    1.0
```

H	1	1.48	2	55.0		
H	1	1.48	2	55.0	3	180.0
H	1	R	2	A1	3	90.0
H	1	R	5	A2	2	180.0

R=1.48
A1=125.2
A2=109.5

4　　5

【注意事项】

计算结果中能量单位为 Hartree，1 Hartree＝2623kJ·mol^{-1}。

【思考题】

（1）Gaussian03W 软件可以用于哪些方面的研究？试举一例加以详细说明。

（2）要保持体系原有的对称性，采用哪种输入方法比较好？

（3）查阅 $H_2O(C_{2v})$ 及 $NH_3(C_{3v})$ 的键长、键角及偶极矩实验值，与计算结果相比较。

（4）什么是过渡态？过渡态结构的频率计算结果有什么特点？

（5）试设计一个计算，讨论取代基对电子结构（电荷分布，前线轨道分布）的影响。例如，F、Cl、Br、I 对苯环上氢的取代。

（6）Gaussian 中的 Oniom 方法可以用于大分子（如蛋白质）的计算。查阅文献，简要说明 Oniom 方法的原理与应用。

实验 27　分子轨道计算

【实验目的】

（1）了解量子化学计算方法的基本原理。

（2）掌握在 Hyperchem 中计算波函数的方法。

（3）掌握绘制静电位能面、总电荷密度及分子轨道的方法。

【实验原理】

（1）电子-原子核体系的运动状态可用薛定谔（Schrödinger）方程来描述，即

$$H\Psi = E\Psi$$

式中，H 为哈密顿算符；E 为体系的总能量；Ψ 为波函数。

薛定谔方程的全部解能精确描述体系的运动状态，但对多电子的体系来讲，要得到其精确解比较困难。处理方法是引入一些重要的简化，以便得到一定程度的近似解。根据近似程度不同，大致分为以下三种处理方法：

（i）从头计算方法：从头计算方法（ab initio calculation）是求解多电子体系问题的量子理论全电子计算方法。该方法仅仅引入分子轨道理论所作的三个基本近似，即非相对论近似、玻恩-奥本海默（Born-Oppenheimer）近似及轨道近似。从头计算方法虽然被认为是比较严格的方法，但相对于精确的实验数据而言，该方法仍然存在一定的计算误差。为得到更精确的计算结果，可采用以下方法校正：相对论误差的校正可采用微扰法（MP2～MP5）或相对论哈特里-福克（Hartree-Fock）理论。校正电子相关能可采用：①组态相互作用方法，即 CI 方法；②自旋非限制性鲁桑（Roothaan）方程；③微扰法；④密度泛函法（DFT）。其中 DFT 法通过电子密度函数计算电子相关能，与从头计算方法相比，精确度提高很多，而耗费的机时增加的不多，是目前广泛应用的量子化学计算方法。

（ii）简单分子轨道法：如 HMO（休克尔分子轨道法）、EHMO（扩展 HMO）法。其突出特点是计算量小，适合共轭体系的计算。但由于该方法引入太多近似，所以只能用来定性研究较简单分子的有关性质。

（iii）半经验分子轨道方法：如 AM1、PM3、CNDO、INDO、NDDO、MNDO 等。这类半经验方法从电子结构的一些实验资料估计最难以计算的积分，引入一些参数。这种方法虽然极大地减少了计算量，但其结果只带有定性和半定量的特性。

（2）分子轨道理论将 Ψ 表示成分子轨道的组合，而分子轨道又可以表示为单电子基函数的线性组合。这些基函数一般以各个原子为中心，与原子轨道非常相似。线性组合系数由迭代法求得。

（3）波函数的表征。

（i）总电子密度（total electronic density）：在空间某点单位空间内电子出现的概率。其中，总电子密度＝α 自旋电子密度＋β 自旋电子密度。

（ii）自旋密度（spin density）：在开壳层的体系中，α 自旋电子密度与 β 自旋电子密度不相同，它们的差即为自旋密度。自旋密度的分布反映了未成对电子的分布状况。

（iii）分子轨道图（orbital plots）：显示分子轨道形状、能量及电子在轨道上的分布状况。前线分子轨道（如 HOMO 及 LUMO）在解释结构性质及反应机理方面具有十分重要的作用。

（iv）静电势能（electrostatic potential）：描述的是周围电子及原子核在空间某点产生的静电势。

【仪器试剂】

硬件：奔腾Ⅲ 800MHz 以上计算机，内存 256M 以上。

软件：Hyperchem7.0 for Windows。

【实验步骤】

1. 构建排列水分子

在 Hyperchem 中画出水分子，双击选择工具即可按四面体模型构建水分子模型。将第二惯性轴与 y 轴重合，具体操作如下：从"Edit"菜单中选择"Align Molecules"，在"Align"方框中选择"Secondary"，在"With"方框中选择"Y Axis"，然后点击"OK"按钮。保存为 h2o. hin。打开"Labels"菜单，在"Atom"栏中选择"Charge"。这时显示各原子的电荷为 0。

2. 计算波函数

从"Setup"菜单中选择"Semi-empirical",然后选择"CNDO"作为计算方法。再点击右下边的"Options"按钮。各项设置如图4.83所示。

这些选项建立了一个RHF(Restricted Hartree-Fock)计算。收敛标准为0.0001,即两个

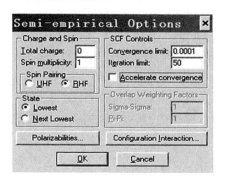

图4.83 半经验法参数设置

连续迭代能量相差低于$0.0001 \text{kcal} \cdot \text{mol}^{-1}$时,计算终止。自旋多重态(Spin multicity)$=2S+1$,$S=n/2$,n为成单电子数,点击"OK"按钮。从"Compute"菜单中选择"Single Point"后开始波函数的计算。计算完成后,状态栏会显示能量及梯度,电荷也标在各原子上。

3. 绘制静电势

1)绘制二维静电势图

从"Compute"菜单选择"Plot Molecular Properties Graph"(图4.84)。在弹出的对话框中选择"Electrostatic Potential"及"2D Contours"。点击"Contour Grid"标签,设置如图4.84所示。点击"OK"按钮后开始计算,并绘制出二维静电势图。绿色代表正,红色代表负。

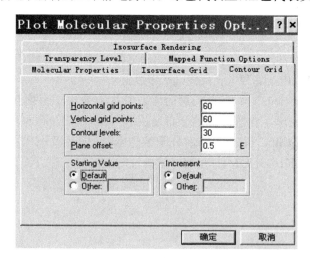

图4.84 "Plot Molecular Properties Graph"对话框

2)绘制三维静电势图

重新打开"Plot Molecular Properties Graph"对话框,选择"3D Isosurface"。选择"Isosurface Rendering"标签,"Electrostatic Potential Contour Value"设为0.1;"Rendering"方框中选择"Shaded Surface"。选择"Isosurface Grid"标签,在"Grid Mesh Size"中选择"Medium"。选择"OK"后开始3D表面计算并绘制出三维静电势图。

3)绘制三维静电势与总电荷密度叠加图

重新打开"Plot Molecular Properties Graph"对话框,选择"3D Mapped Isosurface"。这时将会显示根据静电势能大小加彩的总电荷密度图。选择"Isosurface Rendering"标签,"Total charge density contour Value"设为0.135;"Rendering"方框中选择"Gouraud shaded surface"。选择"Mapped function"标签,选定"Display range legend"复选框。选择"OK"后将会显示带图例(legend)的三维静电势与总电荷密度叠加图。

4. 绘制二维及三维总电荷密度图

打开"Plot Molecular Properties Graph"对话框,选择"2D Contours",选择"OK"后将会显示二维总电荷密度图。选择"3D Isosurface"将会显示三维总电荷密度图。

5. 绘制总自旋密度图

打开"Plot Molecular Properties Graph"对话框,在"property"方框中选择"Spin density"将显示二维及三维的总自旋密度(Spin Density)图。

6. 绘制分子轨道图

CNDO 使用 6 个原子基组(O 原子的 2S、2P 及两个 H 原子的 1S)计算 6 个分子轨道。从最低能量开始的四个轨道($2a_1$,$1b_2$,$3a_1$ 及 $1b_1$)是占据轨道,另两个轨道($4a_1$,$2b_2$)是未占据轨道。最高占据轨道(HOMO)是 $1b_1$,最低空轨道(LUMO)是 $4a_1$。

从"Compute"菜单选择"Orbitals",在"Orbitals"方框中选"HOMO-",在文本框中输入 3。这表示选择了从 HOMO 轨道开始往下第四个轨道,即显示的最低能量轨道(红线所在的位置),观察其轨道分布、能量及轨道符号。选择"3D-Isosurface",选择"OK"即可绘制出该轨道的图形。显示模式及等高值可以在"Options"中修改。分别用不同的显示模式及等高值绘制出 HOMO-2、HOMO-1、HOMO、LUMO、LUMO+1 的分子轨道图,观察其轨道分布、能量及轨道符号。

【注意事项】

上机前须阅读结构化学中有关薛定谔方程及分子轨道的内容,熟悉 s、p、d 等轨道的图形。

【思考题】

(1) 波函数 Ψ 的物理意义是什么?

(2) 半经验方法与从头计算方法有什么不同?

(3) 观察水分子的 HOMO 轨道图分布,运用所学的知识说明其特点。

(4) 环丙烷是一个张力比较大的分子,其实验键长分别是 1.51Å(C—C)及 1.089Å(C—H)。试用不同的方法进行几何优化,与实验值进行比较,并观察其轨道分布。

(5) 试计算并绘制烯丙基的电荷密度、自旋密度的 3D 图。从自旋密度的分布解释其共振结构。

(6) 查阅文献,说明静电势能面在药物分子设计中的作用。

实验 28　微波消解 ICP-AES 法测定土壤中微量的重金属元素

【实验目的】

(1) 掌握微波消解方法和电感耦合等离子体发射光谱分析的基本原理。

（2）熟悉微波消解仪和电感耦合等离子体发射光谱仪的操作过程。

（3）测定土壤样品中一些微量金属元素的含量。

【实验原理】

环境介质中的重金属往往种类繁多，而且含量高低不一。快速、准确地测定土壤中重金属含量是环境监测的重要任务之一。利用高压密闭微波消解、电感耦合等离子体原子发射光谱法（ICP-AES）可方便地对土壤中多种不同浓度的元素进行同时测定。

微波（microwave）是指频率为 $300\sim300\,000\text{MHz}$ 的电磁波。通常，溶剂和固体样品中目标物由不同极性的分子或离子组成，萃取或消解体系在微波电磁场的作用下，具有一定极性的分子从原来的热运动状态转为跟随微波交变电磁场而快速排列取向。分子或离子间就会产生激烈的摩擦。在这一微观过程中，微波能量转化为样品分子的能量，从而降低目标物与样品的结合力，加速目标物从固相进入溶剂相。

由高频发生器产生的高频交变电流（$27\sim41\text{kHz}$，$2\sim4\text{kW}$）通过耦合线圈形成交变感应电磁场，当通入惰性气体 Ar 并经火花引燃时可产生少量 Ar 离子和电子，这些少量带电粒子在高频电磁场获得高能量，通过碰撞将高能量传递给 Ar 原子，使之进一步电离形成更多的带电粒子（雪崩现象）。大量高能带电粒子受高频电磁场作用形成与耦合线圈同心的、炽热的涡流区，被加热的气体可形成火炬状并维持高温的等离子体。该等离子体因趋肤效应而形成具有环状结构的中心通道。由载气（Ar）和试样气溶胶通过该中心通道进入等离子体时，待测元素在高温下被蒸发、原子化、激发和电离，被激发的原子和离子发射出很强的原子和离子谱线。分光和检测系统将待测元素的特征谱线经分光、光电转换和检测，由数据处理系统进行处理，便获得各元素的浓度值。基体效应和自吸效应小、稳定性高和灵敏度高、线性测量范围宽是电感耦合等离子体光源最重要的特点。

【仪器试剂】

1. 仪器及工作条件

（1）高压密闭微波消解仪［Mars-Xpress 型，培安-CEM 微波化学（中国）技术中心］。微波消解温度-时间程序：190℃-15min。

（2）Spectro Ciros-Vison EOP 水平观测型全谱直读等离子体发射光谱仪（德国斯派克分析仪器公司）。ICP 工作条件：高频电源入射功率 1.0kW；冷却气流量 $15\text{L}\cdot\text{min}^{-1}$；辅助气流量 $0.2\text{L}\cdot\text{min}^{-1}$；载气压力 380kPa；样品流速 $1\text{mL}\cdot\text{min}^{-1}$；进样时间 30s；积分时间 3s。

2. 试剂与标准溶液

Cu、Zn、Mn、Cr 标准溶液（$1.0\text{mg}\cdot\text{mL}^{-1}$，国家标准物质研究中心）。分别吸取上述各元素的标准溶液 1mL 于 100mL 容量瓶中，以 2% 硝酸（G.R.）溶液配制成各元素浓度均为 $10\mu\text{g}\cdot\text{mL}^{-1}$ 的混合液；盐酸、硝酸均为优级纯；二次去离子水。

3. 土壤样品制备

将采集的土壤样品（一般不少于 500g）混匀后用四分法缩分至 100g，缩分后的土样经风干后，除去土样中的石子和动植物残体等异物。用玛瑙研钵将土壤样品碾压，过 2mm 尼龙筛除去 2mm 以上的沙砾,混匀。上述土样进一步研磨,再过 100 目尼龙筛,试样混匀后备用。

【实验步骤】

1. 标准系列的配制

于 5 个 10mL 容量瓶中分别加入重金属混合标准溶液($10\mu g \cdot mL^{-1}$)0.00mL、0.25mL、0.50mL、1.00mL 和 2.00mL,分别用 2%HNO$_3$ 稀释至刻度,摇匀。该系列各元素浓度分别为 $0.00\mu g \cdot mL^{-1}$、$0.05\mu g \cdot mL^{-1}$、$0.10\mu g \cdot mL^{-1}$、$0.20\mu g \cdot mL^{-1}$ 和 $0.40\mu g \cdot mL^{-1}$(如果样品中各元素浓度相差较大,可据情况另配不同浓度的标准系列)。

2. 土壤样品的微波消解步骤

(1) 准确称取 0.3000g 上述干燥的土壤样品(105℃干燥 2h),置于聚四氟乙烯(PTFE)溶样杯中,用少量水润湿。分别加入 2mL HNO$_3$、6mL HCl,振摇使之与样品充分混合,放置,等待反应完毕,加上内盖。

(2) 拧上消解罐罐盖,放入 Mars-Xpress 型高压密闭微波消解仪炉腔内。设定微波消解压力-时间程序为:190℃-15min。启动微波开关,按运行消解程序键开始进行消解。

(3) 待微波消解完成后,仪器自动执行冷却程序,冷却 10min 后,取出消解罐,冷却 10～15min 后打开消解罐罐盖,小心打开内盖。

(4) 分别以 1～2mL 去离子水冲洗杯壁和样品两三次,抽滤,并将过滤液和冲洗抽滤瓶 2 次(1～2mL/次)的液体转移至 25mL 比色管中,再以去离子水定容至 25mL。待 ICP-AES 分析。

3. ICP-AES 测定

从仪器中选择各元素的测量波长并记录于表 4.21 中。设定仪器最佳工作条件,随后进行 ICP-AES 分析。

表 4.21 各元素的测量波长

元　素	Cu	Zn	Mn	Cr
波长/nm				

【数据处理】

将测量数据及实验结果列于表 4.22。

【思考题】

(1) 若采用本实验方法测定微量 Hg 和 As,在样品前处理时应注意哪些事项(可查阅相关文献)?

(2) 影响等离子体温度的因素有哪些? 酸度对 ICP-AES 的干扰效应主要有哪些? 当采用有机试剂进行 ICP 分析时,对高频功率、试剂化学结构、冷却气和辅助气等都有哪些特殊要求?

(3) 为什么开机前必须先通入冷却水? 为什么要在点燃炬焰后才能通入载气?

表 4.22　微波消解、ICP-AES 测定土壤中微量重金属元素

元素浓度/(μg·mL⁻¹)及对应测量值 S				
	Cu	Zn	Mn	Cr
标准浓度 c	c_0 0.00			
	c_1 0.50			
	c_2 1.00			
	c_3 1.50			
	c_4 3.00			
标准响应值 S	S_0			
	S_1			
	S_2			
	S_3			
	S_4			
样品	S_x			
	c_x			
浓度计算公式	$c_x=$			
土壤中重金属浓度/(μg·g⁻¹)				

校正曲线的绘制

Cu

Mn

Zn

Cr

校正曲线特性参数			元素
a	b	r	
			Cu
			Zn
			Mn
			Cr

（4）实验中,假设还进行了 10 个空白样品分析。在最佳仪器工作条件下,测得这些空白样品中 Cu 的仪器响应值(mV)分别为:0.0021、0.0018、0.0017、0.0021、0.0022、0.0028、0.0016、0.0020、0.0022、0.0018。

请检验上述测量值中是否有不合理的数据,检验所需 Q 值可从表 4.23 中查得。通过该实验,获得的检测限(DL)是方法检测限(MDL)还是仪器检测限(IDL)? 其值是多少?

表 4.23　舍弃商 Q 值*

测定次数 n	3	4	5	6	7	8	9	10
$Q_{0.95}$	0.97	0.84	0.73	0.64	0.59	0.54	0.51	0.49

* 表中 Q 值下标数字表示置信水平。

实验 29　火焰原子吸收光谱法测定污水中的铜

【实验目的】

（1）掌握原子吸收分析的原理与技术在环境水重金属的测定实验中的应用。
（2）熟悉仪器的操作技术。
（3）了解测试方法分析能力的考察。

【实验原理】

原子吸收光谱分析是根据光谱发射出待测元素的锐线光源通过样品原子蒸气时,被样品蒸气中待测元素的原子吸收所建立的分析方法。在控制合理的分析条件下,吸光度与原子浓度的关系服从朗伯-比尔定律。

不同元素因原子化行为的差异,原子吸收分析实验条件不尽相同。通过对分析波长、灯电流、狭缝宽度、雾化器的提升量和雾化效率的确定,以及对光、燃烧器位置和燃气-助燃气的比例等条件的选择,可以提高分析方法的灵敏度,改善检出限,提高测量精度和减少干扰影响。

另外,建立某个元素的分析方法,除考虑方法的实验条件外,还应考察该方法的分析能力和可行性,包括方法的灵敏度、检出限和精密度。在原子吸收光谱分析中,常用"特征浓度"表示其方法灵敏度。"特征浓度"是以产生 1% 吸收(或 0.0044 吸光度)所对应的浓度($\mu g \cdot mL^{-1}/1\%$)表示。检出限是指能够以 95% 的置信度检出待测元素的最小浓度,用 $\mu g \cdot mL^{-1}$ 表示。它相当于空白试液标准偏差($\hat{\sigma}$)的两倍($K=2$)所对应的信号浓度,1975 年后 IUPAC 规定 $K=3$。精密度指方法的重现性,常用变动系数(CV)或相对标准偏差(RSD)表示。目前带计算机的仪器,能自动处理数据,根据设定测量次数,可直接读出标准偏差值和相对标准偏差值。

【仪器试剂】

1. 仪器

日立 Z-2000 火焰/石墨炉原子吸收分光光度计;Cu 空心阴极灯。

2. 试剂

Cu 标准溶液($50\mu g \cdot mL^{-1}$)。

【实验步骤】

1. 实验条件的选择

（1）分析波长选择：每一元素都有数条分析线，通常选择最灵敏线为测量波长，但对于谱线复杂的元素或在待测液浓度较高的情况下，也可选择次灵敏线，以减少干扰和校准曲线过早弯曲等影响。此外，当待测原子浓度较高时，为避免过度稀释和向试样中引入杂质，可选取次灵敏线。对于铜的分析波长，选用 324.8nm。

（2）狭缝宽度（或单色器光谱通带）选择：单色器的光谱通带是指单色仪的出射狭缝每毫米距离内包含的波长范围。对不同元素的测定，须选择合适的通带；一般元素的通带在 0.4～4.0nm，可把共振线和非共振线相互分开；对谱线复杂的元素如 Fe、Co 和 Ni，需在通带相当于 1Å 或更小的狭缝宽度下测定。

（3）对光：包括光源对光和燃烧器对光。

（i）光源对光：调节灯座的高低、左右、前后位置，使接收器得到最大光强，从而获得最大灵敏度。光源对光过程由仪器自动调整完成。

（ii）燃烧器对光：燃烧器的缝隙应平行于光轴，并位于光轴正下方，可通过改变燃烧器前后、转角、水平位置进行调试。调节方法可在燃烧器上方放一张白纸片，调节燃烧器前后位置，使光轴与缝隙平行并在同一平面上。再将对光棒（或火柴棍）垂直于缝隙中央，仪表透过率指标应从最大变到零（透光度从 100% 到 0%）。否则，仍需对燃烧器前后位置作进一步调整。最后把对光棒放于缝隙两端，观察表头指针读数是否大致相等，即透光度约 30%；否则，改变燃烧器转角，并对水平位置稍作调节。另一方法是点燃火焰，喷入适当浓度的铜标准溶液，调节燃烧器的位置，以得到最大吸光度为止。

（4）灯电流的选择：灯电流低，不会产生自吸变宽，光输出稳定，但强度弱，灵敏度低；灯电流高，谱线轮廓变宽，灵敏度下降，分析结果误差大，且影响光源寿命。灯电流的选择原则为：在保证光源稳定且有足够光输出时，选用最小灯电流（通常是最大灯电流的 1/2～2/3）。最佳灯电流通过实验确定。喷入适当浓度的待测元素溶液，改变灯电流值，绘制吸光度-灯电流曲线。每测定一个数值后，仪器必须用试剂空白重新调节零点。

（5）火焰类型与助-燃比的选择：在原子吸收分析中，需根据元素的性质选择火焰的种类和类型。合适的火焰能够提高方法的灵敏度，同时减少干扰。对于易电离和易挥发的元素可用低温火焰；在火焰中容易生成难解离化合物的元素及形成耐热氧化物元素，需用高温火焰。常用的有空气-乙炔及笑气-乙炔焰两种。由于助燃气和燃气的流量比不同，必然会影响到火焰的性质、灵敏度及干扰的程度。燃气流量实验是在所有实验条件不变的情况下，固定助燃气流量，改变燃气流量，测定吸收值，绘制吸光度-燃气流量图。也可固定燃气流量，改变助燃气流量，或两者同时改变。通过实验确定火焰类型属于富燃焰、贫燃焰或化学计量性火焰。表 4.24 以空气-乙炔气为例，说明不同燃助比时火焰的性质和特点。

（6）燃烧器高度的选择：燃烧器高度影响测定的灵敏度、稳定性和干扰的程度。火焰中基态原子的浓度是不均匀的，因此应使光束通过火焰中原子浓度最高的区域。元素的性质不同，在不同的火焰区域原子化效率和自由原子的寿命也不一样。可以上下移动燃烧器的位置，选择合适的高度。方法是：在点燃火焰的情况下，喷入待测元素标准溶液，调节燃烧器高度，获得最大吸光度。

表 4.24　火焰特性

火焰性质	空气和乙炔的合适流量 /(mL·min⁻¹)		特　点
	空气	乙炔	
贫焰性火焰 （中性火焰）	>4	1	燃烧完全,温度较低,原子化区域窄,有较强的氧化性,适于易解离、易电离的元素
化学计量性火焰	4	1	火焰层次清晰,温度高,燃烧稳定,较为常用
富焰性火焰	4	1.2～1.5	燃烧不完全,温度略低于化学计量焰,火焰层次模糊呈亮黄色,还原性强,适于易生成难解离氧化物的元素

一般分为:①当光束离燃烧器高度为 6～12mm 的第二反应区通过时,该层火焰比较稳定,干扰少,透明度比较好,对紫外光吸收不强,但灵敏度低一些;②当光束在离燃烧器高度在 4～6mm 的中间薄层与第一反应区通过时,灵敏度较前一种高;③当光束在高度为 4mm 以下的第一反应区通过时,因喷雾器流的影响,火焰稳定性较差,温度低,干扰大,对紫外线吸收强,但对 Cr、Ca 等元素的测定灵敏度较高。

(7) 雾化器的提升量和雾化效率:雾化器是原子化系统的主要部件之一,直接影响到试液引入最后转变成自由原子的数目。如果雾化效率高,相应地可以提高原子化效率。因此,对雾化器的要求是:喷雾量要多,雾滴要细而均匀。

一般通过测量提升量和雾化效率来检查喷雾器的性能。

(i) 提升量:在一定压力、流量条件下,喷雾器在单位时间内吸入纯水的体积称为提升量。测量方法是,在正常开机几分钟后,计算 1min 吸入纯水的体积。一般提升量范围控制在 3～8mL·min⁻¹,但比较常用的是 4～6mL·min⁻¹。当试样提升量小于 3mL·min⁻¹ 时,燃烧产生的热量充分,可维持较高的火焰温度;当提升量大于 6mL·min⁻¹ 时,燃烧产生的热量除消耗在试样分解外,还需蒸发大量水分,故火焰温度降低。同时,较大的雾滴进入火焰,未能完全蒸发,原子化效率下降,灵敏度低。一般来说,试样提升量在 3～6mL·min⁻¹ 时,具有最佳的灵敏度。可测定单位时间进样的体积,通过改变喷雾气流速及聚乙烯毛细管的内径和长度,以调节试样提升量。

(ii) 雾化效率:在一定的压力、流量条件下,喷雾器在单位时间内吸入溶液,至雾化变成细小雾滴进入火焰参与原子化反应的体积与吸入总体积的比值,称为雾化效率。

$$雾化效率 = \frac{V_总 - V_废}{V_总} \times 100\%$$

式中,$V_总$ 为吸入溶液体积(mL);$V_废$ 为排出废液体积(mL)。

雾化效率与喷雾器结构、雾化室形状、绕流装置等有密切关系,要求雾化效率在 10% 以上。雾化效率越高,使用效果越好。

测量方法是,在正常开机几分钟后,用一定体积溶液进行喷雾。同时在废液排出管口接上一个干的量筒以接收和量度排出的废液。这样反复测量数次,取平均值。为了使测量数值更为准确,最好在正常点火的情况下测定。

2. 制作校准曲线

在 4 个 25mL 容量瓶中,各加入 2 滴(1+1)HNO₃,按表 4.26 的量配制标准系列,用去离子水稀至刻度,摇匀后按表 4.25 参数分别对各元素进行测定,把测量的吸光度与对应的浓度作图,绘制铜的校准曲线。或者利用仪器浓度直读操作程序,自动绘制校准曲线。

表 4.25　仪器工作参数

元　素	波长/nm	灯电流/mA	狭缝宽/nm	读数延时/s	火焰性质
Cu	324.8	7.5	1.3	0	贫燃焰

表 4.26　标准系列浓度及配制方法

元　素	使用液浓度/($\mu g \cdot mL^{-1}$)	加入使用液体积/mL			
Cu	50.0	0.00	0.40	0.80	1.20
		—	0.20	0.40	0.60

3. 水样预处理及测定

量取 50mL 已酸化(pH≤2)保存的水样于高型烧杯中,加入 5mL(1+1)HNO_3,在电炉上加热至微沸并蒸发到约 20mL。如果溶液清亮,盖上表面皿、加热回流几分钟,取出冷却至室温,转移至 25mL 容量瓶中,用二次水稀至刻度,摇匀,按表 4.25 的条件进行测定,将测得的数据查校准曲线,计算其含量(用 $\mu g \cdot mL^{-1}$ 表示);若用浓度直读,则读出结果转换成原样品含量,请注意水样浓缩或稀释体积。

4. 考察方法分析能力

(1) 特征浓度:取含铜 $0.20\mu g \cdot mL^{-1}$ 的标准溶液,用最佳测量条件,以去离子水调零,测定不少于 6 次,记录每次吸光度读数。取平均值($\overline{A}$),按式(4-178)计算特征浓度;或者利用校准曲线斜率 S 按式(4-179)计算。

$$c_0 = \frac{c \times 0.004\ 34}{\overline{A}}\mu g \cdot mL^{-1}/1\% \qquad (4\text{-}178)$$

$$c_0 = \frac{0.0044}{S}\mu g \cdot mL^{-1}/1\% \qquad (4\text{-}179)$$

式中,c_0 为特征浓度($\mu g \cdot mL^{-1}/1\%$);c 为待测液浓度($\mu g \cdot mL^{-1}$);$\overline{A}$ 为吸光度平均值。

(2) 检出限:取含铜 $0.20\mu g \cdot mL^{-1}$ 的标准溶液,用最佳测量条件,以去离子水调零,测量不少于 10 次,记下吸光度,取其平均值 $\overline{A}$,按式(4-180)计算检出限 D_L;或用校准曲线的斜率 S 计算 D_L,见式(4-181)。

$$D_L = \frac{cK\hat{\sigma}}{\overline{A}}\mu g \cdot mL^{-1} \qquad (4\text{-}180)$$

$$D_L = \frac{K\hat{\sigma}}{S}\mu g \cdot mL^{-1} \qquad (4\text{-}181)$$

式中,$\hat{\sigma}$ 为空白溶液的标准偏差。可用空白溶液或接近于特征浓度的溶液测量 10 次,从得到的数据求出标准偏差 $\hat{\sigma}$,其表示式为

$$\hat{\sigma} = \sqrt{\frac{\sum (A_i - \bar{A})^2}{n-1}} \qquad (4\text{-}182)$$

式中，A_i 为单次吸光度读数；$\bar{A}$ 为 n 次测定所得吸光度的平均值；n 为测量次数。

（3）精密度：测定试样时，测量次数不少于 6 次，将多次测定结果取平均并计算标准偏差，再由式(4-183)计算相对标准偏差。

$$RSD = \frac{\hat{\sigma}}{\bar{A}} \times 100\% \qquad (4\text{-}183)$$

【数据处理】

（1）制作 Cu 的校准曲线（若自动打印出标准曲线，请记录相关系数）。

（2）利用校准曲线计算出污水中 Cu 的含量。

（3）若用"标准曲线"自动读出浓度，请换算回原样品的浓度。

【注意事项】

（1）元素测量时仪器的工作参数优化是进行原子吸收分析的最基本操作。同一元素用不同仪器测量，条件也会有差别。

（2）元素测量条件的选择，首先应了解该元素的性质，参考文献提供的参数，设计测量范围，可提高工作效率。

（3）如果水样消化不清亮或有悬浮物，需要用硝酸反复消化至清亮为止，最后用砂芯过滤器过滤后再测量。

【思考题】

（1）仪器开、关的操作顺序是什么？为什么？

（2）原子吸收分光光度计为什么应采用空心阴极灯作光源？

（3）影响火焰原子吸收光度测定的主要因素有哪些？如何获得最佳分析结果？

（4）仪器在静态条件（未点火）及动态条件下，吸光度和能量不稳定的可能原因有哪些？如何解决？

（5）逐级稀释溶液浓度应考虑哪些因素？

（6）雾化器的提升量和雾化效率为什么会影响分析方法的灵敏度？

（7）富燃性火焰适合于哪些元素分析？举例说明，并解释原因。

（8）原子吸收定量分析时为什么要采用标准溶液浓度校准？

（9）为什么有高的灵敏度不一定有低的检出限？在原子吸收分析中，特征浓度与灵敏度如何区别？

（10）查阅相关文献，列出原子吸收信号发生漂移的各种原因并给出解决的方法。

（11）检测限与检出限有什么区别？

实验 30　原子荧光光谱法测定电池中的汞

【实验目的】

(1) 了解原子荧光光谱法测定汞的基本原理和实验方法。

(2) 掌握原子荧光光度计的基本构造和操作。

【实验原理】

在酸性介质中,用强还原剂硼氢化钠将试样中的汞离子还原为汞原子,其反应方程式为

$$Hg(NO_3)_2 + 3NaBH_4 + HNO_3 + 6H_2O \longrightarrow Hg + 3HBO_2 + 3NaNO_3 + 11H_2$$

由于汞的挥发性,用氩气将汞蒸气带入原子化器进行测定,应用的实际上是一种分离技术,因此基本上没有基体干扰。

汞空心阴极灯发射出特征光束,照射在汞蒸气上,使汞原子激发而发射荧光。在合理条件下,荧光强度与汞原子浓度呈线性关系。

电池试样经微波酸湿法消解,使汞转变成无机汞离子进行测定。

【仪器试剂】

1. 仪器

AFS-2202a 型双道原子荧光光度计(北京);50mL、25mL 容量瓶;5mL、2mL、1mL 吸量管,25mL 比色管。

2. 试剂

(1) 汞标准贮备液($1.0mg \cdot mL^{-1}$):国家标准局。

(2) 中间液(含 Hg^{2+} $10.0\mu g \cdot mL^{-1}$):吸取 0.50mL 贮备液于 50mL 容量瓶中,用 5% HNO_3 稀释至刻度,摇匀。存于冰箱中(准备室配制)。

(3) 使用液(含 Hg^{2+} $0.010\mu g \cdot mL^{-1}$):吸取中间液 0.25mL 于 25mL 容量瓶中,用 5% HNO_3 稀释至刻度,摇匀。然后吸取此溶液 2.5mL 于 25mL 容量瓶中,用 5% HNO_3 稀释至刻度,摇匀。

(4) 1% $NaBH_4$:称取 1.0g $NaBH_4$(G. R.)溶于100mL 0.5%氢氧化钠溶液中,使用时配制,溶液应显透明清澈,否则应滤后再使用。此项工作由准备室完成。

(5) 5% HNO_3:用 HNO_3(G. R.)常规法配制。

3. 仪器工作条件

AFS-2202a 型双道原子荧光光度计仪器测量参数:见表 4.27~表 4.29。

表 4.27　仪器条件

元　素	光电倍增管负高压/V	原子化器温度/℃	原子化器高度/mm	灯电流/mA	载气流量/(mL·min⁻¹)	屏蔽气流量/(mL·min⁻¹)
Hg	300	200	8	30	400	1000

表 4.28 测量条件

读数时间/s	10	标准校正点	1
延迟时间/s	0.5	标准频率	0
注入量/mL	0.5	测量方式	Std. Cure
重复次数	1	读数方式	Peak area
空白判别值	10	分析液单位	$mg \cdot L^{-1}(\mu g \cdot mL^{-1})$

表 4.29 断流程序

步 骤	时间/s	泵转速/rpm	读 数
1	6	0	No
2	10	100	No
3	6	0	No
4	16	130	Yes

【实验步骤】

(1) 分析校准曲线制作:分别吸取 0.50mL、1.00mL、1.50mL、2.50mL 汞标准使用液于 4 个 25mL 容量瓶中,用 5% HNO_3 稀释至刻度,摇匀。按表 4.27~表 4.29 条件进行测定,以荧光强度对浓度作图制作分析校准曲线(操作见仪器使用手册)。

(2) 样品测定:在与分析校准曲线制作同样条件下分别测定试剂空白、样液的荧光强度。

【注意事项】

(1) 在开启原子荧光光度计前,要开启载气,检查原子化器下部去水装置是否合适。可用注射器或滴管加蒸馏水。

(2) 各泵管应无泄漏,气液分离器中不要积液,以防溶液进入原子化器。

(3) 测试结束后,在空白溶液杯和还原剂容器内加入蒸馏水,运行仪器清洗管道。关闭载气,并打开压块,放松泵管。

(4) 更换元素灯时,要在主机电源关闭的情况下进行。

【数据处理】

(1) 绘制汞的分析校准曲线。

(2) 将样液荧光强度扣除试剂空白值后,从校准曲线上查出试液中汞的浓度,并计算电池 (粉末)中汞含量(以 $mg \cdot kg^{-1}$ 表示)。

【思考题】

(1) 比较原子荧光光度计和原子吸收分光光度计在结构上的异同点,并解释原因。

(2) 样品消解有哪些方法?微波消解有什么特点?

(3) 请分析测量噪声或本底值偏大的可能原因,并找出解决办法。

(4) 仪器主机工作正常,但荧光强度数值变化较小或无变化,是什么原因造成的?如何解决?

（5）本实验采用何种气体作载气？为什么？

（6）若试样中同时存在有机汞和无机汞，如何分别测量？

实验 31　核磁共振波谱法研究乙酰丙酮的互变异构平衡

【实验目的】

（1）学习核磁共振波谱的基本原理及基本操作方法。

（2）用 ^{1}H-NMR 谱测定酮-烯醇混合物的平衡组成。

（3）研究溶剂、温度对酮-烯醇的化学位移和平衡常数的影响。

（4）了解动态 NMR 在化学动力学中的初步应用。

【实验原理】

核自旋量子数 $I \neq 0$ 的原子核在磁场中产生核自旋能量分裂，形成不同的能级，在射频辐射的作用下，可使特定结构环境中的原子核实现共振跃迁，即发生了核磁共振（NMR）现象。记录发生共振时的信号位置和强度，就可得到 NMR 谱。根据谱上提供的化学位移值、耦合常数和裂分峰形以及各峰面积的积分曲线信息，可以推测有机化合物的结构。目前，^{1}H 和 ^{13}C 谱应用最广。

动态核磁共振实验是核磁共振波谱学中有一定独立性的分支。它以核磁共振为工具，研究一些动力学过程，得到动力学和热力学的参数，如跟踪化学反应过程，研究同一分子存在的构象转变、互变异构间的转变、配体与配合物（或配离子）之间的交换等平衡系统中的交换过程等。

两种或两种以上的异构体能相互转变，并共存于一动态平衡中，这种现象称为互变异构现象。互变异构是有机化合物中比较普遍存在的现象，从理论上讲，凡具有二羰基基本结构的化合物都可能有酮式和烯醇式两种互变异构体存在。不同化合物酮式和烯醇式存在的比例大小主要取决于分子结构。酮式和烯醇式互变异构体所占比例除受分子结构影响外，也与溶剂、温度和浓度有关。溶剂对平衡常数 K 的影响，可通过特定的溶质-溶剂相互作用，如氢键或电荷转移而发生作用。此外，溶剂可通过稀释而减少溶质-溶质的相互作用，从而改变平衡。在极性溶剂中，易形成分子间氢键，酮式异构体相对更稳定；在非极性溶剂中，则易形成分子内氢键，因此烯醇式异构体更稳定。

β-二酮比单酮易于烯醇化（形成内氢键的环状结构）。在一定条件下，酮式与烯醇式以互变异构的形式共同存在，达到动态平衡（图 4.85）。因为酮式与烯醇式分子各类质子的化学环境各不相同，有不同的化学位移。酮式的 ^{1}H-NMR 波谱图上应有 2 个单峰（CH_3、CH_2），酮式和烯醇式共存的 ^{1}H-NMR 波谱图上应出现 5 个峰。NMR 波谱法，根据各种峰的积分值就可简单快速测定异构体的相对含量，而一般化学方法无法测定该平衡体系中各物质的相对含量。

这是一个慢速反应过程，当用化学位移差别较大的酮式亚甲基氢和烯醇烯基氢的峰面积 A 来定量时，可按照下式计算烯醇式所占质量分数 ω 及平衡常数 K：

$$\omega_{烯醇} = \frac{A_{烯醇}}{(A_{烯醇} - A_{酮}/2)} \times 100\% \tag{4-184}$$

$$K = \frac{A_{烯醇}}{A_{酮}/2} \tag{4-185}$$

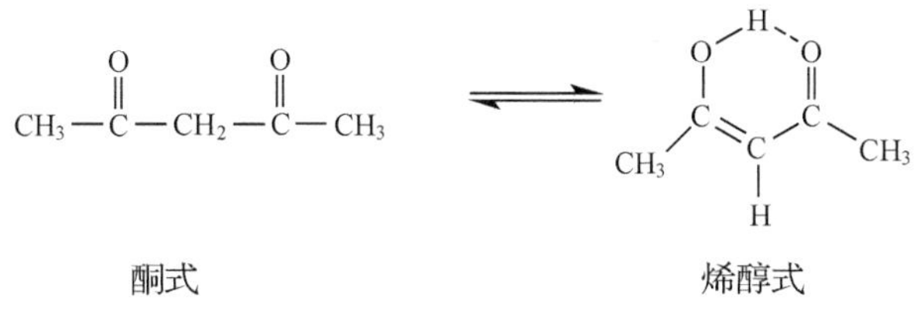

图 4.85 β-二酮的两种互变异构

式中，$A_{烯醇}$ 为烯醇式氢的峰面积；$A_{酮}$ 为酮式亚甲基氢的峰面积。

由 K 与温度的关系，可进一步推算出互变异构反应的 Gibbs 自由能变 ΔG、焓变 ΔH 和熵变 ΔS。

【仪器试剂】

1. 仪器

AV400 脉冲傅里叶变换核磁共振波谱仪(Brukers,瑞士)；样品管($\varphi = 5mm$)；滴管等。

2. 试剂

四甲基硅烷(TMS)；乙酰丙酮；四氯化碳；甲醇；无水乙醇；1-丙醇；正丁醇(均为 A. R. 级试剂)。

【实验步骤】

(1) 试样配制：以四氯化碳、甲醇、无水乙醇、1-丙醇、正丁醇为溶剂，分别配制摩尔分数为 0.200、0.400、0.600、0.800 的乙酰丙酮溶液；向上述溶液及纯乙酰丙酮各加入 1 滴 TMS，小心装入样品管中，液面高度不小于 4cm，盖好盖子(并进行必要的密封，在管口顶部挂好标签)。

(2) 样品管的准备：将外壁擦拭干净的样品管套上磁子，并用量规调整好磁子位置。

(3) 启动空压机；启动 NMR 操作软件。

(4) 样品管的放入：将样品管放入探头内并调整好旋转速度。

(5) 在 298.15K、303.15K、313.15K,分别测定上述溶液及纯乙酰丙酮的 ^{1}H-NMR 谱图。

(6) 报告结果：选定预设模板进入谱图编辑器编辑谱图并打印。

(7) 测定完毕，从探头中取出样品管，并盖好探头盖，关闭空压机。将样品管中的溶剂等倒入废液瓶中，用易挥发溶剂(如丙酮或乙醇等)小心清洗样品管，然后自然晾干。

(8) 按要求处理废液，进行必要的仪器整理和复原工作，做好仪器使用记录。

【数据处理】

(1) 讨论乙酰丙酮的化学位移和自旋-自旋分裂图的指认，分析 ^{1}H-NMR 谱图中互变异构体各个峰的归属，将结果填入表 4.30 中。

(2) 根据相关谱峰的峰面积，计算互变异构体的组成、平衡常数、ΔG、ΔH、ΔS。

(3) 讨论溶剂、温度对互变异构体的组成和平衡常数的影响。

表 4.30 乙酰丙酮的 ^{1}H NMR 波谱图数据解析

峰　号	δ/ppm	积分线高度	质子数	峰分裂及特征
1				
2				
3				
4				
5				

【注意事项】

（1）调节好磁场均匀性是提高仪器分辨率,做好实验的关键。为了调好匀场,务必做好以下几点:

（i）必须保证样品管以一定转速平稳旋转。转速太高,样品管旋转时会上下颤动;转速太低,则影响样品所感受磁场的平均化。

（ii）匀场旋钮要交替、有序调节。

（iii）调节好位相旋钮,保证样品峰前峰后在一条直线上。

（2）仪器示波器和记录仪的灵敏度是不同的。在示波器上观察到大小合适的波谱图,在记录仪上,幅度起码衰减 10 倍,才能记录到适中图形。

（3）温度变化时会引起磁场漂移,所以记录样品谱图前必须不时检查 TMS 零点。

（4）NMR 波谱仪是大型精密仪器,实验中应特别仔细,以防损坏仪器。

【思考题】

（1）产生核磁共振的必要条件是什么? 核磁共振波谱能为有机化合物结构分析提供哪些信息?

（2）什么是化学位移? 什么是耦合常数? 它们是如何产生的?

（3）核磁共振方法适合研究哪些化学动态过程?

（4）根据实验结果,预测氟乙烷（CH_3CH_2F）中 τ_{CH_3}、τ_{CH_2}、J 值和 NMR 谱样。

（5）取代基的电负性对耦合常数 J 有什么影响? 电负性元素对邻近氢质子化学位移的影响与其之间相隔的键数有什么关系?

（6）酮-烯醇互变异构等化学交换过程是否可以通过红外、紫外光谱进行研究? 请说明原因。

实验 32　废水中三苯含量的气相色谱分析

【实验目的】

（1）进一步掌握毛细管气相色谱分析基本原理,分析过程及其仪器基本结构。

（2）学会相对定量校正因子的测定和内标法定量分析。

【实验原理】

苯、甲苯及二甲苯俗称三苯,其中二甲苯有三种异构体,即间二甲苯（m-）、对二甲苯（p-）

和邻二甲苯(o-)。三苯毒性很大,是生活饮用水、地表水质量标准和污水排放标准中控制的指标性有毒物质。

废水中的三苯经二硫化碳溶剂溶解或萃取,萃取液经毛细管色谱柱分离、氢火焰离子化检测器(FID)检测后,记录其色谱图,并用来进行定量分析。内标法是将一定的内标物加入样品后进行分离,然后根据样品质量(M)、内标物质量(正己烷 m_s)以及组分和内标物的峰面积(A_i 和 A_s)按下式求出组分含量:

$$P_i = f'_i \frac{A_i m_s}{A_s M} \times 100\% \tag{4-186}$$

式中,f'_i 为被测组分对内标物(此处也是基准物)的相对定量校正因子,其计算式为

$$f'_i = \frac{A_s m_i}{A_i m_s} \tag{4-187}$$

式中,A_i 和 A_s 分别为标准液中被测组分和内标物的峰面积;m_i 和 m_s 分别为标准液中被测组分和内标物质量。

【仪器试剂】

1. 仪器

Aglilent 4890D 型气相色谱仪;氢火焰离子化检测器(FID);毛细管色谱柱:HP5,以聚氧化硅硅烷-聚乙二醇为固定相(30m×0.25mm×0.25μm);1μL、5μL 微量进样器;色谱工作站。

气相色谱条件:汽化温度为 200℃;检测器温度为 250℃;载气(N_2)总流量为 40mL·min^{-1},分流比为 30∶1;氢气和空气流量分别为 30mL·min^{-1} 和 300mL·min^{-1};程序升温:初始温度 40℃,保持 2min,升温速率为 20℃·min^{-1} 并升至 150℃;进样量 1μL。

2. 试剂

苯、甲苯、二甲苯、正己烷均为色谱纯;乙酸乙酯、二硫化碳为分析纯。

各组分标准溶液:于六个 5～10mL 血清瓶中分别称取苯、甲苯、对二甲苯、邻二甲苯和正己烷各 0.02～0.03g,加入 5.0mL 乙酸乙酯溶解、摇匀,于冰箱内保存(准备室配制)。

【实验步骤】

1. 加有基准物的混合标准溶液配制

在一个 5～10mL 血清瓶中预先放入约 2mL 乙酸乙酯,分别准确称取苯、甲苯、对二甲苯、邻二甲苯和正己烷 0.02～0.03g(准确至 0.0002g)于血清瓶中,用乙酸乙酯溶解并稀释至 5mL,摇匀。

2. 废水样品前处理

取废水样 100mL,加入 5.0μL 内标物正己烷,于 150mL 分液漏斗中加 50mL 二硫化碳萃取 3min,静置分层,弃去水相,收集二硫化碳萃取相溶液于样品瓶中,待测。

3. 定性分析

参照仪器操作使用说明书,启动仪器。设定色谱分离条件后,使仪器进入正常工作状态。

待色谱基线平直后,分别将三苯单标依次进样,记下每种物质的保留时间,作为混合标准以及样品测定的对照依据。

4. 相对定量校正因子 f_i' 的测定

注入 $1.0\mu L$ 混合标准溶液,以各纯标组分的 t_R 与混合标样色谱图中各色谱峰 t_R 对照定性,并按式(4-187)计算以正己烷为基准物的相对定量校正因子 f_i'。

5. 样品测定

注入 $1.0\mu L$ 步骤 2 中萃取后样液。以各纯标 t_R 对样液色谱图中各色谱峰 t_R 对照定性,并按式(4-186)计算样品中待测组分含量。

【注意事项】

(1) 在配制标样时,每次称量后应立即将样品瓶盖紧,防止其挥发损失。

(2) 样品中含有固形物,会造成对汽化室、检测器的污染及堵塞毛细管柱;样品中含有水分也可造成对毛细管柱的损坏,降低其寿命。

【数据处理】

(1) 混合标准待测组分及基准物(内标物)的定性:分别以纯标 t_R 与混合标准色谱图中各峰 t_R 对照定性。

(2) 以正己烷为基准物计算待测组分相对定量较正因子 f_i'。

(3) 样品中待测组分及内标物定性方法同上述处理步骤 1,计算待测组分含量(%)。

【思考题】

(1) 什么是程序升温?

(2) 检测器的温度一般要高于柱温,为什么?

(3) 为什么有时要采取双柱定性? 色谱分析中引入定量校正因子的作用是什么?

(4) 毛细管气相色谱分析中,进样时有时需要采取分流方式,为什么?

(5) 气相色谱分析中,若要提高分离度需控制哪些实验条件? 若要缩短分析时间需要控制哪些实验条件?

实验 33　氟离子选择电极直接电位法测定牙膏中的氟

【实验目的】

(1) 掌握 pH/mV 计的使用操作。

(2) 学习电位法分析的原理及实验方法。

(3) 掌握用氟离子选择性电极直接电位法测定牙膏中氟的方法。

【实验原理】

本实验采用直接电位分析法测定牙膏样品中的氟。氟电极电势与溶液中的 F^- 活度的关系符合能斯特方程,由氟电极与参比电极组成原电池,其电动势方程为 $E_{池}=$ 常数 $-$ $0.059\lg a_{F^-}$。在实际测量中要求测定 F^- 的浓度而不是活度,因此实验中要固定溶液的离子强度,使活度系数成为常数,从而使电极电势与 F^- 浓度的对数 $\lg c_{F^-}$ 的关系成线性,可用工作曲线法定量。目前,氟离子选择性电极已广泛应用于天然饮用水、工业氟污染水的分析。

溶液中离子活度 a 是离子浓度 c 与活度系数 γ 的乘积($a=\gamma c$),德拜与休克尔(Hückel)从理论上推导出离子活度系数 γ 与溶液的离子强度 I 的关系式为

$$\lg\gamma_i=-AZ_i^2\sqrt{I} \tag{4-188}$$

式中,Z_i 为离子 i 的电荷;A 为与溶剂性质、温度有关的常数。但式(4-188)仅适用于稀溶液,Davies 提出一个修正公式为

$$\lg\gamma_i=-AZ_i^2\left[\frac{\sqrt{I}}{1+\sqrt{I}}-0.2I\right] \tag{4-189}$$

离子强度 I 是溶液中的各种离子的浓度 c 与其价数 Z 的平方乘积的和的一半,有

$$I=\frac{1}{2}\sum_i c_iZ_i^2 \tag{4-190}$$

为了使样品溶液与标准溶液的离子活度系数相同,必须固定这两种溶液的离子强度。氟离子选择性电极对 $[AlF_6]^{3-}$、$[FeF_6]^{3-}$ 等配离子和氟化氢缔合物形式的氟无响应或响应甚微。因此,在含氟溶液中加入总离子强度调节缓冲剂(total ionic strength adjustment buffer,TISAB,其组成及离子强度见表 4.31)兼备以下作用:①大量的 TISAB 离子使溶液的总离子强度基本固定不变;②该缓冲溶液(pH 为 5.0~5.5)消除了 OH^- 的干扰,并且不易形成氟化氢缔合物;③其柠檬酸盐能配合 Al^{3+}、Fe^{3+} 等离子,使原来被它们缔合的氟离子释放出来。

表 4.31　TISAB 的组成与离子强度

组　成	$c_iZ_i^2$
NaCl($1mol \cdot L^{-1}$)	$1\times1^2+1\times1^2=2$
HAc($0.25mol \cdot L^{-1}$)	≈0
NaAc($0.75mol \cdot L^{-1}$)	$0.75\times1^2+0.75\times1^2=1.5$
柠檬酸三钠($0.001mol \cdot L^{-1}$)	$0.001\times3^2+0.003\times1^2=0.012$

$$I=\frac{1}{2}\sum c_iZ_i^2=(2+0+1.5+0.012)/2mol \cdot L^{-1}=1.75mol \cdot L^{-1},pH=5.0\sim5.5$$

【仪器试剂】

1. 仪器

pH 510 型 pH 计/离子计(上海伟业仪器厂);电磁搅拌器;氟离子选择性电极;饱和甘汞电极(217 型)。

2. 试剂

(1) F^- 标准溶液($0.1000mol \cdot L^{-1}$):准确称取 0.4198g 在 120℃ 干燥后的氟化钠

(A. R.),以蒸馏水溶解后转入 100mL 容量瓶中,用水稀释至刻度,混匀转移至塑料瓶中储备。

（2）TISAB(总离子强度调节缓冲溶液)：在 500mL 水中,加入 57mL 冰醋酸(A. R.)、58.5g 氯化钠和 0.3g 柠檬酸钠(A. R.),用水稀释至 1L,pH 值为 5.0～5.5。

【实验步骤】

（1）配制浓度为 $1.00 \times 10^{-1} \sim 1.000 \times 10^{-5} mol \cdot L^{-1}$ 的氟标准溶液系列：取 1 个 50mL 的容量瓶,准确加入 5mL 0.1000mol·L⁻¹的氟标准溶液,加入 25mL 总离子强度调节缓冲溶液,用水稀释至刻度,此溶液为 $1.0000 \times 10^{-2} mol \cdot L^{-1}$ 氟标准溶液。然后在 $1.000 \times 10^{-2} mol \cdot L^{-1}$ 标准溶液的基础上逐级稀释成 $10^{-3} \sim 10^{-5} mol \cdot L^{-1}$ 氟标准溶液,每个浓度差为 10 倍(请不要忘记每个标准液加入 22.5mL TISAB 溶液)。配制空白溶液：在 50mL 容量瓶中加入 25mL TISAB 溶液,用去离子水稀释至刻度即可。

（2）氟电极的预处理：将氟离子选择电极和参比电极与酸度计正确连接(氟电极接"测量电极"端,饱和甘汞电极接"参比电极"端)。电极插入去离子水中,在搅拌的条件下洗涤电极至数显表的读数在 +400mV 以上,20min 后更换去离子水,读数波动不超过 5mV,表示电极已进入工作状态,可以进行测量。

（3）标准曲线的绘制：首先测量空白溶液,标准系列由稀到浓进行测量,得电极响应电动势,分别记下读数。最后以 F^- 浓度的对数为横坐标,电动势(mV)为纵坐标,绘制标准曲线。

（4）牙膏中氟含量的测定：准确称取 1g 左右牙膏样品于 50mL 烧杯中,用 25mL TISAB 溶液分数次将牙膏样品(用玻璃棒搅拌)转移至 50mL 容量瓶中,用水定容至刻度。按上述操作步骤测量其组成电池的电动势(mV)。

【注意事项】

（1）测量空白溶液的电位时,将电极在溶液中放置 5min 左右,使其适应缓冲溶液体系。

（2）绘制标准曲线后,应将电极清洗至原空白电位值,再测定未知液。

（3）测定过程中,溶液的搅拌速度应恒定,电极不要碰到搅拌子,不要有气泡,避免放在漩涡中心。

（4）在溶解和转移牙膏样品时,不要剧烈摇动,以免产生大量的泡沫。可以用小功率的超声波清洗器助溶。

（5）实验结束后,参比电极用水冲洗和滤纸拭干,带好保护帽。氟电极用去离子水冲洗后干放。

【数据处理】

（1）将测定结果填入表 4.32,作出 $E/mV-lg(c_{F^-}/mol \cdot L^{-1})$ 工作曲线。

（2）通过统计软件(Origin)求出线性回归方程和相关系数,并计算牙膏中氟的含量,填入表 4.32 中。

表 4.32 离子选择性电极直接测定牙膏中氟含量的结果

F^- 浓度/(mol·L⁻¹)					样 品
E/mV					
测定结果	称取牙膏质量:		g	牙膏中氟含量:	mg·g⁻¹

【思考题】

(1) 实验中加入 TISAB 的作用是什么?

(2) 采用 F^- 选择电极测定氟含量时,工作曲线法和标准加入法各有何优缺点?

(3) 饮用水和食品中的氟含量过高对人体的健康有何影响?

(4) 测定标准溶液前,为什么要先测空白液? 测定标准溶液后,为什么用去离子水而不是空白溶液清洗电极?

(5) 国家标准规定牙膏中允许的氟含量是多少? 实验结果和市售牙膏标准的氟含量相比较,分析可能产生误差的原因。

(6) 什么是 Nernst 响应? 若出现非 Nernst 响应的情况,请分析其原因。

实验 34 恒电流库仑法测定维生素 C 药片中的抗坏血酸含量

【实验目的】

(1) 熟悉库仑仪的使用方法和有关操作技术。

(2) 学习和掌握恒电流库仑法的基本原理和实验方法。

(3) 掌握恒电流库仑法测定维生素 C 药片中抗坏血酸含量的方法。

【实验原理】

恒电流库仑法是由电解产生的滴定剂来滴定待测物质的一种电化学分析法。本实验是以电解产生的 Br_2 来测定抗坏血酸的含量。抗坏血酸与溴能发生氧化-还原反应,有

抗坏血酸　　　　　　　　　　　　脱氢抗坏血酸

该反应能快速而又定量地进行,因此可通过电生 Br_2 来"滴定"抗坏血酸。本实验用 KBr 作电解质来电生 Br_2,电极反应为

$$阳极 \qquad 2Br^- = 2e^- + Br_2$$

$$阴极 \qquad 2H^+ + 2e^- = H_2(g)$$

滴定终点用双铂指示电极安培法来确定,实验装置如图 4.86 所示。即在双铂电极间加一小的电压(约 150mV),在终点前,电生出的 Br_2 立即被抗坏血酸还原为 Br^-,因此溶液未形成电对 Br_2/Br^-。指示电极没有电流通过(仅有微小的残余电流),但当达到终点后,存在过量的 Br_2 形成 Br_2/Br^- 可逆电对,使电流表的指针明显偏转,指示终点到达。定量方法根据法拉第(Faraday)定律计算,有

$$m = Q\frac{M}{nF} \tag{4-191}$$

式中，m 为被滴定抗坏血酸的质量，mg；Q 为电极反应所消耗的电量（本仪器所示电量为 mC）；M 为抗坏血酸的相对分子质量（176.1）；F 为法拉第常量，其值为 96 485C·mol^{-1}；n 为电极反应的电子转移数。

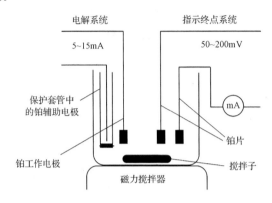

图 4.86　采用电流法指示终点的库仑滴定装置

【仪器试剂】

1. 仪器

KLT-1 型通用库仑仪（江苏电分析仪器厂）；磁力搅拌器，超声波清洗器，500μL 微量移液器；电解池装置，包括双铂工作电极、双铂指示电极。

2. 试剂

电解液：冰醋酸与 0.3mol·L^{-1}KBr 溶液等体积混合。

样品溶液：准确称取一片维生素 C 药片于小烧杯中，用少量蒸馏水浸泡片刻，用玻璃棒小心捣碎，在超声波清洗器中助溶。药片溶解后（药片中有少量辅料不溶），把溶液连同残渣全部转移到 50mL 容量瓶中，用蒸馏水定容至刻度。

【实验步骤】

1. 仪器调节

按库仑分析仪的使用说明，做好库仑仪的调节与准备。

（1）仪器面板上所有键全部弹出，"工作/停止"开关置于"停止"位置。

（2）"量程选择"旋至 10mA 挡，"补偿极化电位"反时针旋至 0，开启电源，预热 10min。

（3）指示电极电压调节：按下"极化电位"键和"电流"、"上升"键，调节"补偿极化电位"，使表指针摆至 20（这时表示施加到指示电极上的电位为 200mV），然后使"极化电位"键复原弹出。

2. 测量

（1）电解池准备：向电解池中加入 70mL 电解液（使用量筒），用滴管向电解阴极管填充足够的电解底液。连接好电极接线，然后将电解池置于磁力搅拌器上。

（2）终点指示的底液条件预设："工作/停止"开关置于"工作"位置。向电解池中加几滴抗坏血酸样品溶液,开动搅拌器,按下"启动"键,再按一下"电解"按钮。这时即开始电解,在显示屏上显示出不断增加的毫库仑数,直至指示红灯亮,记数自动停止,表示滴定到达终点,可看到表的指针向右偏转,指示有电流通过,这时电解池内存在少许过量的 Br_2,形成 Br_2/Br^- 可逆电对,这就是终点指示的基本条件(以后滴定完毕都存在同样过量的 Br_2)。

(3) 样品测定:用微量移液器向电解池中加入 $500\mu L$ 样品溶液,令"启动"键弹出(这时数显表的读数自动回零),再按下"启动"键及按一下"电解"按键,这时指示灯灭并开始电解,即开始库仑滴定,同时计数器开始同步计数。电解至近终点时,指示电流上升,当上升到一定数值时指示灯亮,计数器停止工作,即到达滴定终点。此时显示表中的数值,即为滴定终点时所消耗的毫库仑数,记录数据。

(4) 平行测定样品溶液三份。

【注意事项】

(1) 溶液要新鲜配制,贮备液放置在 5℃ 冰箱中保存,勿超过 2 周。

(2) 库仑仪在使用过程中,断开电极连线或电极离开溶液时必须先释放"启动"键(处于弹出状态),以保证仪器的指示回路受到保护,以免损坏机内的部件。

(3) 测量完毕,释放仪器面板上的所有按键,用蒸馏水清洗电极和电解池。关闭电源,盖好仪器罩。

【数据处理】

根据法拉第定律和电解过程所消耗的电量,计算待测溶液及药片中抗坏血酸的含量,并把有关数据列入表 4.33 中。

表 4.33　维生素 C 药片中抗坏血酸的分析结果

序　号	维生素 C 药片的质量/g	消耗电量/mC	药片中抗坏血酸含量/(mg·g^{-1})		
			单次值	平均值	相对平均偏差/%
1					
2					
3					

【思考题】

(1) 电解液中加入 KBr 和冰醋酸的作用是什么?

(2) 所用的 KBr 若被空气中的 O_2 氧化,将对测定结果产生什么影响?

(3) 电解过程中,阴极上不断析出 H_2 会对电解液的 pH 有何影响?

(4) 为何电解电极的阴极要置于保护套中,而指示电极则不需要?

(5) 如何确定本实验中的电流效率达到 100%?

实验 35　线性扫描伏安法测定废水中的镉

【实验目的】

(1) 学习 CHI750A 电化学工作站的操作使用。

(2) 熟悉铋膜电极的制备,掌握线性扫描伏安法的基本原理。

(3) 掌握线性扫描伏安法测定废水中痕量镉的方法。

【实验原理】

线性扫描伏安法(linear sweep voltammetry,LSV)是一种伏安分析方法。通过将线性电位扫描(电位与时间为线性关系)施加于电解池的工作电极和辅助电极之间,记录工作电极上的电解电流,根据电流-电位曲线的峰电流与被测物浓度呈线性关系,可进行定量分析;由于线性扫描伏安法的电位扫描速度较快,不可逆的氧波影响不大,当被测物质浓度较大时可不必除氧。

Cd^{2+} 在多种底液中都有良好的极谱波。经典的线性扫描伏安法以汞电极为工作电极,$1.0mol \cdot L^{-1}$ HCl 为底液,在 $-0.3 \sim -0.8V$ 范围进行线性电位扫描,Cd^{2+} 在汞电极上发生以下反应:

$$Cd^{2+} + 2e^- + Hg = Cd(Hg) \qquad E_{1/2} = -0.67V(vs. SCE)$$

由于汞具有很强毒性,故其严重污染环境。铋膜电极不仅具有和汞膜电极相似的性能,而且无毒,易制备,灵敏度高,环境友好,对氧波不敏感,是近年来发展的汞膜电极的最佳替代电极。

本实验以乙酸-乙酸钠缓冲液(pH=4.7)为底液,在 $-0.3 \sim -0.9V$ 进行线性电位扫描,Cd^{2+} 在铋膜上还原为 Cd,和铋形成类似于汞齐的合金,且峰电流与浓度成正比,据此可进行定量分析。

实验使用 CHI750A 电化学工作站,它集成了多种常用的电化学测量技术,包括循环伏安法、线性扫描伏安法、阶梯扫描伏安法、差分脉冲伏安法、方波伏安法、交流伏安法、交流阻抗技术等。仪器软件具有很强的数据处理功能,包括电流峰电位、峰高和峰面积(电量)的自动测量,半微分、半积分和导数处理等。通过半微分(semi-derivative)处理,可将伏安波动半峰形转化成峰形,改善了峰形和峰分辨率,有利于多组分的同时测定。

【仪器试剂】

1. 仪器

CHI750A 电化学工作站;三电极系统:铋膜电极为工作电极,Ag/AgCl 电极为参比电极,Pt 电极为辅助电极。

2. 试剂

(1) $5000mg \cdot L^{-1}$ 硝酸铋(A. R.)贮备液;$5000mg \cdot L^{-1}$ 溴化钾(A. R.)贮备液。

(2) 乙酸-乙酸钠缓冲液(pH=4.7):乙酸钠 83g 溶于水,加冰醋酸 60mL,加水定容至 1000mL。

(3) 镀铋液($500mg \cdot L^{-1}$):量取 5mL 硝酸铋贮备液和 5mL 溴化钾贮备液于 50mL 容量瓶中,再用乙酸-乙酸钠缓冲液定容至 50mL。

(4) $500mg \cdot L^{-1}$ Cd^{2+} 标准溶液;样品溶液:含 Cd^{2+} 的废水样(已含缓冲液)。

【实验步骤】

1. 铋膜电极的制备

(1) 取少量 Al_2O_3 粉末于鹿皮上,滴加少量超纯水使其形成悬浊液。将玻碳电极置于其上反复打磨抛光(必要时用 $2mol \cdot L^{-1}$ 硝酸溶液浸泡 20min)。用超纯水冲洗电极,并用滤纸擦干,备用(注意不要碰到玻碳电极表面)。

(2) 依次打开计算机、电化学工作站主机的电源。电化学工作站预热 10min。双击运行 Windows 桌面上的"CHI750 电化学工作站"软件,依次点击菜单栏项目选择实验技术和设置实验参数。

点击"Setup"→"Technique"→"Amperometry i-t Curve"→"OK",选定安培电流-时间曲线技术。

点击"Setup"→"Parameters"→"OK",设置实验参数,其值如表 4.34 所示。

表 4.34　铋膜电极制备实验参数

起始电位/V	采样间隔/V	运行时间/s	静止时间/s	运行时梯度	灵敏度/(A·V^{-1})
−1.0	0.001	300	0	1	5×10^{-5}

(3) 取适量铋溶液于电解池中,插入三电极,将工作电极、参比电极和辅助电极连线与电化学检测池的对应电极正确连接。点击"电化学工作站"工具栏上的"Run"图标,开始电解。电解结束后,用去离子水冲洗制的铋膜电极,于乙酸-乙酸钠缓冲溶液中静置待用。

2. 测量

(1) 取 6 个 25mL 容量瓶,用吸量管分别准确加入 0mL、0.5mL、1.5mL、2.5mL、3.5mL、5mL Cd^{2+} 标准溶液,再用乙酸-乙酸钠缓冲溶液定容,摇匀。

(2) 选择线性扫描伏安法(Linear Sweep Voltmmetry),设置参数示于表 4.35。

表 4.35　线性扫描伏安法实验参数

起始电位/V	终止电位/V	扫描速率/(V·s^{-1})	采样间隔/V	静止时间/s	灵敏度/(A·V^{-1})
−0.3	−0.9	0.1	0.001	30	5×10^{-5}

(3) 溶液由稀至浓倒入电解池中进行测定。点击"电化学工作站"工具栏上的"Run"图标,电位扫描过程开始。扫描结束后,点击工具栏中的"Data Plot"图标,这时将自动给出伏安峰的"E_p-峰电位"和"i_p-峰电流"等数据。每个样品溶液测三次,取其平均值作为峰电流数据。点击"Save as"图标将伏安图保存在指定的目录下。点击"Convolution"→"Semi-derivative"进行伏安数据的半微分处理,记录峰高。

(4) 测定未知液(未知液已含缓冲液,可直接倾入电解池进行测定)。

3. 电极清洗

实验结束后,应清洗玻碳铋膜电极,以便下次使用;选择电流-时间曲线法(Amperometry i-t Curve),清洗电极参数见表 4.36。

表 4.36　电极清洗实验参数

起始电位/V	采样间隔/V	运行时间/s	静止时间/s	运行时梯度	灵敏度/(A·V^{-1})
0.3	0.1	60	0	1	1×10^{-6}

【注意事项】

（1）溶液要新鲜配制。

（2）操作时要注意保护铋膜电极。若铋膜损坏,则伏安波波形会变差(表现为半峰宽变宽或无峰),这时铋膜电极需要重新处理和制备。

（3）为更好地消除铋膜电极的记忆效应,在测试废水样品时,需要多次测定。

（4）仪器使用完毕,参比电极和辅助电极需用蒸馏水冲洗并用滤纸拭干,带好保护帽。

【数据处理】

（1）将实验数据记录在表 4.37 中。以电流峰高为纵坐标,Cd^{2+} 标准溶液的浓度为横坐标,绘制工作曲线。通过软件(Origin)求出线性回归方程和相关系数。

（2）计算待测废液中 Cd^{2+} 的浓度,填入表 4.37 中。

表 4.37　线性扫描伏安法测定废水中镉

Cd^{2+} 浓度/(mg·L^{-1})	常规	半微分$(d^{1/2}i/dt^{1/2})/(A·s^{-1})^{1/2}$
	峰电流值/A	峰电流值/A
10		
30		
50		
70		
100		
未知液		
测定结果/(mg·L^{-1})		

【思考题】

（1）为什么线性扫描伏安法的 i-E 曲线显得光滑、无锯齿状,而普通极谱波却带锯齿?

（2）极谱法和伏安法有什么区别?

（3）本实验中设置的静止时间较长,为 30s,其目的是什么?

（4）消除氧波和极谱极大的干扰一般采用什么方法? 为什么本实验无须特别处理?

（5）与其他测定痕量镉的分析方法相比,本实验方法有什么优缺点? 请通过查阅文献进行讨论。

实验 36 高效毛细管电泳/非接触式电导分离检测瓶装饮用水中的阳离子

【实验目的】

(1) 熟悉毛细管电泳仪的基本原理和操作使用。

(2) 了解非接触式电导检测法(C^4D)的原理和应用。

(3) 学习和掌握饮用水中阳离子的 CE/C^4D 分离检测方法。

【实验原理】

毛细管电泳(Capillary Electrophoresis,CE)又称高效毛细管电泳(High Performance Capillary Electrophoresis,HPCE),统指以高压直流电场为驱动力,以毛细管为分离通道,依据样品中各组分之间淌度和分配行为上的差异而实现高效、快速的新型液相分离分析技术。待测组分在毛细管中的迁移时间是定性的依据,其浓度与电泳峰的峰高(峰面积)的线性关系是定量的依据。

高效毛细管电泳的检测器中,非接触式电导检测(Capacitively Coupled Contactless Conductivity Detection,C^4D)是近年发展起来的一种新型电导检测方法。非接触式电导检测法的电极与待测溶液隔离,避免了因电极与溶液接触而造成的诸多问题,有效地消除了电极中毒问题,电极寿命长,抗干扰能力强,可检测物质的范围广。$CE-C^4D$ 具有通用性好、灵敏度高、分析成本低和环境友好的优点,已成为重要且具有广阔应用前景的分析方法。

本实验采用毛细管电泳－非接触式电导检测法,以 8.0mmol・L^{-1} 三羟甲基氨基甲烷(Tris)＋ 6.0mmol・L^{-1} 酒石酸为电泳运行液,分离电压＋15kV,对瓶装矿泉水瓶签标注阳离子 K^+、Na^+、Ca^{2+}、Mg^{2+} 进行同时分离检测。

【仪器试剂】

1. 仪器

CES2008 毛细管电泳仪(中山大学化学与化学工程学院研制);非接触式电导检测池,熔融石英毛细管(45cm×50μm,L_{eff}＝40cm);超声波清洗器;微量移液器。

2. 试剂

(1) 0.1mol・L^{-1} NaOH 溶液;0.1mol・L^{-1} 酒石酸溶液;0.1mol・L^{-1} Tris 溶液。

(2) 电泳运行液:移取 8.0mL 0.1mol・L^{-1} Tris 溶液、6.0mL 0.1mol・L^{-1} 酒石酸溶液于 100mL 容量瓶中,加超纯水定容至刻度。

(3) 1.0×10^{-4}mol・L^{-1} K^+、Na^+、Ca^{2+}、Mg^{2+} 单一标准溶液:分别称取相应量的 K^+、Na^+、Ca^{2+}、Mg^{2+} 的氯化物于塑料烧杯中,用超纯水溶解和定容后储存在 100mL 聚乙烯塑料瓶中备用。

(4) 样品:市售瓶装饮用水(本实验采用"中大逸仙泉矿泉水")。进样前稀释 30 倍。

【实验步骤】

1. 准备

(1) 将电导检测池的工作电极、辅助电极和高压接地电极与电泳平台上的接线端正确连接。依次打开计算机、检测器(检测方式设为非接触式电导检测)和高压电源(注意:"启动/停止"按钮处于"停止"位置,电压极性为"正高压")的电源开关。检测器预热 30min。双击 Windows 桌面上的"CES2008"图标,待出现"毛细管电泳数据工作站 CES2008"界面后,点击工具栏中的"设置"图标,在弹出的对话框中对参数作如下设置:

速率:5

增益:25

补偿:(缺省值)

点击"确认",设置完毕,准备进行样品测试工作。

(2) 在进样端储液瓶和检测端储液池中各加入约 2/3 体积的电泳运行液。毛细管柱依次用 $0.1mol \cdot L^{-1} NaOH$、超纯水和运行液各冲洗 3min。将毛细管柱的一端插入进样端储瓶中,另一端插入检测端储液池中,与电泳运行液保持接触。将高压电源的"启动/停止"按钮按向"启动"位置。设定"分离电压"值为 $+15kV$(由低到高,用"分离电压"旋钮调节到该电压值),这时可观察到电泳电流值显示为 $2.5\mu A$ 左右。点击"毛细管电泳数据工作站"工具栏中的"背景"图标,背景测试完毕后弹出一个结果框显示当前的背景值,按"确认"键后该值自动作为"参数设置"中的"补偿"值,进行背景扣除。点击工具栏中的"启动"图标,这时记录开始,可观察到屏幕上显示出基线。待基线稳定后,停止记录,并将"启动/停止"按钮按向"停止"位置,准备进样测量。

(3) 样品:吸取 3.00mL 水样(已稀释 30 倍)于干净的进样瓶中,待测。

2. 测量

(1) 进样:取下储液瓶,换上已盛有样品溶液的进样瓶。按下"电进样启动"按钮,仪器就会按照设定的进样参数(进样电压 $+9kV$,进样时间为 5s)自动进样。这时,可观察到电压值由 $0.0 \rightarrow +9kV \rightarrow 0.0$ 的变化。进样结束后,取下进样瓶,换回储液瓶。

(2) 分离:将高压电源的"启动/停止"按钮按向"启动"位置。随后,点击数据工作站软件中的"背景"图标,再点击"启动"图标,开始记录电泳谱图。待 K^+、Na^+、Ca^{2+}、Mg^{2+} 的电泳峰出现后再运行 1min,点击工具栏中的"停止"图标,这时记录停止。随后,将高压电源的"启动/停止"按钮按向"停止"位置。点击软件中的"保存"图标,将电泳图谱保存在指定的目录下。

(3) 加标:用微量移液管依次、逐一移取 $100\mu L$ K^+、Na^+、Ca^{2+}、Mg^{2+} 单一标准溶液加入盛有水样的进样瓶中,按照(2)和(3)的操作步骤,观察峰高变化情况,并"保存"电泳谱图在指定目录下。

3. 计算

依据测量步骤(2)和(3)的结果,用标准加入法的定量公式计算所测定原始水样中 K^+、Na^+、Ca^{2+}、Mg^{2+} 的含量。

【注意事项】

（1）电泳运行液应新鲜配制。贮备液保存在 5℃冰箱中，勿超过 3 天。

（2）配制 K^+、Na^+、Ca^{2+}、Mg^{2+} 标准溶液时，先配制较高浓度的溶液，再稀释至所需浓度。

（3）K^+、Na^+、Ca^{2+}、Mg^{2+} 是常见离子，样品极易被污染。为消除干扰，可做"空白"实验：先用空白水样（超纯水）进行测定，在确定无干扰后，再在其基础上加入 $100\mu L$ 标准溶液，观察干扰情况。

（4）在清洗进样瓶时，注意防止手指上的盐分对样品的污染。

（5）为避免干扰，水样中只加入一种标准离子溶液。当加入另一种标准溶液离子时，需重新取水样。

（6）文中的电泳电流为参考值，实际值会因毛细管的内径和长度的差异而有所偏离。

（7）实验室环境的湿度必须保持在 75% 以下，室温保持恒定。

（8）毛细管中以及毛细管端口应避免引入空气泡。

（9）每次进样之前，用运行液冲管子 3min，走基线 4min。

（10）实验结束后，检测池在超声波清洗器中超声清洗 2min，并用超纯水冲洗干净。毛细管柱用超纯水冲洗干净后保存。

【数据处理】

点击"CES2008 数据工作站"工具栏中的"打开文件"图标，分别调出已保存的 CE-C⁴D 谱图。点击工具栏中的"峰高"或"峰面积"图标，可自动给出电泳峰的"峰高"或"峰面积"数据（也可手动测量）。在电泳峰的峰顶位置按下右键，可读取电泳峰的"迁移时间"。依据实验步骤（4）的结果，观察各个离子电泳峰的峰高变化情况，确定各个电泳峰所对应的离子组分。将结果记录于表 4.38 中。依据测量步骤（2）和（3）的测量结果，分别量出未加标前各个离子电泳峰的峰高和加标后的峰高，再通过标准加入法的定量公式，分别计算出原始水样中 K^+、Na^+、Ca^{2+}、Mg^{2+} 的含量（注：原始水样已稀释 30 倍）。将测定结果记录于表 4.39 中。通过"编辑"菜单栏中的"谱图共享"功能，可以将 CE-C⁴D 谱图复制、粘贴到 Word 文档中，作为实验报告的素材。

1. 4 种离子的电泳峰鉴定

表 4.38　K^+、Na^+、Ca^{2+}、Mg^{2+} 4 种离子的 CE-C⁴D 分离鉴定结果

电泳峰序号	迁移时间	鉴定离子
1		
2		
3		
4		

2. 瓶装饮用水中 4 种阳离子的含量测定

表 4.39　装饮用水中 K⁺、Na⁺、Ca²⁺、Mg²⁺ 的 CE-C⁴D 分离检测结果

待测组分	样品(峰高)	样品＋标准(峰高)	离子含量/(mg·L⁻¹)
K⁺			
Na⁺			
Ca²⁺			
Mg²⁺			

3. 结果分析

测定结果与瓶签标注含量进行对比。对分析结果进行评价。

【思考题】

(1) 接触式电导与非接触式电导的主要区别是什么？

(2) 影响 K⁺、Na⁺、Ca²⁺、Mg²⁺ 的电泳出峰顺序(迁移时间)的因素是什么？

(3) 酒石酸和三羟甲基氨基甲烷各起什么作用？

(4) 毛细管电泳中定量分析的方法有哪几种？本实验为什么要采用标准加入法定量？

(5) 毛细管电泳中的进样方法有哪几种？本实验采用电动进样有什么优点？

实验 37　微波辅助提取-高效液相色谱法测定蔬果中的抗坏血酸含量

【实验目的】

(1) 掌握高效液相色谱法的原理及应用。

(2) 熟悉微波辅助提取的原理和一般样品的前处理方法。

(3) 掌握校准曲线定量法。

(4) 测定某些蔬果中的抗坏血酸含量。

【实验原理】

维生素 C 又称抗坏血酸,是一种水溶性维生素。抗坏血酸在体内参与多种反应,如氧化还原过程,在生物氧化和还原作用以及细胞呼吸中起重要作用。人体内缺乏抗坏血酸时容易导致坏血病。同时,由于抗坏血酸是一种水溶性的强有力抗氧化剂并参与胶原蛋白的合成,它同时还具有防癌、预防动脉硬化、治疗贫血、抗氧化和提高人体免疫力等功效。抗坏血酸在蔬果中普遍存在,尤其是柑橘类水果中含量较高。樱桃、番石榴、辣椒、猕猴桃等水果中抗坏血酸含量在 $50\sim300\text{mg}\cdot(100\text{g})^{-1}$。

高效液相色谱法(High Performance Liquid Chromatography,HPLC)是在经典液相色谱法的基础上,于 20 世纪 60 年代后期引入了气相色谱理论而迅速发展起来的。它与经典液相色谱法的区别是填料颗粒小而均匀,小颗粒具有高柱效,但会引起高阻力,使用高压输送流动相,实现了色谱分离的快速、高效,是复杂体系分离分析应用最为广泛的手段。

微波辅助萃取(Microwave-assisted extraction,MAE),是根据不同物质吸收微波能力的差异使得基体物质的某些区域或萃取体系中的某些组分被选择性加热,从而使得被萃取物质从基体或体系中分离。微波辅助萃取具有快速高效、操作简便、节省溶剂等优点,在天然产物、环境、食品等领域中得到广泛应用。

本实验采用微波辅助萃取法快速萃取蔬果中的抗坏血酸并采用高效液相色谱进行分析,以抗坏血酸标准系列溶液的色谱峰面积对其浓度做校准曲线,根据样品中抗坏血酸的峰面积,由校准曲线计算其浓度。

【仪器试剂】

1. 仪器

高效液相色谱仪:LC-20A(岛津香港有限公司);微波辅助萃取仪(上海新仪微波化学科技有限公司);色谱柱:C18柱(250mm×4.6mm, I. D. 5μm);平头进样器。

2. 试剂

乙腈(色谱纯),冰醋酸、抗坏血酸、磷酸二氢钾等均为分析纯;青椒、番石榴或西红柿等蔬果样品。实验用水为超纯水。

抗坏血酸标准溶液:快速准确称取0.025g抗坏血酸,用$1mol \cdot L^{-1}$乙酸溶液溶解,定量转移至250mL容量瓶中,用$1mol \cdot L^{-1}$乙酸溶液定容,得到$100mg \cdot L^{-1}$标准溶液备用,现用现配。

3. 色谱条件

流动相:3%的乙腈-$0.05mol \cdot L^{-1} KH_2PO_4$水溶液(体积比);流速$1mL \cdot min^{-1}$;柱温30℃,紫外检测波长265nm;进样量10μL。

【实验步骤】

(1) 按操作说明开启液相色谱仪,设定方法参数。

(2) 样品准备:准确称取切碎的蔬果样品5.0g,以$1mol \cdot L^{-1}$乙酸50mL为萃取溶剂,选择恒温模式,微波功率设为自动,萃取时间为10min,萃取温度设定为50℃,平行萃取两次。萃取液过滤后用$1mol \cdot L^{-1}$乙酸溶液定容至100mL,制成供试品溶液。

(3) 定性分析:分别取10μL $50mg \cdot L^{-1}$的维生素C标准溶液和供试品溶液,进HPLC分析。根据保留时间定性分析蔬果中的抗坏血酸。

(4) 校准曲线绘制:分别配制$5mg \cdot L^{-1}$、$20mg \cdot L^{-1}$、$50mg \cdot L^{-1}$、$80mg \cdot L^{-1}$、$100mg \cdot L^{-1}$的抗坏血酸样品溶液,待液相色谱稳定后进样分析,平行测定3次。以抗坏血酸色谱峰面积对浓度作图,绘制校准曲线。

(5) 定量分析:供试品溶液经0.45μm微孔滤膜过滤后进行HPLC分析。平行测定3次,记录其抗坏血酸的色谱峰面积;根据校准曲线计算蔬果样品中抗坏血酸的含量,结果以$mg \cdot (100g)^{-1}$表示。

(6) 实验结束后,按要求清理好仪器。

【注意事项】

（1）不同蔬果中抗坏血酸含量有较大差异，应注意保证样品溶液浓度在校准曲线范围内。

（2）校准曲线绘制和实际样品测定条件应严格一致。

（3）应在老师指导下使用微波萃取仪和液相色谱仪。

【数据处理】

（1）定性分析：对照样品色谱图与标准溶液色谱图，根据保留时间定性。

（2）以抗坏血酸标准溶液浓度为横坐标，峰面积为纵坐标，绘制标准曲线。

（3）根据校准曲线计算蔬果样品中抗坏血酸的含量，结果以 $mg \cdot (100g)^{-1}$ 表示，并列表比较各种蔬果抗坏血酸含量差别，计算精密度。

【思考题】

（1）校准曲线法有什么优缺点？液相色谱法中常用的定性定量方法有哪些？

（2）如何快速建立未知物的液相色谱方法？一般应考虑哪些主要因素？

（3）微波辅助萃取法为什么能达到快速高效的萃取效果？

（4）试比较液相色谱法和气相色谱法的优缺点。

（5）查阅文献，比较高效液相色谱法和超临界流体色谱法的优缺点。

实验 38　塞曼校正技术石墨炉原子吸收直接测定珠江水中的锰

【实验目的】

（1）了解直流磁场塞曼效应的校正背景的测量原理。

（2）掌握 Z2000 塞曼原子吸收光谱仪（ZAAS）操作和仪器条件参数的优化方法，及其在痕量元素分析中的应用。

（3）初步掌握原子光谱分析法中的样品处理方法。

【实验原理】

Z2000 塞曼原子吸收光谱仪是把一直流磁场（1T）加到石墨炉原子化器上的吸收线调制法的类型。当空心阴极灯发射的共振线经过旋转偏振器后，产生两束偏振面不同的偏振光 $P_\parallel$（平行于磁场）和 $P_\perp$（垂直于磁场），且交替通过吸收池。当 $P_\parallel$ 光束通过原子化器时产生原子吸收加背景吸收信号，即为样品束；当 $P_\perp$ 通过时，不为原子蒸气所吸收，而背景吸收因不受光的偏振性影响而产生背景吸收，两信号经对数转换后相减便得到净原子吸收信号。

【仪器试剂】

1. 仪器

Z2000 塞曼原子吸收光谱仪；Mn 空心阴极灯；热解涂层石墨管；100mL 烧杯 18 个；25mL 比色管 18 支；10mL 比色管 5 支；25mL 吸量管 1 支；10mL 吸量管 1 支；5mL 吸量管 1 支；2mL 吸量管 2 支；1mL 吸量管 1 支；125mL 抽滤瓶 4 个。

2. 试剂

(1) $1000\mu g \cdot mL^{-1}$ Mn 标准液(国家钢铁材料测试中心钢铁研究总院)。

(2) $50.0\mu g \cdot mL^{-1}$ Mn 中间液:吸取 2.5mL Mn 标准液于 50mL 容量瓶中,用超纯水定容至刻度。

(3) $1.0\mu g \cdot mL^{-1}$ Mn 中间液:吸取 1.0mL 贮备液于 50mL 容量瓶中,用超纯水定容至刻度。

(4) $0.10\mu g \cdot mL^{-1}$ Mn 标准使用液:吸取 5.0mL 中间液于 50mL 容量瓶中,用超纯水定容至刻度。

(5) 10%磷酸二氢铵液:称取 10g 磷酸二氢铵溶于 100mL 容量瓶中,用超纯水定容至刻度。

3. 仪器测定参数

仪器测定参数见表 4.40。

表 4.40　测定参数

元　素	Mn	石墨炉升温程序	(温度/℃)/(时间/s)
分析波长/nm	279.5		40-80/15
狭缝/nm	1.3	干燥	80-120/10
灯电流/mA	7.5		120-120/5
进样量/μL	20	灰化	120-1000/15
载气流量/(mL·min^{-1})	200		1000-1000/10
原子化时停气		原子化	2600/6
记录信号方式	Peak area	净化	2700/3

【实验步骤】

1. 分析校准曲线

于 5 个 10mL 比色管中分别加入 0.00mL、0.20mL、0.40mL、0.60mL、0.80mL Mn 使用液,1mL 10% 磷酸二氢铵和 0.1mL 硝酸(G.R.)。用超纯水稀释至刻度,摇匀,测定,将测得的吸光度(峰面积)对浓度作图。

2. 水样分析

吸取 25mL 水样于 100mL 烧杯中,加入 2.0mL 浓硝酸,在电炉上加热蒸干。加入 8.0mL 超纯水,转动烧杯,使吸附在杯壁上的金属离子溶于水中,抽滤,除去不溶物,将烧杯再用 2.0mL 超纯水清洗两次,抽滤,将滤液转入 25mL 的比色管中,用 2.0mL 超纯水将抽滤瓶清洗两次,清洗液转入比色管中,加入 2.5mL 的 10% 磷酸二氢铵,再用超纯水定容至刻度。

取相同体积的超纯水,同样步骤做对照实验。

3. 回收率实验

于 100mL 烧杯中加入 0.5mL 使用液,再加入 25mL 珠江水和 2.0mL 硝酸(G.R.),在电炉上加热蒸干。加入 8mL 超纯水,转动烧杯,使吸附在杯壁上的金属离子溶于水中,抽滤,除去不溶物,将烧杯再用 2.0mL 超纯水清洗两次,抽滤,将滤液转入 25mL 的比色管中,用 2.0mL 超纯水将抽滤瓶清洗两次,清洗液转入比色管中,加入 2.5mL 的 10%磷酸二氢铵,再用超纯水定容至刻度。

4. 检出限

配空白溶液 9 份,用仪器测得的吸光度值计算空白标准偏差,再计算出检出限。

【思考题】

(1) 对于珠江水中 Mn 的直接分析,使用塞曼效应校正法有什么优点?
(2) 石墨炉原子吸收法的仪器条件参数有哪些,如何优化这些参数?
(3) 原子光谱中的样品处理方法有哪些?
(4) 查阅文献,评价测定水体中的镉和铅的各种方法的优缺点。

实验 39　流动注射-化学发光法测定眼药水中盐酸环丙沙星含量

【实验目的】

(1) 掌握流动注射技术的基本原理以及化学发光分析法的基本原理。
(2) 熟悉流动注射-化学发光分析系统的工作原理及仪器使用方法。
(3) 掌握流动注射化学发光法测量眼药水中盐酸环丙沙星含量的方法。

【实验原理】

化学发光(Chemiluminescence)是指某些化学反应中发出可见光的现象。某些化合物分子吸收化学能后,被激发到激发态,再由激发态返回至基态时,以光量子的形式释放出能量,这种化学反应称为化学发光反应。化学发光现象通常出现在放热化学反应中,包括直接化学发光反应和间接化学发光反应(图 4.87)。

$$A+B \longrightarrow C^*$$
$$C^* \longrightarrow C+h\nu$$

$$A+B \longrightarrow C^*+D$$
$$C^*+F \longrightarrow F^*+C$$
$$F^* \longrightarrow F+h\nu$$

直接化学发光反应　　　　间接化学发光反应

图 4.87　化学发光反应类型

图 4.87 中,A 和 B 为反应物;C 为激发态产物;D 为其他产物;F 为参与反应的第三种物质;h 为普朗克常量;ν 为发射光子的频率。

化学发光反应可在液相、气相、固相中进行。利用测量化学发光强度对物质进行分析测定的方法称为化学发光分析法,其特点是:灵敏度高,可达 10^{-3} mg·L^{-1},甚至更低;选择性好,对于多种污染物质共存的大气,通过化学发光反应和发光波长的选择,可不经分离就能有效地进行测定;线性范围宽,通常可达 5～6 个数量级。为此,该方法在环境监测、生化分析等领域得到较广泛的应用。

流动注射(Flow Injection)法是在 20 世纪 70 年代中期出现的溶液处理技术中的新观念，摆脱了溶液化学分析平衡理论的束缚，使非平衡条件下的化学分析成为可能。流动注射技术具有装置小型化，操作简单；自动化程度高，分析速度快；分析结果重现性良好；所需试剂量少；灵敏度高，检测限低等优点，是一种容易实现现场与邻近实验室联线的自动分析系统。将流动注射技术与化学发光分析法结合，通过液体传输设备(蠕动泵)，注样器(十六通注样阀)，反应器，流通式检测器(流通式盘管)和信号读出装置，应用于复杂体系的检测等，已成为分析化学中一种有效的微量或痕量分析方法，并形成分析化学的一个全新领域。

盐酸环丙沙星属于第三代喹诺酮类药物，抗菌能力强，临床广泛用于革兰氏阳性菌和革兰氏阴菌引起的感染，对内酰胺抗生素、氨基糖苷类以及四环素等多重耐药菌具有较好的抗菌活性。测定盐酸环丙沙星的分析方法主要有高效液相色谱法、毛细管电泳法、分光光度法、电位法、极谱法等。研究表明：在酸性条件下，盐酸环丙沙星对 Ce^{4+}-Na_2SO_3 化学发光体系具有强的增敏作用，据此可建立盐酸环丙沙星的流动注射分析法。该方法用于盐酸环丙沙星滴眼液含量的测定，具有分析速度快、仪器设备简单、灵敏度高等优点。

【仪器试剂】

1. 仪器

BPCL 微弱发光测量仪(中国科学院生物物理研究所)；HL-2D 蠕动泵(上海青浦沪西仪器厂)；八通阀(杭州)；计算机。

测定系统流路如图 4.88 所示。

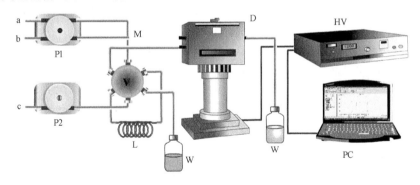

图 4.88 流动注射-化学发光系统示意图

P1, P2. 蠕动泵；M. Y 型连接管；V. 十六通阀；L. 采样环；W. 废液；D. 微弱发光测量仪(内含流通池)；
HV. 负高压；PC. 电脑；a. Na_2SO_3；b. 盐酸环丙沙星；c. 酸性硫酸铈

2. 试剂

硫酸铈溶液：4.0×10^{-4} mol·L^{-1}(用 0.05mol·L^{-1} 硫酸溶解)；亚硫酸钠溶液：8.0×10^{-2} mol·L^{-1}；盐酸环丙沙星标准溶液：100.0mg·L^{-1}(用 0.04mol·L^{-1} 盐酸溶解)；盐酸环丙沙星滴眼液〔规格 5mL：15mg(按环丙沙星计)，湖北东盛制药有限公司〕。

【实验步骤】

1. 仪器准备

（1）接通电源，启动计算机；打开 BPCL 微弱发光测量仪主机电源，预热 30min，选择所需温度及负高压。打开快门（探测器样品室右下方旋钮：指示柄端头位于红色标记处，快门打开；绿色标记处，快门关闭），开启 BPCL 微弱发光测量仪测量程序，设定参数后启动测量。

（2）按图 4.88 组装流路。开启蠕动泵 P1、P2，旋紧蠕动泵上面及两侧的 4 个旋钮（力度相同以保证同一流速下的样品进样速度一致），选择蠕动泵转向（方向错误将导致蠕动泵卡住），选择流速（60rpm）。依次用 $0.1mol \cdot L^{-1}$ 硝酸、$0.1mol \cdot L^{-1}NaOH$、二次蒸馏水清洗流路，直至基线稳定（基线的信号值与所加负高压数值有关。当负高压为 $-750V$ 时，基线的化学发光信号为 100）。

2. 数据测量

（1）用 $100.0mg \cdot L^{-1}$ 的盐酸环丙沙星贮备液，配制浓度为 $0.1\sim10mg \cdot L^{-1}$ 的盐酸环丙沙星标准溶液系列。

（2）绘制标准曲线：开启蠕动泵 P2（60rpm），由微弱发光仪检测以酸性硫酸铈溶液作为载流的发光强度信号，获得稳定化学发光基线信号；开启蠕动泵 P1（60rpm），Na_2SO_3 溶液和超纯水在 M 处混合（空白），通入并充满十六通阀（V）的样品环（15s）。转动十六通阀，检测化学发光信号。平行测量三次。将 Na_2SO_3 溶液和盐酸环丙沙星标准溶液（浓度由低到高）在 M 处混合（标样），通入并充满十六通阀（V）的样品环（15s）。转动十六通阀，检测化学发光信号，得到时间-化学发光信号图。保存，导出为 .txt 或 .xls 文件后，导入 Origin 处理。绘制浓度-相对发光强度标准曲线，拟合得浓度-相对发光强度线性方程。

（3）盐酸环丙沙星滴眼液按标示稀释为 $10mg \cdot L^{-1}$（按环丙沙星计），按（2）操作依次测定空白、盐酸环丙沙星滴眼液样品，平行测量 3 次。完成检测后选择停止检测，保存，导出为 .txt 或 .xls 文件后，导入 Origin 处理。读出峰值，计算眼药水中的实际盐酸环丙沙星含量。

3. 实验结束

（1）清洗流路：同仪器准备（2），用超纯水清洗所有管路 5min 后，将管中超纯水全部排空。关闭快门，旋松蠕动泵旋钮，关闭 BPCL 主机。

（2）关闭电脑，洗净试剂瓶，容量瓶，清洁台面，关闭实验室电源后方可离开。

【实验数据】

1. 静态法测动力学曲线

采用分立取样式，研究该体系的化学发光反应动力学曲线，即记录在反应物部分混合后，发光强度随时间的变化曲线。观察化学发光强度随时间的变化情况。

2. 体系条件优化

1）硫酸铈浓度
在 Na_2SO_3 浓度 $8 \times 10^{-4} mol \cdot L^{-1}$，蠕动泵转速 60rpm 的条件下，分别考察超纯水（空

白)、10mg·L^{-1}环丙沙星标准溶液与不同浓度 Ce^{4+}溶液($1\times10^{-5}\sim5\times10^{-3}$ mol·L^{-1})混合的化学发光相对强度变化。

2)亚硫酸钠浓度

在 Ce^{4+}浓度 5.0×10^{-4} mol·L^{-1},蠕动泵转速 60rpm 的条件下,分别考察超纯水(空白)、10mg·L^{-1}环丙沙星标准溶液与不同浓度 Na$_2$SO$_3$ 溶液($1.0\times10^{-4}\sim1.0\times10^{-1}$ mol·L^{-1})混合的化学发光相对强度变化。

3. 校准曲线、精密度和检出限

在选定的最佳条件下,测量相对发光强度与盐酸环丙沙星浓度在 0.10mg·L$^{-1}\sim$15mg·L^{-1}范围的关系,做出线性关系图,拟出回归方程。对 1.00mg·L^{-1}盐酸环丙沙星标准溶液平行测定 11 次,求出相对标准偏差,计算出检出限。

4. 样品测定

取盐酸环丙沙星滴眼液,(按标示量)用二次蒸馏水稀释为不同的浓度为样品Ⅰ、Ⅱ、Ⅲ,采用该实验方法测定其含量,同时进行标准加入回收实验。计算含量测定值,加标回收率及标准偏差结果,并列于表 4.41 中。

表 4.41 盐酸环丙沙星滴眼液的测定

试 样	眼药水稀释液测得量 /(mg·L^{-1})	加标量 /(mg·L^{-1})	测得总浓度 /(mg·L^{-1})	回收率/%	RSD/%
Ⅰ		1			
		3			
		5			
Ⅱ		2			
		4			
		6			
Ⅲ		1			
		3			
		7			

【注意事项】

(1)使用前一定要清洗流路,使基线值足够低和稳定。

(2)不能使探测器顶盖和快门同时处于开启状态,否则会损坏探测器中的光电转换器。

(3)调整合适的负高压和温度,温度控制器:由于热量是从加热器向样品传导,样品的热量向环境散发,因此样品实际温度低于加热器温度。视环境温度不同,差值在 2~4℃。

(4)负高压的选择:查看标准光源计数率与高压关系曲线,找出光源计数率为 10000·s^{-1}到 30000·s^{-1}的区域为合适,选取此范围内的某一负高压值。

(5)测量完标准曲线后,要重新走空白,使其峰值和标准曲线时的空白相近,然后才可以测量眼药水中盐酸环丙沙星的含量。

【思考题】

(1) 化学发光和其他分子发光(荧光、磷光)比较,有什么异同点?

(2) 为什么测量完一系列标准样品溶液后要走空白到基线值相近,然后才可以测量眼药水中样品的浓度?

(3) 与其他测量盐酸环丙沙星的分析方法相比,本实验方法有何优缺点?

(4) 流动注射法的意义,以及六通阀的作用是什么?

实验 40　气相色谱-质谱联用技术分析植物精油成分

【实验目的】

(1) 了解气相色谱-质谱仪的工作原理及其基本结构。

(2) 学习使用气相色谱-质谱仪对未知挥发性有机化合物结构进行定性分析。

(3) 掌握天然产物中挥发性有机化合物的提取和样品前处理方法。

【实验原理】

气相色谱法(Gas Chromatography,GC)是一种应用非常广泛的分离手段,它是以惰性气体作为流动相的柱色谱法,其分离原理是基于样品中的组分在两相间分配上的差异。质谱法(Mass Spectrometry,MS)是利用带电粒子在磁场或电场中的运动规律,按照质荷比进行分离分析。它可以给出化合物的相对分子质量、分子式和结构信息,具有定性专属性、灵敏度高、检测快速等特点。将色谱法与质谱联用,可解决色谱定性困难的问题。气相色谱-质谱联用(GC-MS)是最早实现商品化的色谱联用仪器。GC-MS 被广泛应用于复杂组分的分离与鉴定,它具有 GC 的高分辨率和 MS 的高灵敏度,是各种有机化合物定性定量分析的有效工具。

柑橘、柠檬、橙子等果皮中含有香味独特的挥发油,具有提高情绪和缓解焦虑的作用。挥发油中主要风味成分是萜烯类化合物,其中 80% 以上是柠檬烯。目前,提取柑橘类植物精油的主要方法有冷榨法、蒸馏法、溶剂萃取法和超临界流体萃取法。其中,冷榨法通过压力作用将柑橘外果皮上的油囊细胞压破,使精油渗出,经分离、精制得到冷榨精油。蒸馏法是将柑橘皮放入蒸馏器中,用水蒸气蒸馏提取,柑橘外果皮上的油囊细胞在高温作用下破裂,精油渗出后随水蒸气馏出,经冷凝、分离和精制后得到蒸馏精油。溶剂萃取法采用己烷、石油醚、异丙醇、乙酸乙酯等有机溶剂萃取植物精油成分;超临界流体萃取法主要采用超临界二氧化碳流体进行萃取。

本实验采用 GC-MS 分析市售柑橘、柠檬和橙皮的精油成分,混合样品经 GC 分离成单一组分,并进入离子源,在离子源样品分子被电离成离子,离子经过质量分析器之后即按 m/z 顺序排列成谱,经检测器和计算机采集并储存质谱,经过适当处理可得到样品的色谱图、质谱图等。比较不同果皮精油成分差别,并分别采用冷榨法和水蒸气蒸馏提取以上三种果皮中植物精油,采用 GC-MS 分离分析以及结构定性,分析不同提取方法所得成分的差别。

【仪器试剂】

1. 仪器

气相色谱-质谱联用仪：Trace GC-Trace DSQ(美国菲尼根质谱公司)；水蒸气蒸馏装置。

2. 试剂

新鲜橘皮、橙皮和柠檬皮、正己烷、无水硫酸钠,这些试剂均为分析纯。有机相针式过滤器 (13mm×0.45μm)；市售橘皮精油、橙皮精油和柠檬精油。

3. GC-MS 分析条件

色谱柱为 DB-5 MS(30m×0.25mm×0.25μm)弹性石英毛细管柱,进样口温度 280℃；分流比为 1∶30；色谱柱程序升温条件：初始温度设定 50℃,保留 2min,以 10℃·min^{-1} 升温至 80℃,保留 2min,再以 12℃·min^{-1} 升温至 150℃,保留 3min,最后以 15℃·min^{-1} 升温至 290℃,保留 1min。载气流速 1.0mL·min^{-1},恒流模式；接口温度 280℃；质谱质量扫描范围 为 10~500amu,扫描速度 5 次·s^{-1},离子源温度 230℃,溶剂切割时间 3min,载气：高纯氦气 (>99.99%)。

【实验步骤】

1. GC-MS 仪器准备

按仪器操作要求开机,抽真空,待真空度达到要求,通过"峰监控"窗口检查仪器状况,必要时进行调谐,校正仪器。

2. 样品前处理

1) 市售植物精油样品制备

分别称取市售橘皮精油、橙皮精油和柠檬精油 0.05g,加入 10mL 丙酮,混匀定容。将上述溶液稀释 50 倍,用一次性注射器吸取 1mL,有机相针式过滤器过滤转移至样品瓶中,进样 1μL。

2) 冷榨法提取植物精油

取新鲜橘皮、橙皮和柠檬皮,在研钵中研磨压榨,快速加入 5mL 丙酮到研钵中,用一次性注射器吸取,干燥除水,有机相针式过滤器过滤转移至样品瓶中,进样 1μL。

3) 水蒸气蒸馏法提取植物精油

称取 20g 新鲜橘皮、橙皮或柠檬皮剪成小碎片,放入 500mL 圆底烧瓶中,加水刚好没过样品,直接进行水蒸气蒸馏。水蒸气蒸馏装置如图 4.89 所示。加沸石,并注意调节加热装置的功率,防止爆沸,提取 1h,待馏液达 50mL 左右即可停止。这时可观察到馏出液水面上浮着一层薄薄的油层。将馏出液倒入 125mL 分液漏斗中,用正己烷萃取两次,每次 5mL,合并有机相,加入无水 Na$_2$SO$_4$ 除水,用一次性注射器吸取 1mL,有机相针式过滤器过滤转移至样品瓶中,进样 1μL。

3. GC-MS 分析

设定 GC-MS 实验参数,依次进样分析市售三种市售精油、冷榨法提取植物精油和水蒸气

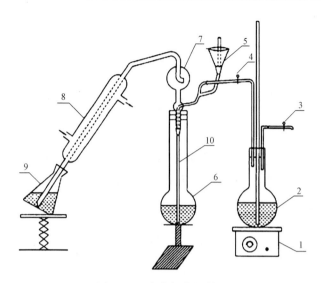

图 4.89　水蒸气蒸馏装置

1. 加热台；2. 盛水圆底烧瓶；3,4. 止水夹；5. 漏斗；6. 盛样品长颈圆底烧瓶；7. 球形玻璃；
8. 冷凝管；9. 接收瓶；10. 水蒸气导管

蒸馏提取精油，通过 NIST 谱库搜索，鉴定其化学结构，并计算每种成分的峰面积相对百分数，比较和讨论不同提取方法所得化学成分的差别。

【注意事项】

(1) 水蒸气蒸馏提取精油一定要加沸石，提取过程中要注意照看，以防止水倒吸或喷出。

(2) 有机溶剂注意回收。

(3) 应在老师指导下使用 GC-MS 仪。

【数据处理】

(1) 对得到的总离子流色谱图(TIC)，在不同保留时间处进行谱库搜索，通过与标准谱库质谱图比对，得到相应的匹配物质，根据匹配度可对各峰定性。

(2) 列出所有的物质，并结合其他知识确定各峰所对应的具体物质名称。

(3) 列表比较不同样品、不同提取方法所得到物质成分的差别，列出名称、化学式以及相对峰面积等。

(4) 绘制样品的总离子流色谱图，给出色谱峰定性结果(含质谱检索结果、物质名称、保留时间)。

【思考题】

(1) GC-MS 与 GC 分析比较有哪些优点？

(2) GC-MS 分析为什么要设定溶剂延迟和分流进样？

(3) 橘皮精油、橙皮精油和柠檬皮精油成分有什么差别？

(4) 冷榨法及水蒸气蒸馏提取法所得挥发油与市售精油的化学成分有什么异同？

(5) 还有哪些植物精油的萃取和分析方法？通过查阅文献，列举 3 种新型挥发油萃取(包括亚临界二氧化碳萃取等)和分析的方法，并与传统方法比较，说明其优点。

实验 41　微波消解-旋转圆盘电极法检测食品中的重金属含量

【实验目的】

(1) 掌握食品类样品的前处理方法和操作要点。
(2) 掌握溶出伏安分析法的原理及熟悉电化学工作站的使用。
(3) 掌握分析检测技术的条件优化方法。

【实验原理】

Pb 和 Cd 是食品中重要的有害重金属元素，一般以离子形态存在；而 Zn 则是对人体有益的元素，需重视摄入补充。开展食品中 Pb、Cd 和 Zn 的分析，对改善饮食结构、指导配膳、监测环境污染、预防和治疗疾病等方面都有十分重要的意义。电化学方法具有简便、灵敏、快速的特点，被广泛应用于食品和环境中重金属污染的检测。

溶出伏安法是一种重要的电化学分析方法。溶出伏安法的测定包括富集、静止和溶出等基本过程：工作电极在恒电位条件下将被测物质富集在电极表面，静止一段时间后，施加反向电压于工作电极，使被富集的物质电化学溶出，同时记录相应的伏安响应。

在溶出伏安分析中，通常使用静止的工作电极。旋转圆盘电极（Rotating Disk Electrode, RDE）技术是一种流体动力学技术，可用于电分析化学、电极过程和均相化学反应的研究。当电极旋转时，溶液在电极表面进行层流运动，扩散层厚度随电极转速的变化而变化，根据极限扩散电流方程式，可以准确测定扩散电流。溶出伏安法与旋转圆盘电极技术结合，可极大提高分析的灵敏度。对于薄汞膜电极，溶出峰电流与待测物质间的定量关系如式（4-192）所示。

$$i_{p} = Kn^{2}AD^{2/3}\omega^{1/2}u^{-1/6}tvc \tag{4-192}$$

式中，K 为常数；n 为电子转移数；A 为电极面积；D 为扩散系数；ω 为电极转速；u 为动力黏度；t 为电积时间；v 为扫描速率；c 为待测物质浓度。固定实验条件，待测物质浓度与溶出峰电流呈正比关系，可方便测定出待测物含量。

对于复杂样品的分析，还需结合适当的样品前处理技术。微波消解技术是利用微波的穿透性和激活反应能力加热密闭容器内的试剂和样品，使容器内压力增加，反应温度提高，反应物发生快速分解，达到减少样品分解时间、提高工作效率的目的。微波消解试剂用量少，环境对样品无污染，消解精确彻底，因此空白值较低，平行性和重复性好；挥发性元素如 As、Hg 等保留在溶液中，有效避免了结果的偏差和对环境的污染。微波消解已被很多食品分析工作者用于食品样品元素检测的前处理，尤其是有害元素分析的前处理。

本实验采用微波消解技术对样品进行处理，结合阳极溶出伏安法，在优化的实验条件下，采用同位镀铋膜测定技术，对食品中的 Pb、Cd 和 Zn 三种金属元素进行同时定性和定量分析。同位镀铋膜测定技术是指在测试溶液中加入适量的铋盐，当工作电极上被施加电压时，铋与待测物质同时沉积在玻碳电极表面，形成铋膜（类似于汞齐的合金）。铋膜电极是新近发展起来的具有和汞膜电极相似性能的固体电极，操作简便，灵敏度高，无毒，铋膜易除去，不会造成环境污染。

【仪器试剂】

1. 仪器

微波消解仪[Mars-Xpress 型,培安 CEM 微波化学(中国)技术中心];电化学工作站(上海辰华仪器公司 CHI750A);三电极系统:工作电极(江苏电分析仪器厂 ATA-1B 旋转圆盘电极),参比电极(Ag-AgCl 电极),辅助电极(铂丝电极);ATA-1B 型旋转圆盘电极系统(江苏电分析厂);pH 计(CyberScan pH510);容量瓶(50mL)若干个;微量移液器(100μL);高纯氮气(99.9% 以上)。

2. 试剂及溶液

1) 试剂

镉、铅、锌标准溶液(由国家标准物质研究中心提供,1000μg·mL^{-1}),浓硝酸,浓盐酸,过氧化氢(30%),冰醋酸,乙酸钠,氢氧化钠,氯化钾,硝酸铋,溴化钾,所用试剂均为分析纯,实验用水为超纯水。

2) 溶液

(1) Pb(20μg·mL^{-1})、Cd(20μg·mL^{-1})和 Zn(200μg·mL^{-1})混合标准溶液(其中 Pb 标准液 9.65×10^{-5} mol·L^{-1};Cd 标准液 1.78×10^{-4} mol·L^{-1};Zn 标准液 3.06×10^{-3} mol·L^{-1})。

(2) 乙酸钠-乙酸缓冲溶液。

pH=3.6:取 20.4g 无水 NaAc 溶于水中,加 80mL 冰醋酸,稀释至 1L。

pH=4.5:取 18g 无水 NaAc 溶于水中,加 9.8mL 冰醋酸,稀释至 1L。

pH=6.0:取 109g 无水 NaAc 溶于水中,加 2.3mL 冰醋酸,稀释至 1L。

(3) 1mol·L^{-1} HCl 溶液。

(4) 5000μg·mL^{-1} 硝酸铋溶液。

(5) 5000μg·mL^{-1} 溴化钾溶液。

所有玻璃仪器及装样塑料瓶均用 10% 硝酸浸泡 24h 以上,用自来水反复冲洗,最后用二次蒸馏水冲洗,晾干后备用。

【实验步骤】

1. 仪器的准备及测定方法

(1) 旋转圆盘电极的预处理:电极依次在 1μm,0.3μm 和 0.05μm 的 α-Al$_2$O$_3$ 抛光粉悬浊液上抛光至镜面后,依次置于氨水、乙醇中浸泡 1min,超纯水冲洗干净,再在 0.5mol·L^{-1} H$_2$SO$_4$ 溶液中,于 -1.0V～1.0V 电势范围内循环扫描,直至获得稳定的循环伏安曲线。

(2) 电化学工作站的准备:依次打开计算机、电化学工作站主机和旋转圆盘电极的电源,设置旋转圆盘电极为外接控制模式。

(3) 实验参数设定:运行 Windows 桌面上的"电化学工作站 CHI660(或 CHI750)"程序,设置差分脉冲溶出伏安法参数。

(i) 选择差分脉冲伏安法(Differential Pulse Voltammetry),设置参数示于表 4.42。

表 4.42　电极清洗实验参数

起始电位 /V	终止电位 /V	电位增幅 /V	增幅 /V	脉冲宽度 /s	采样宽度	脉冲周期 /s	静止时间 /s	灵敏度 /(A·V⁻¹)
−1.4	−0.3	0.004	0.05	0.005	0.0025	0.02	30	1×10^{-5}

（ii）开启富集功能（"Control"→"Stripping Control"），设置参数示于表 4.43。

表 4.43　电极富集实验参数

开启溶出模式	On
沉积过程鼓气	On
沉积过程搅拌	On
沉积电位	Deposition
静止电位	Initie
沉积电位	设置沉积电位
沉积时间	设置沉积时间
静止电位	−1.4

（4）测定：将样品全部倒入干燥的样品池中，放入三电极体系，将工作电极、参比电极和辅助电极与电化学工作站电极联线准确连接，插入氮气管（一根氮气管插入溶液底部，另一根氮气管保持在液面以上 1 cm 处）。通入高纯氮气 10 min 以除去溶液中的溶解氧后，再进行测定，结果存盘至指定目录。

每次测定后需要清洗电极 30 s，然后再进行下一次测定，选择电流-时间曲线法（Amperometry i-t Curve），清洗程序参数设置如表 4.44 所示。

表 4.44　电极清洗实验参数

起始电位/V	采样间隔/V	运行时间/s	静止时间/s	运行时梯度	灵敏度/(A·V⁻¹)
0.3	0.1	60	0	1	1×10^{-6}

2. 溶出伏安法实验条件的优化

1）底液的选择

（1）在 4 个 50 mL 容量瓶中分别加入约 2/3 容积的缓冲溶液（0.1 mol·L⁻¹ HCl，pH = 3.6、pH = 4.5、pH = 6.0 的乙酸-乙酸钠缓冲溶液），在每一个容量瓶中依次加入 100 μL 混合标准溶液、100 μL 硝酸铋溶液、100 μL 溴化钾溶液，最后以相应缓冲溶液定容。

（2）测定上述 4 种溶液，比较 3 种金属离子的响应情况，选择最佳测定底液。

2）富集电位的选择

（1）在 50 mL 容量瓶中加入约 2/3 容积的最佳测定底液后，依次加入 100 μL 混合标准溶液、100 μL 硝酸铋溶液、100 μL 溴化钾溶液，最后以此底液定容。

（2）恒定富集时间和电极旋转速率，改变富集电位（−1.2 V，−1.3 V，−1.4 V），测定该溶液，比较 3 种金属离子的响应，选择合适的富集电位。

3）富集时间的选择

恒定电极旋转速率，设置最佳富集电位，改变富集时间（90 s、120 s、180 s、210 s、240 s），测定该溶液,比较 3 种金属离子的响应,选择合适的富集时间。

　　4)电极旋转速率的选择

　　设置最佳富集电位和富集时间,改变电极旋转速率(1000rpm、1500rpm、2000rpm、3000rpm),测定该溶液,比较 3 种金属离子的响应,选择合适的电极旋转速率。

3. 微波消解条件的选择

　　样品预处理以样品完全溶解,得到无色透明的样液为目的,而不同样品选用的压力、时间以及加入酸的种类和数量均有所不同。针对含脂肪的天然有机物,植物油以及经干燥的植物组织等复杂样品,推荐硝酸。采用 Xpress 反应罐消解。

　　1)样品微波消解处理

　　准确称取 0.5g 样品置于聚四氟乙烯(PTFE)消解罐中,分别加入①8mL 硝酸(G. R.),②10mL 硝酸(G. R.),③8mL 硝酸(G. R.)+2mL HCl,振摇使之与样品充分混合,静置 20min 待反应完全,再向①中加入 2mL 30% H_2O_2,静止 30min 后,等待反应完毕,加盖(内盖)。拧上消解罐罐盖,放入 Mars-Xpress 型微波消解仪炉腔内,设定的微波消解程序示于表 4.45。

表 4.45　微波消解参数

步　骤	最大功率100%		爬坡时间	压力的单位	目标温度/℃	保时时间
1	1600	100	15:00	—	190	15:00

　　按微波炉启动开关,开始进行样品消解。

　　微波消解完成后,仪器会自动执行 10min 冷却程序。冷却后,取出消解罐,放置于通风橱中冷却 5～10min。打开消解罐罐盖及内盖,分别用 1～2mL 的超纯水冲洗消解罐杯盖和杯壁 2～3 次于 25mL 烧杯中,在电热炉上蒸至快干,用最佳测定底液转移至 50mL 容量瓶中,再加入 100μL 硝酸铋溶液、100μL 溴化钾溶液,最后以最佳测定底液定容至刻度,待测。

　　2)消解样品的测定

　　设置最佳富集电位、富集时间、和最佳电极旋转速率,测定不同消解条件下的溶液,比较 3 种金属离子的响应,确定最佳消解条件。

4. 样品测定

　　采用标准加入法来定量,为了验证所选用方法的准确性和可靠性,要进行加标回收实验,其回收率计算式为:

$$回收率 = \frac{(加标后测定结果 - 加标前测定结果) \times 100\%}{加标量}$$

【注意事项】

　　(1)所有玻璃仪器及装样塑料瓶均用 10% 硝酸浸泡 24h 以上,用自来水反复冲洗,最后用二次蒸馏水冲洗,晾干后备用。

　　(2)在处理电极和更换溶液前,请首先停止电极旋转,操作为:"Control"→"Cell"→"Cell Control"→"Stir"→"End"→"Cancel",退出菜单。

　　(3)将消解罐冷却至室温后,方可打开。

（4）处理电极时,应注意切勿损伤电极。

（5）加标回收率测定时,加标量应尽量与样品中待测物含量相近,并注意对样品容积的影响。

（6）仪器使用完毕后,以开机相反顺序关闭电源。冲洗电极,用湿滤纸拭净电极表面,干置保存,待下次实验用。

【数据处理】

1. 实验条件优化

具体数据见表 4.46～表 4.50。

表 4.46　测定底液的选择

	HCl(0.1mol·L^{-1})	NaAc-HAc(pH 3.6)	NaAc-HAc(pH 4.5)	NaAc-HAc(pH 6.0)
i_{pZn}				
i_{pCd}				
i_{pPb}				

表 4.47　富集电位的选择

	-1.2/V	-1.3/V	-1.4/V
i_{pZn}			
i_{pCd}			
i_{pPb}			

表 4.48　富集时间的选择

	90/s	120/s	180/s	240/s
i_{pZn}				
i_{pCd}				
i_{pPb}				

表 4.49　电极转速的选择

	1000/rpm	1500/rpm	2000/rpm	3000/rpm
i_{pZn}				
i_{pCd}				
i_{pPb}				

表 4.50　消解条件的选择

	HNO$_3$+H$_2$O$_2$(体积比 8:2)	HNO$_3$	HNO$_3$+HCl(体积比 8:2)
i_{pZn}			
i_{pCd}			
i_{pPb}			

2. 样品测定

对 Pb、Cd 及 Zn 在样品中的含量进行测定。取两次测定的平均峰高,按式(4-193)计算样品中 Pb^{2+}、Cd^{2+}、Zn 的浓度。

$$c_x = \frac{i_P c_s V_s}{I_p - i_p} V \tag{4-193}$$

式中,c_x 为消解样品浓度;i_p 为测得消解样品溶液峰电流高度;I_p 为样品溶液加入标准后测得的总高度;c_s 为标准溶液的浓度(mol·L^{-1});V_s 为加入标准溶液的体积(mL);V 为所取消解样品的体积(mL)。

测定数据与测定结果见表 4.51。

表 4.51　样品加标测定及回收率测定结果

元　素	样品	加标前测定值/μg	加标量/μg	加标后测定值/μg	回收值/($\mu g \cdot g^{-1}$)	回收率/%
	1					
Zn	2					
	3					
	1					
Cd	2					
	3					
	1					
Pb	2					
	3					

【思考题】

(1) 微波消解的原理是什么,它与传统消解方法相比有什么优点?

(2) 试分析如何确定微波消解的条件。

(3) 溶出伏安法有哪些特点?

(4) 为什么电解富集时,必须不停地搅拌?

(5) 影响溶出伏安法测定结果的因素有哪些,如何控制?

(6) 标准加入法定量有什么优缺点?

实验 42　高效毛细管电泳分离检测手性药物氧氟沙星对映体

【实验目的】

(1) 熟悉毛细管电泳的基本原理及其仪器操作规程。

(2) 了解毛细管电泳分离手性药物对映体的机理。

(3) 学习和掌握手性药物氧氟沙星对映体的 CE/C^4D 分离检测技术。

【实验原理】

分子式完全相同,但组成化合物的原子或原子团在空间的取向不同而形成具镜像特征的异构体称为对映体,又称手性化合物。目前使用的药物大部分是手性化合物,属手性药物。由于生物机体和药物的特异性化学反应与药物的分子结构密切相关,往往其中一个对映体有药效而另外一个对映体分子药效却很小,甚至具有毒副作用。手性药物对映体的分离分析虽然很难,却具有非常重要的意义,已成为分析化学领域最具挑战性的研究课题之一。

毛细管电泳(CE)分离药物对映体的原理是:在电泳运行液中添加手性选择剂(Chiral Selector,CS)来构建手性环境,由于对映体与手性选择剂之间的相互作用存在差异,这将导致对映体与手性选择剂复合物的电泳淌度发生差别,从而实现对映体的分离。CE 结合电容耦合非接触式电导检测(C^4D)的新型分离分析方法具有通用、灵敏、适用性强、易维护等优点。CE-C^4D 所具备的高效、试剂消耗少、环境友好、分析成本低等特点,在手性药物分析中极具吸引力。

氧氟沙星(Ofloxacin,OFLX)是第三代喹诺酮类药,属于手性药物,其对映体的分子结构如图 4.90 所示。目前,临床使用的为外消旋体氧氟沙星和左旋氧氟沙星(S-OFLX),具抗菌活性的主要是左旋氧氟沙星。在羟丙基-β-环糊精(HP-β-CD)和羟丙基甲基纤维素(HPMC)构建的二元手性选择剂体系中,HP-β-CD 与 R,S-OFLX 形成主 - 客体结构的包结物,由于 HP-β-CD 具有多个手性中心,能和对映体之间存在较好的手性选择作用,使得二个对映体在电泳淌度上表现出明显的差异。HPMC 属水溶性非离子型纤维素醚,可以进一步稳定 HP-β-CD 包结物和增加 HP-β-CD 的手性识别能力和选择性,进而增强对映体在电泳淌度上的差异,从而实现对映体的 CE-C^4D 分离检测。

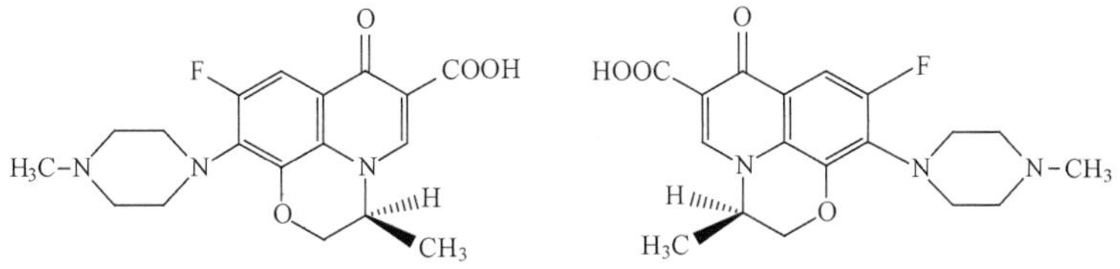

图 4.90 氧氟沙星对映体的分子结构图

【仪器试剂】

1. 仪器

CES2008 毛细管电泳仪(配备 CES2008-C^4D/CD-1B 型双通道电导检测器,中山大学化学与化学工程学院研制);熔融石英毛细管($45cm \times 50\mu m$,$L_{eff} = 40cm$);超声波清洗器;$0.45\mu m$ 尼龙滤膜滤头。

2. 试剂

(1) HAc,NaAc,HP-β-CD,HPMC,氧氟沙星标准品,市售左旋氧氟沙星片剂和氧氟沙星药片。所用试剂为分析纯,水为超纯水。

(2) 运行液的配制:称取 2.42g HP-β-CD 于一洁净的小烧杯中,加入约 25mL 超纯水溶解并转移至 50mL 容量瓶中,再分别加入 5mL $0.2mol \cdot L^{-1}$ HAc 溶液、3mL $0.1mol \cdot L^{-1}$ NaAc 溶液、1.2mL $0.500g \cdot L^{-1}$ HPMC 溶液,摇匀,定容至刻度。最终的电泳运行液组成为:$20mmol \cdot L^{-1}$ HAc + $6mmol \cdot L^{-1}$ NaAc + $12mg \cdot L^{-1}$ HPMC + $35mmol \cdot L^{-1}$ HP-β-CD。

（3）进样介质溶液配制：称取 $0.35g$ HP-β-CD 于一洁净的小烧杯中，加入约 $25mL$ 超纯水溶解并转移至 $50mL$ 容量瓶中，再加入 $2.5mL$ $1.0mmol \cdot L^{-1}$ HAc 溶液，用超纯水定容。进样介质组成为：$50\mu mol \cdot L^{-1}$ HAc＋$5mmol \cdot L^{-1}$ HP-β-CD。

（4）样品溶液的配制：取市售的外旋和左旋氧氟沙星片剂各一片分别于 $50mL$ 的容量瓶中，加入约 $25mL$ 超纯水，超声助溶 $2min$，定容。药液经过 $0.45\mu m$ 的滤膜过滤。取 $0.50mL$ 滤液于 $25mL$ 的容量瓶中，定容。吸取 $3.00mL$ 进样介质溶液于进样瓶中，再用微量移液管移取 $100\mu L$ 外消旋氧氟沙星或左旋氧氟沙星样品溶液加入其中，轻轻摇匀。待测。

【实验步骤】

1. 准备

将检测池的工作电极、辅助电极和高压地电极与电泳平台上的接线端正确联接。依次打开计算机，检测器（检测方式设为非接触电导）和高压电源（"启动/停止"按钮处于"停止"位置，电压极性设定为正高压）的电源开关。仪器预热 $20min$。双击 Windows 桌面上的"CES2008"图标，进入"毛细管电泳数据工作站 CES2008 界面，点击工具栏中的"设置"图标，在弹出的对话框中对参数作如下设置：

　　　　速率：5

　　　　增益：25

　　　　补偿：（省缺值）

点击"确认"，设置完毕。

用运行液清洗储液瓶和检测池 2 次，并在其中各加入约 2/3 体积的电泳运行液。

2. 冲管子

第一次使用的毛细管柱依次用 $0.1mol \cdot L^{-1}$ NaOH、超纯水和运行液各冲洗 $5min$。以后，每 2 次实验间用电泳运行液冲洗管子 $3min$。冲洗完毕后，需确认毛细管的两端已完全浸没在检测池和储液瓶中的电泳运行液之中。

3. 走基线

将高压电源的"启动/停止"按钮按向"启动"位置。"分离电压"设定为＋$13kV$（由低到高，用"分离电压"旋钮调节到该电压值），这时可观察到电泳电流值显示为 $2.8\mu A$ 左右。点击"CES2008 数据工作站"工具栏中的"背景"图标，背景测试完毕后弹出一个结果框显示当前的背景值，按"确认"键后该值自动作为"参数设置"中的"补偿"值，进行背景扣除。点击工具栏中的"启动"图标，这时记录开始，可观察到屏幕上显示出基线。待基线稳定后（一般需要 $5min$），点击"CES2008 数据工作站"工具栏中的"停止"图标，并将高压电源的"启动/停止"按钮按向"停止"位置，准备进样。

4. 进样

取下储液瓶，换上已盛有样品溶液的进样瓶。按下"电进样启动"按钮，仪器就会按照设定的进样参数（进样电压＋$11kV$，进样时间为 $10s$）自动进样（可观察到电压值由 $0.0 \rightarrow +11kV \rightarrow 0.0$ 的变化）。进样结束后，取下进样瓶，换回储液瓶。

5. 测量和数据记录

将高压电源的"启动/停止"按钮按向"启动"位置。点击"CES2008 数据工作站"工具栏中的"启动"图标,开始记录 CE-C⁴D 谱图。待氧氟沙星对映体的电泳峰出现后(迁移时间约为15min),点击工具栏中的"停止"图标,这时谱图记录结束。

将高压电源的"启动/停止"按钮按向"停止"。点击工具栏中的"保存文件"图标,将 CE-C⁴D 谱图保存在指定的目录下。

按照实验步骤(2)～(5),分别对以下 3 种样品溶液进行测定:①外消旋体的样品溶液;②外消旋体＋左旋体的样品溶液;③左旋体的样品溶液。记录各自的 CE-C⁴D 谱图。

6. 标准曲线

配制左旋体氧氟沙星标准溶液系列:$0.50mg \cdot L^{-1}$,$1.0mg \cdot L^{-1}$,$1.5mg \cdot L^{-1}$,$2.0mg \cdot L^{-1}$,$4.0mg \cdot L^{-1}$;按照实验步骤(2)～(3),记录 CE-C⁴D 谱图。绘制氧氟沙星浓度-峰高(峰面积)的标准曲线。

【注意事项】

(1) 电泳运行液应新鲜配制。
(2) 文中给出的电泳电流为参考值,实际值会因毛细管长度的差异而有所改变。
(3) 实验室环境的湿度必须保持在 70% 以下,室温保持恒定。
(4) 毛细管中以及毛细管端口应避免引入空气泡。
(5) 实验结束后,检测池、储液瓶和进样瓶,需在盛有超纯水的超声波清洗器中清洗2min,并加入适量的水。毛细管柱先用超纯水冲洗 3min,再在超声波清洗器中清洗毛细管柱两端,最后用超纯水冲洗干净、保存。

【数据处理】

点击"CES2008 数据工作站"工具栏中的"打开文件"图标,分别调出(5)中已保存的 CE-C⁴D 谱图。点击工具栏中的"峰高"或"峰面积"图标,可自动给出电泳峰的"峰高"或"峰面积"数据(也可手动测量)。在电泳峰的峰顶位置按下右键,可读取电泳峰的"迁移时间"。对比外消旋体样品与(外消旋体＋左旋体)样品的 CE-C⁴D 谱图,通过峰高变化情况,可判断出两个对映体电泳峰的构型,即哪个属于左旋体,哪个属于右旋体。将结果记录于表 4.52 中。

依据 CE-C⁴D 谱图中"峰高"或"峰面积"数据,以及标准曲线,分别计算外消旋体和左旋体氧氟沙星药片中,每片药片中所含氧氟沙星的含量。结果记录于表 4.53 中。

通过"编辑"菜单栏中的"谱图共享"功能,可以将 CE-C⁴D 谱图复制、粘贴到 Word 文档中,作为实验报告的素材。

1. 对映体电泳峰的鉴定

表 4.52　氧氟沙星对映体的 CE-C⁴D 分离检测结果

电泳峰序号	迁移时间	鉴定构型
1		
2		

2. 市售药品的测定

表 4.53　市售消旋体和左旋体氧氟沙星药片的 CE-C⁴D 检测结果

样　品	电泳峰高		氧氟沙星含量(mg/片)	
外消旋氧氟沙星药片	左旋体		左旋体	
	右旋体		右旋体	
左旋氧氟沙星药片				

3. 结果分析

测定结果与药片标注含量进行对比。对分析结果进行评价。

【思考题】

（1）毛细管电泳拆分手性药物对映体的原理是什么？
（2）手性药物氧氟沙星分子结构中的手性碳是哪一个？
（3）羟丙基-β-环糊精和羟丙基甲基纤维素的作用是什么？
（4）HAc-NaAc 起什么作用？它如何影响对映体的拆分效果？
（5）CE-C⁴D 谱图中电泳峰为何有正峰和负峰？说明其成因。
（6）毛细管电泳中的检测器有哪几种类型？各有什么优缺点？
（7）查阅文献，分析和总结手性药物的分离分析技术的特点。

实验 43　奶粉中微量金属元素的 ICP-AES 分析

【实验目的】

（1）掌握微波消解法进行生物样品预处理的方法。
（2）掌握电感耦合等离子体发射光谱分析法进行多元素同时分析的方法。
（3）了解分析方法建立过程实验条件的优化方法及其对分析方法可靠性的评估。

【实验原理】

奶粉中含有多种微量金属元素，如 Zn、Fe、Mn、Ca、Cu、Mg、Co、K 等，这些微量元素是人体内许多生化酶的组成成分，并参与生物体氨基酸、蛋白质、激素、维生素的合成及代谢。然而，奶粉中也存在某些对人体健康有害的元素，如 Pb 和 Cd，它们会作用于全身各系统和器官并导致一系列疾病发生，如贫血、高血压、肺水肿等。监测奶粉中各金属元素的含量具有十分重要的意义，特别是对于作为婴幼儿主食之一的各类婴幼儿奶粉显得尤为重要。

目前，国内外对奶粉中微量金属元素测定的方法主要有电感耦合等离子体发射光谱法、分光光度法、示波极谱法、流动注射分光光度法、石墨炉原子吸收法、高效毛细管电泳法、原子荧光光谱法和原子吸收光谱法等。本实验采用微波消解法对 3 种奶粉样品进行消解，并用电感耦合等离子体原子发射法测定其中的微量金属元素含量，为奶粉中的微量元素的准确测定提供参考。

　　微波消解(Microwave digestion)通常是指在密闭容器里利用微波快速加热进行各种样品的酸溶解。密闭容器反应和微波加热这两个特点,决定了其完全、快速、低空白的优点。微波是指频率为 $300 \sim 300\,000\text{MHz}$ 的电磁波,萃取或消解体系在微波电磁场的作用下,具有一定极性的分子从原来的热运动状态转为跟随微波交变电磁场而快速排列取向。分子或离子间就会产生激烈的摩擦。在这一微观过程中,微波能量转化为样品分子的能量,从而降低目标物与样品的结合力,加速目标物从固相进入溶剂相。电感耦合等离子体原子发射法(ICP-AES)具有低基体效应和自吸效应,高稳定性和高准确度等特点,校准曲线线性范围可达 $4 \sim 6$ 个数量级,检出限可达 $\text{ng} \cdot \text{mL}^{-1}$ 级;同时,ICP-AES 法的样品制备简单,试样消耗少,可应用于液体、半流体和固体样品的检测。对于液体和半流体饮食品分析,如植物油、鲜乳、酒或其他饮料等,可直接浓缩,也可采用湿法消化、微波消解或灰化处理后酸浸而制成样液检测;对于固体样品如粮食、肉类等,可通过粉碎或剪切制成很小的粒状或粉末,再进行湿法消化、微波消解或灰化处理,制成样液检测。

　　实验科学中,对实验条件的优化方法有简单比较法、单因素优化法、正交试验优化法及单纯形优化法等。在分析化学中,对分析条件的优化多采用单因素优化法和正交试验优化法,当实验中各因素之间交互性影响不大时,一般采用较为简单的单因素优化法得到最优的实验条件。实验中,只有一个影响因素,或虽有多个影响因素,但在设计实验时,每次只改变一个因素,轮流对每个因素进行研究,其他的因素保持不变,观察其对目标的影响,这样的优化方法即为单因素优化法。

　　本实验采用单因素优化法,对高压密闭微波消解奶粉的条件及 ICP-AES 进行奶粉消解液中 Fe、Cu、Zn、Cr、Cd、Mn 多元素分析的条件进行优化,建立高压密闭微波消解-ICP-AES 联用分析奶粉中微量金属元素的同时分析方法,并应用该方法对不同奶粉样品中微量金属元素的含量进行比较。

【仪器试剂】

　　1. 仪器

　　高压密闭微波消解仪[Mars-Xpress 型,培安·CEM 微波化学(中国)技术中心];Spectro Ciros-Vison EOP 水平观测型全谱直读等离子体发射光谱仪(德国斯派克分析仪器公司)。

　　2. 试剂与标准溶液

　　(1) $3.0\,\mu\text{g} \cdot \text{mL}^{-1}$ 混合金属溶液的配制:于 100mL 容量瓶中加入金属混合标准溶液 $(50\,\mu\text{g} \cdot \text{mL}^{-1})6.00\text{mL}$,加入 2mL 2% 的 HNO_3,用二次水稀释至刻度,摇匀。

　　(2) 标准系列的配制:在 8 个 10mL 比色管中分别加入 0.2mL 2% 的 HNO_3,吸取金属混合标准溶液 $(50\,\mu\text{g} \cdot \text{mL}^{-1})$ 配制各元素浓度分别为 $0.00\,\mu\text{g} \cdot \text{mL}^{-1}$、$0.01\,\mu\text{g} \cdot \text{mL}^{-1}$、$0.05\,\mu\text{g} \cdot \text{mL}^{-1}$、$0.10\,\mu\text{g} \cdot \text{mL}^{-1}$、$0.50\,\mu\text{g} \cdot \text{mL}^{-1}$、$1.00\,\mu\text{g} \cdot \text{mL}^{-1}$、$3.00\,\mu\text{g} \cdot \text{mL}^{-1}$、$5.00\,\mu\text{g} \cdot \text{mL}^{-1}$ 的标准系列溶液,用超纯水稀释至刻度,摇匀。低浓度标准溶液采用逐级稀释法配制。

【实验步骤】

　　1. 仪器的准备及测定方法

　　(1) 开机:计算机→安装蠕动泵→氩气(0.8MPa)→冷却水→仪器抽风机→仪器主机→控

制软件,等待系统完成初始化。

(2) 建立分析方法:点击,在"Method Data Control"中点击"New Method"→"命名"→"确定"。在工具栏上点击翻页,或在其右侧下拉列表中选择,进行如下参数的设定,设定好每页窗口的参数后保存。

(i) Method Infos:方法参数如表 4.54 所示。

表 4.54 方法参数

应用类型	常　规
雾化器类型	交叉雾化器
数据传输	全谱
最小相关系数	0.99
测量次数	1

(ii) Line Selection:在元素周期表中分别双击 Fe、Cu、Zn、Cr、Cd、Mn 元素,使用仪器推荐分析线。

(iii) Measure Control:测量参数如表 4.55 所示。

表 4.55 测定参数

发生器参数		矩管位置调节		预冲洗参数	
入射功率/W	1300	水平/mm	0	快速冲洗/s	0
冷却液流量/(L·min^{-1})	16.00	垂直/mm	0	冲洗挡位	4
辅助气流量/(L·min^{-1})	0.70	距离/mm	0	冲洗总时间/s	30
雾化器气流量/(L·min^{-1})	0.80			正常冲洗挡位	2

(iv) Line Definition:跳过,暂不设定。

(v) Standard Definition:点击 System→Global Database→Global Standards,按浓度从低到高的顺序设定待测标准样品名和浓度。在 Global Library 中逐个双击待测的标准样品,将标准样品信息加入到方法中。

(3) 测定。

(i) 调整矩管位置:System/SetupDevices→Torch-position,设定 Horizontal 为 1mm,Vertical 为 2.5mm,Distance 为 1mm,Apply。

(ii) 点燃等离子体:同窗口→Generator→Plasma。

(iii) 开启蠕动泵:点击工具栏上的按钮或 Generator→Pump。

(iv) 定义分析线:在测定前,必须先做分析线的定义。

将进样管放入 3.0μg·mL^{-1} 的混合金属溶液中,点击单次测量,完成后保存,点击 Display 放大谱图,用两个按钮切换元素,依次点击 Peak、Line Rang、Region、Background,以 ctrl +左键点击或拖动定义各个元素谱线的相关积分参数。

(v) 测定标样:Analysis→Analysis/Method Measurements→Measure→Save。按浓度从低到高的顺序测完标准系列后,点击鼠标右键,选择 Copy to Clipboard 将所有标样的 Standardized Intensity 复制到 Excel 中,最后点击 Calculate→Regression,至 Method → Regression 页面查看标准工作曲线及其线性相关系数。

(vi) 测定样品:Analysis→点击,在弹出的窗口中命名待测样品,点击 Start Measurement

进行测定,测定完成后保存。所有样品测定完成后,将所有样品的 Element Concentration 和 Standardized Intensity 复制到 Excel 中,用于数据处理。

(4) 关机。

(i) 依次用 5% HNO_3、超纯水清洗进样系统 3min。

(ii) 然后拿出进样吸管,空烧 3min,直至雾化室、进样管没有积液。

(iii) 关闭等离子体(System/Setup Devices→Generator→Plasma),放松蠕动泵管。

(iv) 2min 后,按以下顺序关机:计算机→仪器主机→排风机→冷却水→氩气→总电源。

2. ICP-AES 仪器条件的优化

固定其他分析条件,以 $3.0\mu g \cdot mL^{-1}$ 混合金属溶液进行条件优化。

(1) 入射功率:测定 Plasma Power 为 1000W、1200W 及 1400W 时的信号强度,选择折中优化的入射功率。

(2) 载气流量:测定 Nebulizer Flow 为 $0.4mL \cdot min^{-1}$、$0.6mL \cdot min^{-1}$ 及 $0.8mL \cdot min^{-1}$ 时的信号强度,选择折中优化的载气流量。

3. 微波消解条件的优化

(1) 微波消解条件的优化以完全消解为准,确定最佳的消解液。分别准确称取 6 份 0.5000g 同品牌的奶粉样品,置于聚四氟乙烯(PTFE)消解罐中,分别加入 8mL 不同体积比的硝酸和双氧水的混合溶液(样品系列见表 4.56),振荡,使之与样品充分混合,静置,加内盖,擦干罐盖和罐壁。

表 4.56　优化微波消解条件的样品系列

	1	2	3	4	5	6	7	8	9
奶粉/g	0	0.5000	0.5000	0	0.5000	0.5000	0	0.5000	0.5000
HNO_3/mL	8	8	8	6	6	6	4	4	4
H_2O_2/mL	0	0	0	2	2	2	4	4	4

(2) 拧上消解罐罐盖,放入 Mars-Xpress 型高压密闭微波消解仪炉腔内。设定微波消解温度-时间程序,消解程序见表 4.57 和表 4.58,按下启动开关进行样品消解。

表 4.57　微波消解条件——方案 1

步　骤	功率/W	功率/%	升温时间/min	起始温度/℃	结束温度/℃	保持时间/min
1	1600	100	10	室温	120	5
2	1600	100	5	120	160	5
3	1600	100	5	160	190	10

表 4.58　微波消解条件——方案 2

步　骤	功率/W	功率/%	升温时间/min	起始温度/℃	结束温度/℃	保持时间/min
1	1600	100	15	室温	190	15

(3) 待微波消解完成后,仪器会自动执行冷却程序,冷却程序结束后(屏幕上的显示时间为 00:00),取出消解罐,冷却 5~10min 后,再打开消解罐罐盖,小心打开内盖,在通风橱内放

置片刻直至大部分氮氧化物排出后,将罐拿出通风橱。

(4) 将消解液倒入耐酸过滤漏斗中,再分别以每次 1～2mL 的二次去离子水(超纯水)冲洗消解罐罐盖和罐壁两三次,抽滤,将过滤液转移至 25mL 具塞试管中,再以 1～2mL 纯水冲洗抽滤瓶 2 次,也转移至 25mL 具塞试管中,最后以二次去离子水定容至 25mL,待测。

4. 不同奶粉样品中微量金属元素的含量比较

取 3 种奶粉样品各 0.5000g,按照上述微波消解方法以及 ICP-AES 条件进行测定,采用标准曲线定量,对不同奶粉样品中微量金属元素的含量进行比较。

【数据处理】

1. ICP-AES 仪器条件的优化

固定其他分析条件,分别以 $3.0\mu g \cdot mL^{-1}$ 混合金属溶液进行下列仪器条件的优化。
(1) 测定波长的优化,记录各元素的推荐测量波长和实际测量波长于表 4.59 中。

表 4.59　各元素测定波长

元　素	Fe	Cu	Zn	Cr	Cd	Mn
推荐测定波长/nm						
实际测定波长/nm						

(2) 入射功率的优化:测定入射功率(Plasma Power)为 1000W～1400W 时的信号强度,选择折中优化的入射功率。
(3) 载气流量的优化:测定载气流量(Nebulizer Flow)为 0.4～0.8mL · min^{-1} 时的信号强度,选择折中优化的载气流量。

2. 微波消解条件的优化

考察不同体积比的硝酸和双氧水的混合溶液对同一种奶粉样品的消解情况,以样品完全消解为准,选取最佳的消解液配比。

3. 标准工作曲线的绘制

根据系列标准溶液的发射光强度和溶液浓度绘制工作曲线。

4. 不同奶粉样品中微量金属元素的含量比较

取 3 种奶粉样品各 0.5000g,按照上述微波消解方法以及 ICP-AES 条件进行测定,采用标准曲线定量,对不同奶粉样品中微量金属元素的含量进行比较。

【思考题】

(1) 分析方法建立过程中,优化实验条件的方法有几种? 它们分别有什么特点? 微波消解法一般可采用哪些条件优化方法? 为什么?
(2) 该分析方法中确定的实验条件是否对所有的目标分析物都是最佳条件? 什么是折中优化条件?

（3）可采用什么方法对本实验中建立的分析方法的可靠性和准确性进行评估？请简述实验方案。

（4）对比相关的国家标准方法，本实验建立的分析方法有什么优缺点？试简单评述。

（5）奶粉生产企业是如何对其金属含量进行检测的？其抽样和测试流程是什么？

实验 44　离子色谱法测定饮用水中的常见无机阴离子

【实验目的】

（1）学习离子色谱法的基本原理，熟悉离子色谱仪的结构，掌握其操作及其应用。

（2）掌握分析方法建立及其可靠性的评价方法。

【实验原理】

氯离子（Cl^-）是水中一种常见的无机阴离子，几乎所有的天然水中都有氯离子的存在，不同的水中它的含量范围差别很大。水中硝酸盐是在有氧环境下，各种形态的含氮化合物中最稳定的氮化合物，也是含氮有机物经无机化作用最终阶段的分解产物。亚硝酸盐可经氧化而生成硝酸盐，硝酸盐在无氧环境中，也可受微生物的作用而还原为亚硝酸盐。硫酸盐在自然界分布广泛，天然水中硫酸盐的浓度可从几 $mg \cdot L^{-1}$ 到数千 $mg \cdot L^{-1}$。Cl^-、SO_4^{2-}、NO_3^- 是各种水体中最常见的阴离子，氯化物、硝酸盐和硫酸盐对地球上的生物及水体都有不可忽视的影响，因此对饮用水中这几种离子的含量进行检测十分重要，国家也对饮用水中的离子含量制定出了相应的标准（表 4.60）。

表 4.60　瓶装饮用纯净水和矿泉水中的部分离子含量的国家标准 （单位：$mg \cdot L^{-1}$）

	Cl^-	NO_2^-	NO_3^-	SO_4^{2-}	I^-
瓶装饮用纯净水	≤6.0	≤0.0020	≤5	≤20	≤0.20
瓶装饮用矿泉水	≤25	≤0.020	≤10	≤50	≤0.50

离子色谱法可以同时测定水样中的多种阴阳离子，具有分辨率好、灵敏度高、样品前处理简单、工作效率高等优点，已广泛应用于食品、环境等领域。美国国家环保局（U. S. EPA）规定饮用水中的无机离子 F^-、Cl^-、Br^-、NO_2^-、NO_3^- 和 SO_4^{2-} 可用离子色谱法检测。我国生活饮用水标准检验方法也考虑将离子色谱法作为国家标准方法加以应用。

本实验以市售瓶装水（矿泉水、纯净水）为研究对象，采用离子色谱法测定水样中的 Cl^-、NO_2^-、NO_3^- 和 SO_4^{2-} 等常见无机阴离子。

【仪器试剂】

1. 仪器

万通 882 型、761 型离子色谱仪：配有思维电导检测器、低脉冲串联式双活塞往复泵和色谱数据处理工作站（万通公司，瑞士）；Metrosep C 2 150/4.0 色谱柱，150mm×4.0mm（7μm）；隔膜真空泵、0.45μm 过滤膜；KQ2200 型超声清洗器（昆山，上海）；离心机；循环水式多用真空泵；电子天平（0.1mg）；电热恒温干燥箱；移液枪等。

2. 试剂

浓硫酸,超纯水,Na_2CO_3,$NaHCO_3$,$NaCl$,$NaNO_2$,KNO_3,Na_2SO_4,以上试剂均为分析纯;饮用水水样。

Cl^-,NO_2^-,NO_3^-,SO_4^{2-} 标准溶液的配制:先把 $NaCl$、$NaNO_2$、KNO_3、Na_2SO_4 四种试剂在105℃下干燥至恒重。准确称取 0.1648g $NaCl$、0.1500g $NaNO_2$、0.1629g KNO_3、0.1479g Na_2SO_4,溶解后分别定容于 100mL 容量瓶中,得含有 Cl^-、NO_2^-、NO_3^-、SO_4^{2-} 的 $1000mg \cdot L^{-1}$ 的贮备液。

标准曲线参照表 4.61 配制。

表 4.61　标准曲线溶液浓度

阴离子	曲线范围 /(mg · L⁻¹)	标准序列					
		0	1	2	3	4	5
Cl^-	1.0~10.0	0	1.0	2.0	5.0	8.0	10.0
NO_2^-	0.1~2.0	0	0.2	0.5	1.0	1.5	2.0
NO_3^-	0.5~4.0	0	0.5	1.0	1.5	2.0	4.0
SO_4^{2-}	1.0~10.0	0	1.0	2.0	5.0	8.0	10.0

【实验步骤】

1. 离子色谱流动相优化

选择淋洗液是离子色谱分析中最重要的一步,它直接关系到分析方法的灵敏度、检出限,决定着能否将样品的组分一一分离。CO_3^{2-}/HCO_3^- 是通用的淋洗液,通过改变二者之间的比例,可改变淋洗液的 pH 和选择性,改变淋洗液的浓度可改变离子的出峰时间,而洗脱顺序不变。以 Na_2CO_3-$NaHCO_3$ 体系为流动相,通过调节它们的组成和比例,优化得到最佳流动相。

2. 方法建立

定性分析:配制合适浓度(建议用标准序列的较高浓度)的单独标样,用优化好的色谱条件进行分析,采用组分的保留时间进行定性分析。

定量分析:参照表 4.61 配制混合标准序列,在优化的实验条件下,每个标准溶液进样分析3 次,取平均值,以峰面积积分定量,计算每个组分的线性方程、线性范围、相关系数、检出限和精密度(RSD)。

3. 样品测定

在优化的实验条件下,测定不同样品中无机阴离子,根据标准曲线计算样品中各阴离子的含量。

回收率与精密度实验:每个样品平行取 6 份,其中 3 份分别添加 5.0mg · L^{-1} Cl^-、0.4mg · L^{-1} NO_2^-、1.5mg · L^{-1} NO_3^-、5mg · L^{-1} SO_4^{2-} 标准溶液,另外 3 份不加;6 份样品按最优条件分析测定,计算样品中不同无机阴离子的回收率和精密度。

4. 实验后处理

离子色谱仪清洗和平衡、实验室安全卫生等。

【注意事项】

（1）所有玻璃仪器及装样塑料瓶均用 10％硝酸浸泡 24h 以上，用自来水反复冲洗，最后用二次蒸馏水冲洗，晾干后备用。

（2）计算检出限时，需采用试剂空白重复进样 5 次。

（3）当样品中组分浓度大于相应标准序列中序列 2 对应的浓度时，可添加与样品中组分含量相当的标准溶液进行回收率实验。

（4）本实验的回收率一般在 90％～110％。

【思考题】

（1）离子色谱与一般意义的高效液相色谱在分离原理、仪器构成等方面有什么异同？

（2）有哪些方法可以验证测定分析结果是否可靠？

（3）抑制器的工作原理是什么？ 为什么阳离子分析的时候不用抑制器？

（4）离子色谱检测方法主要有哪些，其适用范围分别是什么？

（5）哪些方法可以分析离子性样品，这些方法有什么异同？

实验 45　雷 诺 实 验

【实验目的】

（1）观察流体流动时的各种流动形态。

（2）观察层流状态下管路中流体速度分布状态。

（3）测定流动形态与雷诺数 Re 之间的关系及临界雷诺数值。

【实验原理】

流体在流动过程中有两种截然不同的流动状态，即层流和湍流。它取决于流体流动时雷诺数 Re 值的大小，其定义为

$$Re = \frac{du\rho}{\mu} \tag{4-194}$$

式中，d 为管子直径，m；u 为流体流速，m·s^{-1}；ρ 为流体密度，kg·m^{-3}；μ 为流体黏度，kg·m^{-1}·s^{-1}。

实验证明，流体在直管内流动时，当 $Re \leqslant 2000$ 时属层流，它是一种平衡状态；$Re \geqslant 4000$ 时属湍流；当 Re 处于上述两值之间时，可能为层流，也可能为湍流，这与外界条件有关，属于不稳定的过渡流。

流体于某一温度下在某一管径的圆管内流动时，Re 值只与流速有关。本实验中，水在一定管径的水平或垂直管内流动，若改变流速，即可观察到流体的流动形态及其变化情况，并可确定层流与湍流的临界雷诺数值。

【装置和流程】

本实验装置与流程如图 4.91 所示。

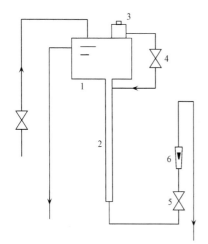

图 4.91　雷诺实验装置与流程
1. 高位槽;2. 玻璃管;3. 墨水瓶;
4、5. 阀;6. 流量计

水由高位槽 1 流经玻璃管 2,经阀 5 和流量计 6,然后排入地沟。示踪物(墨水)由墨水瓶 3 经阀 4 进入玻璃管 2,与水一起流动并排至地沟。装置中的玻璃管 2 不论是垂直或水平安装,其实验原理和实验结果都是相同的。

【实验步骤】

(1) 打开水管阀门,使高位槽充满水,维持溢流管经常有水溢出,以保持高位水槽水位恒定。

(2) 慢慢打开调节阀 5,使水徐徐流过玻璃管,经转子流量计排出。此时水的流速小,管内流体处于层流状态。

(3) 打开墨水阀 4,使墨水经毛细管口流出,微调阀 5,使墨水成一条稳定的直线,并记录流量计 6 的读数。

(4) 逐渐加大水量,观察玻璃管内水流状态,并记录墨水线开始波动以及墨水与清水开始全部混合时的流量计读数。

(5) 再将水量由大变小,重复以上观察,并记录各转折点处的流量计读数。

(6) 先关闭阀 4、5,使玻璃管内的水停止流动。再开阀 4,让墨水流出 1~2cm 距离再关闭阀 4。

(7) 慢慢打开阀 5,使管内流体作层流流动,可观察到此时的速度分布曲线呈抛物线状态。

【数据处理】

水温:____℃;　水的密度:_____;水的黏度:_____;管径:_____

其他实验结果记录于表 4.62。

表 4.62　雷诺实验数据处理

序　号	流量计读数	流速/$(m \cdot s^{-1})$	雷诺数	流动状态描述
1				
2				
3				
4				
5				

【思考题】

(1) 如果生产中无法通过直接观察来判断管内的流体流动状态,可用什么方法来判断?

(2) 用雷诺数 Re 判断流体流动状态的意义何在?

(3) 流体流动状态与传热、传质有何内在联系?

(4) 自己组织语言表述对流体流型、层流、湍流、过渡流等概念的理解。

实验 46　伯努利方程实验

【实验目的】

（1）深刻理解流体流动中各种能量和压头概念的意义,掌握其相互转化关系,加深对伯努利方程的理解。

（2）观察各项能量（或压头）随流速的变化规律。

【实验原理】

不可压缩流体在管内作稳定流动时,由于管路条件的变化（如位置高低、管径大小）,会引起流动过程中三种机械能——位能、动能、静压能的相应改变及相互转换。对于理想流体,在系统内任一截面处,虽然三种能量不一定相等,但是能量之和是守恒的。而对于实际流体,由于存在内摩擦,流体在流动中总有一部分机械能随摩擦和碰撞转化为热能而损耗了。所以对于实际流体,任意两截面上机械能总和并不相等,两者的差值即为机械能损失 $\sum h_f$。

$$Z_1 + \frac{p_1}{\rho g} + \frac{u_1^2}{2g} = Z_2 + \frac{p_2}{\rho g} + \frac{u_2^2}{2g} + \sum h_f \tag{4-195}$$

以上三种机械能均可用测压管中的液柱高度来表示,分别称为位压头、静压头、动压头。当测压直管中的小孔（测压孔）与水流方向垂直时,测压管内液柱高度即为静压头;当测压孔正对水流方向时,测压管内液柱高度则为静压头和动压头之和。测压孔处流体的位压头由测压孔的几何高度确定。任意两截面间位压头、静压头、动压头总和的差值,则为损失压头。

【装置和流程】

本实验装置与流程如图 4.92 所示。

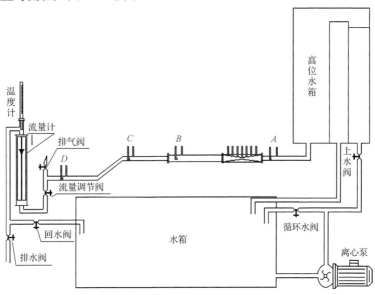

图 4.92　伯努利方程实验装置与流程

实验测试导管的结构如图 4.93 所示。

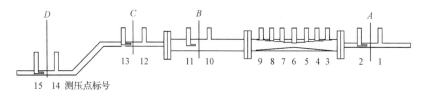

图 4.93　伯努利方程实验装置的实验导管结构

其中,A 截面的直径为 14mm;B 截面的直径为 28mm;C 和 D 截面的直径均为 14mm;以 D 截面中心线为零基准面(标尺为 125mm),$ZD=125$。A 截面和 D 截面的距离为 110mm。A、B、C 截面 $ZA=ZB=ZC=110$(标尺为 110mm)。

【实验步骤】

(1) 将低位槽灌进一定数量的蒸馏水,关闭离心泵出口上水阀及实验测试导管出口流量调节阀和排气阀、排水阀,打开回水阀和循环水阀后,启动离心泵。

(2) 逐步开大离心泵出口上水阀,当高位槽溢流管有液体溢流后,利用流量调节阀调节出水的流量。

(3) 流体稳定后读取并记录各点数据。

(4) 关小流量调节阀,重复上述实验步骤。

(5) 分析讨论流体流过不同位置处的能量转换关系并得出结论。

(6) 关闭离心泵,实验结束。

【注意事项】

在使用设备时,应注意以下事项:

(1) 不要将离心泵出口上水阀开得过大以免使水流冲击到高位槽外面,同时导致高位槽液面不稳定。

(2) 流量调节阀开大时,应检查一下高位槽内的水面是否稳定,当水面下降时应适当开大泵上水阀。

(3) 流量调节阀须缓慢地关小以免造成流量突然下降,使测压管中的水溢出管外。

(4) 注意排除实验导管内的空气泡。

(5) 离心泵不要空转和在出口阀门全关的条件下工作。

【数据处理】

实验记录和处理结果分别列于表 4.63 和表 4.64~表 4.67。

表 4.63　实验记录表(第_____套设备)

序　号	压强/mmH₂O		
	流量=　　时	流量=　　时	流量=　　时
1			
2			
3			
4			

序　号	压强/mmH$_2$O		
	流量=　　时	流量=　　时	流量=　　时
5			
6			
7			
8			
9			
10			
11			
12			
13			
14			
15			

（1）静压头。

表 4.64　实验数据处理表 1（第＿＿＿＿＿＿套设备）

截　面	静压头/mmH$_2$O		
	流量=　　时	流量=　　时	流量=　　时
A			
B			
C			
D			

（2）动压头。

表 4.65　实验数据处理表 2（第＿＿＿＿＿＿套设备）

截　面	动压头/mmH$_2$O		
	流量=　　时	流量=　　时	流量=　　时
A			
B			
C			
D			

（3）静压头与动压头之和。

表 4.66　实验数据处理表 3（第＿＿＿＿＿＿套设备）

截　面	静压头与动压头之和/mmH$_2$O		
	流量=　　时	流量=　　时	流量=　　时
A			
B			
C			
D			

（4）压头损失。

表 4.67　实验数据处理表 4（第＿＿＿＿套设备）

截　面	压头损失/mmH₂O		
	流量＝　　时	流量＝　　时	流量＝　　时
A-B			
C-D			

【思考题】

（1）关闭流量调节阀时，各测压管内液位高度是否相同？为什么？

（2）流量调节阀开度一定时，转动测压头手柄，各测压管内液位高度有何变化？变化的液位表示什么？

（3）同上题条件，A、C 两点及 B、C 两点的液位变化是否相同？这一现象说明什么？

（4）同上题条件，为什么可能出现 B 点液位高于 A 点液位？

（5）流量调节阀开度不变，且各测压孔方向相同，A 点液位 $h'(A)$ 与 C 点液位高度 $h'(C)$ 之差表示什么？

实验 47　管内流动阻力实验

【实验目的】

（1）了解流动阻力的测定方法，确定某一管径（粗糙度 ε 为定值）下摩擦系数 λ 与 Re 的关系。

（2）测定局部阻力系数 ξ。

【实验原理】

流体流经管内，由于黏性剪应力和涡流的存在，必然引起能量损耗。这种损耗包括流体流经直管的沿程阻力和流经管阀件的局部阻力。

1. 直管阻力摩擦系数 λ 的测定

流体在圆形直管内流动的阻力损失 h_f 为

$$h_f = \frac{\Delta p_f}{\rho g} = \lambda \frac{l}{d} \frac{u^2}{2g} \tag{4-196}$$

所以

$$\lambda = \frac{2d\Delta p_f}{\rho u^2} \tag{4-197}$$

$$Re = \frac{du\rho}{\mu}$$

式中，l 为直管长度，m；d 为管内径，m；Δp_f 为流体流径 1m 直管的压降，Pa；u 为流体平均流速，$m \cdot s^{-1}$；ρ 为流体密度，$kg \cdot m^{-3}$；μ 为流体黏度，$kg \cdot m^{-1} \cdot s^{-1}$。

由式(4-197)知，欲测定 λ，需知道 l、d，测定 Δp_f、u、ρ、μ 等。

l 与 d 因实验装置而异，由现场实测。l 为两测压点之间的距离。

欲测定 ρ、μ，只需测流体温度，再查有关手册。

欲测定 u，需先测定流量，再由管径计算流速。常用的流量计有孔板流量计、文丘里流量计、转子流量计和涡轮流量计。

ΔP_f 可用 U 形管、倒置 U 形管、测压直管等液柱压差计测定。

根据实验数据和上述公式，即可计算出不同流速下的直管阻力摩擦系数 λ 和对应的雷诺数 Re，从而得出摩擦系数与雷诺数之间的关系，绘出 λ 与 Re 的关系曲线。

2. 局部阻力系数 ξ 的测定

流体流经管(阀)件的阻力损失 h_f' 为

$$h_f' = \frac{\Delta p_f'}{\rho g} = \xi \frac{u^2}{2g}$$

$$\xi = \frac{2}{\rho u^2} \Delta p_f' \qquad (4\text{-}198)$$

式中，ξ 为局部阻力系数；$\Delta p_f'$ 为局部阻力压降，Pa。

待测的阀门或弯头，由现场指定。

【装置和流程】

利用如图 4.94 所示装置可进行管内流动阻力的测定。水泵 2 将储水槽 1 中的水抽出，送

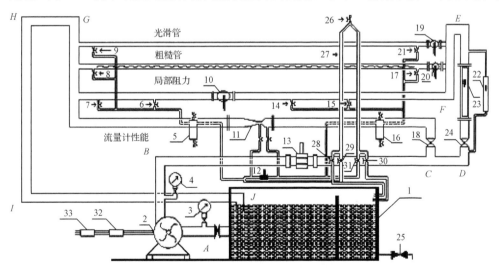

图 4.94　流体综合实验装置流程示意图

1. 储水槽；2. 水泵；3. 入口真空表；4. 出口压力表；5、16. 缓冲罐；6、14. 测局部阻力近端阀；7、15. 测局部阻力远端阀；8、17. 粗糙管测压阀；9、21. 光滑管测压阀；10. 局部阻力阀；11. 文丘里流量计；12. 压力传感器；13. 涡流流量计；18. 阀门；19. 光滑管阀；20. 粗糙管阀；22. 小流量计；23. 大流量计；24. 阀门；25. 水箱放水阀；26. 倒 U 形管放空阀；27. 倒 U 形管；28、30. 倒 U 形管排水阀；29、31. 倒 U 形管平衡阀；32. 功率表；33. 变频调速器；34、35、36、37、38、39. 阀门，图中未标出

入实验系统,经玻璃转子流量计 22、23 测量流量,然后送入被测直管段测量流体流动的阻力,经回流管流回储水槽 1。被测直管段流体流动阻力 Δp 可根据其数值大小分别采用变送器 4 或空气-水倒置 U 形管来测量。流动路线为 $A \rightarrow B \rightarrow C \rightarrow D \rightarrow E \rightarrow G \rightarrow H \rightarrow I \rightarrow J$。

图 4.95 为设备对应的控制面板。

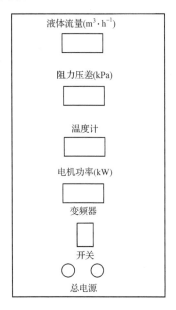

图 4.95　实验装置面板

局部阻力引起的压强降 $\Delta p_f'$ 可用下面的方法测量:在一条各处直径相等的直管段上,安装待测局部阻力的阀门,在其上、下游开两对测压口 a-a' 和 b-b',如图 4.96 所示。

图 4.96　局部阻力测量取压口布置图

若使 $ab = bc$,$a'b' = b'c'$;则 $\Delta p_{f,ab} = \Delta p_{f,bc}$,$\Delta p_{f,a'b'} = \Delta p_{f,b'c'}$。

在 $a \sim a'$ 之间列伯努利方程式:

$$p_a - p_{a'} = 2\Delta p_{f,ab} + 2\Delta p_{f,a'b'} + \Delta p_f' \tag{4-199}$$

在 $b \sim b'$ 之间列伯努利方程式:

$$\begin{aligned} p_b - p_{b'} &= \Delta p_{f,bc} + \Delta P_{f,b'c'} + \Delta p_f' \\ &= \Delta p_{f,ab} + \Delta p_{f,a'b'} + \Delta p_f' \end{aligned} \tag{4-200}$$

联立式(4-199)和式(4-200),则有

$$\Delta p_f' = 2(p_b - p_{b'}) - (p_a - p_{a'}) \tag{4-201}$$

为了实验方便,称$(p_b - p_{b'})$为近点压差,称$(p_a - p_{a'})$为远点压差,其值可用差压传感器来测量。

【实验步骤】

(1) 向储水槽内注蒸馏水,直到水满为止。

(2) 首先将全部阀门关闭,打开总电源开关,打开阀门 36 后,用变频调速器启动离心泵Ⅰ。将阀门 23 打开,大流量状态下将实验管路中的气泡赶出。

(3) 把阀门 19 打开,进行流体光滑管阻力实验。

当流量为 0 时打开 9、21 两阀门,若空气-水倒置 U 形管内两液柱的高度差不为 0,则说明系统内有气泡存在,需赶净气泡方可测取数据。

赶气泡的方法:将流量调至较大,排出导压管内的气泡,直至排净为止。关闭 29、31 两阀门,打开倒置 U 形管上部的放空阀 26,分别慢慢打开阀门 28、30 两阀门,使倒置 U 形管液柱降至中部即可,使管内形成气-水柱,此时在流量为 0 时打开 9、21 两阀门,管内液柱高度差应为零。若不为 0,则导压管内存在气泡,应重新赶气泡。

(4) 在流量稳定的情况下,测得直管阻力压差。数据顺序可从大流量至小流量,反之亦可,一般测 15～20 组数。建议当流量读数小于 200L·h^{-1} 时,只用空气-水倒置 U 形管测压差。

(5) 待数据测量完毕,关闭流量调节阀,切断电源。

(6) 粗糙管、局部阻力测量方法同前述各步骤。

【数据处理】

对于光滑管和粗糙管,可以使用表 4.68 和表 4.69 进行数据记录和数据处理。

表 4.68 流体阻力实验数据记录表

第_____套设备;_____(光滑/粗糙)管;内径:_____mm;管长:_____m;液体温度:_____℃

序　号	流量计/(L·h^{-1})	压差计读数/kPa	倒置 U 形管压差计读数/mmH$_2$O	
			左	右
1				
2				
3				
4				
5				
6				
7				
8				
9				
10				
11				
12				
13				
14				
15				

表 4.69　流体阻力实验数据处理表

第_____套设备;_____(光滑/粗糙)管;内径:_____mm;管长:_____m;液体温度:_____℃

序　号	流量/(L·h⁻¹)	Δp/Pa	流速/(m·s⁻¹)	Re	λ
1					
2					
3					
4					
5					
6					
7					
8					
9					
10					
11					
12					
13					
14					
15					

将光滑管与粗糙管的 λ 与 Re 关系绘在同一个图上。

对于局部阻力实验,可以用表 4.70 和表 4.71 进行数据记录和数据处理。

表 4.70　局部阻力实验数据记录表

序　号	流量/(L·h⁻¹)	近端压差/kPa	远端压差/kPa
1			
2			
3			

表 4.71　局部阻力实验数据处理表

序　号	流量/(L·h⁻¹)	流速/(m·s⁻¹)	局部阻力/kPa	阻力系数 ζ
1				
2				
3				

【思考题】

(1) 为了测定摩擦系数,需要什么仪器仪表? 要测定哪些数据? 如何处理数据? 简述所用流量计、压差计的原理及优点?

(2) 为什么要进行排气操作,如何排气? 为什么错误的操作会将 U 形管中的汞冲走?

(3) 以水为工作流体测定的 λ-Re 曲线,能否用来计算空气在管内的流动阻力,为什么?

(4) 简述粗糙度对 λ 的影响。

实验 48　泵性能实验

【实验目的】

（1）了解离心泵的构造与特性,掌握离心泵的操作方法。

（2）测定并绘制离心泵在恒定转速下的特性曲线。

【实验原理】

离心泵的压头 H、轴功率 N 及泵效率 η 与流量 Q 之间的对应关系,若以曲线 $H\text{-}Q$、$N\text{-}Q$、$\eta\text{-}Q$ 表示,则称为离心泵的特性曲线,可由实验测定。

实验时,在泵出口全关至全开的范围内,调节其开度,测得一组流量及对应的压头、轴功率和效率的数据,即可绘制离心泵的特性曲线。

在泵的吸入口和压出口之间列出伯努利方程,有

$$Z_\text{入} + \frac{p_\text{入}}{\rho g} + \frac{u_\text{入}^2}{2g} + H = Z_\text{出} + \frac{p_\text{出}}{\rho g} + \frac{u_\text{出}^2}{2g} + H_{\text{f入-出}} \tag{4-202}$$

$$H = (Z_\text{出} - Z_\text{入}) + \frac{p_\text{出} - p_\text{入}}{\rho g} + \frac{u_\text{出}^2 - u_\text{入}^2}{2g} + H_{\text{f入-出}} \tag{4-203}$$

式中, $H_{\text{f入-出}}$ 为泵的吸入口和压出口之间管路内的流体流动阻力,与伯努利方程中其他项比较, $H_{\text{f入-出}}$ 值很小,故可忽略。于是上式变为

$$H = (Z_\text{出} - Z_\text{入}) + \frac{p_\text{出} - p_\text{入}}{\rho g} + \frac{u_\text{出}^2 - u_\text{入}^2}{2g} \tag{4-204}$$

将测得的 $(Z_\text{出} - Z_\text{入})$ 和 $(p_\text{出} - p_\text{入})$ 的值以及计算所得的 $u_\text{入}$ 和 $u_\text{出}$ 代入上式,即可求得离心泵的压头 H 的值。而泵的有效功率 Ne 和泵效率 η 的计算式分别为

$$Ne = HQ\rho g \tag{4-205}$$

$$\eta = \frac{Ne}{N} \tag{4-206}$$

流量 Q 可用涡轮流量计或孔板流量计测定,轴功率 N 可用马达-天平式功率器或功率表测量。

【装置和流程】

本实验与"实验 47 管内流动阻力实验"共用一套设备,详见图 4.94,而图 4.95 为设备对应的控制面板。

【实验步骤】

（1）向储水槽内注蒸馏水,直到水满为止。

（2）将全部阀门关闭。打开总电源开关,打开阀门 36 后,用变频调速器启动离心泵。

（3）缓慢打开调节阀 18 至全开。待系统内流体稳定,即系统内已没有气体,打开压力表和真空表的开关,方可测取数据。

（4）测取数据的顺行可从最大流量至 0，或反之。一般测 15～20 组数据。

（5）每次测量同时记录：涡轮流量计流量、压力表、真空表、功率表的读数及流体温度。

【数据处理】

实验记录和数据处理如表 4.72 和表 4.73 所示。

表 4.72　离心泵性能测定实验数据记录

泵入口管径：＿＿＿＿ mm；泵出口管径：＿＿＿＿ mm；

真空计与压力计之间的垂直距离：＿＿＿＿ mm；水温：＿＿＿＿ ℃

序　号	流量计/$(m^3 \cdot h^{-1})$	入口压力 p_1/MPa	出口压力 p_2/MPa	电机功率/kW
1				
2				
3				
4				
5				
6				
7				
8				
9				
10				
11				
12				
13				
14				
15				

表 4.73　离心泵性能测定实验数据处理

序　号	流量计/$(m^3 \cdot h^{-1})$	H/m	N/kW	Ne/kW	η/%
1					
2					
3					
4					
5					
6					
7					
8					
9					
10					
11					
12					
13					
14					
15					

根据表 4.73 数据,在同一张图上绘出 $H\text{-}Q$、$N\text{-}Q$、ηQ 曲线。

【思考题】

(1) 离心泵开启前,为什么要先灌水排气?

(2) 启动泵前,为什么要先关闭出口阀,待启动后再逐渐开大? 而停泵时也要先关闭出口阀,为什么?

(3) 离心泵的特性曲线是否与连接的管路系统有关?

(4) 离心泵流量越大,则泵入口处的真空度越大,为什么?

(5) 离心泵的流量可由泵出口阀调节,为什么?

(6) 用简洁的语言表述离心泵的工作原理。输送液体的主要设备有哪些? 它们之间最主要的异同点是什么?

实验 49　气-汽对流传热实验

【实验目的】

(1) 掌握传热膜系数 α 的测定方法,加深对传热机理及其影响因素的理解。

(2) 掌握线性回归分析确定关联式 $Nu = ARe^m Pr^{0.4}$ 中常数 A 和 m 值的方法。

(3) 通过对普通套管换热器和强化套管换热器的比较,了解工程上强化传热的措施。

(4) 掌握孔板流量计的工作原理。

(5) 掌握测温热电偶的使用方法。

【实验原理】

1. 无因次准数

对流传热准数关联式是努塞尔数 Nu、雷诺数 Re、普兰特常量 Pr 等无量纲数之间的方程,其定义为

$$Nu = \frac{\alpha d}{\lambda} \tag{4-207}$$

$$Pr = \frac{C_p \mu}{\lambda} \tag{4-208}$$

$$Re = \frac{du\rho}{\mu}$$

式中,d 为换热器内管内径,m;α 为空气传热膜系数,W·m^{-2}·℃$^{-1}$;ρ 为空气密度,kg·m^{-3};λ 为空气的导热系数,W·m^{-1}·℃$^{-1}$;C_p 为空气定压比热容,J·kg^{-1}·℃$^{-1}$。Re 的定义见式(4-206)。

实验中改变空气的流量以改变雷诺数 Re 的值。根据定性温度计算对应的 Pr 值。同时由牛顿冷却定律,求出不同流速下的传热膜系数 α 值,进而算得 Nu 值。

2. 对流传热准数关联式

对于流体在圆形直管中作强制湍流的情况,其对流传热系数的准数关联式可表示为

$$Nu = ARe^m Pr^n \tag{4-209}$$

对于管内被加热的空气，Pr 变化不大，可认为是常数，加热时 n 可取 0.4，则式(4-209)简化为

$$Nu = ARe^m Pr^{0.4} \tag{4-210}$$

式中，系数 A 和指数 m 需由实验确定。测定不同流速下孔板流量计的压差，空气的进、出口温度和换热器的壁温，根据所测的数据，经过查物性数据和计算，可求出不同流量下的 Nu 和 Re，然后用线性回归方法确定关联式(4-210)中常数 A 和 m 的值。

3. 线性回归

对关联式(4-210)两边取对数，得

$$\lg(Nu/Pr^{0.4}) = \lg A + m\lg Re$$

在双对数坐标系中作图，找出直线斜率，即为方程的指数 m，而由直线的截距可得到系数 A。

4. 对流给热系数（管内冷流体）

对流给热系数 α 可根据牛顿冷却定律，用实验来测定。有

$$\alpha = \frac{Q}{\Delta t_m S} \tag{4-211}$$

式中，α 为管内流体对流传热系数，$W \cdot m^{-2} \cdot ℃^{-1}$；$Q$ 为管内传热速率，W；S 为管内换热面积，m^2；Δt_m 为对流传热温度差，$℃$。

对流传热温度差由式(4-212)确定：

$$\Delta t_m = t_w - \left(\frac{t_1 + t_2}{2} \right) \tag{4-212}$$

式中，t_1、t_2 分别为冷流体的入口、出口温度，$℃$；t_w 为壁面平均温度，$℃$。

因为换热器内管为紫铜管，其导热系数很大，且管壁很薄，故认为内壁温度、外壁温度和壁面平均温度近似相等，可用 t_w 表示。

管内换热面积为

$$S = \pi dL \tag{4-213}$$

式中，d 为内管内径，m；L 为传热管测量段的实际长度，m。

传热量 Q 由热量衡算式求得，即有

$$Q = WC_p(t_2 - t_1) \tag{4-214}$$

式中，W 为质量流量，由下式求得：

$$W = \frac{V\rho}{3600} \tag{4-215}$$

式中，V 为冷流体在套管内的平均体积流量，$m^3 \cdot h^{-1}$；C_p 为冷流体的定压比热容，$kJ \cdot kg^{-1} \cdot ℃^{-1}$；$\rho$ 为冷流体的密度，$kg \cdot m^{-3}$。

C_p 和 ρ 可根据定性温度 t_m 查得，而 $t_m = (t_1 + t_2)/2$。

5. 强化传热机理

强化传热又被学术界称为第二代传热技术,它能减少初设计的传热面积,以减小换热器的体积和重量,提高现有换热器的换热能力;使换热器能在较低温差下工作;并且能够减少换热器的阻力,从而可减少换热器的动力消耗,更有效地利用能源。强化传热的方法有多种,本实验装置采用将螺旋线圈插入换热器内管的方法来强化传热。

螺旋线圈的结构如图 4.97 所示。螺旋线圈由直径 3mm 以下的铜丝和钢丝按一定节距绕成。将金属螺旋线圈插入并固定在管内,即可构成一种强化传热管。在近壁区域,流体一方面由于螺旋线圈的作用而发生旋转,一方面还周期性地受到线圈的螺旋金属丝的扰动,因而可使传热强化。由于绕制线圈的金属丝直径很细,流体旋流强度也较弱,因此阻力较小,有利于节省能源。螺旋线圈以线圈节距 H 与管内径 d 的比值以及管壁粗糙度 $(2d/h)$ 为主要技术参数,且长径比是影响传热效果和阻力系数的重要因素。科学家通过实验研究总结了形式为 $Nu = BRe^m$ 的经验公式,其中 B 和 m 的值因螺旋丝尺寸不同而不同。

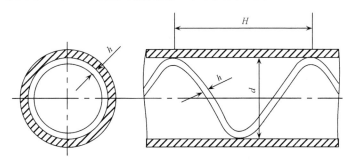

图 4.97　强化管内的螺旋线圈的内部结构

单纯研究强化手段的强化效果(不考虑阻力的影响),可以用强化比的概念作为评判准则,其形式为 Nu/Nu_0,其中 Nu 是强化管的努塞尔数,Nu_0 是普通管的努塞尔数。显然,强化比 $Nu/Nu_0 > 1$,且此比值越大,强化效果越好。需指出,如果评判强化方式的真正效果和经济效益,则必须考虑阻力因素,阻力系数随着换热系数的增加而增加,从而导致换热性能的降低和能耗的增加,只有强化比较高,且阻力系数较小的强化方式,才是最佳的强化传热方法。

本传热实验装置是两组以空气和水蒸气为介质的套管换热器,一组为简单套管,另一组为管程内部插有螺旋线圈的空气-水蒸气强化套管,可采用计算机在线采集数据和自动控制系统,既可实行自动操作,也可手动操作。

【装置和流程】

1. 实验流程图及基本结构参数

如图 4.98 所示,实验装置的主体是两根平行的套管换热器,内管为紫铜材质,外管为不锈钢管,两端用不锈钢法兰固定。实验用的蒸气发生釜为电加热釜,内有两根 2.5kW 螺旋形电加热器,用 220V 电压加热。空气由 XGB-2 型旋涡气泵供给,使用旁路调节阀调节流量。蒸气上升管路,使用三通和球阀分别控制进入两个套管换热器的蒸气流量。

空气由旋涡气泵吹出,由旁路调节阀调节,经孔板流量计,由支路控制阀选择不同的支路进入换热器。蒸气由加热釜发生后自然上升,经支路控制阀选择逆流进入换热器壳程,由另一

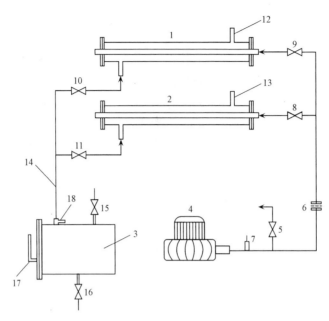

图 4.98　空气-水蒸气传热实验装置流程图

1. 普通套管换热器;2. 内插有螺旋线圈的强化套管换热器;3. 蒸气发生器;4. 旋涡气泵;5. 旁路调节阀;
6. 孔板流量计;7. 风机出口温度;8、9. 空气支路控制阀;10、11. 蒸气支路控制阀;12、13. 蒸气放空阀;
14. 蒸气上升主管路;15. 加水口;16. 放水口;17. 液位计;18. 冷凝液回流口

端蒸气出口自然喷出,达到逆流换热效果。

本实验装置的基本结构参数如表 4.74 所示。

表 4.74　实验装置结构参数

内管内径 d_i/mm		20.0
内管外径 d_o/mm		22.0
外管内径 D_i/mm		50.0
外管外径 D_o/mm		57.0
测量段(紫铜内管)长度 L/m		1.00
强化内管内插物(螺旋线圈)尺寸	丝径 h/mm	1
	节距 H/mm	40
加热釜	操作电压/V	≤200
	操作电流/A	≤10

2. 测量仪表

测量仪表的面板如图 4.99 所示。温度显示仪表下方的转换开关共有 7 挡,分别为:0. 显示普通管空气进口温度;1. 显示普通管空气出口温度;2. 显示强化管空气进口温度;3. 显示强化管空气出口温度;4. 显示电加热釜水温;5、6. 空挡。

热电偶(毫伏计)显示仪表下方的转换开关共有 7 挡,分别为:0. 显示普通管壁温的热电势 E;1. 显示强化管壁温的热电势 E;其余为空挡。

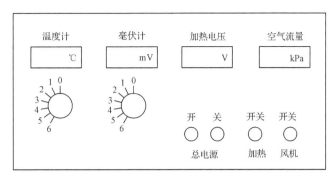

图 4.99　测量仪表面板示意图

3. 空气流量计

(1) 由孔板与压力传感器及数字显示仪表组成空气流量计。仪表上显示的是 Δp，空气流量与 Δp 的关系由下式确定：

第 1 套　　　　　　　　$V_{t_0} = 20.243 \times (\Delta p / \rho_{t_1})^{0.5139}$

第 2 套　　　　　　　　$V_{t_0} = 18.703 \times (\Delta p / \rho_{t_1})^{0.563}$

式中，V_{t_0} 为 20℃下的体积流量，$m^3 \cdot h^{-1}$；Δp 为孔板两端压差，kPa；ρ_{t_1} 为空气入口温度（流量计处的温度）下的密度，$kg \cdot m^{-3}$。

(2) 要想得到实验条件下的空气流量 $V(m^3 \cdot h^{-1})$，则需按下式计算：

$$V = V_{t_0} \frac{273 + \bar{t}}{273 + t_1}$$

式中，V 为实验条件（管内平均温度）下的空气流量，$m^3 \cdot h^{-1}$；$\bar{t}$ 为换热器管内平均温度，℃；t_1 为传热内管空气进口（流量计处）温度，℃。

4. 温度测量

(1) 空气入传热管测量段前的温度 t_1（℃）由电阻温度计测量，可由数字显示仪表直接读出。

(2) 空气出传热管测量段时的温度 t_2（℃）由电阻温度计测量，可由数字显示仪表直接读出。

(3) 管外壁面平均温度 t_w 由数字式毫伏计测出与其对应的热电势 $E(mV)$，热电偶是由铜-康铜制成的，可根据公式 $t_w/℃ = 1.2705 + 23.518 \times (E/mV)$，由 E 值计算得到温度 t_w。

【实验步骤】

1. 实验前的准备

开始测量前，须做以下检查工作：

(1) 向电加热釜加蒸馏水至液位计上端红线处。

(2) 向冰水保温瓶中加入适量的冰水，并将冷端补偿热电偶插入其中。

(3) 检查空气流量旁路调节阀是否全开。

(4) 检查蒸气管支路各控制阀是否已打开。保证蒸气和空气管线的畅通。

（5）接通电源总闸，设定加热电压，启动电加热器开关，开始加热。

2. 实验开始

实验数据的计算机采集与控制系统的使用见本实验的附录，其他操作按以下步骤进行：

（1）电加热器工作一段时间后水沸腾，水蒸气自行充入普通套管换热器外管，观察蒸气排出口，有恒量蒸气排出，标志实验可以开始。

（2）加热约 10min 后，可提前启动鼓风机，保证实验开始时空气入口温度比较稳定。

（3）调节空气流量旁路阀的开度，使压差计的读数为所需的空气流量值（当旁路阀全开时，通过传热管的空气流量为所需的最小值，全关时为最大值）。

（4）稳定 5～8min，可转动各仪表选择开关，读取 t_1、t_2、E 值。注意，第一个数据点必须稳定足够的时间才可读取、记录。实验记录可参考表 4.75 和表 4.76。

（5）重复步骤（3）与（4），共做 6～10 个空气流量值。

（6）最小、最大流量值一定要做。

表 4.75　普通管实验数据处理　　　　　　　　　　日期：

	普通管	1	2	3	4	5	6	7	8	9	10
原始数据	流量/kPa										
	$t_1/℃$										
	$t_2/℃$										
	E/mV										
处理数据	$t_w/℃$										
	$\bar{t}/℃$										
	$\rho_{t_1}/(kg \cdot m^{-3})$										
	$\rho_t/(kg \cdot m^{-3})$										
	$\lambda_{\bar{t}}/(10^{-2}W \cdot m^{-1} \cdot ℃^{-1})$										
	$C_p(t)/(kJ \cdot kg^{-1} \cdot ℃^{-1})$										
	$\mu_{\bar{t}}/(10^{-4}Pa \cdot s)$										
	$\Delta t/℃$										
	$\Delta t_m/℃$										
	$V_{t_1}/(m^3 \cdot h^{-1})$										
	$V/(m^3 \cdot h^{-1})$										
	$u/(m \cdot s^{-1})$										
	Q/W										
	$\alpha/(W \cdot m^{-2} \cdot K^{-1})$										
	Re										
	Nu										
	$Nu/(Pr^{0.4})$										

表 4.76　强化管实验数据处理　　　　　　　日期：

	强化管	1	2	3	4	5	6	7	8	9	10
原始数据	流量/kPa										
	t_1/℃										
	t_2/℃										
	E/mV										
处理数据	t_w/℃										
	$\bar{t}$/℃										
	ρ_{t_1}/(kg·m^{-3})										
	$\rho_{\bar{t}}$/(kg·m^{-3})										
	$\lambda_{\bar{t}}$/(10^{-2}W·m^{-1}·℃$^{-1}$)										
	$C_p(\bar{t})$/(kJ·kg^{-1}·℃$^{-1}$)										
	$\mu_{\bar{t}}$/(10^{-4}Pa·s)										
	Δt/℃										
	Δt_m/℃										
	V_{t_1}/(m^3·h^{-1})										
	V/(m^3·h^{-1})										
	u/(m·s^{-1})										
	Q/W										
	α/(W·m^{-2}·K^{-1})										
	Re										
	Nu										
	$Nu/(Pr^{0.4})$										

（7）整个实验过程中，加热电压可以保持（调节）不变，也可随空气流量的变化作适当的调节。

3. 转换支路

重复步骤 2 的内容，进行强化套管换热器的实验。测定 6～10 组实验数据。

4. 实验结束

（1）关闭加热器开关。

（2）过 5min 后关闭鼓风机，并将旁路阀全开。

（3）切断总电源。

【注意事项】

（1）由于采用热电偶测壁温，因此实验前要检查冰桶中是否有冰水混合物共存。检查热电偶的冷端，是否全部浸没在冰水混合物中。

（2）检查蒸气加热釜中的水位是否在正常范围内。

（3）须保证蒸气上升管线的畅通。即在给蒸气加热釜通电之前,两蒸气支路控制阀之一必须全开。在转换支路时,应先开启需要的支路阀,再关闭另一侧,且开启和关闭控制阀必须缓慢,防止管线截断或蒸气压力过大突然喷出。

（4）须保证空气管线的畅通。即在接通风机电源之前,两个空气支路控制阀之一和旁路调节阀须全开。在转换支路时,应先关闭风机电源,然后开启和关闭控制阀。

附录　实验数据的计算机采集与控制系统的使用

启动程序,此时屏幕上会出现如图 4.100 所示的菜单。

```
文件   实验操作   结果显示   帮助

      传热计算机数据采集程序

           天津大学
        化工基础实验中心
```

图 4.100　启动程序菜单

当选择实验操作项后,屏幕上会出现如图 4.101 所示的菜单。在做好实验前期准备工作的前提下,点击"加热启动",约 10min 后,点击"风机启动"。当设备运行稳定后,点击"光滑管采集"或"强化管采集",屏幕上会出现询问采集方法选择的对话框,有"按采集键采集"和"设定时间定时采集"两种方法供选择。点击"采集数据",即可采集到某一空气流量下的所有数据。改变空气流量,稳定 8~10min,再点击"采集数据",可采集到另一空气流量下的所有数据。注意:空气流量的调节只能用手工操作。

当选择"结果显示"项后,屏幕上出现如图 4.102 所示的菜单。点击"采集界面",则屏幕上出现如图 4.103 所示的实验流程和数据采集点分布图(温度不够时,不显示采集界面),在图 4.103 中有 9 个数字显示框,从图中可观察到各个数据的变化情况。随时可以访问"数据表"和"曲线表",以了解实验的进程。

```
实验操作

  风机启动
  风机停止
  加热启动
  加热停止
  光滑管采集
  强化管采集
  合并数据
  取消数据
  采集数据
  结束实验
```

图 4.101　实验操作菜单

```
结果显示

  采集界面
  数据表
  曲线表
  曲线回归
```

图 4.102　结果显示菜单

当所有数据采集完毕,点击"曲线回归"可获得传热方程。点击图 4.101 的"结束实验",可结束本次实验。点击"文件"中的"打印"栏,可打印本次实验的结果。

【思考题】

（1）管内空气流动速度对传热膜系数有何影响？ 当空气流速增大时,空气离开热交换器时的温度将升高还是降低？ 为什么？

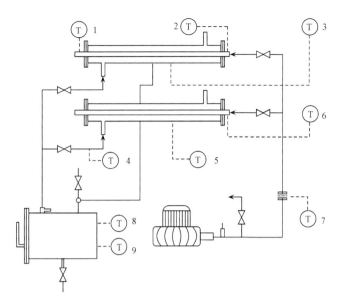

图 4.103　传热实验数据采集点分布示意图

1. 普通管空气出口温度,℃;2. 普通管空气进口温度,℃;3. 普通管换热器壁温,℃;4. 强化管空气
出口温度,℃;5. 强化管空气进口温度,℃;6. 强化管换热器壁温,℃;7. 空气流量,m³·h⁻¹;
8. 蒸气发生器水温,℃;9. 蒸气发生器加热电压,V

(2) 如果采用不同压力的蒸气进行实验,对 α 式的关联有无影响?

(3) 强化传热要以什么为代价?

(4) 强化传热的效果一般如何评价? 采用什么作为评价的指标?

(5) 以空气为介质的传热实验,其雷诺数 Re 最好应如何计算?

(6) 为什么要整理成 Nu-Re 准数方程,而不整理成 Nu 与流量的关系?

(7) 环隙间饱和蒸气的压力产生变化,对管内空气给热系数的测量是否有影响?

(8) 空气流速和温度对给热系数有何影响? 在不同的温度下是否会得出不同的给热系数关联式?

实验 50　乙醇-水精馏塔实验

【实验目的】

(1) 熟悉精馏塔结构和精馏流程,掌握精馏塔操作方法。

(2) 学习精馏塔全塔效率的测定方法。

【实验原理】

1. 精馏塔操作要领

(1) 维持物料平衡,即

$$F = D + W$$
$$Fx_F = Dx_D + Wx_W$$

或

$$\frac{D}{F} = \frac{x_F - x_W}{x_D - x_W}$$

$$\frac{W}{F} = \frac{x_D - x_F}{x_D - x_W}$$

式中，F、D、W 分别为进料、馏出液、釜残液的流率，$kmol \cdot s^{-1}$；x_F、x_D、x_W 分别为进料、馏出液、釜残液的组成，即相应组分的物质的量分数(摩尔分数)；D/F、W/F 分别为塔顶、塔底采出率。

若总物料不平衡，当 $F > D + W$ 时，将导致塔釜、降液管和塔板液面升高，压降增大，雾沫夹带增加，严重者甚至会淹塔；当 $F < D + W$ 时，将导致塔釜、降液管和塔板液面降低、漏液量增加，塔板上气液分布不均匀，严重者甚至会干塔。

在规定的精馏条件下，若塔顶采出率 D/F 超出正常值，即使精馏塔具有足够的分离能力，塔顶也不能得到预期的合格产品；若塔底采出率 W/F 超出正常值，则釜残液的组成将增加，既不能达到预期的分离要求，也徒增轻组分损失。

因此在实验过程中必须维持好物料平衡。

(2) 控制回流比。精馏塔处于连续稳定的正常操作时，回流比应控制在设计回流比或适宜回流比。在塔板数固定的情况下，当满足 $Dx_D \leqslant Fx_F$ 且塔处于正常流体力学状态时，加大回流比 R，能提高塔顶馏出液组成 x_D。加大回流比的措施有：①减少馏液量；②加大塔釜的加热速率和塔顶的冷凝速率。然而，塔釜的加热速率和塔顶的冷凝速率在装置中是有限度的。因此在操作过程中调节回流比时，要注意将两者调好，尤其是塔顶的冷凝速率涉及维持系统热量平衡的问题。

2. 精馏全塔效率测定

参见化工原理教材中有关精馏的章节。

【装置和流程】

精馏实验装置由精馏塔(包括塔釜、塔体和塔顶冷凝器)，加料系统，产品贮槽，回流系统及测量仪表构成，其流程如图 4.104 所示。

料液由料液槽 10，经转子流量计 9、阀 13 进入精馏塔中。蒸气由蒸馏釜 2，上升至塔体 5，上升过程中与回流液进行质量传递，再进入冷凝器 6，回流分配器 12，一部分馏出液作为产品进入贮槽；另一部分回流至塔内。与此同时，釜内液体的一部分经阀 14 流入料液槽。

【实验步骤】

(1) 熟悉流程和主要控制点。配制或检查料液槽内的乙醇水溶液[组成约为 20%(体积分数)，液位应高于供料泵]。由输液泵注入蒸馏釜内至液位计两标记线之间。

(2) 接通电源对釜液预热。为加快预热速度，两个加热器先调至额定电压(应避免在液位低于标记线时开启加热器)。同时，开启塔顶冷凝器的冷却水进口阀。

(3) 待加热釜内釜液沸腾后，进行全回流操作 20～30min，此时灵敏板温度为 80～81℃，塔顶温度为 79～80℃，塔板鼓泡正常；如果温度过高，可通过自耦变压器调节加热器功率。

(4) 关小回流阀，开启馏出液产品出口阀，进行部分回流操作。注意要预先选择回流比和

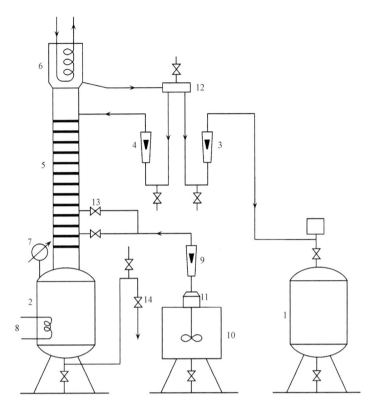

图 4.104 中间加料板式塔精馏流程示意图

1. 产品贮槽；2. 蒸馏釜；3、4、9. 转子流量计；5. 塔体；6. 冷凝器；7. 压力表；
8. 电加热电源；10. 料液槽；11. 料液输送泵；12. 分配器；13. 进料阀；14. 釜液出料阀

一个加料口(不能同时选用两个加料口)。待有产品后,再加以适当调节。

（5）启用进料泵,进料量为 4～6L·h⁻¹,并控制塔釜液位在正常标记范围。液位过低,可加大进料;液位过高,可由塔底排出。随时注意塔内压力、灵敏板温度等操作参数的变化并及时加以调节。

（6）待操作稳定后,同时对馏出液、釜液、料液进行取样(取样量均为 140～150mL,以保证比重计能浮起),并按表 4.77 内容作记录。

继续调节有关参数,直至馏出液乙醇浓度高于 93％(体积分数),釜残液乙醇浓度低于 3％,操作才算达到要求。

（7）实验完毕,关闭总电源。

表 4.77 精馏操作记录

塔内径：＿＿＿＿＿ mm；实际塔板层数：＿＿＿＿＿ 块；板间距：＿＿＿＿＿ mm；塔釜压力：＿＿＿＿＿ kPa

温度/℃		流量/(L·h⁻¹)		密度/(g·cm⁻³)	
料液		料液		料液	
塔顶		馏出液		馏出液	
塔釜		回流液		釜液	
灵敏板					

回流比＝

【数据处理】

按精馏的基本原理,用图解法确定理论板层数,并计算全塔效率。

【思考题】

(1) 精馏塔越高是否其产量就越大?

(2) 将精馏塔加高,能否得到无水乙醇?

(3) 影响精馏塔操作稳定的因素有哪些?

(4) 操作中加大回流比应如何进行?

(5) 精馏塔在操作过程中,由于塔顶采出率太高而造成产品不合格时,恢复正常运行状态的最快、最有效的方法是什么?

第5章　开放式、研究性实验

基础性实验是本课程的核心教学内容,其教学任务和目标是,学习基本的化学实验技术,掌握基本的化学研究方法。要求学生进行实际操作训练。安排的基础性实验具有典型性和代表性,包含了现代化学研究中的重要实验方法和技术,是每个学生都必须独立完成的实验,能使学生全面掌握基本化学实验操作和技术,提高实验研究能力。

开放式、研究性实验主要针对那些对化学研究更感兴趣的同学开设,其教学任务和目标是,学生针对实验项目或课题,能综合应用实验技能、化学实验技术、化学基础理论,开展课题研究。每学年度安排若干个由教师提出的或学生自拟的"开放式、研究性"实验项目,学生可选做其中的一个。此类实验涉及现代化学实验技术的综合应用,是反映学科发展前沿、化学理论与生产实际或工程应用紧密结合、具有一定复杂性和综合度的设计性、创新研究性实验,旨在培养学生进行科学研究的能力,掌握科学研究的一般方法和程序,培养学生对科学研究的兴趣。

开放式、研究性实验的教学方式是全面实施开放式实验教学。这类实验持续的时间较长(一般为一学年),实验内容较多并具有一定的复杂性和综合度,因此以小组为单位进行,每组4~6人,每个实验均有1、2名教师负责指导。各小组独立开展工作,学生从了解实验课题后,即着手查资料,研读文献,钻研有关理论。在此基础上,学生先提出实验方案,经与教师讨论后,即可开始实验研究。

开放式实验教学这一教学模式重在吸引学生主动参与实践活动,培养学生对"发现问题、提出问题、研究问题、解决问题"的兴趣,培养学生的思考、辨析能力和探索求知精神,发展和发掘学生的个性和潜质,激发学生的创造力,达到提高学生实践能力和综合素质的目的。开放式、研究性实验需要有特别的经费支持。为此,本课程每学年开设的10~15个开放式、研究性实验项目都得到了学校"开放实验室基金"、"中山大学学生科研计划项目"、国家基础科学人才培养基金(化学基地)建设经费等多渠道的支持。

本章只介绍实验项目的概要,不列出参考文献(个别实验除外)。学生首先根据实验项目涉及的领域和主题,确定若干关键词,查阅有关中外文献数据库,然后将文献阅读情况向指导教师汇报,随后开展实验项目的后续研究工作。

以下介绍本课程近年来已开设的部分开放式、研究性实验项目,供兄弟院校化学实验教学时参考。

实验 51　铁质材料表面碱性低温化学镀镍研究

【实验目的】

学生通过查阅文献,了解化学镀镍的基本原理和工艺过程;设计镀镍配方筛选的实验方案,并进行配方优化实验;考察温度、施镀时间等因素对碳钢棒的镀镍层组成和性能的影响;撰写科技论文格式的综合性研究报告,参加开放式、研究性实验交流(答辩)会。

【实验背景】

近年来,化学镀作为一种表面处理技术在工业上日益受到重视。化学镀镍的不断发展归结于该技术具有良好的工艺性,镀层具有独特的物理、化学和机械性能,而且工艺设备简单,易于控制和掌握,镀层均匀平整,适用于复杂形状零件,这些都是电镀技术所不具备的。

目前,大多数化学镀镍工艺的镀覆在 $85 \sim 95℃$ 的高温下操作,镀液蒸发快,能量损耗大,次磷酸钠利用率低,pH 变化快,镀覆工艺控制困难。另一方面,高温下操作对有些材料(如塑料等)的施镀会造成基体的变形和改性,这些都限制了化学镀的进一步应用。因此,低温化学镀镍工艺开发是化学镀研究的一个重要方向。

化学镀是利用合适的还原剂,将溶液中的金属离子还原出来,并沉积在经催化活化的镀件表面的一种化学处理过程。化学镀镍的阴极过程可能是,镍配合离子首先变成游离状态,而后发生游离镍离子放电,溶液中的氢离子则得到电子生成活化态的氢原子。活化态的氢原子对镍的还原起催化作用,可以加速镍的还原,同时自身结合生成氢气。阴极反应还包括次磷酸盐的还原反应。各分步反应如下:

$$[NiL]^{2+} \Longleftrightarrow L + Ni^{2+}$$

$$Ni^{2+} + 2e^- \longrightarrow Ni$$

$$2H^+ + 2e^- \longrightarrow 2H$$

$$2H \longrightarrow H_2$$

$$H_2PO_2^- + e^- \longrightarrow P + 2OH^-$$

阳极过程是,溶液中的次磷酸盐离子吸附到金属表面,然后发生氧化反应,溶液中镍的生成强化了次磷酸盐的表面吸附作用。因此,镍的存在可以加速次磷酸盐的氧化。另一方面,次磷酸盐的存在又使阴极过程氢的析出更易进行,进而加速了镍的沉积速度。各分步反应如下:

$$H_2PO_2^-(aq) \Longleftrightarrow H_2PO_2^-(ads)$$

$$H_2PO_2^-(ads) + H_2O - 2e^- \longrightarrow H_2PO_3^- + 2H^+$$

对于碱性条件下的化学镀镍过程,其总反应可表示为:

$$2[NiL]^{2+} + 7H_2PO_2^- + H_2O \longrightarrow 5H_2PO_3^- + 2L + 2Ni\text{-}P + 2H_2 \uparrow + 2H^+$$

【设计要求】

(1) 查阅中外文献和专利数据库。

(2) 设计实验研究方案,拟定实验材料、试剂与配方,并对化学镀镍液配方进行优化。

(3) 镀层性能研究,包括镀层厚度及镀层成分随镀镍时间的变化、镀层性能(镀层结合力和耐蚀性)测试。

(4) 对镀件光亮处理问题进行研究。

(5) 对镀镍过程的加速问题进行研究。

实验 52　不锈钢表面刻蚀

【实验目的】

学生通过查阅文献,了解光刻技术和不锈钢刻蚀技术的基本原理和过程;设计不锈钢表面刻蚀的技术方案和工艺;设计刻蚀反应器;优化刻蚀液配方和刻蚀工艺;制作不同尺寸、不同图文的刻蚀产品;撰写科技论文格式的综合性研究报告,参加开放式、研究性实验交流(答辩)会。

【实验背景】

不锈钢具有很高的力学强度、硬度、耐磨性、耐蚀性以及易加工等优良性质,随着其图纹装饰加工工艺的发展和成熟,在各个领域中的应用日益扩大。例如,在招牌制作、仪器设备表面图文刻印、制造印刷用的金属字板、在机械加工较为困难的薄板或薄片零件(电子线路板、金属网板的小孔以及光栅)等器件上制造出复杂的图形或文字。不锈钢的图纹装饰是通过对不锈钢进行部分刻蚀,获得一定深度的图形或文字,在其上着色,从而达到具有立体感的彩色装饰效果。工业上一般采用 $FeCl_3$ 化学刻蚀和阳极溶解两种方法进行刻蚀,该方法具有工艺简单、刻蚀速度快、污染少、经济且效果好等优点。在实验室条件下,"不锈钢表面刻蚀"作为综合性、设计性和研究性实验,各化学实验室均具备实施条件。

不锈钢刻蚀是光刻技术的一种应用。其原理是,首先将所需的图形或文字制成照相底片,再把底片上的图形或文字通过光化学反应复制到涂有感光胶的不锈钢器件上,接着通过化学腐蚀得到凸的或是凹的图形或文字,最后把全部固化了的抗酸感光胶去除而得到成品。

感光胶有负性胶和正性胶两种。负性胶是感光部分在显影液里成为不溶性的聚合物,而正性胶是感光部分在显影液里成为可溶性物质。

感光胶由三种物质组成:一是成膜剂,二是光敏剂,三是溶剂。曝光光源的波长要与感光胶的感光波长范围相适应,一般是用紫外光,波长约为 $0.4\mu m$。然而,对精度要求很高的精细图形,例如,当线条宽度为 $1\mu m$ 以下时,紫外光不能满足要求,这时需要采用电子束或 X 射线等曝光技术。用电子束曝光可以刻出宽度为 $0.25\mu m$ 的细线条。

腐蚀可用电化学阳极溶解方法,即不锈钢作阳极(钢片上覆盖有感光膜或是感光胶,经过感光、显影)。电解液为硫酸和磷酸,也可用氯化钠溶液,阳极溶解的反应是

$$Fe \longrightarrow Fe^{2+} + 2e^-$$

腐蚀也可用三氯化铁氧化的方法,当不锈钢与三氯化铁接触时,发生下述反应:

$$2FeCl_3 + Fe \longrightarrow 3FeCl_2$$

事实上,溶液中发生的实际过程不是这样简单,因为铁和合金元素镍和铬等在溶液中的电位不同,因而存在着短路的腐蚀微电池,在无数的微电池中,铁电位较负,是阳极,于是铁发生氧化而转移到溶液中。

【设计要求】

(1) 查阅中外文献和专利数据库。

(2) 设计实验研究方案,拟定实验材料、试剂与配方,并对刻蚀液配方进行优化。

（3）设计刻蚀反应器，组装刻蚀实验装置一套。

（4）设计曝光装置。

（5）拟定不锈钢刻蚀工艺流程。

（6）需探讨和研究的问题：①刻（腐）蚀液组成对刻蚀效果的影响；②温度对刻蚀速度的影响；③压缩空气流速对刻蚀速度的影响；④不锈钢板在刻蚀液中排放位置对刻蚀效果的影响。

（7）制作出不同尺寸的不锈钢刻蚀成品若干件并提交于答辩会上展示，待刻的图案或文字自行设计。

实验 53　工件的电泳上色

【实验目的】

学生通过查阅文献，了解阴极电泳涂装技术和工件上色的基本原理和工艺过程；设计工件上色的实验方案，并组装相应的实验装置；优化电泳着色液配方和上色工艺；制作不同颜色的产品；撰写科技论文格式的综合性研究报告，参加开放式、研究性实验交流（答辩）会。

【实验背景】

电泳涂装是一种特殊的涂膜形成方法。阴极电泳涂料是随着电泳涂料的发展，继阳极电泳涂料之后发展的一种新型涂料，具有水溶性、无毒、易于自动化控制的特点，自 1971 年研制成功第一代阴极电泳漆后，阴极电泳技术迅速在汽车、建材、五金件、家电等行业中得到广泛应用。1978 年，通用和福特汽车公司基本上用阴极电泳技术代替了阳极电泳技术。目前，阴极电泳技术以其优质、经济及安全等特点，已在各类金属基材的耐腐蚀和装饰性表面处理中全面取代阳极电泳技术。阴极电泳涂料的种类很多，目前应用的主要有以双酚 A 环氧树脂与有机胺的加成物为骨架的环氧型阴极电泳涂料、以丙烯酸酯类共聚物为主体的阴极电泳涂料和聚氨酯类阴极电泳涂料，相关专利可查数据库。

工件上色即为彩色电泳涂装技术，可分为阴极电泳和阳极电泳。彩色阴极电泳的基本原理是，以工件为阴极，不锈钢或铜片为阳极，阴极电泳涂料为电解质构成电解池。阴极电泳涂料由水溶性成膜树脂、助溶剂、色料、乳化剂等组成。当电泳涂料分散于水中时，将形成带正电的胶体粒子，在直流电的作用下，胶体粒子向阴极移动，然后沉积在作为电泳阴极的工件表面上而形成致密的漆膜。漆膜的形成机理是，带正电的胶粒到达作为阴极的工件后，首先在电场强度最大的工件表面处形成点漆膜；由于漆膜的绝缘性，随着漆膜的形成，电场分布不断发生变化，致使漆膜不断扩展，最后把整个工件覆盖。

阴极电泳涂装包括四个过程：①树脂在电场中的电离和水的分解；②带正电的胶粒吸附着色料向阴极移动；③胶粒在阴极上放电而沉积成不溶于水的漆膜；④漆膜内的水穿过漆膜回到本体电泳漆溶液中。

在工件表面漆膜的形成过程中，色料同时被漆膜均匀地"包裹"于工件表面。通电一段时间后将工件取出，清洗掉表面带出的浮漆，随后放入烘箱使漆膜固化，从而得到上色的工件成品。

【设计要求】

（1）查阅中外文献和专利数据库。

（2）设计实验研究方案（含上色工艺流程），拟定实验材料、试剂与电泳液配方，并对电泳液配方进行优化。

（3）组装工件的电泳上色装置一套。

（4）需探讨和研究的问题：

考察电泳电压、电泳时间、漆液中固体含量、电泳液温度、漆液的防尘等因素对电泳上色效果的影响，优化出最佳工艺条件。

（5）建议用聚氨酯类(丙烯酸聚氨酯)阴极电泳涂料，在较佳的工艺条件下对不同形状的工件制品进行上色实验，制备出成品若干件并提交于答辩会上展示。

实验 54　塑 料 电 镀

【实验目的】

学生通过查阅文献，了解塑料电镀的特点、塑料电镀技术的应用；学习塑料电镀的原理，熟悉塑料电镀的工艺流程，明确各工序的作用；掌握塑料电镀的基本操作；以 ABS 塑料件(手机壳、纽扣等)为例，进行实际电镀实验，获得合格的 ABS 电镀产品。

【实验背景】

塑料电镀是指用化学镀和电镀的方法在塑料表面涂覆金属镀层的加工工艺。

塑料电镀在工业上得到了广泛的应用，其原因是镀件兼有金属件和塑料件的一些优点。用塑料电镀件来代替金属件，既可具有金属的外观（甚至可以做出旋光、拉丝等机械加工的纹印而使其具有金属感），又可以减轻产品重量、节省金属，而且能用一次注塑成型来代替复杂的机械加工，从而提高劳动生产率和降低成本。塑料电镀件的抗蚀能力也高于金属镀件。与塑料件相比，电镀之后可提高防老化性能、抗化学溶剂的性能、耐磨性能和耐热性能，强度也有所提高。此外，塑料电镀件可以把塑料基体的电绝缘性能、隔热性和气密性与表面金属层的导电性、可焊性、电屏蔽性能结合起来。然而，不能说塑料电镀件是没有缺点的，它的强度和使用温度范围低于金属，其电镀过程复杂。

塑料电镀件的应用分为两大类：①装饰性应用；②功能性应用。

装饰性塑料电镀件的应用在国内外都十分广泛，从日用轻工业品、电子仪表工业到汽车制造业都有大量应用。例如，纽扣、隔栅、拉手、旋钮、名牌、伞把等都可以用塑料电镀件。在功能性应用方面，塑料电镀件则可以用作印制线路板、波导、屏蔽罩、电缆、反射器、电极等。但是从使用的数量和生产规模看，装饰性塑料电镀则是塑料电镀的主要部分。目前用作装饰性的塑料电镀件中，主要使用 ABS 塑料，其次是改性聚丙乙烯、聚丙烯和尼龙等。不同种类的塑料与金属镀层之间的结合力相差悬殊。

从原则上讲，任何一种塑料都可以电镀，如果把装饰性应用和功能性应用都算在内，实际上应用于塑料电镀的塑料种类有很多，如 ABS、聚丙烯、尼龙、聚碳酸酯、环氧玻璃钢、聚酯、聚四氟乙烯等。但是，各种塑料电镀之后的结合力，对温度变化的适应能力，以及所能获得外观的好坏是不同的，而且在不同塑料上获取有一定性能镀层的难易程度也不相同。例如，在 ABS 塑料上容易获得镜面光泽和结合力好的镀层，而且只要镀层组合得当，在室外使用的零件可用数年不坏。

ABS 塑料由于用在电镀上的时间长,已经作了比较仔细的研究。已认识到 ABS 中三种单体——丙烯腈(A)、丁二烯(B)、苯乙烯(S)的相对含量和聚合工艺对于电镀效果有重要影响,并且已经发展了专门用于电镀的电镀级 ABS 塑料。电镀级 ABS 塑料的主要特点是(B)含量为 18%~23%,聚合方式是接枝共聚。

【设计要求】

(1) 查阅中外文献和专利数据库。

(2) 以 ABS 塑料件为例,设计实验研究方案(含塑料电镀工艺整个流程),拟定实验材料、试剂、化学镀及电镀液配方,并对配方进行优化。

(3) 组装塑料电镀装置一套。

(4) 优化 ABS 塑料件电镀铜工艺的各过程,例如,化学除油液配方、化学粗化液配方、敏化液配方、活化液配方、还原液配方、化学镀铜液配方、酸性光亮镀铜液配方、光亮镀镍液配方。

(5) 制作出不同形状和尺寸的 ABS 塑料件的电镀成品若干件并提交于答辩会上展示。

实验 55　锡钴合金镀代替六价镀铬工艺探索

【实验目的】

了解六价镀铬工艺的优缺点;对锡钴合金镀的工艺进行探索实验,重点是优化镀液配方,寻求较佳的电镀工艺参数,制备出质量较好的锡钴合金镀层;撰写科技论文格式的综合性研究报告,参加开放式、研究性实验交流(答辩)会。

【实验背景】

由于 Sn-Co 合金镀层具有良好的耐蚀性和外观美观等性能,已经用于装饰品等制品的表面精饰层,可用于替代铬镀层,以解决铬镀层所具有的生产效率低及对环境污染严重等问题。

由于 +6 价镀铬毒性大,且往往有铬离子吸附于镀层表面而使其应用受到限制。欧盟已决定在市场上将逐步禁止 +6 价镀铬产品的流通,而 +3 价镀铬工艺目前也尚未成熟。因此,探索合适的工艺来代替 +6 价镀铬显得十分必要。根据有关文献报道,锡钴合金中锡的质量分数为 80% 时,其合金性能与铬相当。有研究结果显示,采用含 Sn^{4+} 化合物、有机 Co^{2+} 盐、适当的配位剂、光亮剂和合适的条件,可以得到质量较满意的 Sn-Co 合金镀层。

电镀锡钴合金已有 50 多年的历史。Sn-Co 合金镀液有:①氰化物-锡酸盐体系,但获得的镀层中含钴量极低[只有 0.35%(质量分数)];②氟化物型镀液,氟化物镀液有毒,存在设备维护和废物处理等困难;③焦磷酸盐镀液(目前应用较多);④葡萄糖型镀液。

【设计要求】

(1) 查阅文献,撰写开题报告,提交实验研究方案(塑料基材的化学镀铜及随后的锡钴合金镀的原理、实验仪器和试剂、实验步骤、数据处理)与指导教师讨论。

(2) 以手机壳(由 ABS-PC 树脂通过模具成型)为例,探索锡钴合金镀的工艺,包括主盐用量比、配位剂筛选及其用量、光亮剂筛选及其用量、pH 的影响、温度和电流密度的影响等。

(3) 对锡钴合金镀层形态和组成分别进行 SEM 表征和电子能谱分析。

实验56 微型铅酸电池的制造及其充放电性能研究

【实验目的】

了解铅酸电池的工作原理,学习铅酸电池制造工艺并掌握其制造技术;研究微型铅酸电池的充放电性能及电池容量;制作出放电电压比较稳定、电池容量较高的微型铅酸电池样品;撰写科技论文格式的综合性研究报告,参加开放式、研究性实验交流(答辩)会。

【实验背景】

化学电源是将化学能转变为低压直流电能的装置。对化学电源的要求首先是可靠性要高,铅酸电池正具有此优点,它不仅放电电压十分稳定,还具有价格低、可充性能好等特点,因此铅酸电池是长期以来应用最广泛的二次电池。

铅酸电池的发展已经有一百多年的历史了。早在 1859 年,法国工程师普兰特就发明了铅酸电池。他用两片铅条,中间隔以橡皮,卷成螺旋形做电极,浸在 10% 硫酸溶液中。它可以反复充电和放电,这就是世界上第一个铅酸电池。后来经过不断地研究、改进,以及直流发电机的发明与应用,促进了铅酸电池的发展。1880 年,富尔(Fure)用铅的氧化物和硫酸水溶液混合制成膏剂,涂在铅板上,这种电极不需要很长的化成时间,简化了生产,节约了电能,但也存在缺点,即活性物质易从铅板上脱落。1881 年斯万(Swan)提出的栅形极板,1882 年塞伦(Sellon)提出用铅锑合金做板栅等,都在防止活性物质脱落上有不同程度的改进。20 世纪中期,为了解决正极使用期短的缺点,又出现了管状电极,此电极不仅可以很好地防止活性物质的脱落,还大大延长了铅酸电池的循环使用寿命。

目前,铅酸电池大量应用在三个方面:①汽车启动用铅酸电池,作为汽车启动时点火及照明用电源;②固定型铅酸电池,多用于发电厂、变电所的开关操作电源和公共设施的备用电源及通信用电源;③车用铅的电池,多用于码头、车站、工厂的搬运叉车的动力源。此外,铅酸电池还广泛用于铁路、矿井、拖拉机、飞机、坦克、潜艇等作为照明、应急或动力源。

铅酸电池的制造已经是比较成熟的工艺,然而在微型电池的研究方面还有待发展。微型电池的携带方便和在小功率电器上的特定应用,将大大开拓铅酸电池的应用领域。因此研究微型铅酸电池的制造方法具有实用价值。

【设计要求】

(1) 查阅文献(包括中外专利数据库),撰写开题报告。

(2) 拟定实验方案,包括设计微型铅酸电池的制造工艺流程、实验仪器和试剂、实验步骤、充放电性能测试、数据处理与分析;通过 SEM 测试,了解化成前后正极内部物质的形态,化成后负极内部活性物质的结构及形态。

(3) 制作出微型铅酸电池成品并提交于答辩会上展示。

实验 57　　不锈钢的化学抛光

【实验目的】

了解不锈钢化学抛光的原理;探索不锈钢化学抛光的工艺;制备出具有近似镜面乃至镜面效果的不锈钢制品;撰写科技论文格式的综合性研究报告,参加开放式、研究性实验交流(答辩)会。

【实验背景】

不锈钢是含有 Cr 或者 Cr 和 Ni 等元素的合金钢(一般 Cr 含量在 11% 以上)。不锈钢自其问世至今已有一百多年的历史,它以其精美的外观,特殊的性能在国防、交通、工业生产和日常生活中得到了广泛的应用。但不锈钢制品往往由于经过热压成型、热处理和焊接等加工过程,而在其表面生成一层暗灰色、厚薄不均的氧化膜。为了提高其表面平整度和光洁感,以获取更为优异的性能和装饰性的外观,需要对一些不锈钢制品的表面进行抛光处理。

化学抛光处理技术是当前金属表面抛光技术中的有效手段,具有广泛的发展前景。基于绿色化学的理念,只有高性能、高效率且对环境无污染和危害的化学抛光技术才能适应新时代工业生产的要求,因而研究高性能的环保型化学抛光液及其处理工艺技术具有重要的意义。

目前,国内外不锈钢化学抛光液的主要类型有王水型、硫酸型、磷酸型、乙酸型和过氧化氢型。乙酸型具有低危险性和污染可控性;而以硫酸盐、磷酸盐、硝酸盐、氯化物取代其对应的酸是国外化学抛光液研究和应用的主要趋势。

【设计要求】

(1) 查阅文献,撰写开题报告,提交实验研究方案(理论依据、实验仪器和试剂、实验步骤、检测方法)与指导教师讨论。

(2) 探索不锈钢化学抛光的工艺,设计出工艺流程,优化化学去黑皮洗液和化学抛光液的配方,对抛光效果进行检验。

(3) 考察影响化学抛光效果的因素,包括表面活性剂、抛光温度、抛光时间的影响。

实验 58　　B-Z 振荡反应及其影响因素研究

【实验目的】

学生通过查阅文献,学习化学振荡反应、化学混沌和耗散结构的基本知识及相关理论,了解化学振荡反应的条件、化学振荡的研究意义、耗散结构的基本特点及其实际意义,尤其是要深入了解 B-Z 振荡反应的机理;考察若干因素如温度、介质种类及其浓度对 B-Z 振荡反应动力学性能的影响,分析、推测其机理;撰写科技论文格式的综合性研究报告。

【实验背景】

化学振荡反应是服从非线性动力学微分速率方程,并且是在开放体系中进行的远离平衡的一类反应。在体系与环境交换物质和能量的同时,通过采用适当的有序结构状态耗散环境传来的物质和能量。这类反应与通常的化学反应不同,它并非总是趋向于平衡态的。

1958 年,俄国化学家别洛索夫(Belousov)和扎鲍廷斯基(Zhabotinskii)首次报道了以金属铈作催化剂,柠檬酸在酸性条件下被溴酸钾氧化时可呈现化学振荡现象:溶液在无色和淡黄色两种状态间进行着规则的周期振荡。该反应称为别洛索夫-扎鲍廷斯基(Belousov-Zhabotinskii)反应,简称 B-Z 反应。

1969 年,现代动力学奠基人普里戈津提出耗散结构理论,人们才清楚地认识到振荡反应产生的原因:当体系远离平衡态时,即在非平衡非线性区,无序的均匀态并不总是稳定的。在特定的动力学条件下,无序的均匀定态可以失去稳定性,产生时空有序的状态,这种状态称之为耗散结构。例如,浓度随时间有序的变化(化学振荡),浓度随时间和空间有序的变化(化学波)等。耗散结构理论的建立为振荡反应提供了理论基础,从此,振荡反应赢得了重视,它的研究得到了迅速发展。

化学振荡是一类机理非常复杂的化学过程,费尔特(Field)、寇罗斯(Koros)、诺依斯(Noyes)三位科学家经过四年的努力,于 1972 年提出俄勒冈(FKN)模型,用来解释并描述 B-Z 振荡反应的很多性质。该模型包括 20 个基元反应步骤,其中三个有关的变量通过三个非线性微分方程组成的方程组联系起来,该模型如此复杂以至 20 世纪的数学尚不能一般地解出这类问题,只能引入各种近似方法。

关于 B-Z 振荡反应的研究已有较多报道,学生在开始本实验项目前,应系统查阅国内外文献资料,设计合适的研究方案。

【设计要求】

(1) 查阅中外文献,写出开题报告。

(2) 以 B-Z 化学振荡反应为例,设计系列因素(包括温度、介质浓度、磁场等)影响此反应的振荡规律,并将此种影响规律应用于分析检测。提交的实验方案应包括研究意义、实验仪器和试剂、实验步骤、数据处理等。

(3) 基于实验结果,提出适当的反应机理,并做必要的实验验证。

(4) 撰写科技论文格式的综合性研究报告,参加开放式、研究性实验交流(答辩)会。

【思考题】

(1) 阐明以下术语的物理意义:化学振荡反应、化学振荡现象、化学波、化学钟、时-空结构、耗散结构;无序、有序、熵、熵增原理、熵产生、熵流。

(2) Benard 条纹是如何形成的?

(3) 天街及其成因是什么?

(4) 普里戈津学派对科学的最重要贡献是什么?

(5) 生命现象与振荡反应有何内在联系?

(6) 维持化学振荡反应的基本条件有哪些?

(7) 探讨化学振荡反应在分析化学中的应用。以 B-Z 化学振荡反应为例,设计应用该反应对某一药物进行检测的实验方案,并开展实验研究。

(8) 对自然界的耗散结构与社会系统进行对比分析。

实验 59　　酯类化合物碱性水解反应的动力学介质效应

【实验目的】

学生通过查阅文献,学习化学反应动力学介质效应的基本理论;设计若干电解质和有机溶剂影响酯类化合物碱性水解反应动力学性能的实验方案,并开展实验研究;撰写科技论文格式的综合性研究报告,参加开放式、研究性实验交流(答辩)会。

【实验背景】

在溶液中,溶剂对反应可能起解离和传能作用。在电解质溶液中,离子与离子、离子与溶剂分子间的相互作用、溶剂的介电性能等的影响,属于溶剂的物理效应。溶剂也可以对反应进行催化作用,甚至溶剂本身就可以参加反应,这属于溶剂的化学效应。

动力学介质效应是指一些不直接参加反应的电解质或溶剂对反应动力学性能的影响。不同介质对反应动力学性能的影响显示出不同的规律,有些溶剂对反应速率的影响差别可以达到 10^9 倍。目前,溶液反应动力学作为专门研究溶液反应规律及其影响因素的分支学科不仅具有极为重要的科学意义,而且对工业生产具有指导作用。

有关文献资料表明,乙酸乙酯皂化反应是一个二级反应,NaCl、KCl、Na_2SO_4 等无机盐或 C_2H_5OH、DMSO 等有机溶剂对该反应的速率常数有显著影响。另外,酯的结构不同,其水解反应的动力学规律也不相同。乙酸乙酯皂化是一个经典反应,已得到广泛深入研究,积累了不少实验数据,已总结出一些规律。学生在开展本实验项目前,应系统查阅与此相关的国内外文献资料,获得基本的认识与理解。在此基础上,设计其他酯类化合物碱性水解反应动力学的实验方案。

【设计要求】

(1) 查阅文献,撰写文献综述(开题)报告。

(2) 以典型结构的酯类化合物为例,选择若干无机盐或有机溶剂,考察其对酯碱性水解反应速率常数的影响,提交实验研究方案并与指导教师讨论。

(3) 选择合适的测量方法,在不同温度、不同介质浓度下测定酯碱性水解反应的速率常数,总结实验规律。

实验 60　　天然物有效成分的亚临界 CO_2 萃取研究

【实验目的】

了解超临界流体的特性,学习超临界流体萃取的基本原理、工业技术及其应用现状;学习亚临界液体萃取的原理,了解高压索氏萃取器的结构并掌握其使用方法;观察超临界现象、气-液平衡现象、蒸发与冷凝现象;对一种天然物固体样品进行萃取实验,将所得萃取物做 HPLC、薄层色谱或 GC-MS 分析,以鉴定萃取产品的组成。

【实验背景】

挥发性有机物在传统化学工业中被广泛用作溶剂,它们不仅价格高,而且大都有毒性和易燃性,其溶剂残留及废弃物处理困难,因此对环境造成严重的污染。若采用含水溶剂,虽能减少污染,但因水的溶解能力有限,使其应用范围受到限制,同时产生的大量污水也会增加环境的负担。采用无毒无污染的溶剂代替挥发性有机溶剂已成为绿色化学的重要研究方向。超临界流体和压缩性气体作为溶剂使用为分离科学开辟了新的途径,由此发展而形成的超临界流体萃取技术已在化工、食品、生物、医药、材料和环保等领域中得到了广泛应用。

超临界流体萃取(supercritical fluid extraction,SFE)是一种崭新的分离物质的方法,SFE技术是"提取分离科学中具有划时代意义的科学进步",是目前正在迅速发展着的高新绿色技术,在新世纪的各工业领域中占有特殊的重要地位。

与常压下的液体一样,处于高饱和压力下的液体也可作为溶剂。当需要与溶质分离时,只要将液化气体蒸出即可。亚临界液体萃取(subcritical liquid extraction,SLE)的使用比 SFE更方便,特别是在实验室内更具优势,因为在一个容器内就能进行萃取。同时,以液化气体作萃取剂与以超临界气体作萃取剂所得到的结果相近,只是在萃取物收率或质量方面存在差别,有时可相差一个数量级。CO_2 就是这类气体,它具有"绿色溶剂"的特性。例如,它是化学惰性的,在萃取过程中不产生任何副产品,产物容易纯化,无残留,且价廉易得。此外,CO_2 得到广泛应用的最重要原因是它具有较温和的临界条件(临界温度 $T_c = 304.21K$,临界压力 $p_c = 7.38MPa$)。

在筛选实验中,亚临界液体萃取是比超临界流体萃取更具吸引力的方法,它已被应用到许多实际问题中,如植物原料、土壤、聚合物等的浸出过程,甚至大规模的工业生产中。例如,在英国和澳大利亚等国建有用液体 CO_2 提取啤酒花的工厂,我国建有用亚临界 CO_2 提取天然除虫菊酯、萃取月见草籽油、从万寿菊中提取叶黄素油膏等工业生产线。

由于超临界流体萃取实验设备比较复杂和昂贵,于是我们在本科基础化学实验教学中引入了亚临界液体萃取实验,使绿色化学与技术能在本科实验教学中得到体现。

高压釜(high pressure soxhlet extractor)结构如图 5.1 所示。

高压釜呈圆柱形,内径 62mm,外径 89mm,柱高 330mm,体积 0.92L,由锻件整体掏空而成,顶部由端盖封闭,内置 O 型密封圈,釜的实验压力最高为 $2 \times 10^7 Pa$。为了观察釜内的冷凝和虹吸情况,在顶部端盖设置了由蓝宝石制成的视窗(内置 O 型密封圈),上部的灯就是为了帮助观察。阀门用于注入和排放 CO_2。

釜内的萃取装置包括用玻璃制成的无颈漏斗、上杯和下杯,上杯带有虹吸装置,虹吸作用的目的是为了周期性地移去萃取剂和萃取产品;上杯内放萃取套,固体样品则置于萃取套里,上面加盖玻璃棉;无颈漏斗放于上杯口处,漏斗下沿与萃取套口相接,以保证在上端冷凝下来的 CO_2 通过漏斗流入萃取套,提高萃取效率;下杯作为萃取剂和萃取产品的储存器,下杯的容积必须比周期性虹吸产生的萃取剂和萃取产品的量大。

【设计要求】

(1) 查阅中外文献和专利数据库。

(2) 设计实验研究方案,撰写一篇亚临界流体萃取天然物有效成分的综述(开题)报告并提交给指导教师审阅。

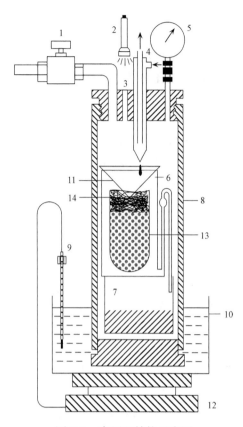

图 5.1　高压釜结构示意图

1. 阀门；2. 灯；3. 视窗；4. 冷凝器；5. 压力表；6. 上杯；7. 下杯；8. 高压釜；9. 接触温度计；10. 水浴；
11. 无颈漏斗；12. 加热磁力搅拌器；13. 样品；14. 玻璃棉

（3）从丁香酚、椰子肉、丹参、绿茶、可可茶、大蒜、桂圆肉等样品中任意选择一种进行亚临界 CO_2 萃取实验,考察萃取时间、样品粒度、夹带剂等因素对萃取产品收率的影响,对萃取产品进行组成分析。

（4）撰写科技论文格式的综合性研究报告,参加开放式、研究性实验交流(答辩)会。

实验 61　超临界 CO_2 中缓释材料的制备及性能研究

【实验目的】

了解缓释材料的制备原理和工艺技术;了解超临界流体的特性,超临界流体技术的工业应用现状及其发展前景,尤其是要深入了解超临界 CO_2 的基本性质;在超临界 CO_2 中,以典型的小分子药物为待载物质,选择合适的材料为基材,进行缓释材料的制备实验;在生理溶液中进行缓释实验;撰写科技论文格式的综合性研究报告,参加开放式、研究性实验交流(答辩)会。

【实验背景】

二氧化碳的临界压力为 7.38MPa,临界温度为 31.1℃,处于临界压力和临界温度以上状态的二氧化碳称为超临界二氧化碳(supercritical carbon dioxide,简写为 scCO₂)。scCO₂ 具有许多优点,如它具有不燃、无毒、化学惰性等特性,同时其溶解能力易于通过改变压力或温度而调节,对高聚物有很强的溶胀和扩散能力,在其中制备的产物又易纯化、无残留,而且价格低廉,是一种颇受欢迎的绿色介质,受到科学和工业界的广泛重视。

scCO₂ 具有类似于气体的低黏度和高扩散性,又具有类似于液体的溶剂强度,而且表面张力极低,这就使得 scCO₂ 很容易渗透进高聚物中将其溶胀。虽然目前只有高含氟非晶聚合物和聚有机硅氧烷能在 scCO₂ 中溶解,但是我们可以利用 scCO₂ 对高聚物的强渗透性,很方便地在二氧化碳溶胀作用的协助下把一些小分子物质渗透进高聚物中,用这种方法可以将药物、香料等引进高聚物中,制备缓释材料。

在高聚物中引进小分子的方法即超临界二氧化碳流体协助渗透技术,它的机理涉及三组分(聚合物,小分子和 CO₂)在所处相中的平衡分布,在小分子存在下,可将系统分为被 CO₂ 溶胀的聚合物相和 scCO₂ 相,渗透过程可认为是小分子在该两相中的分配过程,聚合物吸收的小分子的量依赖于小分子在聚合物相和 scCO₂ 相中的相对溶解度。换句话说,小分子向高聚物的渗透程度主要取决于它与高聚物的相容性,scCO₂ 只是起到加快渗透速度和作为介质的作用。另外,CO₂ 从高聚物中解吸出来的速度很快,当从高压釜中取出之后,在 2h 之内 CO₂ 就基本上解吸完全,而渗透进聚合物的小分子添加剂被分散在聚合物内部,它按照其固有的很慢的速率释放,可见 CO₂ 不会对处理后的材料产生影响。

scCO₂ 渗透技术具有以下优点:①因 scCO₂ 的溶剂强度随其温度和压力的改变而变化,聚合物被溶胀的程度及渗透剂在基体聚合物和溶剂之间的分配均可通过调节温度和压力来实现;②scCO₂ 的增塑作用能大幅度提高渗透剂在溶胀后聚合物中的扩散速度,也能提高单体在聚合物中的吸附溶解程度;③在常温常压下 CO₂ 是气体,因此只要采用降压的方式就可使溶剂迅速从聚合物中逸出;④scCO₂ 流体的表面张力很小,当基体聚合物的湿润性较差时并不影响 CO₂ 对它的溶胀程度和小分子的扩散吸附;⑤scCO₂ 是一种适用范围广、对环境友好的介质,不改变单体和渗透剂等小分子物质的固有性质。

scCO₂ 是制备缓释药物和控释药物的一种可行方法。有文献报道,利用 scCO₂ 技术将吡哪醇、除虫菊酯等药物或者香料小分子渗透到 PE 或 PP 等热塑性塑料中;在 scCO₂ 中用醋酸纤维素、乙基纤维素和聚己内酯等生物降解型高分子可对孕甾酮、吲哚美辛等药物分子进行吸附;将有机分子如杀虫剂、除草剂、肥料等渗透进聚合物后,可以制备出相应的缓释材料。

【设计要求】

(1) 查阅国内外文献资料,撰写开题报告,提交实验研究方案。

(2) 选择典型药物、天然橡胶或可生物降解高分子材料进行缓释材料的制备实验,考察温度和压力对载药效果的影响;进行药物释放实验,探讨药物的释放规律。

(3) 设计 scCO₂ 中可生物降解高分子材料的合成实验,在合成材料的同时原位地对药物进行包埋,即将材料合成与载药过程融为一体,考察温度、压力、时间对载药及缓释效果的影响,总结相关规律。

实验 62　土壤中多环芳烃的 GC-MS 分析

【实验目的】

掌握毛细管气相色谱-质谱联用技术的基本原理、分析过程及其仪器的基本结构；初步掌握多环芳烃的分析与测定方法，尤其是多环芳烃（PAHs）的萃取、净化和浓缩等前处理过程；初步了解环境介质中微量有机污染物分析的质量保证和质量控制（QA/QC）方法。

【实验背景】

多环芳烃是由两个或两个以上的芳香环稠合在一起的一类惰性较强、性质稳定的化合物，主要来源于有机物，其中自然来源包括火山爆发、森林植被和灌木丛燃烧以及细菌对动物、植物的生化作用等。但是，人为活动特别是化石燃料的燃烧是环境中 PAHs 的主要来源。大气中 PAHs 以气态和吸附于飘尘上的形式存在，能通过干湿沉降直接进入到地表，也可通过空气流动及风力作长距离的运移，而后降落到地表；PAHs 还可通过废水灌溉、大气降尘等多种途径进入土壤。工业的发展、化石燃料的广泛使用已经造成国内外某些地区土壤 PAHs 的污染。由于 PAHs 具有致癌、致畸和致突变性，美国环保局已把 16 种多环芳烃列入优先控制有毒有机污染物黑名单中。在我国国家环保局第一批公布的 68 种优先污染物中，PAHs 有 7 种。土壤中的 PAHs 能通过直接接触进入人体，或在一定条件下进入大气、水和生物等其他环境介质，间接影响人体健康。因此，对 PAHs 在土壤中的环境行为、生态毒性和生物降解的研究一直为国内外科研人员关注的热点。土壤结构和性质复杂，且一般 PAHs 的浓度很低，给测定带来一定的困难。因此，准确测定土壤微量 PAHs，对研究其在土壤中的污染现状及其环境行为十分重要。

【样品采集及制备】

采样用英国 ELE 公司的标准螺旋钻，在 2m×2m 范围内以 1m 为间距，进行九点网格法取样。对原生土壤，采样深度为 0～5cm；对耕作土壤，采样深度为 0～15cm。将 9 个点的土壤样品在瓷盘中现场混匀，装入纯聚乙烯密封袋，立即带回实验室冷冻（-20℃）保存。土壤样品需在洁净空调房里风干后，再去除植物残体，研磨过 80 目筛，称取约 15g 样品，加入氘代多环芳烃作回收率指示物。

实验过程中，需查阅有关文献，选择合适的溶剂萃取体系，采用索氏抽提、超声波萃取、微波辅助萃取、超临界萃取或者加速溶剂萃取等方法进行萃取（根据实验室现有前处理设备任选一种），萃取液经浓缩后，采用自行填充的净化层析柱洗脱、净化、浓缩，以气相色谱-质谱联用仪（单离子扫描模式，SIM）进行检测。

【设计要求】

（1）先查阅文献资料（期刊、专著和网上资源），完成综述（开题）报告。

（2）根据实验室现有的条件，拟定样品的处理及分析方案。

（3）设计的实验方案包括：目的要求、实验原理、实验仪器、实验试剂和材料、操作步骤、数据处理等。

（4）设计好的方案经老师审阅批准后方可开展实验研究。

【注意事项】

（1）在配制标样时，每次称量后应立即将样品瓶盖紧，防止样品损失。

（2）若样品中含有固形物，则它会给汽化室和检测器带来污染并堵塞毛细管柱；样品中含有水分也可造成对毛细管柱的损坏，并降低其寿命。

（3）实验应采用色谱纯或经重蒸处理的有机溶剂。实验过程中还应注意各种器皿的洗涤，并防止人为污染的发生。

（4）其他注意事项及操作方法可参考实验 45。

【思考题】

（1）查阅相关文献，谈谈萃取土壤中 PAHs 的方法都有哪些？各有何优缺点？

（2）何为程序升温？

（3）内标法和外标法定量有什么区别？

（4）为什么要选择氘代 PAHs 作回收率指示物？

实验 63　汽油中苯的气相色谱-质谱联用分析

【实验目的】

了解色谱分离及检测原理，熟悉现代色谱分析仪器的操作及数据处理方法；掌握标准加入法的基本过程。

【实验背景】

汽油的成分比较复杂，主要是 $C_4 \sim C_{12}$ 烷烃，其中以 $C_5 \sim C_9$ 为主。汽油是石油加工的重要产品之一，也是汽油发动机的专用燃料。汽油的外观一般为水白色透明液体，密度一般为 $0.70 \sim 0.78 g \cdot cm^{-3}$，有特殊的汽油芳香味，馏程一般为 30℃ 至 180～220℃。商品汽油按该油在汽缸中燃烧时抗爆震燃烧性能的优劣区分，标记为辛烷值 90♯、93♯、95♯、97♯ 或更高，标号越大，性能越好。表征汽油内在质量的主要检验项目包括汽油的抗爆性、硫含量、蒸气压、烯烃、芳烃、苯含量、腐蚀和馏程等。汽油按照不同来源可分为直馏汽油、催化裂化汽油、热裂化汽油、重整汽油、焦化汽油、烷基化汽油、异构化汽油、芳构化汽油、醚化汽油和叠合汽油等。

苯是一种无色、具有特殊芳香气味的液体，能与醇、醚、丙酮和四氯化碳互溶，微溶于水。苯具有易挥发、易燃的特点，其蒸气有爆炸性。经常接触苯，皮肤可因脱脂而变干燥，脱屑，有的出现过敏性湿疹。长期吸入苯能导致再生障碍性贫血并可致癌。

由于燃烧不充分，汽油中的苯会直接排放进入大气。我国规定车用汽油中苯的含量不能超过 2.5％。美国环保局（EPA）颁布的新法规移动源空气毒物控制法第二阶段要求，2011 年起美国汽油中含苯量需要从现在的 0.97％（体积分数）减少到 0.62％。

汽油中苯的检测主要采用热导检测器（TCD）、火焰离子化检测器（FID）和质谱检测器（MS）等。本实验拟分别采用带火焰离子化检测器的气相色谱（GC-FID）以及气相色谱-质谱联用仪（GC-MS）测定汽油中的苯含量。

【设计要求】

(1) 分别确定两种仪器测定方法的最佳条件,包括进样品温度、色谱柱升温程序、检测器温度等。进样量为 $1\mu L$。

(2) GC-MS 测定时,尝试采用单离子扫描模式(SIM):苯分子离子峰的 m/z 为 78(选择 m/z 为 91,可查看汽油中是否含有甲苯)。

(3) 均采用标准加入法定量(测量信号均使用积分峰面积)。

(4) 比较市售各种标号汽油中苯的含量。

实验 64　手性药物对映体的毛细管电泳分离检测

【实验目的】

运用所学的化学基本理论和知识,在综合文献资料的基础上,应用毛细管电泳法对手性药物对映体进行分离检测;熟练掌握有关仪器的操作和实验方法;进一步培养和提高学生的科研工作能力。

【实验背景】

分子式完全相同,但组成化合物的原子或原子团在空间的取向不同而形成具镜像特征的异构体称为对映体,又称手性化合物。目前使用的药物大部分是手性化合物,属手性药物。由于生物机体和药物的特异性化学反应与药物的分子结构密切相关,往往一种立体异构体有药效而它的镜像分子却药效很小,甚至具有毒副作用。手性药物的分离分析具有非常重要的意义,已成为分析化学领域最具挑战性的研究课题之一。

毛细管电泳(CE)分离药物对映体的分离机理是,基于在电泳运行液中添加手性选择剂(chiral selector,CS)来构建手性环境,在这种环境中两个对映体与手性选择剂之间的相互作用存在差异,这将导致在毛细管中对映体与手性选择剂复合物的电泳淌度发生差别,从而实现对映体的分离。β-环糊精(β-CD)及其衍生物是研究和应用最为广泛的手性选择剂。手性毛细管电泳与手性高效液相色谱相比较,具有简单、快速、高效、发展空间大等特点。

【设计要求】

(1) 先查阅文献资料(期刊、专著和网上资源),完成综述(开题)报告。

(2) 根据实验室现有的条件,拟订样品的处理及分析方案。

(3) 设计的实验方案包括:目的要求、实验原理、实验仪器、实验试剂和材料、操作步骤、数据处理、注意事项等。

(4) 设计方案经老师审阅批准后方可实验。

实验 65　DNA 电化学传感器的研制及应用

【实验目的】

了解电化学 DNA 传感器的工作原理、制备方法和应用;熟悉和掌握探针固定化技术、杂交指示剂的选择和相关仪器的操作;进一步培养和提高学生的科研工作能力。

【实验背景】

　　研究 DNA 基因突变和变异对于毒物筛选、遗传疾病以及培育杂交新品种等基因工程均具有重要意义。在对 DNA 结构变异的检测中,传统的放射性元素标记法因存在放射性而受到限制。因此,建立一种非放射性标记快速检测 DNA 结构变异的方法受到极大重视。最近,DNA 生物传感器,特别是 DNA 电化学传感器发展迅速,它不仅具有操作简便、快速、灵敏等优点,还可通过电极表面杂交反应选择性识别 DNA 片断,是理想的快速检测 DNA 结构变异的方法之一。

　　本实验利用单链 DNA(ssDNA-1)共价固定在石墨电极表面,采用核酸分子杂交技术,以道诺霉素(DRN)作为杂交指示剂,使电极表面的 ssDNA-1 与溶液中互补的 ssDNA-2 杂交形成双链 DNA(dsDNA)。具有电化学活性的 DRN 在杂交过程中能够嵌入 DNA 的双螺旋结构中,形成 DNA 电化学传感器,用其检测在不同致突变剂作用下的 DNA 结构的变异,可初步探讨各种因素引起 DNA 损伤的程度和可能的突变机理。

【设计要求】

　　(1) 先查阅文献资料(期刊、专著和网上资源),完成综述(开题)报告。
　　(2) 根据实验室现有条件,尽可能选择操作简便、使用安全、价廉易得和不污染环境的仪器与试剂,拟订实验方案。
　　(3) 设计的实验方案包括:目的要求、实验原理、实验仪器、实验试剂和材料、操作步骤、数据处理、注意事项等。
　　(4) 设计方案经老师审阅批准后方可实验。

实验 66　印染废水处理工艺探索

【实验目的】

　　通过查阅文献和实地调研,了解印染废水的水质情况,对水质进行分析检测,据此选用合适的处理工艺,探索较佳的处理方案;对比处理前后的水质指标,进行处理工艺的经济性评价;撰写科技论文格式的综合性研究报告,参加开放式、研究性实验交流(答辩)会。

【实验背景】

　　纺织工业是我国传统的支柱产业,各类纺织企业也非常多,因此纺织印染废水量非常大。另外,由于在纺织品生产过程中要用到各种染料、浆料、助剂及洗涤剂等,因此印染废水还具有有机污染物含量高、色度高、COD 值高等特点,是较难处理的工业废水之一。

　　印染废水传统的处理方法主要是生物活性污泥法,虽然此法所需费用较少,但是处理时间周期长、不够稳定并且产泥量高。由于棉混纺织物和化纤织物的增加,在棉产品印染废水中存在着一定数量的化学浆料(如聚乙烯醇等),降低了废水的可生化性,用一般的生物降解法处理已难以获得满意的出水水质。而絮凝法是去除 COD、降低原水色度的一种非常有效的方法,虽然印染废水的 pH 较高不适合絮凝剂发挥作用,但配合厌氧酸化和加酸中和预处理使原水的 pH 降低后再处理,则可得到较好的效果。再通过过滤吸附可使原水的色度和 COD 值进一步降低,保证出水达到《纺织染整工业水污染物排放标准(GB4278—92)》。絮凝-吸附处理技术是一项适用性很强的废水处理组合技术。只要采用合适的水处理剂,此技术除可用于处理印染废水外,还可用于处理油墨、制革等其他工业废水,对于生活污水和江河废水的处理效果也不错。

【设计要求】

(1) 查阅文献,撰写开题报告,提交实验研究方案(水处理工艺流程的理论依据、实验仪器和试剂、实验步骤、数据处理)与指导教师讨论。

(2) 去印染厂进行实地调研、采样,对原水质进行分析检测,了解其基本水质指标。

(3) 设计适当的水处理流程和工艺,设计、组装简易的水处理装置。

(4) 筛选处理试剂,开展处理工艺的优化实验,对处理前后的水质指标如悬浮物、色度、COD、BOD、重金属离子等进行检测。确认处理工艺的经济实用性,作出经济性评价。

实验 67　固定床吸附和脱附特性研究

【实验目的】

了解和掌握固定床吸附过程的原理和流程;了解和掌握固定床吸附穿透曲线的测定方法;了解固定床穿透曲线的一般计算方法,探讨如何进行吸附操作的解析和设计。

【实验背景】

1. 吸附分离

在日常生活中,我们对吸附剂并不陌生。例如,冰箱里有异味了,可以买除臭剂;吸烟的朋友为了减少香烟的毒害会买带过滤嘴的香烟。除臭剂可以吸附异味,过滤嘴可以吸附部分尼古丁,还有食品包装盒里的干燥剂、脱氧剂等,这些都是生活中的吸附现象。吸附现象的一般定义是一个或多个组分在界面上的富集(正吸附或简单吸附)或损耗(负吸附)。

在化工操作中是这样定义吸附分离的,即利用多孔固体颗粒选择性地吸附流体中的一个或几个组分,从而使混合物得以分离。通常称被吸附的物质为吸附质,用作吸附的多孔固体颗粒称为吸附剂。吸附剂内部有大量的微孔,所以少量的吸附剂就可以起到浓缩或分离流体中某一特定组分的作用。相对于蒸馏、吸收、液液萃取而言,吸附往往用于微量成分的分离。

按吸附作用力性质的不同,可将吸附区分为物理吸附和化学吸附两种类型,物理吸附是由分子间作用力,即范德华力产生的。由于范德华力是一种普遍存在于各吸附质与吸附剂之间的弱的相互作用力,因此物理吸附具有吸附速率快,易于达到吸附平衡和易于脱附等特征。化学吸附是由化学键力的作用产生的,在化学吸附过程中,可以发生电子的转移、原子的重排、化学键的断裂与形成等微观过程,化学吸附在催化反应中十分重要。对于反复使用吸附剂的吸附分离过程来说,更多的课题是如何防止化学吸附的产生。

常用的吸附剂有天然的,也有人造的。活性炭和沸石是最常用的两大类,其次有硅胶、活性氧化铝等。形状可分为粉末、粒状、纤维状等。表 5.1 中列出若干典型吸附剂的基本物性及用途。

表 5.1　典型吸附剂的基本物性及用途

吸附剂		颗粒密度 ρ_p/(kg·m^{-3})	空隙率 ε_B	充填密度 ρ_B/(kg·m^{-3})	比表面积 A/(m^2·mg^{-1})	平均孔径/nm	用　途
活性炭	成型	700～900	0.5～0.65	350～550	0.9～1.3	2～4	溶剂回收、碳氢化合物的分离
	粉碎	700～900	0.5～0.65	350～550	0.9～1.5	2～4	气体精制、溶液脱色
	粉末	500～700	0.6～0.8	——	0.7～1.3	2～6	水的净化、废水处理
硅胶		1300～11000	0.4～0.45	700～800	0.3～0.6	4～5	气体除湿、分离碳氢化合物、冷媒脱水
活性氧化铝		1800～11000	0.45～0.7	600～900	0.2～0.3	4～10	气体除湿、液体脱水
沸石 5A		1100～1600	0.61	530～720	0.5～0.75	0.5	碳氢化合物的分离

吸附操作在实际工程中的应用实例有很多,可参阅有关分离过程方面的论著。

2. 吸附分离装置分类

工业吸附分离装置可按操作方式分为五种。

1) 间歇式吸附搅拌槽

主要用于液相中特定成分的除去、回收等。将粉末吸附剂与混合溶液加入搅拌槽中,搅拌使固液相充分接触,当溶质浓度降低到接近平衡浓度时,即可将吸附剂与溶液分离。

2) 固定床吸附装置

在装有吸附剂的充填塔中,自上而下或自下而上地使流体通过,被吸附的成分留在充填床中,其余组分从床中流出,直至吸附剂达到饱和为止,这是吸附阶段;解吸是通过升温、减压或置换的方法,将吸附在吸附剂上的成分释放出来。固定床吸附装置在工业上应用极广,用于气体分离时充填床高 0.5～2m,用于液体分离时床高为几米至几十米。

3) 流动床吸附装置

流体从吸附床下部吹入,使吸附剂流态化。因为该装置优点不多,现在很少使用,但用于水处理时有利于减少充填床的堵塞。

4) 移动床吸附装置

其特点是连续逆流吸附操作。适用于选择性不高、传质速率慢的难分离物系。

5) PSA 装置(pressure swing adsorption)

高压下吸附,常压或减压下解吸,利用压力的变化完成循环操作,称为变压吸附。它的特点是在无加热的条件下,通过变压使短时间解吸成为可能,从而实现了装置的小型化,操作的连续化。近年来 PSA 装置得到了广泛的应用,如空气分离、气体精制等方面。

3. 吸附操作的解析与设计

1) 吸附平衡

在一定温度下,使一定组成的气体或液体与吸附剂长时间地接触,其中特定的成分(吸附质)被吸附,直至吸附质在气(液)、固两相中的浓度达到平衡。平衡时吸附剂和吸附量 q 与气相中的吸附质组分分压 p(或浓度 c)的关系曲线称为吸附等温线。以下两式是与实例结果非常吻合的最常用的等温线:

朗缪尔方程
$$q = q_m \frac{Kp}{1+Kp}$$

式中,q、q_m 分别为吸附剂的吸附容量和吸附为单分子层时的最大吸附容量;p 为吸附质在气体混合物中的分压;K 为朗缪尔常数,与温度有关。q_m 和 K 可从关联实验数据得到。

弗兰德里希方程
$$q = Kp^{1/n}$$

式中,q 为吸附质在吸附剂相中的吸附量;p 为吸附质在流体相中的分压;K、n 为特征常数,与温度有关。

符合朗缪尔方程的等温线,或者说在弗兰德里希方程中 $n>1$ 的等温线,其形状为上凸形曲线,称为有利型等温线;反之,$n<1$ 的等温线则称为不利型等温线(下凹形)。$n=1$ 为线性关系。

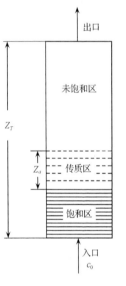

图 5.2　固定床中的吸附量分布

2) 固定床的传质区与透过曲线

如图 5.2 所示,含吸附质初始浓度为 c_0 的流体,在一定的温度和流量下,连续流过充填吸附剂的固定床层,经过一段时间后,有一部分床层被吸附质所饱和(靠近入口处),还有一部分床层正在进行吸附(中间处),这部分床层的吸附质浓度就会有一个在流动方向上由大变小的分布即浓度波。我们把床层中正在进行吸附的部分称为传质区(mass transfer zone,MTZ)。再向上,即靠近出口处,则是未吸附部分,随着时间的推移,浓度波不断地向床层出口方向移动,饱和区也就越来越大,而未吸附区也会越来越小。如果取出口处为测定点来观察床层出口浓度 c_{out} 的变化,就可以得到如下的曲线,最初出口浓度为 0,逐渐增加,向 c_E 靠近,这条 S 字形的浓度曲线称为透过曲线(图 5.3),吸附速度无限大时这条线会变成垂直线。规定 c_B 为出口允许浓度时,图中 $c_{out}=c_B$ 的 B 点就称为穿透点。c_B 为穿透浓度,t_B 为穿透时间。另外,取透过曲线的终止点为接近 c_0 处的 E 点,c_E 称为终止点浓度。在吸附塔设计中,c_B 与 c_E 的取值范围为

$$\frac{c_B}{c_0} = \frac{c_0 - c_E}{c_0} = 0.05 \sim 0.1$$

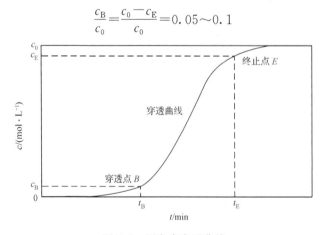

图 5.3　固定床穿透曲线

我们知道,吸附等温线的类型对固定床的动态特性有影响,对于有利型(上凸形)吸附等温线体系,传质区的长度不会随时间的推移而发生明显的变化,也就是说,流体从入口到出口这一时间段里,床层内的吸附量变化曲线会保持相似的形状随时间轴平移,称为定形的吸附量变化(constant pattern)。

若用 Z_a 来表示 MTZ 的长度,它可以由下列公式求出:

$$Z_a = \frac{u}{K_F a} \int_{c_B}^{c_E} \frac{1}{c-c^*} \mathrm{d}c = H_{of} N_{of} \tag{5-1}$$

式中,c^* 为平衡浓度;$H_{of} = \dfrac{u}{K_F a}$ 为传质单元高度;$N_{of} = \displaystyle\int_{c_B}^{c_E} \frac{\mathrm{d}c}{c-c^*}$ 为传质单元数。

吸附平衡采用弗兰德里希式时,有

$$N_{of} = \ln\left(\frac{c_E}{c_B}\right) + \frac{1}{n-1} \ln\left(\frac{c_0^{n-1} - c_B^{n-1}}{c_0^{n-1} - c_E^{n-1}}\right) \tag{5-2}$$

吸附平衡采用朗缪尔式时,有

$$N_{of} = \frac{1+ac_0}{ac_0} \ln\left(\frac{c_E}{c_B}\right) + \frac{1}{ac_0} \ln\left(\frac{c_0 - c_B}{c_0 - c_E}\right) \tag{5-3}$$

穿透时间 t_B 可用下式计算:

$$t_B = \frac{Z_T q_0 \rho_B}{c_0}\left(1 - \frac{Z_a}{2Z_T}\right) \tag{5-4}$$

式中,Z_T 为固定充填层的总长度;ρ_B 为其充填密度。

4. 实验过程基本假设

假定吸附过程满足下列简化条件:

(1) 气体混合物仅含一个可吸附组分,其他为惰性组分。

(2) 床层中吸附剂装填均匀,即各处的吸附剂初始浓度、温度均一。

(3) 气体定态加料,即进入床层的气体浓度、温度和流量不随时间而变。

(4) 吸附热可忽略不计。

5. 实验材料、装置及工艺流程

1) 实验材料

分子筛是一种比表面积极大的吸附剂,可以吸附相当数量的吸附质;微孔分布单一均匀,有很好的选择吸附性能。可选用吸附剂为 3A 或 5A 的分子筛;吸附质为氮气;吸附用的载气、气相色谱仪用的载气为氩气或氦气。

2) 实验装置及工艺流程

实验装置及工艺流程如图 5.4 所示。

6. 实验操作要点

(1) 用游标卡尺分别测出 3A、5A 分子筛的直径,各测五次,分别计算其平均值 $\bar{d}$。

(2) 用皂膜流量计测出不同转子流量计刻度下的流量,计算出对应的流速 u,并绘制"空

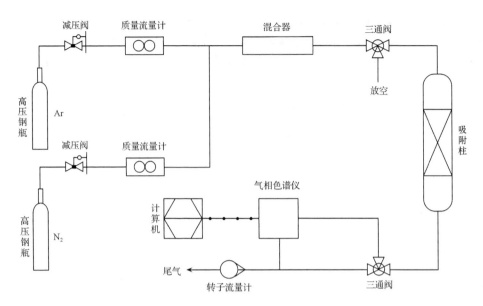

图 5.4　吸附实验装置及工艺流程示意图

塔速度标准曲线"。

（3）检查整个管道的气密性,要求密封性良好;向吸附柱内装填满吸附剂（3A 或 5A 分子筛）;并开启载气瓶,使计算机与气相色谱仪（检测器为 FDI）开始工作。

（4）检查控制面板,打开载气的进气阀,关闭旁路阀和真空截止阀,调节流量通入氩气约 30min,待色谱基线平衡为止。

（5）通过调节质量流量计,使氮气与氩气按照一定的比例混合,并从旁路测出进口浓度 c_0。

（6）调节背压阀,使吸附塔内部压力为常压。

（7）使混合气体到达吸附柱时,开始测量出口浓度 c,每隔 5s 取样一次,确认出口浓度的峰高不再升高时,可认为吸附已完成;关闭氮气,用氩气开始吹扫吸附柱,保持每隔 5s 取样一次,直到出口浓度的峰高不再降低时,可认为脱附已完成。

（8）实验完毕,先关闭氮气瓶阀门,然后再关闭气相色谱仪,同时关闭载气瓶阀门,打开真空截止阀和旁路阀,关闭进气截止阀,待质量流量计流量为 0 时,关闭所有设备。

上述操作需根据现场实验装置具体确定。

【注意事项】

（1）实验前,请预先查阅文献,掌握气体吸附分离的一般理论及气相色谱仪的工作原理。

（2）实验操作中要严谨、准确,防止出现因操作不当引起的设备故障。

【设计要求】

（1）通过查文献,确定适用于本实验的穿透曲线的计算方法。

（2）通过计算,求出平衡吸附量,传质系数 K_F 及穿透时间等。

（3）通过改变实验参数等方法,确立影响吸附速率的主要因素等。

实验 68　分子平衡与动态行为的分子力学模拟

【实验目的】

掌握 Hyperchem 中的分子建模方法；掌握运用分子力学进行几何优化的方法，能正确设置力场参数及几何优化参数；掌握分子动力学、朗之万（Langevin）动力学及蒙特卡罗（Monte Carlo）模拟方法，能正确设置模拟参数；通过动力学或蒙特卡罗模拟，获取低能量的结构和热力学参数。

【实验背景】

1. 分子力学

从理论上讲，对于每一个分子，都存在着一个势能函数，这个函数的极小值对应着分子的稳定结构，只要得到这个势能函数，就可以找到分子的平衡几何结构。多原子分子的势能函数中包含各个化学键、相邻化学键的键角、相间化学键的二面角以及更远的化学键之间的空间作用。对于非中性分子，还需要考虑其中的带电原子之间的静电相互作用。只有对分子中上述各类作用进行了完整的考虑，才有可能获得完整分子的势能函数。由于在分子中化学键、键角和二面角均具有相对固定的值，因此在平衡结构附近，可以使用谐振势能函数来对键角和二面角进行描述。而化学键之间的空间作用和静电作用随着原子间距离而单调变化，因此需要使用略为不同的函数来描述。综合上述分子内的相互作用，在平衡结构附近，可以对分子的势能函数得到完整的经验性描述，这就是分子力学的基本思想。一套完整的势能函数和力常数及其他参数就构成一个分子力学力场。迄今为止，人们已经针对不同类型的分子体系发展出了数十种不同的力场，这些力场之间除了参数不同，在势能函数的形式方面也会有所区别。Amber力场的势能函数如下：

$$E_{total} = E_{bond} + E_{bond\ angle} + E_{dihedral} + E_{van\ der\ Waals} + E_{electrostatic} + E_{H\text{-}bonded} \tag{5-5}$$

式中，E_{bond} 为键拉伸势能；$E_{bond\ angle}$ 为键角弯折势能；$E_{dihedral}$ 为二面角扭曲势能；$E_{van\ der\ Waals}$ 为范德华作用能；$E_{electrostatic}$ 为静电作用能；$E_{H\text{-}bonded}$ 为氢键作用能。各项的具体表达式分别为

$$E_{bond} = \sum_{bonds} K_f (r - r_0)^2 \tag{5-6}$$

$$E_{bond\ angle} = \sum_{angles} K_\theta (\theta - \theta_0)^2 \tag{5-7}$$

$$E_{dihedral} = \sum_{dihedral} \frac{V_n}{2} [1 + \cos(n\phi - \phi_0)] \tag{5-8}$$

$$E_{van\ der\ Waals} = \sum_{ij \in vdw} \left[\frac{A_{ij}}{R_{ij}^{12}} - \frac{B_{ij}}{R_{ij}^{6}} \right] \tag{5-9}$$

$$A_{ij} = \left(\frac{r_i^*}{2} + \frac{r_j^*}{2} \right)^{12} \sqrt{\varepsilon_i \varepsilon_j}, \qquad B_{ij} = \left(\frac{r_i^*}{2} + \frac{r_j^*}{2} \right)^{6} \sqrt{\varepsilon_i \varepsilon_j} \tag{5-10}$$

$$E_{electrostatic} = \sum_{ij \in electrostatic} \left[\frac{q_i q_j}{\varepsilon R_{ij}} \right] \tag{5-11}$$

$$E_{\text{H-bonded}} = \sum_{ij \in \text{H-bond}} \left[\frac{C_{ij}}{R_{ij}^{12}} - \frac{D_{ij}}{R_{ij}^{10}} \right] \tag{5-12}$$

式(5-6)～式(5-12)中,K_f 为拉伸力常数;r 为实际键长;r_0 为平衡键长;K_θ 为弯折力常数;θ 为实际键角;θ_0 为平衡键角;V_n 为最高能垒;ϕ 为实际二面角;ϕ_0 为相位角;n 为旋转周期;R_{ij} 为原子 i 与原子 j 之间的距离;在两个 i 原子的势能随距离变化的曲线中,ε_i 为最低能量,r_i^* 为最低能量处它们之间的距离;q_i、q_j 分别表示原子 i 及 j 所带的电荷,R_{ij} 是原子 i 与原子 j 之间的距离,ε 为介电常数;C_{ij}、D_{ij} 是与原子 i、j 相关的参数。

几何优化就是通过调整分子的结构参数,使 E_{total} 最小。

2. 分子动力学

分子动力学是根据牛顿方程计算每个原子在势能面上的运动轨迹,以达到搜寻最低能量构象或通过统计平均获得相关热力学参数,如热力学能、自由能等。分子动力学模拟特别是模拟退火算法能使分子越过一般几何优化方法无法越过的能垒,从而有助于获得全局最低能量构象。分子动力学模拟有助于分子特别是溶解在溶剂中的分子获得平衡构象。模拟退火算法的基本原理是将分子加热到较高的温度,使分子在热运动下能越过较高的能垒,然后降温,从而会得到能量较低的构象。根据系综原理,宏观物理量可以通过对系统中所有的标本系统求平均得到,而分子动力学模拟可以产生所需的标本系统,只要模拟时间足够长,就能建立相应的标本系统。

3. 朗之万动力学

朗之万动力学与分子动力学模拟类似,但在溶剂中的模拟采用隐式方法,即模拟中不出现溶剂分子,而采用随机碰撞及摩擦力来表示溶剂的作用。能大大减少 CPU 时间。

4. 蒙特卡罗模拟

蒙特卡罗模拟是在一定的温度下随机产生一系列构象,按照一定的规则对这些构象进行取舍。与分子动力学相比,蒙特卡罗模拟产生的构象代表性强,容易得到较低的能量构象。

【仪器试剂】

硬件:奔腾Ⅲ 800 MHz 以上计算机,内存:256M 以上。软件:Hyperchem 7.0 for Windows。

【实验步骤】

1. 在 Hyperchem 中建立两性离子丙氨酸模型

绘制丙氨酸结构。分配电荷,N 上为 +1.0,两个 O 分别为 -0.5。选择 Amber 力场。然后双击选择工具建立丙氨酸的 3D 模型。

2. 丙氨酸在气相中的几何优化

先做单点计算,从菜单"Compute"中选择"Single Point"。记下能量(energy)和梯度(gradient)值(最下面的状态栏显示)。此时的能量和梯度值比较高,表明丙氨酸远离平衡态。

设置几何优化参数。从菜单"Compute"中选择"Geometry Optimization"。设置如下(图 5.5):RMS gradient 项选默认值为 0.1,值越小,收敛精度越高,计算时间越长。Maximum cycle 项由程序根据分子大小自动给出一个值。如果在给定的循环圈数内不能收敛,必须增加该项的值,再做优化,直到状态栏出现"Converged＝YES"为止。设定好后,点击"确定"按钮,程序会使用 Amber 力场对丙氨酸分子进行分子力学优化。优化过程中,状态栏会显示优化过程中每个结构的能量及梯度。收敛后记下此时的能量与梯度,并与单点计算的相比较。将优化后的分子存为 ala-gas. hin,并与单点计算的结构相比较,说明能量降低的原因。

图 5.5 分子力学优化参数设置

3. 丙氨酸在水中的几何优化

将丙氨酸溶解在水中。打开上面保存的文件 ala-gas. hin。从"Setup"菜单中选择"Periodic Box",设置 Periodic Box Size 的 X、Y、Z 分别为 12.0、10.0、12.0。点击"确定"后,丙氨酸即被水分子包围。

仿照气相优化的方式,对丙氨酸和水分子整体进行几何优化。优化收敛后,记下能量和梯度值。将整个结果保存为 ala-liq. hin。

4. 比较气相和水中丙氨酸的结构

删除 ala-liq. hin 中的水分子。从"Select"菜单中选择"Molecules",鼠标左键点击丙氨酸分子,再从"Select"菜单中选择"Complement Selection"选择了所有的水分子,然后从"Edit"菜单中选择"Clear"将水分子删除。从"Display"菜单中去掉"Show Periodic Box"选项。将最后的结果保存为 ala-sol. hin。

重叠气相和水中丙氨酸的结构。选择当前分子,从"Select"菜单中选择"Name Selection",将选择保存为"Solvated"。从"File"菜单中选择"Merge"。打开"ala-gas. hin"。将溶解后的结果标记为黄色,气相中的标记为紫色。并将元素符号显示出来。进入多选项模式,在每个分子中用鼠标左键拖拽依次选择 N-Cᵅ-C'。从"Display"菜单中选择"Overlay"。这样就得到了两个分子的重叠结构,比较并说明它们的不同点。将结果保存为 ala-sup. hin。

5. 模拟退火

打开丙氨酸在水中几何优化后的文件 ala-liq. hin。从"Compute"菜单中选择"Molecular Dynamics",出现"Molecular Dynamics Options"设置对话框,具体设置如图 5.6 所示。

模拟过程:在 0.1ps 时间内将体系从 100K 加热到 300K,每步增加 30K。然后在 300K 下恒温 0.5ps。体系运动的时间间隔为 0.0005ps。数据收集周期为 4。

设置动力学回放(Playback Dynamics)。在"Molecular Dynamics Options"对话框底部选择"Snapshots"按钮。输入文件名 ala-run。在动力学模拟中,Hyperchem将产生两个以 ala-run 为前缀的文件名,一个是 ala-run. hin,是Hyperchem的入口文件;另一个是 ala-run. snp,是

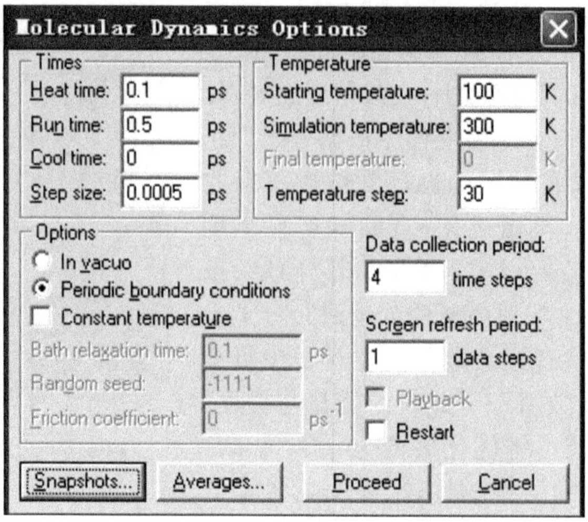

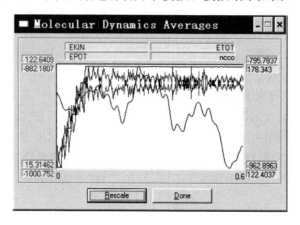

图 5.6　分子动力学模拟参数设置

存放原子坐标及速度的二进制文件。

设置分子动力学平均。通过长时间的动力学模拟,可以统计得到宏观物理量。也可以通过跟踪模拟过程中的能量和结构变化来观察体系对建立构象来讲是否足够稳定。当使用动力学平均时,系统会建立一个扩展名为.csv 的文件,用来记录平均的物理量。具体设置如下:在"Molecular Dynamics Options"对话框底部选择"Average…"按钮。从"Selection"方框里选择所要平均的量,然后移到"Average only"方框中。如果需要作图,则进一步将所选项移到"Avg. & graph"方框中。

点击"Proceed"按钮后,系统开始进行动力学模拟。模拟结果如图 5.7 所示。

图 5.7　分子动力学模拟结果

6. 朗之万动力学模拟

朗之万动力学模拟与分子动力学模拟相似,不同之处在于模拟溶液时,朗之万动力学使用摩擦系数代替显示的溶剂分子。

打开气相文件 ala-gas. hin。从"Compute"菜单中选择"Langevin Dynamics"。弹出"Langevin Dynamics Options"对话框。新增的"Friction coefficient"设为 0.05ps^{-1} ,"Step size"设

为 0.001ps。其他设置与分子动力学的相同,点击"Proceed"按钮后,系统开始进行 Langevin 动力学模拟。

7. 蒙特卡罗模拟

蒙特卡罗模拟产生构象的方法与动力学不同,它在一定的温度下依据玻耳兹曼权重分布产生构象。随着模拟温度的升高,蒙特卡罗模拟能使体系越过能垒,到达较低的能量构象。

打开溶液文件"ala-liq. hin"。从"Compute"菜单中选择"Monte Carlo"选项。本例要求在 300K 下运行 1000 步,设置如下:

"Max delta"是允许原子每步移动的最大位移。如果该值太小,产生的新构象数目不多。该值太大会产生不合理的构象。回放与平均设置与分子动力学设置的一样。但在平均设置中多了 ACCR(Acceptance ratio 接受率)和 DACCR(RMS deviation of ACCR)。较好的 ACCR 值接近 0.5。模拟参数设置如图 5.8 所示。

点击"Proceed"按钮后,系统开始进行蒙特卡罗模拟。

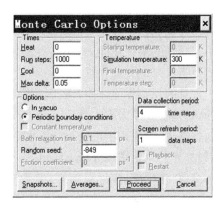

图 5.8　蒙特卡罗模拟参数设置

【思考题】

(1) 简述应用分子力学原理进行几何优化获取低能量构象的原理。

(2) 查阅文献,说明分子动力学模拟有哪些应用?

(3) 朗之万动力学模拟与分子动力学模拟有什么不同?

(4) 蒙特卡罗模拟是动力学模拟吗? 与一般的动力学方法有什么不同?

(5) 解释分子动力学模拟的平均图中为什么加热完成后总能量是水平直线而动能与势能成镜像对称?

(6) 解释水溶液与气相中模拟得到的结构为什么不同?

实验 69　Taylor 分散法测定有机物在超临界
二氧化碳中的无限稀释扩散系数

【实验目的】

学习超临界流体及技术的基础知识和基本原理,了解超临界流体色谱仪的工作原理、结构并掌握其使用方法;学习 Taylor 分散法测定分子扩散系数的原理,掌握其测定方法和实验操作;测定两三种典型有机物在超临界二氧化碳中的无限稀释扩散系数,考察温度和压力对扩散系数的影响。

【实验背景】

1. 超临界流体概述

当流体的温度和压力在其临界温度(T_c)和临界压力(p_c)以上时,体系性质均一,此时流体处于超临界状态(流体的对比压力 $p_r = p/p_c > 1$,对比温度 $T_r = T/T_c > 1$),该流体称为超临界流体(supercritical fluid,简称 SCF)。超临界流体既不同于气体,也不同于液体,具有许多独特的物理和化学性质,如超临界流体的密度比气体大数百倍,具有接近于液体的密度,这赋予了它很强的溶剂化能力;超临界流体的黏度与气体的接近,扩散系数比液体的大,这又使得 SCF 具有良好的传质性能。

常见的超临界流体中,由于二氧化碳的化学性质稳定、无毒性和无腐蚀性、不易燃且不爆炸,同时其临界压力不太高($p_c = 7.38\text{MPa}$),临界温度($T_c = 31.1°C$)接近常温,对食品及医药中的香气成分、生理活性物质、酶及蛋白质等热敏性物质无破坏作用,因此从 20 世纪 80 年代起,超临界二氧化碳(supercritical carbon dioxide,scCO$_2$)作为绿色溶剂就得到了广泛应用,如用于萃取、化学反应、材料制备、染色等多个领域。近年来随着超临界流体色谱(supercritical fluid chromatography,SFC)技术及其应用的快速发展,scCO$_2$ 通常作为 SFC 的首选流动相,在食品、医药、生物制品及精细化工产品等的分离分析方面得到了广泛的应用。然而,CO$_2$ 是非极性物质,更适于溶解非极性溶质,目前 scCO$_2$ 技术遇到的主要问题是 scCO$_2$ 对极性物质的溶解能力不足。为了解决这个问题,通常采用加入适量极性夹带剂的方法来提高 scCO$_2$ 的极性,以增加其对极性物质的溶解能力和选择性。

夹带剂(又称携带剂或共溶剂),是在超临界流体中加入的少量与之完全混溶的,挥发性介于溶剂和溶质之间的物质。当加入适当的夹带剂到 scCO$_2$ 中以后,由于极性溶质与极性的夹带剂之间可能形成某种特殊的分子间相互作用,如氢键力、缔合力等,从而能够有效地增强溶质的溶解度和选择性。

2. 无限稀释扩散系数

在超临界流体技术研究及应用中,无论是对超临界流体萃取还是各种超临界条件下的化学反应,都需要对动力学机理和传递性质进行研究,与这些机理和性质相关的参数通常与一些无因次的数组相互关联,而这些数组又往往是分子扩散系数的函数,因此对扩散现象的研究特别是对分子扩散系数的实验测定和模拟计算就成为研究超临界流体技术的一个重要组成部分。

无限稀释扩散系数是指纯溶剂中所含微量溶质的扩散系数。迄今,有关 scCO$_2$ 体系的传递性质,尤其是扩散性质的研究还很不够,有机物在 scCO$_2$ 中无限稀释扩散系数的数据还较稀缺。Taylor 分散法由于具有分析快,可连续测量等优点,广泛应用于测定高压液相和超临界流体组分的扩散系数。

【实验原理】

1. Taylor 分散法

Taylor 分散法,也称为色谱峰宽法,是指将一种溶质(或溶液)注入呈滞流(层流)流动的溶剂(或稀溶液中),然后测量流动相中溶质浓度的分布,进而计算溶质的扩散系数。Taylor 和 Aris 首先导出了由流动相中各点浓度在一定时间的分布,然后计算溶质的扩散系数。Taylor 扩散需满足以下三个假设:

(1) 所涉及的均为稀溶液,即使对初始的脉冲也如此。

(2) 脉冲不影响层流流动,流速只有径向的变化。

(3) 质量传递依靠径向的扩散和轴向的对流,其他传递因素可以忽略。

根据 Taylor 理论,当一个溶质脉冲注入层流的溶剂中,由于轴向的对流和径向的分子扩散作用,其色谱峰的方差为

$$\sigma^2 = 2Kt \tag{5-13}$$

式中,比例系数 K 可表示为

$$K = D_{12} + \frac{r_i^2 u^2}{48 D_{12}} \tag{5-14}$$

而

$$t = \frac{L}{u} \tag{5-15}$$

于是,有

$$\sigma^2 = \frac{2 D_{12} L}{u} + \frac{r_i^2 u L}{24 D_{12}} \tag{5-16}$$

由色谱理论知,色谱柱理论板高度 H 为

$$H = \frac{\sigma^2}{L} \tag{5-17}$$

因此,可导出

$$D_{12} = \frac{u\left[H - \left(H^2 - \frac{r_i^2}{3} \right) \right]}{4} \tag{5-18}$$

式中

$$H = \frac{L W_{1/2}^2}{5.545 t_R^2} \tag{5-19}$$

式(5-13)～式(5-19)中,D_{12} 为溶质 1 在溶剂 2 中的无限稀释扩散系数,$cm^2 \cdot s^{-1}$;L 为扩散管的管长,cm;u 为管内流体(流动相)的线速度,$cm \cdot s^{-1}$;σ^2 为方差,cm^2;H 为理论板高度,cm;r_i 为扩散管的半径,cm;$W_{1/2}$ 为色谱峰的半峰宽,min;t_R 为色谱峰的保留时间,min。由上可知,只要利用超临界流体色谱仪测定出溶质色谱峰的半峰宽和保留时间,即可从式(5-18)和式(5-19)计算出相应溶质的无限稀释扩散系数。

2. Taylor 分散法的适用条件

Taylor 分散法要求溶质注入层流状态的溶剂中,因此本实验溶剂必须满足层流条件,即

$$Re = \frac{d_{\text{tube}} u \rho}{\mu} \leqslant 2000 \tag{5-20}$$

式中，d_{tube} 为扩散管直径，cm；u 为流体的线速度，cm·s^{-1}；ρ 为流体的密度，g·cm^{-3}；μ 为流体的黏度，Pa·s。

扩散实验对管子的长度有一定的要求，通常情况下管子很长，为了放在一个恒定温度热浴中，将其盘旋成环形。在环形管中，由于溶质分子在流动中受离心力影响，会产生二次流，为了消除二次流对扩散系数测量的影响，实验必须满足以下条件：

$$De\,(Sc)^{1/2} < 10 \tag{5-21}$$

其中

$$De = \frac{d_{\text{tube}} u \rho}{\mu} \left(\frac{d_{\text{tube}}}{d_{\text{coil}}} \right)^{1/2} \tag{5-22}$$

$$Sc = \frac{\mu}{\rho D_{12}} \tag{5-23}$$

式(5-21)～式(5-23)中，De 为 Dean 数；Sc 为 Schmidt 数；d_{coil} 为盘管直径，cm；其他符号的意义与前述相同。

【实验装置】

扩散实验采用美国 Thar 公司生产的超临界流体色谱系统（SFC，SD-ADMS-2）。该色谱系统经过改装，在自带一个恒流泵的基础上并联一个低流速范围的恒流泵，以满足扩散实验所需的低流速要求；溶剂为二氧化碳，溶质为在紫外区有吸收的有机化合物。实验装置包括高压液相泵、背压系统、扩散单元和色谱检测四个主要部分，如图 5.9 所示。

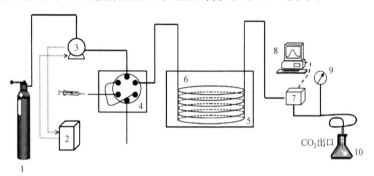

图 5.9　无限稀释扩散系数的测定装置图

1. CO$_2$气瓶；2. 冷却器；3. CO$_2$泵；4. 自动进样器；5. 恒温系统；6. 扩散管；7. 紫外检测器；8. 数据采集系统；
9. 自动背压阀；10. 废液回收瓶

扩散单元由不锈钢管和恒温水浴、控温元件等组成。实验用不锈钢管为自制，尺寸为 0.0992cm×0.03cm×31.87m。为了消除二次流对扩散系数测定的影响，扩散管弯成直径为 65cm 的圆环。圆环直径与管内径之比应大于消除二次流需要的比值，本文中 d_{coil} 远大于 d_{tube}，满足消除二次扩散影响的要求。

在实验过程中，二氧化碳的流量保持在 0.3mL·min^{-1} 左右，Re 数值远小于 2000，可以保证流体流动处在层流区。溶质由自动进样器注射到色谱仪内，进样量为 1μL，该条件可以实现无限稀释。在同一操作条件下重复测定三次,取平均值。恒温槽控温精度为±0.05℃,压力控制精度为±0.1MPa。

【设计要求】

(1) 查阅超临界流体及技术、超临界流体萃取、超临界流体色谱、分子扩散等方面的国内外文献,了解该领域的发展动态,完成开题报告。

(2) 测定两三种典型有机物在超临界二氧化碳中的无限稀释扩散系数。

(3) 考察温度、压力对分子扩散系数的影响。

(4) 讨论有机物分子极性与其扩散系数的关系。

(5) 对实验进行误差分析。

【思考题】

(1) 试述超临界流体色谱与高效液相色谱技术的异同。

(2) 超临界流体色谱技术的突出优点和应用领域是什么?

(3) Taylor 分散法的假设有哪些? 请仔细分析其测试条件的限制,尤其是对流动相流速的要求严格,请予以详细分析。

(4) Taylor 分散法测定扩散系数的误差来源有哪些? 如何控制这些误差来源?

(5) 查阅文献资料,讨论分子扩散系数的大小与哪些因素有关。

(6) 携带剂的作用有哪些? 对常用携带剂分子的结构及其特征、应用进行比较分析。

(7) 试比较二氧化碳、甲醇、乙醇、正己烷作为超临界流体的各自优缺点。

实验 70　纸电池制备及其性能研究

【实验目的】

学生通过查阅文献,了解普通锌锰电池的原理、制备方法以及电池性能检测的主要手段;了解电池材料的改进途径,制作出能够点亮二极管的纸电池;探讨不同电极材料对电池性能的影响;撰写科技论文格式的综合性研究报告,并参加"开放式、研究性"实验交流(答辩)会。

【实验背景】

1. 化学电源简介

化学电源又称电池,是一种直接将化学能转化为低压直流电能的装置,在各行各业具有广泛应用。电池的负极和正极同时进行氧化反应和还原反应,将化学能转变为电能,并向外电路输出电流的工作过程,此即化学电源的工作原理,这个过程必须具备两个条件:一是化学反应中的氧化和还原过程必须分隔在两个空间进行;二是物质在发生氧化与还原反应时转移的电子必须经过外线路。任何一个电池均包括四个基本组成部分:两种不同材料的电极——正极和负极、电解质、隔膜和外壳,缺一不可。化学电源按其工作性质可大致分为原电池、蓄电池和燃料电池等几类。原电池(又称一次电池)经过一次电化学反应放电后便不能再使用,如锌-锰干电池、锂-锰电池等;蓄电池(又称二次电池)可以反复使用,放电后可通过充电的方法使其活性物质还原而能够继续使用,如铅酸蓄电池、氢镍蓄电池等;而燃料电池(又称连续电池)则是将参加反应的活性物质从电池外部连续不断地输入电池,使其连续不断地提供电能的装置,如氢氧燃料电池等。

日常较常用的原电池为锌锰干电池,又称碳锌电池,其构造是:负极为锌做的圆筒,做成筒状的目的是用来储存电解液等化学药品;正极是一根碳棒,周围被二氧化锰、碳粉和氯化铵的混合剂所包围,总称为"碳包"。碳包和锌筒之间充填着氯化铵、氯化锌的水溶液和淀粉等组成的糊状物,称为电糊。电池口上用沥青、松香等配成的封口剂封牢。

锌锰干电池反应可表示为:

$$(-)Zn \mid ZnCl_2, NH_4Cl(糊状 \parallel MnO_2 \mid C(石墨)(+)$$

其电化学反应为:

负极 $\qquad Zn + 2NH_4Cl \longrightarrow Zn(NH_3)_2Cl_2 + 2H^+ + 2e^-$

正极 $\qquad MnO_2 + H_2O + e^- \longrightarrow MnOOH + OH^-$

电池反应 $\quad Zn + 2NH_4Cl + 2MnO_2 \Longrightarrow Zn(NH_3)_2Cl_2 \downarrow + 2MnOOH$

2. 纸电池的发展及应用

纸电池,顾名思义就是薄如纸的电池,其工作原理和普通原电池相同,需要正负极、电解质、隔膜等基本电池构件。最早的纸电池由张霞昌于 2006 年发明,这种一面镀锌,一面镀二氧化锰的"纸质电池"厚度不到 0.5mm,以其超轻超薄、环保低廉的特征引起人们的广泛关注;基于锌-二氧化锰的纸电池已商品化;类似锂电池的新型纸电池也已开发成功。

纸电池因其轻薄,容量较传统电池少得多,故适用于仅需很小放电量即可工作的微电子类产品,如为智能卡、RFID(射频识别)标签、音乐贺卡、纸上 LED 灯、微传感器等提供电源。因此,纸电池作为一种环保、经济的新型能源储备器,具有广泛的应用前景和巨大的市场潜力。

【实验原理】

本实验拟研制的纸电池是一种薄型锌锰电池,其为长方形,厚度小于 1mm。它的负极是锌,正极主要是二氧化锰,并添加其他材料,如石墨等,电解液为饱和氯化锌溶液再添加少量的氯化钙。

纸电池的电池表达式为:

$$(-)Zn \mid ZnCl_2 \parallel MnO_2 \mid C(+)$$

电池反应如下:

负极 $\qquad\qquad\qquad 4Zn \longrightarrow 4Zn^{2+} + 8e^-$

正极 $\qquad MnO_2 + e^- + H^+ \longrightarrow MnOOH$

电池反应 $\quad 8MnO_2 + 4Zn + ZnCl_2 + 9H_2O \Longrightarrow 8MnOOH + ZnCl_2 \cdot 4ZnO \cdot 5H_2O$

负极锌采用锌片,正极采用的活性物质为细颗粒的二氧化锰,它能较好地与石墨等导电物质接触。

【实验部分】

仪器、材料、试剂、实验步骤,可参阅本书末的参考文献。

【设计要求】

　　(1) 查阅超微型电池的国内外文献和专利,了解该领域的发展动态,完成开题报告。

　　(2) 基于锌锰电池的基本材料,制作出能提供 1.5～1.8V 电压的纸电池若干个。

　　(3) 考察将乙炔黑、石墨、聚乙烯吡咯烷酮、纳米二氧化钛等物质添加到正极材料中时对电池容量的影响。

　　(4) 探讨电池面积对其容量的影响。

　　(5) 考察电解液组成对电池容量的影响。

参 考 文 献

白泉,王超展. 2015. 仪器分析实验-基础化学实验Ⅳ. 北京:科学出版社

陈国松,陈昌云. 2015. 仪器分析实验. 2版. 南京:南京大学出版社

陈小娟,等. 2014. 纸电池的研制. 实验技术与管理. 31(2):163

程立文. 2008. 以色列Power Paper公司的纸电池. 电源技术,32(5):285

丁振良. 2002. 误差理论与数据处理. 哈尔滨:哈尔滨工业大学出版社

冯霞,朱莉娜,朱荣娇. 2015. 物理化学实验. 北京:高等教育出版社

复旦大学,等. 2004. 物理化学实验. 3版. 北京:高等教育出版社

龚茂初,王健礼,赵明. 2010. 物理化学实验. 北京:化学工业出版社

顾斌. 2008. 碳纳米管和纤维素相结合的纸电池. 技术与市场,1:11

顾月姝. 2004. 基础化学实验(Ⅲ)——物理化学实验. 北京:化学工业出版社

韩喜江,张天云. 2012. 物理化学实验. 2版. 哈尔滨:哈尔滨工业大学出版社

胡卫兵,等. 2015. 物理化学实验. 北京:科学出版社

黄丽英. 2014. 仪器分析实验指导. 厦门:厦门大学出版社

雷群芳. 2005. 中级化学实验. 北京:科学出版社

李云雁,胡传荣. 2005. 试验设计与数据处理. 北京:化学工业出版社

梁敬魁. 2002. 粉末衍射法测定晶体结构. 北京:科学出版社

梁亮. 2015. 化工原理实验. 2版. 北京:中国石化出版社

罗澄源,向明礼. 2004. 物理化学实验. 4版. 北京:高等教育出版社

祈景玉. 2003. X射线结构分析. 上海:同济大学出版社

邱金恒,孙尔康,吴强. 2010. 物理化学实验. 北京:高等教育出版社

宋文顺. 1998. 化学电源工艺学. 北京:中国轻工业出版社

孙东平,等. 2015. 现代仪器分析实验技术(上册). 北京:科学出版社

唐浩东,吕德义,周向东. 2008. 新编基础化学实验(Ⅲ)——物理化学实验. 北京:化学工业出版社

田维亮. 2015. 化工原理实验及单元仿真. 北京:化学工业出版社

田宜灵,李洪玲. 2008. 物理化学实验. 2版. 北京:化学工业出版社

王俊文,张忠林. 2014. 化工基础与创新实验. 北京:国防工业出版社

王雪静,朱芳坤. 2015. 化工原理实验. 2版. 北京:化学工业出版社

王艳花. 2012. 化工基础实验. 北京:化学工业出版社

王元兰. 2014. 仪器分析实验. 北京:化学工业出版社

文国光. 1995. 电池电化学. 北京:电子工业出版社

武汉大学化学与分子科学学院实验中心. 2012. 物理化学实验. 2版. 武汉:武汉大学出版社

夏海涛. 2014. 物理化学实验. 2版. 南京:南京大学出版社

肖潇. 2010. 可印可塑的纳米"纸电池". 技术与市场,17(2):68

谢祖芳,等. 2014. 物理化学实验及数据处理. 成都:西南交通大学出版社

徐平如,郭兵. 2015. 物理化学实验指导. 北京:化学工业出版社

徐寿长,徐顺. 2004. 物理化学实验与技术. 郑州:郑州大学出版社

杨海英,等. 2015. 仪器分析实验. 北京:科学出版社

杨节芳,周艳,曾嵘. 2011. 化工技术基础实验. 北京:化学工业出版社

姚克俭. 2015. 化工原理实验立体教材. 杭州:浙江大学出版社

郁桂云,钱晓荣. 2015. 仪器分析实验教程. 2版. 上海:华东理工大学出版社

张强. 张霞昌. 2007. 纸质电池之父. 发明与创新(综合版),6:25

张兴晶,王继库. 2013. 化工基础实验. 北京:北京大学出版社

张玉军,闫向阳. 2014. 物理化学实验. 北京:化学工业出版社

郑传明,吕桂琴. 2015. 物理化学实验. 2 版. 北京:北京理工大学出版社

中国科学技术大学化学与材料科学学院实验中心. 2011. 仪器分析实验. 合肥:中国科学技术大学出版社

Ambrose D, et al. 1990. The ebulliometric method of vapour pressure measurement: vapour pressures of benzene, hexafluorobenzene, and naphthalene. J Chem Thermodyn, 22: 589-605

Aris R. 1956. On the dispersion of a solute in a fluid flowing through a tube. Proceedings of the Royal Society of London. Series A-Mathematical and Physical Sciences, 235(1200): 67-77

Carl W G, Joseph W N, David P S. 2003. Experiments in Physical Chemistry. 7th ed. New York:McGraw-Hill

David R L. 2009. CRC Handbook of Chemistry and Physics. 90th ed. Boca Raton:CRC Press

Ewing M B, Sanchez Ochoa J C. 1998. An ebulliometer for measurements of vapour pressure at low temperatures: the vapour pressures and the critical state of perfluoromethylcyclopentane. J Chem Thermodyn, 30: 189-198

Fenghour A, Wakeham W A, Vesovic V. 1998. The viscosity of carbon dioxide. J Phys Chem Ref Data, 27(1): 31-44

Frenkel S. 2002. 分子模拟——从算法到应用. 汪文川,等译. 北京: 化学工业出版社

Ignacio Medina. 2012. Determination of diffusion coefficients for supercritical fluids. J Chromatogr A, 1250: 124-140

Juan J S, Julio L B, Ignacio M. 1993. Determination of binary diffusion coefficients of benzene and derivatives in supercritical carbon dioxide. Chem Eng Sci, 48 (13):2419-2427

Span R, Wagner W. 1996. A new equation of state for carbon dioxide covering the fluid region from the triple point temperature to 1100K at pressures up to 800MPa. J Phys Chem Ref Data, 25(6): 1509-1596

Taylor G. 1953. Dispersion of soluble matter in solvent flowing slowly through a tube. Proceedings of the Royal Society of London. Series A-Mathematical and Physical Sciences, 219(1137): 186-203

Vesovic V, et al. 1990. The transport properties of carbon dioxide. J Phys Chem Ref Data, 19(3): 763-808

Wagner W, Saul A, Pruss A. 1994. International equations for the pressure along the melting and along the sublimation curve of ordinary water substance. J Phys Chem Ref Data, 23(3): 515-527

附　　录

附录 1　国际单位制(SI)

SI 的基本单位

量		单 位	
名　称	符　号	名　称	符　号
长度	l	米	m
质量	m	千克	kg
时间	t	秒	s
电流	I	安[培]	A
热力学温度	T	开[尔文]	K
物质的量	n	摩[尔]	mol
发光强度	IV	坎[德拉]	cd

SI 的部分导出单位

量		单 位		
名　称	符　号	名　称	符　号	定义式
频率	ν	赫[兹]	Hz	s^{-1}
能量	E	焦[耳]	J	$kg \cdot m^2 \cdot s^{-2}$
力	F	牛[顿]	N	$kg \cdot m \cdot s^{-2} = J \cdot m^{-1}$
压力	p	帕[斯卡]	Pa	$kg \cdot m^{-1} \cdot s^{-2} = N \cdot m^{-2}$
功率	P	瓦[特]	W	$kg \cdot m^2 \cdot s^{-3} = J \cdot s^{-1}$
电量;电荷	Q	库[仑]	C	$A \cdot s$
电位;电压;电动势	U	伏[特]	V	$kg \cdot m^2 \cdot s^{-3} \cdot A^{-1} = J \cdot A^{-1} \cdot s^{-1}$
电阻	R	欧[姆]	Ω	$kg \cdot m^2 \cdot s^{-3} \cdot A^{-2} = V \cdot A^{-1}$
电导	G	西[门子]	S	$kg^{-1} \cdot m^{-2} \cdot s^3 \cdot A^2 = \Omega^{-1}$
电容	C	法[拉]	F	$A^2 \cdot s^4 \cdot kg^{-1} \cdot m^{-2} = A \cdot s \cdot V^{-1}$
磁通量密度(磁感应强度)	B	特[斯拉]	T	$kg \cdot s^{-2} \cdot A^{-1} = V \cdot s$
电场强度	E	伏特每米	$V \cdot m^{-1}$	$m \cdot kg \cdot s^{-3} \cdot A^{-1}$
黏度	η	帕斯卡秒	$Pa \cdot s$	$m^{-1} \cdot kg \cdot s^{-1}$
表面张力	σ	牛顿每米	$N \cdot m^{-1}$	$kg \cdot s^{-2}$
密度	ρ	千克每立方米	$kg \cdot m^{-3}$	$kg \cdot m^{-3}$
热容	C	焦耳每千克每开	$J \cdot kg^{-1} \cdot K^{-1}$	$m^2 \cdot s^{-2} \cdot K^{-1}$
熵	S	焦耳每开	$J \cdot K^{-1}$	$m^2 \cdot kg \cdot s^{-2} \cdot K^{-1}$

SI 词头

因　数	词　冠	名　称	词冠符号	因　数	词　冠	名　称	词冠符号
10^{12}	tera	太	T	10^{-1}	Deci	分	d
10^{9}	giga	吉	G	10^{-2}	Centi	厘	c
10^{6}	mega	兆	M	10^{-3}	Milli	毫	m
10^{3}	kilo	千	k	10^{-6}	Micro	微	μ
10^{2}	hecto	百	h	10^{-9}	Nano	纳	n
10^{1}	deca	十	da	10^{-12}	Pico	皮	p

附录2　一些物理化学常数 *

常　数	符　号	数　值	单　位
真空中的光速	c_0	$2.997\ 924\ 58(12)\times10^8$	$m\cdot s^{-1}$
真空磁导率	$\mu_0=4\pi\times10^{-7}$	$12.566\ 371\times10^{-7}$	$H\cdot m^{-1}$
真空电容率	$\varepsilon_0=(\mu_0 c^2)^{-1}$	$8.854\ 187\ 82(7)\times10^{-12}$	$F\cdot m^{-1}$
基本电荷	e	$1.602\ 177\ 33(49)\times10^{-19}$	C
精细结构常数	$\alpha=\mu_0 ce^2/2h$	$7.297\ 353\ 08(33)\times10^{-3}$	
普朗克常量	h	$6.626\ 075\ 5(40)\times10^{-34}$	$J\cdot s$
阿伏伽德罗常量	L	$6.022\ 136\ 7(36)\times10^{23}$	mol^{-1}
电子的静止质量	m_e	$9.109\ 389\ 7(54)\times10^{-31}$	kg
质子的静止质量	m_p	$1.672\ 623\ 1(10)\times10^{-27}$	kg
中子的静止质量	m_n	$1.674\ 928\ 6(10)\times10^{-27}$	kg
法拉第常量	F	$9.648\ 530\ 9(29)\times10^4$	$C\cdot mol^{-1}$
里德堡常量	R_∞	$1.097\ 373\ 153\ 4(13)\times10^7$	m^{-1}
玻尔半径	$\alpha_0=\alpha/4\pi R_\infty$	$5.291\ 772\ 49(24)\times10^{-11}$	m
玻尔磁子	$\mu_B=e\hbar/2m_e$	$9.274\ 015\ 4(31)\times10^{-24}$	$J\cdot T^{-1}$
核磁子	$\mu_N=e\hbar/2m_p$	$5.050\ 786\ 6(17)\times10^{-27}$	$J\cdot T^{-1}$
摩尔气体常量	R	$8.314\ 510(70)$	$J\cdot K^{-1}\cdot mol^{-1}$
玻耳兹曼常量	$k=R/L$	$1.380\ 658(12)\times10^{-23}$	$J\cdot K^{-1}$

* $\hbar=h/2\pi$, h 为普朗克常量。

数据参见:国际纯粹与应用化学联合会物理化学符号、术语和单位委员会. 物理化学中的量、单位和符号. 漆德瑶,等译. 北京:科学技术文献出版社,1991。

附录 3　常用的单位换算

单位名称	符　号	折合 SI	单位名称	符　号	折合 SI
力的单位			功能单位		
1千克力	kgf	$=9.806\ 65N$	1千克力·米	kgf·m	$=9.806\ 65J$
1达因	dyn	$=10^{-5}N$	1尔格	erg	$=10^{-7}J$
黏度单位			1升·大气压	l·atm	$=101.328J$
泊	P	$=0.1N·s·m^{-2}$	1瓦特·小时	W·h	$=3\ 600J$
厘泊	cP	$=10^{-3}N·s·m^{-2}$	1卡	cal	$=4.186\ 8J$
压力单位			功率单位		
毫巴	mbar	$=100N·m^{-2}(Pa)$	1千克力·米·秒$^{-1}$	kgf·m·s^{-1}	$=9.806\ 65W$
1达因·厘米$^{-2}$	dyn·cm^{-2}	$=0.1N·m^{-2}(Pa)$	1尔格·秒$^{-1}$	erg·s^{-1}	$=10^{-7}W$
1千克力·厘米$^{-2}$	kgf·cm^{-2}	$=98\ 066.5N·m^{-2}(Pa)$	1大卡·小时$^{-1}$	kcal·h^{-1}	$=1.163W$
1工程大气压	af	$=98\ 066.5N·m^{-2}(Pa)$	1卡·秒$^{-1}$	cal·s^{-1}	$=4.186\ 8W$
标准大气压	atm	$=101\ 324.7N·m^{-2}(Pa)$	电磁单位		
1毫米水高	mmH$_2$O	$=9.806\ 65N·m^{-2}(Pa)$	1伏·秒	V·s	$=1Wb$
1毫米汞高	mmHg	$=133.322N·m^{-2}(Pa)$	1安·小时	A·h	$=3\ 600C$
热容单位			1德拜	D	$=3.334×10^{-30}$ C·m
1卡·克$^{-1}$·度$^{-1}$	cal·g^{-1}·℃$^{-1}$	$=4\ 186.8J·kg^{-1}·℃^{-1}$	1高斯	G	$=10^{-4}T$
1尔格·克$^{-1}$·度$^{-1}$	erg·g^{-1}·℃$^{-1}$	$=10^{-4}J·kg^{-1}·℃^{-1}$	奥斯特	Oe	$=79.577\ 5A·m^{-1}$

附录 4　水 的 性 质

水在 0～100℃ 的性质

温度/℃	密度/(g·cm⁻³)	定压热容/(J·g⁻¹·K⁻¹)	蒸汽压/kPa	黏度/(μPa·s)	热导率/(mW·K⁻¹·m⁻¹)	相对介电常数	表面张力/(mN·m⁻¹)	蒸发焓/(kJ·mol⁻¹)
0	0.999 84	4.217 6	0.611 3	179 3	561.0	87.90	75.64	45.054
10	0.999 70	4.192 1	1.228 1	130 7	580.0	83.96	74.23	
20	0.998 21	4.181 8	2.338 8	100 2	598.4	80.20	72.75	
30	0.995 65	4.178 4	4.245 5	797.7	615.4	76.60	71.20	
40	0.992 22	4.178 5	7.381 4	653.2	630.5	73.17	69.60	43.350
50	0.988 03	4.180 6	12.344	547.0	643.5	69.88	67.94	
60	0.983 20	4.184 3	19.932	466.5	654.3	66.73	66.24	42.482
70	0.977 78	4.189 5	31.176	404.0	663.1	63.73	64.47	
80	0.971 82	4.196 3	47.373	354.4	670.0	60.86	62.67	41.585
90	0.965 35	4.205 0	70.117	314.5	675.3	58.12	60.82	
100	0.958 40	4.215 9	101.325	281.8	679.1	55.51	58.91	40.657

水的饱和蒸气压数据

$t/℃$	p/kPa	$t/℃$	p/kPa	$t/℃$	p/kPa	$t/℃$	p/kPa
0	0.611 29	18	2.064 4	36	5.945 3	54	15.012
1	0.657 16	19	2.197 8	37	6.279 5	55	15.752
2	0.706 05	20	2.338 8	38	6.629 8	56	16.522
3	0.758 13	21	2.487 7	39	6.996 9	57	17.324
4	0.813 59	22	2.644 7	40	7.381 4	58	18.159
5	0.872 60	23	2.810 4	41	7.784 0	59	19.028
6	0.935 37	24	2.985 0	42	8.205 4	60	19.932
7	1.002 1	25	3.169 0	43	8.646 3	61	20.873
8	1.073 0	26	3.362 9	44	9.107 5	62	21.851
9	1.148 2	27	3.567 0	45	9.589 8	63	22.868
10	1.228 1	28	3.781 8	46	10.094	64	23.925
11	1.312 9	29	4.007 8	47	10.620	65	25.022
12	1.402 7	30	4.245 5	48	11.171	66	26.163
13	1.497 9	31	4.495 3	49	11.745	67	27.347
14	1.598 8	32	4.757 8	50	12.344	68	28.576
15	1.705 6	33	5.033 5	51	12.970	69	29.852
16	1.818 5	34	5.322 9	52	13.623	70	31.176
17	1.938 0	35	5.626 7	53	14.303	71	32.549

t/℃	p/kPa	t/℃	p/kPa	t/℃	p/kPa	t/℃	p/kPa
72	33.972	109	138.50	146	426.85	183	1 073.0
73	35.448	110	143.24	147	438.67	184	1 097.5
74	36.978	111	148.12	148	450.75	185	1 122.5
75	38.563	112	153.13	149	463.10	186	1 147.9
76	40.205	113	158.29	150	475.72	187	1 173.8
77	41.905	114	163.58	151	488.61	188	1 200.1
78	43.665	115	169.02	152	501.78	189	1 226.9
79	45.487	116	174.61	153	515.23	190	1 254.2
80	47.373	117	180.34	154	528.96	191	1 281.9
81	49.324	118	186.23	155	542.99	192	1 310.1
82	51.342	119	192.28	156	557.32	193	1 338.8
83	53.428	120	198.48	157	571.94	194	1 368.0
84	55.585	121	204.85	158	586.87	195	1 397.6
85	57.815	122	211.38	159	602.11	196	1 427.8
86	60.119	123	218.00	160	617.66	197	1 458.5
87	62.499	124	224.96	161	633.53	198	1 489.7
88	64.958	125	232.01	162	649.73	199	1 521.4
89	67.496	126	239.24	163	666.25	200	1 553.6
90	70.117	127	246.66	164	683.10	201	1 586.4
91	72.823	128	254.25	165	700.29	202	1 619.7
92	75.614	129	262.04	166	717.83	203	1 653.6
93	78.494	130	270.02	167	735.70	204	1 688.0
94	81.465	131	278.20	168	753.94	205	1 722.9
95	84.529	132	286.57	169	772.52	206	1 758.4
96	87.688	133	295.15	170	791.47	207	1 794.5
97	90.945	134	303.93	171	810.78	208	1 831.1
98	94.301	135	312.93	172	830.47	209	1 868.4
99	97.759	136	322.14	173	850.53	210	1 906.2
100	101.32	137	331.57	174	870.98	211	1 944.6
101	104.99	138	341.22	175	891.80	212	1 983.6
102	108.77	139	351.09	176	913.03	213	2 023.2
103	112.66	140	361.19	177	934.64	214	2 063.4
104	116.67	141	371.53	178	956.66	215	2 104.2
105	120.79	142	382.11	179	979.09	216	2 145.7
106	125.03	143	392.92	180	1 001.9	217	2 187.8
107	129.39	144	403.98	181	1 025.2	218	2 230.5
108	133.88	145	415.29	182	1 048.9	219	2 273.8

$t/℃$	p/kPa	$t/℃$	p/kPa	$t/℃$	p/kPa	$t/℃$	p/kPa
220	2 317.8	228	2 694.1	236	3 115.7	244	3 586.3
221	2 362.5	229	2 744.2	237	3 171.8	245	3 648.8
222	2 407.8	230	2 795.1	238	3 228.6	246	3 712.1
223	2 453.8	231	2 846.7	239	3 286.3	247	3 776.2
224	2 500.5	232	2 899.0	240	3 344.7	248	3 841.2
225	2 547.9	233	2 952.1	241	3 403.9	249	3 907.0
226	2 595.9	234	3 005.9	242	3 463.9	250	3 973.6
227	2 644.6	235	3 060.4	243	3 524.7		

不同压力下水的沸点数据

p/kPa	$t/℃$	p/kPa	$t/℃$	p/kPa	$t/℃$	p/kPa	$t/℃$
5.0	32.88	91.5	97.17	101.3	100.00	120.0	104.81
10.0	45.82	92.0	97.32	101.5	100.05	125.0	105.99
15.0	53.98	92.5	97.47	102.0	100.19	130.0	107.14
20.0	60.07	93.0	97.62	102.5	100.32	135.0	108.25
25.0	64.98	93.5	97.76	103.0	100.46	140.0	109.32
30.0	69.11	94.0	97.91	103.5	100.60	145.0	110.36
35.0	72.70	94.5	98.06	104.0	100.73	150.0	111.38
40.0	75.88	95.0	98.21	104.5	100.87	155.0	112.37
45.0	78.74	95.5	98.35	105.0	101.00	160.0	113.33
50.0	81.34	96.0	98.50	105.5	101.14	165.0	114.26
55.0	83.73	96.5	98.64	106.0	101.27	170.0	115.18
60.0	85.95	97.0	98.78	106.5	101.40	175.0	116.07
65.0	88.02	97.5	98.93	107.0	101.54	180.0	116.94
70.0	89.96	98.0	99.07	107.5	101.67	185.0	117.79
75.0	91.78	98.5	99.21	108.0	101.80	190.0	118.63
80.0	93.51	99.0	99.35	108.5	101.93	195.0	119.44
85.0	95.15	99.5	99.49	109.0	102.06	200.0	120.24
90.0	96.71	100.0	99.63	109.5	102.19	205.0	121.02
90.5	96.87	100.5	99.77	110.0	102.32	210.0	121.79
91.0	97.02	101.0	99.91	115.0	103.59	215.0	122.54

以上水的性质数据均来自：CRC Handbook of Chemistry and Physics. 84th ed. 2003～2004。

不同温度下水的表面张力

$t/℃$	$10^3\sigma/(N \cdot m^{-1})$	$t/℃$	$10^3\sigma/(N \cdot m^{-1})$	$t/℃$	$10^3\sigma/(N \cdot m^{-1})$	$t/℃$	$10^3\sigma/(N \cdot m^{-1})$
0	75.64	17	73.19	26	71.82	60	66.18
5	74.92	18	73.05	27	71.66	70	64.42
10	74.22	19	72.90	28	71.50	80	62.61
11	74.07	20	72.75	29	71.35	90	60.75
12	73.93	21	72.59	30	71.18	100	58.85
13	73.78	22	72.44	35	70.38	110	56.89
14	73.64	23	72.28	40	69.56	120	54.89
15	73.59	24	72.13	45	68.74	130	52.84
16	73.34	25	71.97	50	67.91		

数据来源：Dean J A. Lange's Handbook of Chemistry. New York：McGraw-Hill Book Company Inc，1973：10~265。

附录5 一些物质的饱和蒸气压与温度的关系

表中所列物质的蒸气压可用以下方程计算：

$$\lg(p/mmHg) = A - 0.052\ 23 \times B/(T/K) \tag{1}$$

或

$$\lg(p/mmHg) = A - B/(C + t/℃) \tag{2}$$

式中，p 为蒸气压；t 为摄氏温度；T 为热力学温度；常数 A、B、C 见下表。

物　质	$t/℃$	方程及适用温度范围/℃	A	B	C
溴 Br_2	59.5(2)		6.832 78	113.0	228.0
四氯化碳 CCl_4	76.1(1)	−19~+20	8.004	33 914	
三氯甲烷 $CHCl_3$	61.3(2)	−30~+150	6.903 28	1 163.03	227.4
甲醇 CH_4O	64.65(1)	−10~+80	8.801 7	38 324	
甲醇 CH_4O	64.65(2)	−20~+140	7.878 63	1 473.11	230.0
乙酸 $C_2H_4O_2$	118.2(2)	0~+36	7.803 07	1 651.2	225
乙醇 C_2H_6O	78.37(2)		8.044 94	1 554.3	222.63
丙酮 C_3H_6O	56.5(2)		7.024 4	1 161.0	200.22
乙酸乙酯 $C_4H_8O_2$	77.06(2)	−22~+150	7.098 08	1 238.71	217.0
乙醚 $C_4H_{10}O$	34.6(2)		6.785 74	994.19	220.0
苯(液) C_6H_6	80.10(1)	0~+42	7.962 2	34	
苯 C_6H_6	80.10(2)	5.53~104	6.897 45	1 206.350	220.237
环己烷 C_6H_{12}	80.74(2)	6.56~105	6.844 98	1 203.526	222.863
环己烷 C_6H_{12}	80.74(1)	−10~+90	7.724	31 679	

续表

物　质	$t/℃$	方程及适用温度范围/℃	A	B	C
正己烷 C_6H_{12}	68.32(2)	$-25\sim+92$	6.877 73	1 171.530	224.366
甲苯 C_7H_8	110.63(1)	$-92\sim+15$	8.330	39 198	
甲苯 C_7H_8	110.63(2)	$6\sim36$	6.953 34	1 343.943	219.377
苯甲酸 $C_7H_6O_2$	(1)	$60\sim110$	9.033	63 820	
萘 $C_{10}H_8$	(1)	$0\sim+80$	11.450	71 401	
铅 Pb	(1)	$525\sim1325$	7.827	188 500	
锡 Sn	(1)	$1950\sim2270$	9.643	328 000	

资料来源:复旦大学,等. 物理化学实验(下册). 北京:人民教育出版社,1979:224。

Jordan T E. Vapor Pressure of Organic Compounds. New York: Interscience Publishers, Inc,1954。

Weast R C. Handbook of Chemistry and Physics. Florida: CRC Press, Boca Raton,1985~1986:D-212。

附录 6　某些溶剂的凝固点降低常数

溶　剂	凝固点 $T_f/℃$	降低常数 $K_f/(℃ \cdot kg \cdot mol^{-1})$
乙酸 $C_2H_4O_2$	16.66	3.90
四氯化碳 CCl_4	-22.95	29.8
1,4-二噁烷 $C_4H_8O_2$	11.8	4.63
1,4-二溴代苯 $C_6H_4Br_2$	87.3	12.5
苯 C_6H_6	5.533	5.12
环己烷 C_6H_{12}	6.54	20.2
萘 $C_{10}H_8$	80.290	6.94
樟脑 $C_{10}H_{16}O$	178.75	37.7
水 H_2O	0.00	1.86

资料来源:印永嘉. 物理化学简明手册. 北京:高等教育出版社,1998:157。

Weast R C. Handbook of Chemistry and Physics. Florida: CRC Press, Boca Raton,1985~1986:D-186。

附录 7　有机化合物的密度*

化合物	ρ_0	α	β	γ	温度范围/℃
四氯化碳	1.632 55	$-1.911\,0$	-0.690		$0\sim40$
氯仿	1.526 43	$-1.856\,3$	$-0.530\,9$	-8.81	$-53\sim+55$
乙醚	0.736 29	$-1.113\,8$	-1.237		$0\sim70$
乙醇	0.785 06($t_0=25℃$)	$-0.859\,1$	-0.56	-5	
乙酸	1.072 4	$-1.122\,9$	$0.005\,8$	-2.0	$9\sim100$
丙酮	0.812 48	-1.100	-0.858		$0\sim50$
异丙醇	0.801 4	-0.809	-0.27		$0\sim25$

化合物	ρ_0	α	β	γ	温度范围/℃
正丁醇	0.823 90	-0.699	-0.32		0～47
乙酸甲酯	0.959 32	$-1.271\ 0$	-0.405	-6.00	0～100
乙酸乙酯	0.924 54	-1.168	-1.95	20	0～40
环己烷	0.797 07	$-0.887\ 9$	-0.972	1.55	0～65
苯	0.900 05	$-1.063\ 8$	$-0.037\ 6$	-2.213	11～72

* 表中有机化合物的密度可用 $\rho_t = \rho_0 + 10^{-3}\alpha(t-t_0) + 10^{-6}\beta(t-t_0)^2 + 10^{-9}\gamma(t-t_0)^3$ 计算,式中 ρ_0 为 $t=0℃$ 时的密度,单位:$g \cdot cm^{-3}$;$1g \cdot cm^{-3} = 10^3 kg \cdot m^{-3}$。

数据来源:International Critical Tables of Numerical Data, Physics, Chemistry and Technology. New York:McGraw-Hill Book Company Inc,1928:Ⅲ-28。

附录 8 25℃下某些液体的折射率

液　体	n_D^{25}	液　体	n_D^{25}
甲醇	1.326	四氯化碳	1.459
乙醚	1.352	乙苯	1.493
丙酮	1.357	甲苯	1.494
乙醇	1.359	苯	1.498
乙酸	1.370	苯乙烯	1.545
乙酸乙酯	1.370	溴苯	1.557
正己烷	1.372	苯胺	1.583
1. 丁醇	1.397	溴仿	1.587
氯仿	1.444		

数据来源:Weast R C. CRC Handbook of Chemistry and Physics. 63th ed. New York:CRC Press, Inc,1982～1983:E-375。

附录 9 金属混合物的熔点(℃)

金　属		金属(Ⅱ)质量分数										
Ⅰ	Ⅱ	0	10%	20%	30%	40%	50%	60%	70%	80%	90%	100%
Pb	Sn	326	295	276	262	240	220	190	185	200	216	232
	Sb	326	250	275	330	395	440	490	525	560	600	632
Sb	Bi	632	610	590	575	555	540	520	470	405	330	268
	Zn	632	555	510	540	570	565	540	525	510	470	419

数据来源:Weast R C. CRC Handbook of Chemistry and physics. 66th ed. New York:CRC Press, Inc,1985～1986:D-183～184。

附录 10　无机化合物的脱水温度

水合物	脱　水	$t/℃$
$CuSO_4 \cdot 5H_2O$	$-2H_2O$	85
	$-4H_2O$	115
	$-5H_2O$	230
$CaCl_2 \cdot 6H_2O$	$-4H_2O$	30
	$-6H_2O$	200
$CaSO_4 \cdot 2H_2O$	$-1.5H_2O$	128
	$-2H_2O$	163
$Na_2B_4O_7 \cdot 10H_2O$	$-8H_2O$	60
	$-10H_2O$	320

数据来源:印永嘉. 大学化学手册. 济南:山东科学技术出版社,1985:99~123。

附录 11　常压下共沸物的沸点和组成

共沸物		各组分的沸点/℃		共沸物的性质	
组分 1	组分 2	组分 1	组分 2	沸点/℃	组成(组分 1 的质量分数)/%
苯	乙醇	80.1	78.3	67.9	68.3
环己烷	乙醇	80.8	78.3	64.8	70.8
正己烷	乙醇	68.9	78.3	58.7	79.0
乙酸乙酯	乙醇	77.1	78.3	71.8	69.0
乙酸乙酯	环己烷	77.1	80.7	71.6	56.0
异丙醇	环己烷	82.4	80.7	69.4	32.0

数据来源:Weast R C. CRC Handbook of Chemistry and physics. 66th ed. New York: CRC Press, Inc,1985~1986:D-12~30。

附录 12　聚合物特性黏度与相对分子质量关系式中的参数值

高聚物	溶　剂	$t/℃$	$10^3K/(dm^3 \cdot kg^{-1})$	α	相对分子质量范围 $M \times 10^{-4}$
聚丙烯酰胺	水	30	6.31	0.80	2~50
	水	30	68	0.66	1~20
	$1mol \cdot dm^{-3}NaNO_3$	30	37.3	0.66	—
聚丙烯腈	二甲基甲酰胺	25	16.6	0.81	5~27
聚甲基丙烯酸甲酯	丙酮	25	7.5	0.70	3~93
聚乙烯醇	水	25	20	0.76	0.6~2.1
	水	30	66.6	0.64	0.6~16
聚己内酰胺	40% H_2SO_4	25	59.2	0.69	0.3~1.3
聚乙酸乙烯酯	丙酮	25	10.8	0.72	0.9~2.5

数据来源:印永嘉. 大学化学手册. 济南:山东科学技术出版社,1985:692。